U0327920

“十四五”时期国家重点出版物出版专项规划项目

电磁安全理论与技术丛书

现代真空电子学原理及应用

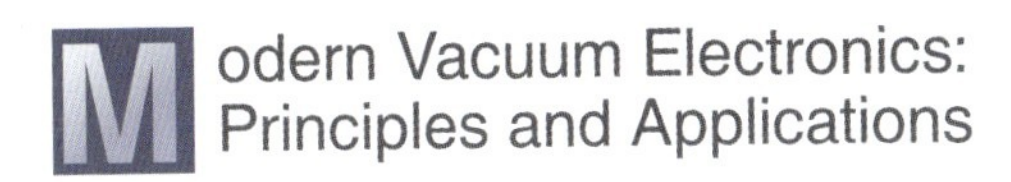

◎ 宫玉彬 王少萌 路志刚 张平 等 编著

人 民 邮 电 出 版 社
北 京

图书在版编目（CIP）数据

现代真空电子学原理及应用 / 宫玉彬等编著. 北京 : 人民邮电出版社, 2024. --（电磁安全理论与技术丛书）. -- ISBN 978-7-115-66251-4

Ⅰ. 046

中国国家版本馆 CIP 数据核字第 2024P3Y142 号

内 容 提 要

本书对真空电子学的原理及应用进行介绍，内容共分为 15 章。第 1 章～第 5 章从真空环境切入，主要介绍真空电子学的发展历程、基础知识；第 6 章～第 8 章详细阐述真空电子学研究的新方法，以及基于真空电子学的高频率器件与高功率微波技术；第 9 章～第 11 章分别介绍先进制造工艺、新材料在真空电子学领域的应用，以及真空电子学中的新机制；第 12 章～第 15 章分别介绍真空电子学在生物医学工程与能源领域的应用，以及真空电子器件在微光夜视、通信与探测领域的应用。

本书适合真空电子学、电磁场与微波技术、太赫兹科学技术等相关领域的研究人员阅读，也适合电子通信类专业的研究生和高年级本科生参考。

◆ 编　　著　宫玉彬　王少萌　路志刚　张平　等
　责任编辑　贺瑞君
　责任印制　马振武

◆ 人民邮电出版社出版发行　　北京市丰台区成寿寺路 11 号
　邮编　100164　　电子邮件　315@ptpress.com.cn
　网址　https://www.ptpress.com.cn
　北京瑞禾彩色印刷有限公司印刷

◆ 开本：700×1000　1/16
　印张：17.75　　　　　　2024 年 12 月第 1 版
　字数：398 千字　　　　　2024 年 12 月北京第 1 次印刷

定价：149.80 元

读者服务热线：(010) 81055410　印装质量热线：(010) 81055316

反盗版热线：(010) 81055315

前　言

真空电子学是一门理论与工程结合非常紧密的学科。自真空二极管问世以来，真空电子学领域不断有新的理论被提出，新的技术被发明。真空电子器件家族不断有新成员加入，在功率电磁波的产生与放大方面发挥了难以替代的作用。随着电磁波技术的新应用不断发展，真空电子器件的舞台也越来越大。美国瓦里安、加拿大CPI、日本东芝、法国泰雷兹等企业，长期引领现代真空电子器件技术的发展。我国在大功率真空电子器件的产品研发及制造工艺等方面起步较晚，器件的制造工艺、寿命、可靠性等方面与国外产品相比还有一定的差距。近年来，真空电子器件在小功率、低频率等领域还要面对半导体器件的强力竞争，市场对真空电子器件技术创新水平的要求也不断提升，高性能真空电子器件的创新周期快速缩短，因此，有必要系统地介绍真空电子器件的基本原理、新的发展趋势与技术、新的系统应用等，支持真空电子器件领域的人才快速成长，从而推动我国真空电子器件技术在不久的将来实现超越与引领。

本书力求回答如下问题：什么是真空电子器件？为何真空电子器件的结构如此复杂？为什么电子与电磁波可以发生能量交换，并实现电子的加速或电磁波的功率放大？如何实现电磁波的降速？不同类型真空电子器件的原理与结构有何异同？本书从真空电子器件的基础理论出发，详细地介绍作者团队在近30年的研究工作中探索过的真空电子器件创新机制、新型结构、新颖应用等相关内容，包括大功率真空电子器件的原理和设计要点，行波管的高频率、大功率、低电压、小型化等方面的创新机制和新型结构。随着科技的不断进步，先进制造工艺如激光烧蚀、三维（3D）打印等得到了快速发展，作者团队在真空电子器件的新工艺和新材料等方面进行了初步尝试，相关成果在本书中也有介绍。本书还对真空电子器件研制过程中的复杂工艺流程和解决方案进行总结，希望能够多方位、立体地展现真空电子器件的完整面貌，最后对真空电子器件的系统应用进行简略展望。本书的内容涉及面广，对真空电子器件的介绍力求全面。同时，本书各章相对独立，方便读者选择性地阅读。

参与本书编写工作的有宫玉彬教授、张平教授、王少萌教授、王战亮研究员、路志刚研究员、杨生鹏副教授、柳建龙副教授、许多博士等。此外，博士研究生董洋、郭靖宇、汪雨馨、杨友峰、王宇欣、段景瑞、田密等参与绘制了大部分图片，在此一并表示感谢。

由于作者水平有限，书中难免有不足之处，恳请广大读者批评指正。

宫玉彬

2024 年 11 月于成都

目　录

第 1 章　真空电子学简介

真空电子学是研究真空中与电子相关的物理现象的学科，主要研究领域包括荷电粒子的产生和操控、电磁波的传输与操控、荷电粒子与电磁波和物质的有条件相互作用等。从研究对象来讲，真空电子学涉及静电场、静磁场、电磁场、力、热等多物理场的深度融合；从功能实现来讲，真空电子学吸收、融合了材料、机械、固体物理、电磁场技术等多门学科的理论和方法。真空电子学是研究各类真空电子器件和粒子加速器等真空电子装置的基础。

真空电子学在现代科技领域（如无线电通信、微波技术、医学影像、粒子加速器、激光技术等）中有着广泛的应用。真空电子器件主要包括电子管、阴极射线管、微波管，以及涉及真空电子原理的光电子器件等，这些器件在不同领域中发挥着重要的作用。真空电子学的研究和应用对推动现代科技的发展具有重要意义，它不仅为通信、医疗、能源等领域提供了关键技术支持，还为科学研究提供了重要工具和手段。随着科技的不断进步和发展，真空电子学领域的研究也在不断深化和拓展，为人类社会的发展做出重要贡献。

真空电子学的创立，可以追溯至常被人们称为“电学世纪”的 19 世纪。这一时期的物理学硕果累累：电磁学得以建立，电磁波的存在得到实验证明；人们对电磁波谱也有了比较完整、统一的认识；电子和电子发射现象被发现。这些成就为真空电子学的研究与应用奠定了基础。

1.1　重要的真空环境

“真空”这个概念是在 300 多年前产生的。1643 年，物理学家托里拆利做了这样一个实验：首先在一端密封的长玻璃管中注满汞，然后把玻璃管倒过来，插入一个盛有汞的槽内。这时发生了一个令托里拆利惊讶的现象：汞并不全都流入槽内，而是形成了一根汞柱，汞柱的顶端形成了一段真空。他测量了汞柱的高度，大约是 760mm。他由此计算出 1 个标准大气压的数值，即在标准重力加速度下，高度为 760mm 的汞柱在单位面积上的压力。帕（Pa）是压强的单位，1Pa 等于 0.0075mmHg。

气体分子时刻处于杂乱无章的运动状态下，分子之间不断地发生着相互碰撞。在两次碰撞之间，分子自由飞过一段路程，称为自由程。两次碰撞之间的自由程各不相同，由此平均自由程的概念被提出。气体分子的平均自由程可以通过近似计算得到，在标准大气压下，气体分子的平均自由程很小，只有几十纳米；在10^{-2} Pa 下，平均自由程达 5mm；当压强降到10^{-6} Pa 时，平均自由程更大，达到几十米！

虽然在高真空环境下气体分子的平均自由程很大，但是容器内气体分子的数量还是非常多的。以10^{-4} Pa的真空为例：分子的平均自由程等于50cm，在1 cm^3的体积内，气体分子数为4万亿个！可以看出，所谓“真空”，并不是一个真正空虚的空间，里面还有大量的气体分子。但我们应该承认，在高真空下，容器里又是一个相当空虚的空间，气体分子可以自由运动，在器壁间往返多次才能遇到另一个气体分子。

在真空电子学中，“真空”指的是电子管或真空室内部气压非常低（几乎可以忽略不计）的状态。电子管或真空室中的气压通常非常接近零，这样可以减小电子与气体分子碰撞的可能性，从而保证电子的自由移动和传输。这种几乎无气体的环境有助于提高电子器件的性能和可靠性。真空相关的概念还包括真空度、真空密度、真空泵等。真空度表示一定空间内真空的程度，通常用压强或气体分子数来表示；真空密度则表示单位体积内的气体分子数；真空泵是将空气或其他气体抽取出来以获得真空状态的设备。截至本书成稿之日，人们已经研究出各种真空泵（如机械泵、扩散泵、离子泵、分子泵等），再加上一些辅助方法，可以获得10^{-6} Pa以下的高真空环境。

在真空电子学中，了解真空的性质和特点对设计和制造真空电子器件是至关重要的，因为真空环境会影响器件的性能和运行效果。因此，理解真空相关的概念是真空电子学研究和应用的基础。

在真空电子器件中，从阴极发射的电子将在电场与磁场的作用下运动，在运动过程中，必须尽量避免与气体分子发生碰撞。所以，真空电子器件内应该保持足够高的真空度，也就是平均自由程应该大于管壳的尺寸。电子管的真空度通常优于10^{-6} Pa，即平均自由程大于几十米！此外，电子管的阴极属于活性表面，也需要在真空的环境下工作，以保证发射表面不受破坏，使电子管具有比较长的寿命。

1.2 真空电子学的发展历程

真空电子学属于电子学，是研究电子在真空或广义真空环境中运动时与场和物质相互作用的学科，研究内容涉及相关的原理、材料和技术，以及相应的器件和设备等。真空电子学的开端可以追溯到19世纪末20世纪初，当时科学家们开始研究真空中电子的行为，电磁波和电子的发现为真空电子学的诞生奠定了基础。1858年，普吕克根据真空放电现象发现了阴极射线；1864—1865年，麦克斯韦预言了电磁波的存在，并提出了电磁波辐射理论和光的电磁波学说；1883年，爱迪生发现了灼热灯丝发射带负电粒子的现象，即爱迪生效应；1887年，赫兹用火花隙振荡器产生电磁辐射，证实了电磁波的存在；1897年，约瑟夫•约翰•汤姆孙研究认定阴极射线为带负电的粒子（电子）组成的流，标志着自由电子的发现。

有线通信和无线电通信的发展促进了真空电子学的诞生。1837年，莫尔斯发明了电报机；1876年贝尔发明了电话机，开创了人类电通信的历史；1895年，英国的马可尼和俄罗斯的波波夫分别进行了无线电波传播实验；1901年，马可尼的横贯大西洋的无线电报实验获得成功；1906年，费森登用调制无线电波发送音乐和讲话，完成了历史上最早的无线电广播实验。通信技术的日益发展迫切需要性能优良的信号源、检波器，这催生了电子管的发明。

1904年，英国的弗莱明发明了二极电子管（后文简称二极管），用作检波器，这是最早的电子管。1906年，美国的德福雷斯特发明三极电子管，它是能够产生和放大电磁波的有源器件，后来成为无线电装备的核心器件。电子管的发明拉开了电子科学技术新时代的序幕。

由于受到电子惯性、电极本身及其导线的分布阻抗的影响，基于静电控制原理的电子管工作频率的提高受到极大限制。20世纪20年代起，科研人员相继发明了磁控管、速调管和行波管等动态控制微波电子管。它们利用渡越时间效应使电子注群聚，利用谐振腔等分布参数电路代替集总参数电路，大大提高了器件的工作频率和功率。这些动态控制微波真空电子器件的发明和发展，大大推动了雷达、通信系统、广播系统和加速器等微波电子系统的发展。

由于受到器件尺寸、材料和工艺技术的限制，磁控管、速调管和行波管等微波真空电子器件在产生毫米波和更短波长电磁波方面遇到了很大困难。为了克服上述技术困难，1958—1959年，澳大利亚的特威斯、美国的施奈德和苏联的伽波诺夫分别独立地预测与提出了以电子在静磁场中做回旋运动的相对论效应为基础的电子回旋谐振受激辐射的机理。1965年，这一机理得到了实验证实。随后，苏联科学家利用电子回旋谐振受激辐射这一机理做出了回旋管，这也是第一个重点发展的电子回旋脉塞器件。由于在毫米波段及亚毫米波段表现出来的卓越性能，回旋管为毫米波、亚毫米波在雷达系统、毫米波通信、高功率微波系统、受控热核聚变等领域的应用起到了很大的推动作用，因此得到了世界各国的重视，并先后开展了回旋管的理论和应用研究。

在各种类型微波真空电子器件发展的同时，包括微波电子学、阴极电子学、电子光学、微波理论和技术、真空材料和工艺等学科和技术在内的真空电子学获得了快速发展，为解决电子注与高频电路相互作用、电子发射、电子注的形成和聚焦、高频互作用电路、器件的材料和焊接工艺等科学技术问题奠定了理论和技术基础。

1.2.1 真空电子器件的出现

电子管是一种最早出现的电信号放大器件。1904年，英国物理学家弗莱明在爱迪生效应的基础上制成了第一个电子管——灵敏检波二极管（见图1-1），标志着世界开始进入电子时代。这个二极管包括一个发射电子的灯丝和一个阳极。灯丝被加热到一定温度后，可以发射电子。阳极被放置在离灯丝不远处。灯丝和阳极都被置于真空中。当灯丝处于负电位，阳极处于正电位时，灯丝发射的电子将被阳极所吸引并收集，使连接此二极管的外电路导通。当灯丝处于正电位，而阳极处于负电位时，灯丝发射的电子将不能到达阳极，二极管不导通，因而外电路也不导通。此二极管被用于无线电通信系统作为检波器，极大地提高了系统的灵敏度和可靠性。

图 1-1 弗莱明发明的二极管

1906 年，美国发明家德福雷斯特在弗莱明二极管的灯丝和阳极之间放入了一个栅极，从而发明了三极电子管（见图 1-2）。当栅极上存在小的电压变化时，阳极上可得到相应的大的电压变化，也就是说栅极上的电压信号被放大了。这是人类获得的第一个电子信号放大器。因此，许多人将三极电子管的发明看作电子工业真正的起点。三极电子管为人们打开了信号放大与调制的大门，成为 20 世纪初最伟大的发明之一。三极电子管的问世推动了无线电电子学的蓬勃发展。到 1960 年前后，国外的无线电工业年产约 10 亿个无线电电子管。电子管除了被应用于电话放大器、海上和空中通信，还广泛渗入家庭娱乐领域，将新闻、教育节目、文艺和音乐等播送到千家万户。就连飞机、雷达、火箭的发明和进一步发展，也有电子管的一臂之力。

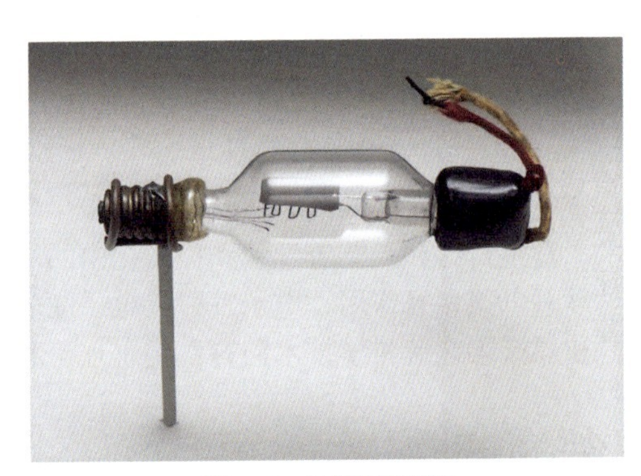

图 1-2 三极电子管

三极电子管的发明和改进使其能在射频波段提供几千瓦到几十千瓦的功率输出，为广播电台的建立提供了核心器件。1920 年，西屋电气公司（Westinghouse Electric Corporation）在匹兹堡建立了第一个广播电视台，到 1924 年就有约 500 家广播电视台在美国建立。

阴极射线管（CRT）是另一类电子管，它利用电子在真空中的运动受电场和磁场控制，以及电子轰击荧光屏发光的原理，在荧光屏上再现被传输的图像。1930 年，美国开始研究黑白电视，到 20 世纪 40 年代黑白电视开始试播，第二次世界大战以后得到了普及。

随着科技的发展，人们对生产机械的要求向体积越来越小的方向发展，而电子管的体积大，且在移动过程中容易损坏，于是人们开始寻找和开发可替代电子管的产品。后来，晶体管的出现使越来越多的机械不再使用电子管。晶体管的出现是人类在电子学方面一个大的飞跃。

1.2.2　微波管

微波管是一种用于产生、放大和调制微波信号的电子器件，它经历了 4 个关键阶段。

1. 早期探索（20 世纪初期）

微波管的概念起源于 20 世纪初期的无线电技术研究。在这个阶段，人们开始意识到电子管可以用来生成和调制无线电频率信号。1904 年，英国物理学家约翰 • 弗莱明发明了真空二极管（又称弗莱明管）。这是最早的电子管，能够实现电流的单向导通，为电子管技术的发展奠定了基础。1906 年，美国发明家李 • 德福雷斯特在真空二极管的基础上增加了栅极，发明了真空三极管，实现了信号的放大功能。真空三极管的发明标志着电子管技术的重大突破，为后续微波管的发展提供了理论和技术支持。

2. 微波管的诞生（20 世纪 30～40 年代）

随着理论研究的深入与雷达技术应用需求的增长，微波管的研究进入快速发展阶段，人们研制出了多种基于电子注与高频结构互作用的微波管。1921 年，美国科学家阿尔伯特 • 赫尔发明了磁控管。这种器件能够高效产生微波信号，极大地提升了雷达的性能。1937 年，美国发明家拉塞尔 • 瓦里安和西格德 • 瓦里安兄弟发明了速调管，早期应用于雷达和通信系统的微波信号放大。1943 年，鲁道夫 • 康夫纳发明了行波管，实现了宽频带微波信号的放大。1946 年，美国贝尔实验室改进了速调管结构，开发出反射速调管，应用于早期微波振荡器。1949 年，返波管理论初步形成，后续由贝尔实验室等团队完善并通过实验验证，最终返波管成为毫米波和太赫兹信号源的核心器件。

3. 技术成熟与广泛应用（20 世纪 50～60 年代）

20 世纪 50 年代起，微波管技术进入成熟阶段，应用领域迅速扩展：磁控管逐渐被广泛应用于微波炉、雷达和通信系统，速调管和行波管开始成为卫星通信、电视广播和科学研究中的重要器件，返波管则开始被应用于毫米波辐射源及其频谱分析系统。1957 年，苏联发射第一颗人造卫星“斯普特尼克 1 号”，它的通信系统中采用了行波管，标志着微波管在空间通信中的首次应用。到了 20 世纪 60 年代，微波管技术进一步发展，特别是在高功率和宽频带领域；行波管成为卫星通信的核心器件，支持了全球通信网络的建设；速调管在粒子加速器和高能物理实验中得到广泛应用。随着核聚变研究的推进，需要频率更高（毫米波、太赫兹）和功率更高的微波源，而传统微波管无法满足需求，在此背景下，苏联科学家基于电子回旋脉塞机理发明了回旋管。

4. 与固态器件的竞争（20 世纪 70～80 年代）

20 世纪 70 年代，固态器件（如双极型晶体管、场效应晶体管和集成电路）的快速发展对微波管构成了挑战。在低功率领域，固态器件因体积小、功耗低、造价低、可集成的优势在诸多领域逐渐取代了微波管。尽管如此，微波管在高功率和高频率领域仍保持优势，特别是在雷达、卫星通信和科学研究中。20 世纪 80 年代，微波管技术继续改进，应用领域进一步扩展。行波管和速调管在电子装备和空间通信中仍不可替代。磁控管在工业加热、医疗设备及家用微波炉中得到广泛应用。回旋管则开始应用于核聚变实验装置（如托卡马克）中的电子回旋共振加热。

5. 现代发展（20 世纪 90 年代至今）

20 世纪 90 年代，微波管技术在高功率和特殊应用中继续发展。行波管和速调管在卫星通信、雷达等应用中占据重要地位。微波管在医疗设备（如癌症治疗中的微波热疗）和工业加热领域得到应用。进入 21 世纪，微波管技术进一步优化，应用领域更加多样化。例如，在粒子加速器[如欧洲核子研究中心（European Centre for Nuclear Research）的大型强子对撞机]中，速调管被用于提供高功率微波信号。在空间通信中，行波管放大器是卫星通信系统的核心部件。返波管在太赫兹通信、成像及光谱分析研究中发挥着重要作用。随着新材料、新工艺、新结构的发展，微波管在高频率、大功率、小型化的太赫兹源技术与应用领域正展现出新的潜力。

下面从速调管的发明来看微波管的崛起。起初，人们想要利用普通的栅控电子管来产生波长更短的振荡，或者在微波频率下进行放大。但是，一些原来没有料到的现象出现了：普通栅控电子管在频率提高时，输出功率迅速减小。进一步研究表明：电路和电子运动两个方面的问题导致栅控电子管在频率提高时性能变差。

（1）电路方面。栅控电子管通过金属电极和导线与外电路连接。任何一根金属导线都有一定的电感，并且电感与导线的长度和直径有关：导线越长，电感越大；导线越细，电感也越大。一根直径为 1mm、长为 3cm 的导线，电感约为 0.025μH。在频率低时，它的影响的确是微乎其微的。在 1GHz 频率下，这根导线的感抗则会高达 157Ω。所以，栅控电子管里的导线在微波频率下会使电子管的输入电压和输出电压下降。此外，相隔一定距离的两块通电金属板之间具有一定的电容，栅控电子管工作时，各个电极之间也有一定的电容，叫作极间电容。栅控电子管的导线电感与极间电容一起决定了电子管的固有振荡频率。在这个频率下，栅控电子管的输入端等效于短路。如果向电子管输送的信号频率等于电子管固有振荡频率，信号就无法输入。

（2）电子运动方面。电子从一个电极到达另一个电极所需要的时间，叫作电子的渡越时间。在栅控电子管中，电子从阴极发出，经过栅极到达板极。在工作频率比较低时，信号的振荡周期比电子的渡越时间长得多，电子在飞越电极之间这段距离时，电极上的电压可以认为是恒定不变的。这时，可完全不必考虑电子渡越时间。当电子渡越时间与信号周期相等时，电子飞行途中电极上的电压已经改变了极性，所以电子并不是总向前飞。即使渡越时间缩短到信号周期的一半，如果在电子飞到中途时信号改变极性，那么电子的能量变化也会很小。只有当渡越时间小于信号周期的 1/4 时，才有大量的电子在信号场的作用下有效地输出它们的能量。显然，为了使栅控电子管能够在更高频率下工作，应该设法缩短电子渡越时间。缩短电子渡越时间有两种方法，一种方法是缩短电极之间的距离；另一种方法是让电子飞得更快些，这就要增大电极间的电压。这两种方法都存在一些限制，所以缩短渡越时间不能从根本上解决栅控电子管所遇到的困难。

为了克服上面出现的困难，众多研究人员做了大量尝试。1937 年美国的瓦里安兄弟制出了世界上第一个双腔速调管。图 1-3 所示为他们在 1944 年发表的双腔速调管振荡器。他们首先让电子注穿过一个加载高频信号的金属间隙，使之获得速度调制，然后让电子注漂移一段时间，在这期间，后出发的高速电子追上先出发的低速电子，形成电子群聚，这样就在电子注中产生了密度调制。受到密度调制的电子注具有显著的高频电流分量，当它通过第二个金属间隙时，高频电流会在间隙上激励起新的高频信号，这样电子注就将能量交给了高频场，完成放大或振荡的任务。其实最早提出电子注速度调制原理的是德国的奥斯卡和海尔。他们在 1933 年就提出了这种原理，可惜没有进行应用研究。

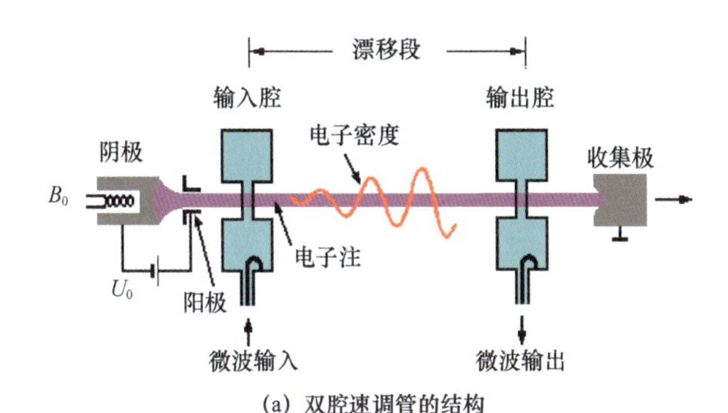

(a) 双腔速调管的结构

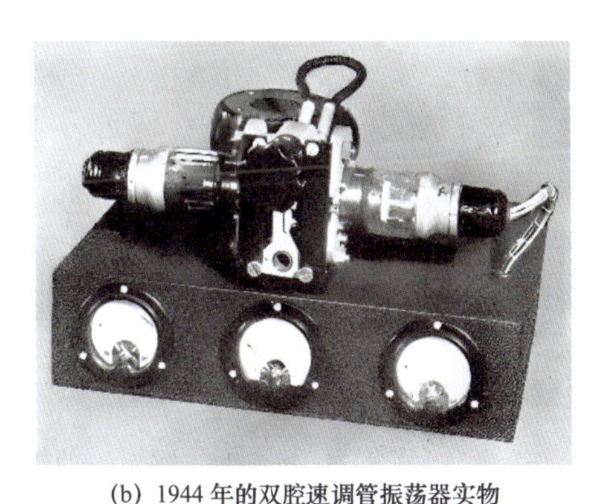

(b) 1944 年的双腔速调管振荡器实物

图 1-3　双腔速调管的结构和双腔速调管振荡器

图 1-3（b）是 1944 年的双腔速调管振荡器实物，左边是电子枪，右边是收集极，两个空腔谐振器位于中心，通过同轴电缆连接以提供正反馈。连续波速调管的功率从几百瓦到几百千瓦的都有，脉冲速调管可以达到 20MW 峰值功率。多腔速调管的增益最高可达 70dB（1000 万倍）。多腔速调管被广泛用于雷达发射机和微波通信，还用于

激励粒子加速器和介质加热。

多腔速调管由电子枪、聚焦线圈、高频输入谐振腔、中间谐振腔、高频输出谐振腔、各谐振腔之间的漂移管、收集极等部分组成（见图 1-4）。

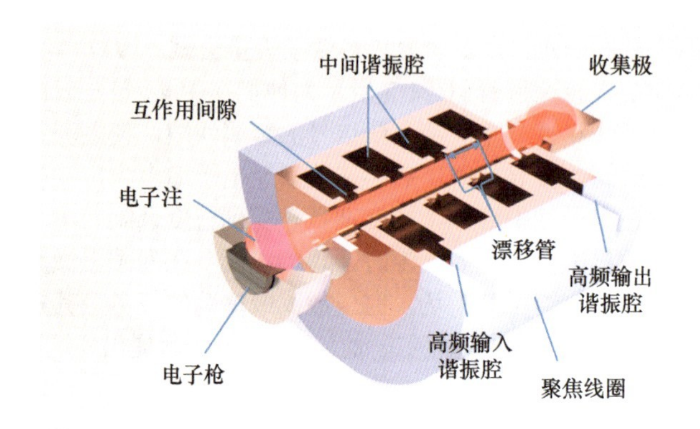

图 1-4　多腔速调管的结构

高频信号由同轴线传送到输入谐振腔，在漂移管端部的隙缝上建立起高频场。当电子枪发射的电子注飞经隙缝时，如果这一瞬间隙缝上的是加速场，电子就被加速，反之，电子被减速。因此，在输入谐振腔隙缝，电子受到高频场的速度调制。飞过输入谐振腔隙缝以后，电子进入漂移管，在漂移过程中，被加速的电子赶上了被减速的电子，在电子注中形成密度调制。这个已经群聚的电子注在通过第二个谐振腔时，在谐振腔隙缝上建立起感应电压，使电子注进一步受到速度调制。为了提高速调管的增益，可以采用多个中间谐振腔。输出谐振腔与传输线（如波导或同轴线）耦合，经传输线把产生的功率送到需要的地方。

1.2.3　谐振腔磁控管

1939 年，英国沿海建立了许多雷达站。采用定向发射的电磁波照射 100 多千米以外的空中目标，从反射的回波中获得敌机位置、方向和速度等有用信息。这就是最早建立的雷达探测系统。如何获得高功率微波源是制造雷达探测系统必须首先解决的问题。这些雷达站采用的是栅控电子管，工作波长大约为 10m，能够产生相当大的脉冲功率。但是，雷达天线体积太大，探测精度不高。

英国物理学家布特和兰道尔看着这些雷达站，产生了创造一种微波管的念头。他们回到英国伯明翰大学以后，在 1939 年 10 月成立了微波管课题组，目标是产生波长为 10cm 或更短的电磁波。

1939 年 11 月，一个崭新的设想萌发了：既然速调管和原始的磁控管都有优点，那么，能不能把这两种管子的优点结合在一起，同时又避免它们各自的缺点，创造一种新型微波管？他们设想的这种新型微波管，就是采用谐振腔的磁控管。随之而来的一个问题是：在这种磁控管里，用什么样的谐振腔？

布特和兰道尔在创造新型谐振腔时，仍从已有的知识出发。他们想起了赫兹在1887年所做的实验，实验中使用了简单的、开口的圆环谐振器。布特和兰道尔想到，把许多赫兹谐振器并排放在一起，变成一个开槽的圆柱形腔体，它一定也是一个谐振器！把一些这样的腔体放置在阴极的外围，能不能做出磁控管？

他们把自己的设计付诸实践，首先于1939年11月做出了第一个阳极块，随后制成了第一个连续波磁控管。经过反复的试验，终于在这种谐振腔磁控管中产生了很大的微波功率，微波功率辐射到实验室里，把氖泡点亮了！经过测量，第一个谐振腔磁控管所产生的微波信号的波长是9.8cm，功率达到400W。后来，经过进一步的重大改进。1940年，在装有波长为10cm的磁控管的实验雷达被制造出来了。因此，磁控管的发明是使雷达跨进微波波段的关键一步。如今，人们使用的微波炉中就采用了磁控管。当前流行的多腔磁控管如图1-5所示。

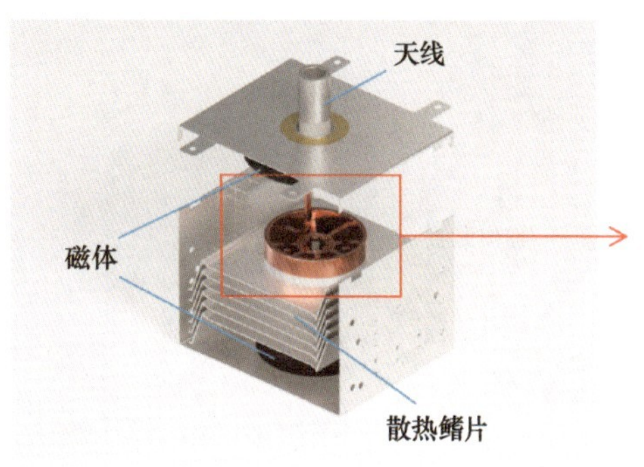

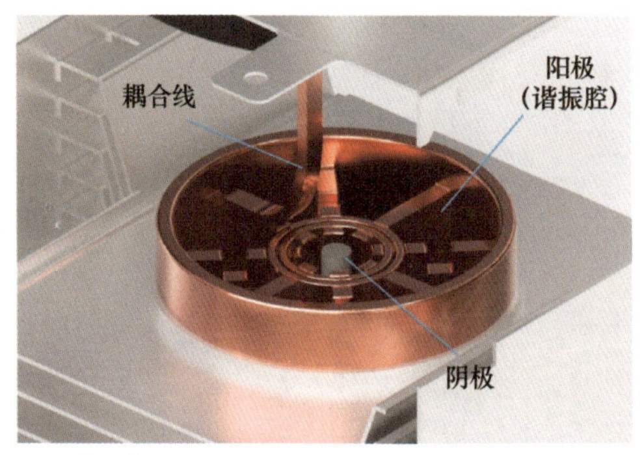

图 1-5　多腔磁控管

1.2.4　行波管

在几种主要的微波管中，行波管出现得最晚。虽然原始的行波管在1943年就已经被制造出来，但是，真正实用的管子到20世纪50年代初期才投入使用。虽然对第二次世界大战来说，行波管是姗姗来迟了，但是战后它在雷达、通信、电视、广播等方面大显身手。今天，行波管的产值占了所有微波管总产值的一半以上。

康夫纳在1909年生于奥地利维也纳。他原在奥地利攻读建筑学，1934年到英国伦敦继续深造，后来从事建筑师的职业。1941年，有人为康夫纳谋求了一份工作，即在英国伯明翰大学研究电子管。为了提升速调管放大器的灵敏度，康夫纳开始如饥似渴地涉猎电子管方面的知识。他读遍了阴极射线管的著作，查阅了当时已经发布的速调管和磁控管的文献，认真地思考这些电子管的工作原理，还研究了电子管中的电子渡越时间效应。一年后，他提出了一种新的方案：让高频场和电子前进的速度一致，使电子在向前飞行的全部时间内都与高频场发生作用。

为了达到降低电磁波传播速度的目的，康夫纳提出了原始的螺旋线结构。他花了许多个日夜来研究这种电子与高频场连续的相互作用可能产生的结果，进行了一系列的分析、计算，最终证明用螺旋线结构可以使输入功率得到放大。1943年，康夫纳研究的管子在一次实验加电后，从螺旋线输出的功率比输入功率大了约 40%。功率放大约 40%，这在今天看来是微不足道的，但对刚刚出世的新原理来说，是一个可喜的苗头！

后来，康夫纳的行波管得到了稳定的放大，功率增益达到 10 倍，已经高于他们原来制作的速调管。康夫纳又对管子的频带宽度进行了测试，发现在他所用的信号源的 60MHz 范围内，行波管都能稳定地工作。康夫纳意识到，行波管的放大特点是频带宽度。至此，一种宽带的新型微波管——行波管诞生了。

今天，人们已能创造各种波长的行波管，波长从 1m 到 300μm（对应的频率为 300MHz 到 1THz），有的行波管能达到 8 个倍频程带宽，有的增益可以达到 60dB（100 万倍），大功率行波管的脉冲功率可达兆瓦级，连续波功率达几十千瓦。

行波管由电子枪、慢波结构（Slow Wave Structure，SWS）、输入和输出装置、收集极和聚焦系统等部分组成（见图 1-6）。

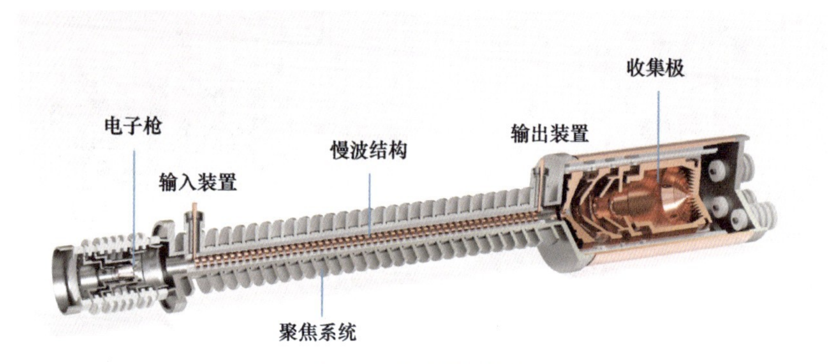

图 1-6　行波管的结构

电子枪用来产生一个高直流能量的电子注，电子注进入慢波结构中。同时，高频信号经输入装置进入慢波结构。在慢波结构中，高频信号以与电子注近乎相同的速度前进，两者的速度一般等于自由空间中电磁波速度（光速）的 2%～10%。中、小功率行波管可以采用宽频带的螺旋线、环杆线等慢波结构，大功率行波管通常采用耦合腔慢波线。电子注与慢波结构中的高频场发生连续的相互作用，使电磁波在慢波线里按指数规律迅速增长。输入信号被放大后经输出装置送到管外微波系统。电子注从慢波线出来以后，被收集极收集。聚焦系统的功能是使电子注在保持所需要的截面形状和尺寸下顺利通过慢波线，完成与高频场的相互作用。行波管的聚焦磁场可由线圈或永久磁铁来提供。

行波管具有增益大、频带宽、噪声低等优点，在雷达、通信、导航、遥测等领域得到广泛应用。

1.2.5　其他真空电子器件

除了上述器件，还有很多其他类型的真空电子器件，如电子注管、光电管、X 射线管等。

显像管是电子注管的一种，它通过电子注扫描荧光屏，将电信号转换为可见光图像，常在电视、显示器等设备中使用。

光电管是基于光电子发射现象，将光信号转换为电信号的器件，可用于光电探测、太阳能电池等领域，实现光信号的检测和能量转换。

X 射线管是一种能够产生 X 射线的真空电子器件。它主要由阴极、阳极和高真空的玻璃管壳或金属管壳组成。阴极通常是由加热丝和发射电子的灯丝构成，当阴极被加热时，灯丝会发射出电子。阳极一般是由高原子序数的金属制成的靶面，当电子在高电压的作用下从阴极加速飞向阳极，并撞击阳极靶面时，由于电子会突然减速，高速电子的部分动能会被转化为 X 射线辐射出来。在医疗领域，X 射线管是医生的得力助手。它能够发射出穿透力极强的 X 射线，帮助医生清晰地看到人体内部的骨骼、器官等，为准确诊断疾病提供关键依据。从骨折的检测到肺部疾病的筛查，从牙科的诊断到肿瘤的定位，X 射线管在医疗诊断中发挥着不可替代的作用。在工业领域，X 射线管同样表现出色。它可以用于检测材料的内部缺陷，如检测金属铸件中的气孔、裂纹等，确保工业产品的质量和安全性。在航空航天、汽车制造、建筑等行业，X 射线管能够帮助工程师及时发现潜在问题，提高产品的可靠性和耐久性。

1.3　真空电子器件的重要作用

真空电子器件在电子技术的发展历程中发挥了重要作用，现在依然扮演着重要角色。

真空电子器件自诞生以来，不断推动着科技的进步。早期的电子管开启了电子时代的大门，为无线电通信、广播和早期计算机的发展立下汗马功劳。行波管、速调管等微波电子管在雷达、卫星通信等领域发挥了关键作用，实现了高频率、高功率的信号传输和处理。显像管等电子注管带来了生动的图像显示，丰富了人们的娱乐和信息获取方式。X 射线管在医学诊断和工业探伤中成为不可或缺的工具，让人们能够透视物体内部结构，为疾病诊断和质量检测提供了有力手段。

现在真空电子器件的作用依旧不可小觑。在科学研究（如高能物理实验）中，真空电子器件可用于产生高强度的电子注，助力科学家探索微观世界的奥秘；在通信领域，虽然固态器件发展迅速，但在一些特定的高频率、大功率应用场景，真空电子器件仍具有独特优势，确保了通信的稳定和高效。此外，在工业领域，真空电子器件在材料加工、精密测量等方面持续发挥作用，推动着工业技术的不断升级。总之，真空电子器件以其独特的性能和价值，继续为人类的科技进步和社会发展贡献着力量。

拓展阅读

［1］刘盛纲. 微波电子学导论［M］. 北京：国防工业出版社, 1985.
［2］王文祥. 微波工程技术［M］. 2 版. 北京：国防工业出版社, 2014.

[3] 廖复疆. 真空电子技术[M]. 2 版. 北京: 国防工业出版社, 2008: 48-60.
[4] 柯学. 电子管的使命[M]. 北京: 科学普及出版社, 1983.
[5] 沙波什尼科夫. 电子管及离子管[M]. 班冀超, 等译. 北京: 高等教育出版社，1956.
[6] FLEMING J A. The oscillation valve[J]. Proceedings of the Royal Society of London, 1908, 80(541): 458-467.
[7] CRAFT S. Emperor of the airwaves: a biography of Lee De Forest[M]. West Lafayette: Purdue University Press, 1994.
[8] STOKES J. 70 Years of radio tubes and valves[M]. New York: Prompt Publications, 1985.

第 2 章　真空电子学中的物理

真空电子学是研究真空中与电子相关的物理现象的学科。本章主要讲述真空电子学中的一些物理特性。人们常说的“电荷”与“电子”并不是同一个概念。电荷可以是正电荷或负电荷，电子则是负电荷的“基本”量子。按照近代物理学的观点，电子也可以称为带有固定负电荷的基本粒子。

2.1　电子及其特性

1897 年，英国剑桥大学卡文迪许实验室的约瑟夫 • 约翰 • 汤姆孙在研究阴极射线时发现了电子，汤姆孙将这种粒子命名为电子，采用的是 1891 年乔治 • 斯托尼所起的名字。至此，电子成为人类发现的第一个亚原子粒子。

100 多年前，美国物理学家罗伯特 • 密立根通过多次实验测出电子的电荷：

$$e \approx 1.6 \times 10^{-19}\,\mathrm{C} \tag{2-1}$$

其中，C（库仑）为电荷的单位，1C 即 1A 的电流在 1s 内流过总截面的电荷量。

电子的静止质量为

$$m_0 \approx 9.1 \times 10^{-31}\,\mathrm{kg} \tag{2-2}$$

由爱因斯坦狭义相对论可知，运动的电子质量为

$$m \approx \frac{m_0}{\sqrt{1-\left(\frac{v}{c}\right)^2}} \tag{2-3}$$

其中，v 为电子的速度，c 为光速。

电子在空间的行为由固有的运动规律、存储的动能、空间中的电磁场，以及所处空间媒质的电磁特性决定。如果电子能够脱离原子或分子的束缚，在物质或真空中自由移动，则被称为自由电子。相反，如果电子因被原子核或化学键束缚在特定能级而无法自由移动，则被称为束缚电子。束缚电子的运动规律遵循量子力学原理，而真空中自由电子的运动规律通常用经典力学就可以精确描述。

2.2　电子在静电场中的运动

当电子以很低的速度（$v/c \ll 1$）在电场中运动时，动能的增加量应等于电子位能

的改变量，即

$$\frac{m\left(v^2-v_0^2\right)}{2}=e\left(U-U_0\right)(\text{km/s}) \tag{2-4}$$

其中，v_0 和 U_0 分别为电子的初始速度及电位。如果 $v_0=0$、$U_0=0$，那么可得

$$v=\sqrt{U\frac{2e}{m}}\approx 600\sqrt{U}\quad(\text{km/s}) \tag{2-5}$$

电子电位 U 的单位是 V。这一关系式只适用于电子速度小于 $0.1c$ 的情况，在速度很大时，根据相对论原理，有

$$v=3\times10^8\times\sqrt{1-\frac{1}{\left(1+\frac{U}{0.511\times10^6}\right)^2}}\quad(\text{m/s}) \tag{2-6}$$

图 2-1 所示为电子速度与所通过的电位差的关系。对于在均匀电场（E=常数）中的运动，如果电场方向和电子初始速度方向一致，电子将做等加速或等减速运动；如果电场方向和电子初始速度方向不一致，电子在均匀电场中的运动轨迹是抛物线。对于电子的初始速度 v_0 和均匀电场方向垂直的情况，电子的运动类似于物体在重力场中沿水平方向抛出后的运动。

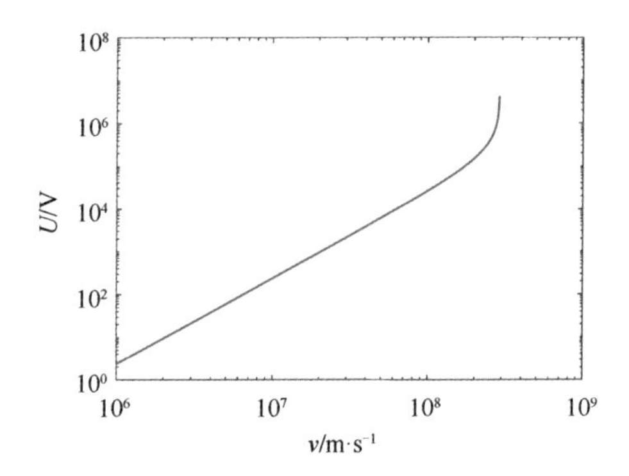

图 2-1　电子速度与所通过的电位差的关系

2.3　电子在磁场中的运动

电子在磁场中运动时，将受到洛伦兹力的作用，由于电子运动的方向和磁场作用在电子上的力相互垂直，磁场在电子上所做的功等于零。若不考虑辐射，在恒定磁场中电子的动能不变。磁场作用在电子上的力为

$$F=qvB\sin\theta \tag{2-7}$$

其中，θ 为电子运动方向和磁场方向间的夹角，q 为电子电荷，B 为磁感应强度。

（1）当电子初始速度方向与磁场方向平行时，$\theta=0$，因而 $F=0$，电子的运动轨迹是直线。

（2）当电子初始速度方向和磁场方向垂直时，$\theta=\pi/2$，$F=qvB$，电子的运动轨迹将是圆弧，如图 2-2 所示；图中“×”表示磁场方向垂直指向纸内。此时，因为 F 垂直于 v，并且 v 与磁场也垂直，故 $F=qvB$。

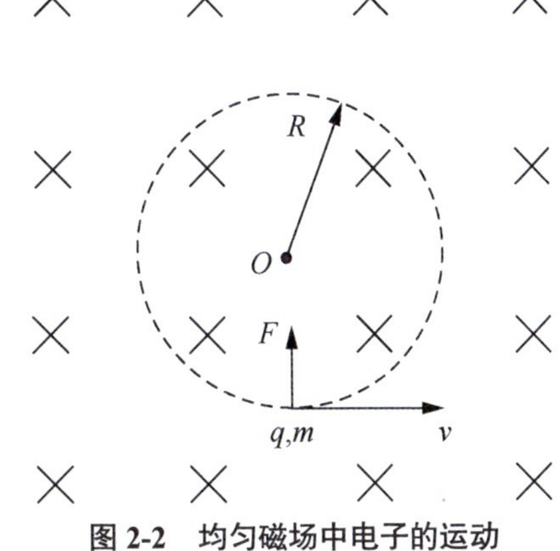

图 2-2 均匀磁场中电子的运动

当电子做运动半径为 R 的圆周运动时，磁场作用在电子上的力被离心力平衡。因此，当初始速度方向和磁场方向垂直时，有

$$m\frac{v^2}{R}=qvB \tag{2-8}$$

$$R=\frac{mv}{qB}\approx\frac{3.14\sqrt{U}}{B}(\text{cm}) \tag{2-9}$$

其中，U 为与电子速度相对应的电位，单位为 V；B 为磁感应强度。如果磁场里各点的 B 都恒定，不随时间而变，那么电子旋转一周的周期为

$$T=\frac{2\pi R}{v}=\frac{2\pi m}{qB} \tag{2-10}$$

电子的初始速度越大，则其运动轨迹的半径越大；而 B 越大，则运动轨迹的半径越小。电子旋转一周的时间仅由磁感应强度决定，磁场越强，时间越短。

（3）当电子初始速度为任意方向时，如果把速度分解成平行和垂直于磁场的两部分，那么很容易看出，此时电子在磁场里的运动轨迹是螺旋线（见图 2-3）。

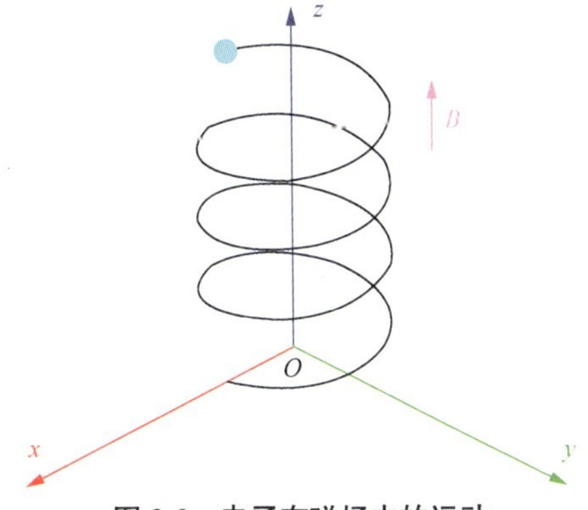

图 2-3 电子在磁场中的运动

2.4 电子在复合电场与磁场中的运动

当电子在电场、磁场同时存在的空间中运动时，它将同时受到电场和磁场的作用，

运动轨迹将变得相对复杂。为了描述电子的运动，采用直角坐标系，假设研究对象为静场，则 $\boldsymbol{E}$ 和 $\boldsymbol{B}$ 都只是坐标的函数。

电子在电场和磁场中受到的洛伦兹力为

$$\boldsymbol{F} = -e\boldsymbol{E} - e[\boldsymbol{\upsilon} \times \boldsymbol{B}] \tag{2-11}$$

在非相对论情况下，电子的运动遵守牛顿定律，有

$$\boldsymbol{F} = m\boldsymbol{a} = m\frac{\mathrm{d}\boldsymbol{\upsilon}}{\mathrm{d}t} \tag{2-12}$$

其中，$\boldsymbol{a}$ 为电子运动加速度。

各矢量在直角坐标系 3 个坐标轴上的分量可表示为

$$\boldsymbol{E} = E_x\boldsymbol{i} + E_y\boldsymbol{j} + E_z\boldsymbol{k} \tag{2-13}$$

$$\boldsymbol{a} = a_x\boldsymbol{i} + a_y\boldsymbol{j} + a_z\boldsymbol{k} \tag{2-14}$$

而

$$a_x = \frac{\mathrm{d}^2 x}{\mathrm{d}t^2}$$

$$a_y = \frac{\mathrm{d}^2 y}{\mathrm{d}t^2}$$

$$a_z = \frac{\mathrm{d}^2 z}{\mathrm{d}t^2}$$

$$\boldsymbol{v} = \frac{\mathrm{d}x}{\mathrm{d}t}\boldsymbol{i} + \frac{\mathrm{d}y}{\mathrm{d}t}\boldsymbol{j} + \frac{\mathrm{d}z}{\mathrm{d}t}\boldsymbol{k}$$

联立式（2-11）～式（2-14）可以得到电子在直角坐标系中的运动方程：

$$\begin{cases} \dfrac{\mathrm{d}^2 x}{\mathrm{d}t^2} = -\dfrac{e}{m}\left(E_x + \dfrac{\mathrm{d}y}{\mathrm{d}t}B_z - \dfrac{\mathrm{d}z}{\mathrm{d}t}B_y\right) \\ \dfrac{\mathrm{d}^2 y}{\mathrm{d}t^2} = -\dfrac{e}{m}\left(E_y + \dfrac{\mathrm{d}z}{\mathrm{d}t}B_x - \dfrac{\mathrm{d}x}{\mathrm{d}t}B_z\right) \\ \dfrac{\mathrm{d}^2 z}{\mathrm{d}t^2} = -\dfrac{e}{m}\left(E_z + \dfrac{\mathrm{d}x}{\mathrm{d}t}B_y - \dfrac{\mathrm{d}y}{\mathrm{d}t}B_x\right) \end{cases} \tag{2-15}$$

考虑电子在图 2-4 所示的正交场中的运动，即

$$\begin{cases} B = B_x \\ B_z = B_y = 0 \\ E = -E_y \\ E_x = E_z = 0 \end{cases} \tag{2-16}$$

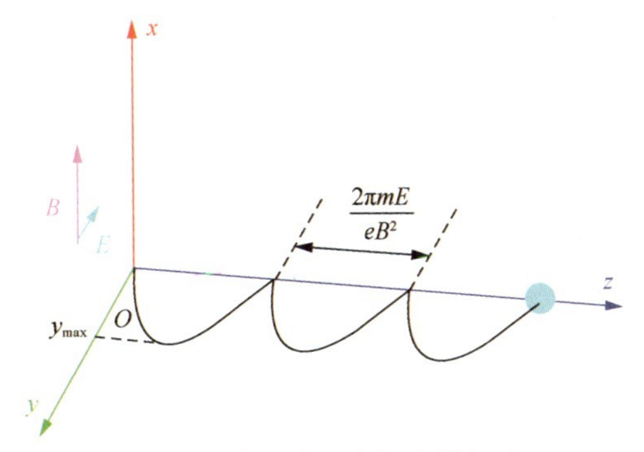

图 2-4　电子在正交场中的运动

由式（2-15）可得电子运动方程：

$$\begin{cases} \dfrac{\mathrm{d}^2 x}{\mathrm{d}t^2}=0 \\ \dfrac{\mathrm{d}^2 y}{\mathrm{d}t^2}=-\dfrac{e}{m}\left(-E+\dfrac{\mathrm{d}z}{\mathrm{d}t}B\right) \\ \dfrac{\mathrm{d}^2 z}{\mathrm{d}t^2}=-\dfrac{e}{m}\left(-\dfrac{\mathrm{d}y}{\mathrm{d}t}B\right) \end{cases} \tag{2-17}$$

对式（2-17）积分，令 t=0 时，y=0、z=0，解得

$$\begin{cases} x=0 \\ y=\dfrac{mE}{eB^2}\left(1-\cos\dfrac{e}{m}Bt\right) \\ z=\dfrac{E}{B}t-\dfrac{m}{e}\dfrac{E}{B^2}\sin\dfrac{e}{m}Bt \end{cases} \tag{2-18}$$

当初始速度为 0 时，电子在正交场中的运动情况由式（2-18）表示，可知这是旋轮线方程（摆线方程）。

所以，旋轮线可看作圆周运动与圆心在圆周平面中匀速运动的叠加。它的物理意义是沿直线匀速前进的轮子边缘上一个点的运动轨迹（见图 2-5）。在一些正交场的超高频器件中，电子的运动轨迹都是旋轮线。在正交场中，初始速度为 0 的电子从 z=0 出发，又汇聚于轴上的一点 z_1，有

$$z_1=2\pi R=2\pi\frac{m}{e}\frac{E}{B^2} \tag{2-19}$$

z_1 与荷质比 $\dfrac{e}{m}$ 有关，可见不同的电子聚焦于不同的点。对于初始速度不等于 0 的电子，用同样的分析方法也可得出其聚焦特性。

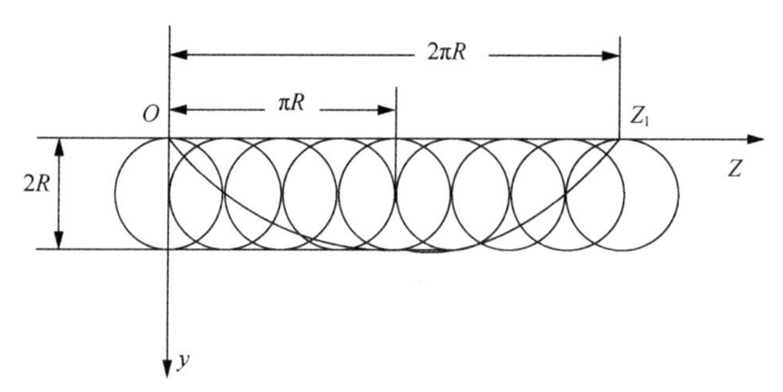

图 2-5　旋轮线的物理意义

2.5　运动电子产生的辐射

2.5.1　运动电子产生的电磁场

本小节研究运动电子产生的电磁场，考虑单个运动电子的情况。设坐标原点为 O，$\boldsymbol{p}(x,t)$为 t 时刻的观察点，电子在 t 时刻的位置是 $\boldsymbol{r}(t)$，瞬时速度为 $\boldsymbol{v}(t)$。观察点的场是电子在较早时刻 t' 产生的场经过 $t-t'$ 时间传播到 $\boldsymbol{p}(x,t)$点的。由图 2-6 可得

$$R'^2=\left|\boldsymbol{r}-\boldsymbol{r}\left(t'\right)\right|^2=\sum_{i=1}^{3}\left[x_i-x_i\left(t'\right)\right]^2=c^2\left(t-t'\right)^2 \tag{2-20}$$

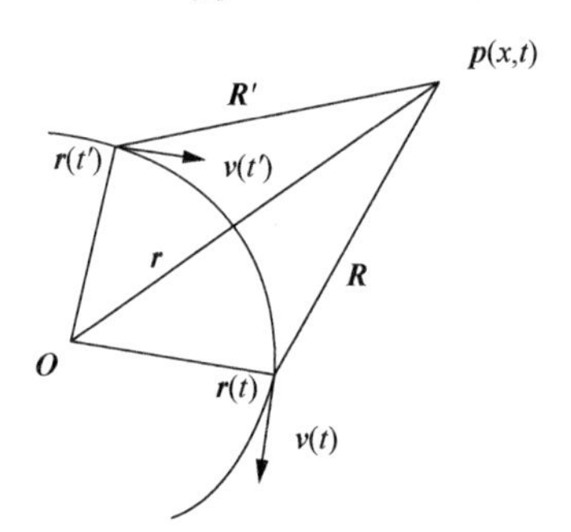

图 2-6　单个电子运动示意

四维下的位矢量函数可以表示为

$$\boldsymbol{\Phi}_0\left(x_1,x_2,x_3,x_4\right)=\frac{\mu_0}{4\pi^2}\int \boldsymbol{J}_0\frac{1}{R_0'^2}\mathrm{d}x_1'\mathrm{d}x_2'\mathrm{d}x_3'\mathrm{d}x_4' \tag{2-21}$$

其中，$\boldsymbol{J}_0$ 表示四维下的电流密度矢量。

为了不失普遍性，选择观察的时刻为 t=0，则时间 t 从观察时开始计算。

电子运动轨迹可以写成以下形式：

$$\begin{cases}x_i'=f_i\left(t'\right) & i=1,2,3\\ x_4'=f_4\left(t'\right)=\mathrm{j}ct'\end{cases} \tag{2-22}$$

其中，j 为虚数单位。

对于单个运动电子，三维电流密度可以写为

$$\boldsymbol{J}=e\boldsymbol{v}\left(t'\right)\delta\left[\boldsymbol{r}'-\boldsymbol{r}\left(t'\right)\right] \tag{2-23}$$

因此得到

$$\begin{aligned}\int \mathrm{d}x_1'\int \mathrm{d}x_2'\int \mathrm{d}x_3'\boldsymbol{J}&=\int \mathrm{d}x_1'\int \mathrm{d}x_2'\int \mathrm{d}x_3'\left\{e\boldsymbol{v}\left(t'\right)\delta\left[\boldsymbol{r}'-\boldsymbol{r}\left(t'\right)\right]\right\}\\&=e\boldsymbol{v}\left(t'\right)=e\frac{\mathrm{d}\boldsymbol{x}'}{\mathrm{d}t'}=e\frac{\mathrm{d}f_i}{\mathrm{d}t'}\boldsymbol{e}_i\end{aligned} \tag{2-24}$$

其中，$\boldsymbol{e}_i$ 表示各空间坐标的单位矢量。

将式（2-24）代入式（2-21），可以得到

$$\boldsymbol{\Phi}_0=\frac{\mu_0}{4\pi^2}e\int\frac{\mathrm{d}\boldsymbol{x}_0'}{\mathrm{d}t'}\bigg|_{t=t'}\frac{1}{R_0'^2}\mathrm{d}x_4' \tag{2-25}$$

或写成分量形式：

$$\varPhi_\mu=\frac{\mu_0}{4\pi^2}e\int\frac{\mathrm{d}x_\mu'}{\mathrm{d}t'}\frac{1}{R_0'^2}\mathrm{d}x_4' \tag{2-26}$$

将 $R_0'=\sqrt{R_0'^2+x_4'^2}=\sqrt{R_0'^2\,|\,c^2t^2}$ 代入式（2-26），得

$$\varPhi_\mu=\frac{\mu_0 e}{4\pi^2}\int\frac{\mathrm{d}x_\mu'}{\mathrm{d}t'}\frac{1}{\left(R'-\mathrm{j}x_4'\right)\left(R'+\mathrm{j}x_4'\right)}\mathrm{d}x_4' \tag{2-27}$$

电子的运动轨迹由式（2-27）表示。所以 $x_i=f_i\left(t'\right)$ 可认为是 t'的解析函数。容易看出，式（2-27）中含有两个孤立的奇异点：$R'=\pm\mathrm{j}x_4'$。但由于我们已取 t=0，所以 t' 总是取负值，因此实际上奇异点位于 x_4' 负轴上，如图 2-7 所示。

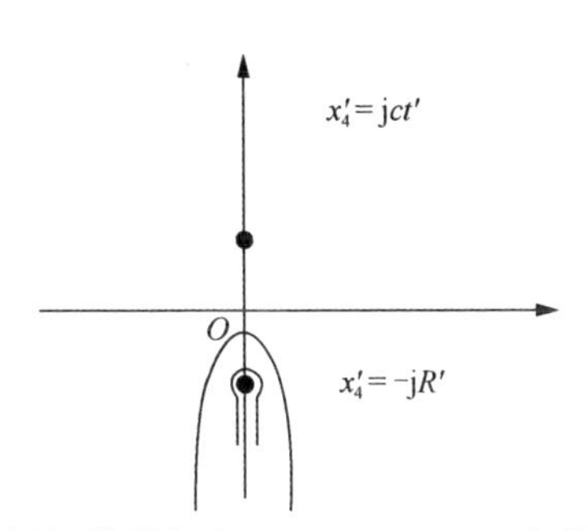

图 2-7　李纳-维谢尔（Lienard-Wiechert）位积分路径

图 2-7 中也给出了积分路径，可见式（2-27）中积分的主要贡献是沿图 2-7 中奇异点的邻域的积分。为此，将式（2-26）中的 $R_0'^2$ 在此奇异点展开：

$$R_0'^2=R_0'^2\Big|_{t=t'}+\frac{\mathrm{d}R_0'^2}{\mathrm{d}x_4'}\left(x_4'-\overline{x}_4'\right)+\cdots \tag{2-28}$$

但

$$R_0'^2\Big|_{t=t'}=0 \tag{2-29}$$

而

$$\frac{\mathrm{d}\boldsymbol{R}_0'^2}{\mathrm{d}x_4'}=\frac{1}{\mathrm{j}c}\frac{\mathrm{d}\left(\boldsymbol{R}_0'\cdot\boldsymbol{R}_0'\right)}{\mathrm{d}t'}=\frac{2}{\mathrm{j}c}\left(\boldsymbol{R}_0'\cdot\boldsymbol{R}_0'\right) \tag{2-30}$$

将式（2-28）～式（2-30）代入式（2-27）可以得到

$$\begin{aligned}\Phi_\mu&=\frac{\mu_0 e}{4\pi^2}\int\frac{\mathrm{d}x_\mu'}{\mathrm{d}t'}\frac{\mathrm{d}x_4'}{\frac{2}{\mathrm{j}c}\left[\left(\boldsymbol{R}_0'\cdot\boldsymbol{R}_0'\right)\left(x_4'-\overline{x}_4'\right)\right]}\\&=\frac{\mathrm{j}c\mu_0 e}{4\pi^2}\frac{1}{2\left(\boldsymbol{R}_0'\cdot\boldsymbol{R}_0'\right)\oint_c\frac{\mathrm{d}x_\mu'}{\mathrm{d}t'}\frac{\mathrm{d}x_4'}{\left(x_4'-\overline{x}_4'\right)}}\end{aligned} \tag{2-31}$$

但式（2-31）中 $\boldsymbol{R}_0'$ 为四维矢量，因此有

$$\begin{cases}\dot{\boldsymbol{R}}_0'=-\left(\boldsymbol{v}',\mathrm{j}c\right)\\\boldsymbol{R}_0'=-\left(\boldsymbol{R}',-\mathrm{j}ct'\right)=\left(\boldsymbol{R}',\mathrm{j}R'\right)\\\dot{\boldsymbol{R}}_0'\cdot\boldsymbol{R}_0'=-\boldsymbol{v}'\cdot\boldsymbol{R}'+\left(-\mathrm{j}c\right)\cdot\mathrm{j}R'=R'c-\boldsymbol{v}'\cdot\boldsymbol{R}'=R'c\left(1-\dfrac{v_{R'}}{c}\right)\end{cases} \tag{2-32}$$

其中，$v_{R'}$ 表示 t 时刻电子在 $\boldsymbol{R}$ 方向上的速度分量。同时在积分时，利用留数定理即可求得

$$\begin{aligned}\varPhi_\mu&=\frac{\mathrm{j}c\mu_0 e}{4\pi^2}\frac{1}{2R'c\left(1-\dfrac{v_{R'}}{c}\right)}2\pi\mathrm{j}\frac{\mathrm{d}x_\mu'}{\mathrm{d}t'}\\&=-\frac{\mu_0 e}{4\pi^2}\frac{1}{R'\left(1-\dfrac{v_{R'}}{c}\right)}\frac{\mathrm{d}x_\mu'}{\mathrm{d}t'}\end{aligned} \tag{2-33}$$

注意到：

$$\frac{\mathrm{d}x_0'}{\mathrm{d}t'}=\left(\frac{\mathrm{d}x_i'}{\mathrm{d}t'},\frac{\mathrm{d}\mathrm{j}ct'}{\mathrm{d}t'}\right)=\left(\boldsymbol{v}',\mathrm{j}c\right) \tag{2-34}$$

分别写出式（2-34）中的空间分量及时间分量，即得到矢量位 $\boldsymbol{A}$ 及标量位 φ 的表达式：

$$\boldsymbol{A}=\frac{\mu_0 e}{4\pi}\cdot\frac{\boldsymbol{v}'}{R'\left(1-\dfrac{v_{R'}}{c}\right)} \tag{2-35}$$

$$\varphi=\frac{1}{4\pi\varepsilon_0}\cdot\frac{e}{R'\left(1-\dfrac{v_{R'}}{c}\right)} \tag{2-36}$$

其中，$\boldsymbol{A}$ 和 φ 为李纳-维谢尔位，它是研究运动电子产生的场及运动电子辐射的基础；ε_0 为真空介电常数。

现在根据以上所得结果，分析场与位函数的关系，有

$$\begin{cases} \boldsymbol{E} = -\dfrac{\partial \boldsymbol{A}}{\partial t} - \nabla \varphi \\ \boldsymbol{B} = \nabla \times \boldsymbol{A} \end{cases} \tag{2-37}$$

可进一步求出运动电子产生的电场强度和磁感应强度，即

$$\boldsymbol{E}(\boldsymbol{x}, \mathrm{j}ct) = \frac{1}{4\pi\varepsilon_0} \frac{e\left(1-\dfrac{v'^2}{c^2}\right)\left(\boldsymbol{R}' - \dfrac{R'\boldsymbol{v}'}{c}\right)}{\left(R' - \dfrac{1}{c}\boldsymbol{R}'\cdot\boldsymbol{v}'\right)^3} + \frac{e}{4\pi\varepsilon_0 c^2} \frac{\boldsymbol{R}' \times \left[\left(\boldsymbol{R}' - \dfrac{R'\boldsymbol{v}'}{c}\right)\times\dot{\boldsymbol{v}}'\right]}{\left(R' - \dfrac{1}{c}\boldsymbol{R}'\cdot\boldsymbol{v}'\right)^3} \tag{2-38}$$

$$\boldsymbol{B}(\boldsymbol{x}, \mathrm{j}ct) = \frac{\boldsymbol{R}'}{R'} \times \frac{\boldsymbol{E}}{c} \tag{2-39}$$

可见，运动自由电子产生的电磁场可以分成性质不同的两部分。第一部分与速度有关，第二部分与加速度有关。与速度有关的部分对辐射场无贡献，辐射场主要由加速度有关的部分提供。此外，匀速运动的电子在一些特殊的条件下也能够产生辐射。下面介绍一些常见的自由电子辐射，如切连科夫辐射（Cherenkov Radiation）、渡越辐射（Transition Radiation）、史密斯-珀塞尔辐射（Smith-Purcell Radiation）、同步辐射（Synchrotron Radiation）等。

2.5.2　切连科夫辐射

当带电粒子的运动速度超过介质中的光速时，带电粒子将在介质中产生切连科夫辐射。根据相对论，电子的运动速度不可能大于真空中的光速，却可能大于某种介质中的光速，即$c>u>c/n$，这里 n 是介质的折射率，c 是光速，u 是电子运动速度。在这种情况下，运动的电子将“超过”它的场，电子离开了场，于是产生电磁波的辐射。具体来讲：电子在自己运动的路径的每一点上发生球面子波干涉，球面子波在介质中的传输速度$u=c/n$，电子超过它的场，相继发生的球面子波干涉的结果就是形成一个在电子后面的、锥形的尾波，如图 2-8 所示。可见在这种情况下，即使电子与波速度相等，电子也会“抛开”场，场便从源“离开”，因此有显著的辐射作用。

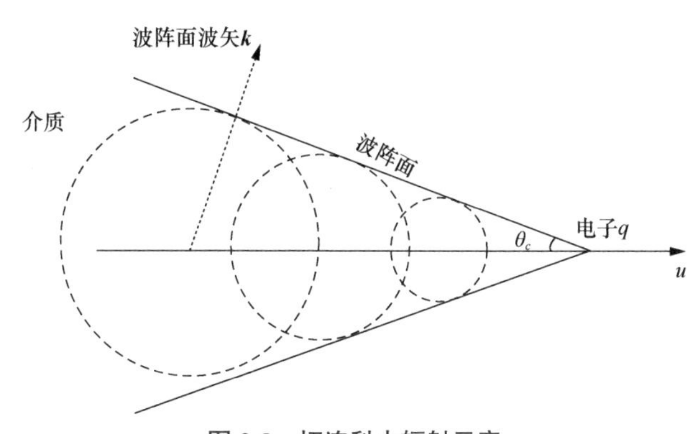

图 2-8　切连科夫辐射示意

在图 2-8 中，我们注意到场全部集中在$\theta=\theta_c$的锥体内。整个波以此锥面为边界形成一个冲击波。理论上讲，$\theta=\theta_c$的锥面上存在奇异点，即此处的场的幅值无穷大，这显然是不符合真实物理情况的。实际上，当考虑介质的色散效应时，就不会出现这种明显的界面，因为不同频率成分的场在介质中的速度不同，所以在锥面附近区域会产生一层强度很大的冲击波。一般情况下，介质折射率 n 会随着频率增大而减小，在一定频率下达到

$$n\left(\omega_{\mathrm{m}}\right)\frac{u}{c}=1 \tag{2-40}$$

其中，ω_{m} 为介质折射率 n 达到临界值时对应的角频率。此后，不再产生切连科夫辐射。

2.5.3 渡越辐射

匀速运动的电子从一种介质过渡到另一种介质时，会产生电磁波辐射，原理如图 2-9 所示。渡越辐射产生的机制是：当电子在一种介质中运动时，会建立一个随着电子运动的场，而在另一种介质中运动时，将建立另一个场，这两个场是不相同的，所以必定有附加的场产生，才能实现边界匹配，这种附加场构成辐射场。

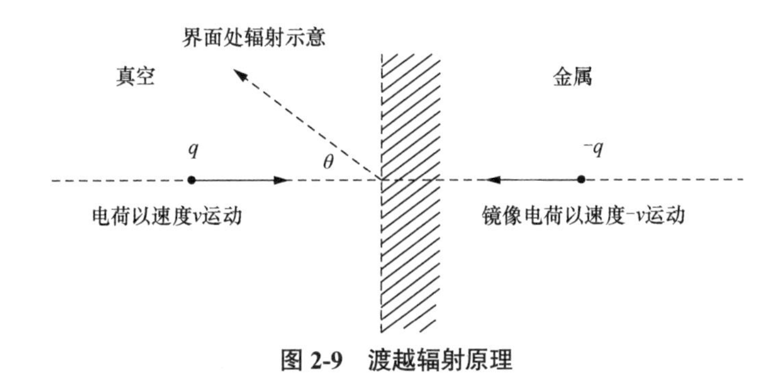

图 2-9　渡越辐射原理

2.5.4 散射辐射

当电磁波投射到自由电子上时，电子就在场的作用下运动，这种运动有加速，故能产生辐射，这种辐射被称为散射辐射。当投射波的频率较小时，称为汤姆孙散射（Thomson Scattering），而当投射波的波长小于电子的康普顿波长（Compton Wavelength）时，散射过程就由经典的汤姆孙散射过渡到量子的康普顿散射。当电子运动速度很快时，散射波的频率有可能与投射波的频率不同。

2.5.5 衍射辐射

带电粒子在接近或掠过物体边缘或界面时，会因电磁场扰动而产生电磁辐射，称

为衍射辐射。假定一个运动电子的运动路径上有一块半无限金属板。由于电子将在此金属板上感应起电，当电子运动时，感应电荷随之发生变化。因此，这块金属板犹如一根天线，感应电荷的变化就构成天线上的电流，从而产生电磁波的辐射。

2.5.6 史密斯-珀塞尔辐射

1953 年，史密斯和珀塞尔发现，电子注沿光栅表面做匀速直线运动时，会产生辐射，如图 2-10 所示。它属于衍射辐射的一种。史密斯-珀塞尔辐射的物理过程可以看作：当电子沿光栅运动时，光栅上的镜像电荷就沿光栅表面振动，运动电子和运动的镜像电荷形成偶极子振荡，从而产生辐射。

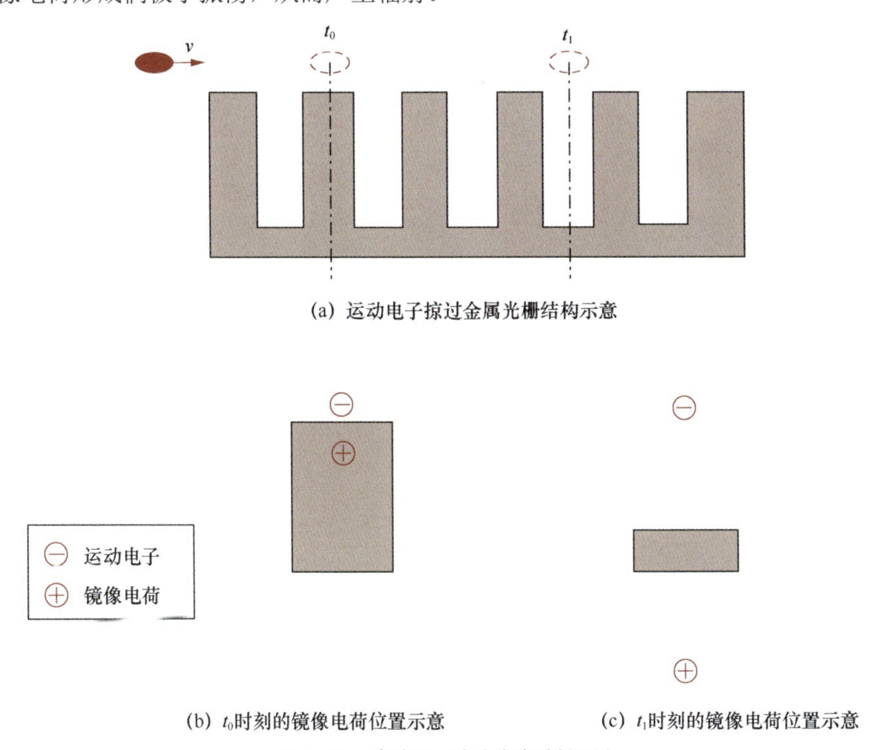

(a) 运动电子掠过金属光栅结构示意

(b) t_0时刻的镜像电荷位置示意　　(c) t_1时刻的镜像电荷位置示意

图 2-10 史密斯-珀塞尔辐射机制

2.5.7 同步辐射

同步辐射是指当带电粒子在电磁场中做曲线运动时，沿切线方向发出的电磁辐射。在同步加速器等环形加速器中，电子等带电粒子被加速到接近光速，并在强大的磁场作用下沿圆形轨道高速运动。根据经典电磁理论，电子做加速运动时会不断地向外辐射能量，这种辐射就是同步辐射。同步辐射的光源是具有从远红外到 X 射线范围内的连续光谱，以及高强度、高度准直、高度极化、特性可精确控制等优异性能的脉冲光源，可以用于开展其他光源无法实现的许多前沿科学技术研究工作。

拓展阅读

[1] 刘盛纲. 相对论电子学[M]. 北京: 科学出版社, 1987.
[2] 王文祥. 真空电子器件[M]. 北京: 国防工业出版社, 2012.
[3] CHANG W S C. Principles of lasers and optics[M]. Cambridge: Cambridge University Press, 2005.
[4] 张世昌. 自由电子激光导论[M]. 成都: 西南交通大学出版社, 1993.
[5] JACKSON J D. Classical electrodynamics[M]. New York: Wiley, 1998.
[6] FREIDBERG J P. Plasma physics and fusion energy[M]. Cambridge: Cambridge University Press, 2007.

第 3 章　自由电子的产生与传输

在真空电子学中，自由电子的产生是一项重要的研究内容。为了使电子从固体表面释放到真空中，必须让它们获得足够的能量来克服表面势垒，这种能量可以由热、电子或离子的碰撞或短波长光的照射提供，势垒的性质取决于材料以及外部电场。除介绍自由电子的产生，本章还将介绍电子注的聚焦系统。在许多真空电子器件中，电子注和电磁波的互作用发生在扩展线性区域内，因此必须通过控制电子注的路径来确保它与电磁波的正确关系。这意味着电子需要形成一个具有近似恒定截面的电子注。通常微波管中使用的电子注的电荷密度足够大，这使得电子会因电子间的相互排斥而快速发散。如果没有任何控制电子的手段，电子就会被管体截获，无法发生互作用，并且引起严重的管体过热问题。

3.1　金属中的自由电子

任何物体的原子都是由原子核和绕着原子核按一定规律不断运动的电子组成的。在一定条件下，离核较远的外层电子可以脱离原子。在金属中，大量原子有规律地排列成晶体，其中原子与原子之间距离很近，最外层的电子（价电子）离原子核较远，此时金属原子的外层电子将不仅受它本身所属的原子核的影响，还受到相邻原子核的强烈影响，这样就使得这些外层电子不再是分别属于晶体中的各个原子，而是为整个晶体中的原子所共有。这些电子可以在金属中的各原子之间自由活动，因此被称为自由电子。金属导电性就是因为这些自由电子的存在而产生的。

自由电子在金属的正离子间运动时，与金属离子或与其他电子不断地碰撞，从而使它的运动方向和速度不断改变。金属中平均每立方米约有10^{28}个自由电子，而自由电子的运动速度各不相同，要推断每个自由电子的运动状态是一件不可能的事。不过把自由电子按照它具有的速度或能量来分类，用统计的方法来推算速度在某一范围内的自由电子的数量有多少，这是可能的。在室温下，自由电子的平均速度达100km/s。

那么，金属中的自由电子在常温下为什么不能“跑出”金属？

3.2　自由电子的发射

固体中含有大量的电子，这些电子在没有获得足够能量的情况下是不能逸出固体的。因此要把电子从固体中释放出来，必须赋予它们额外的能量，或者设法把阻碍它们逸出固体的力消除。最简单的方式是通过加热使固体内部电子的动能增大，其中一部分电子的动能增大到可以克服表面势垒而逸出固体表面，从而形成电子的发射。这也是当前最稳定和应用最多的方式。同样，在固体表面上加以很强的电场，可以有效地消除阻碍电子逸出固体的力，进而实现电子的发射。

3.2.1 电子离开金属受到的阻力

金属内部的自由电子虽然有从金属中跑出去的趋势，但在金属边界处，电子受到两种阻止它飞出去的力，这两种力正是金属表面势垒形成的主要原因。

首先，飞到金属边界的电子受力与在金属内部运动的电子受力不同。在金属内部，自由电子周围都是正离子，这些正离子对自由电子的作用力是相互抵消的。在金属表面，由于金属表面之外不再有其他的正离子，自由电子在最外层的正离子外面时，它所受到的只有指向金属内部的拉力，该拉力阻止电子飞出金属表面，使电子的速度不断减小，最后又回到金属内部。这种飞出与飞回的过程是持续的[见图 3-1（a）]。这样一来，在金属表面始终存在着一层电子，它和在金属最外表面的一层正离子形成一个偶电层，如图 3-1（b）所示。移向金属表面的自由电子一方面受到正离子的吸引，另一方面还受到偶电层其他电子的斥力。这就是阻碍电子飞出的第一种阻力，源自偶电层的作用。

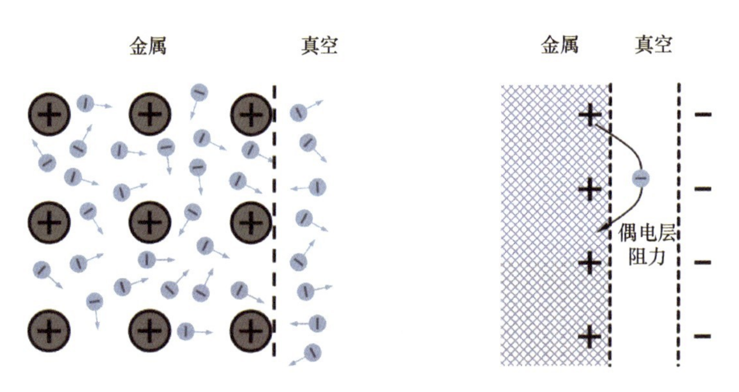

(a) 自由电子在金属内部和表面运动的不同情况　(b) 自由电子跑出表面时受到偶电层阻力示意

图 3-1 金属表面的偶电层

除了偶电层作用力，电子还受到第二种阻力。在金属表面附近，电子受到的作用力是复杂的。但从静电学观点来看，当电子距金属较远时，可不考虑金属内部原子的周期性结构，而仅把表面看作一个良导体的均匀表面。当电子飞离金属表面时，金属由原来的电中性变为带正电荷（见图 3-2），这样便产生对飞离电子的吸引力，这种吸引力叫作镜像力。由于镜像力的存在，室温下运动速度最快的电子也不能逸出。电子离开金属表面要克服偶电层阻力与镜像力做功，因而电子运动的速度逐渐下降，当速度降至零时，电子又被拉回。只有电子的速度足够快，快到可以克服偶电层与镜像力的作用，电子才能不被拉回。镜像力的大小可以由镜像法（又称电像法）来确定，即离开金属表面距离为 x 的电子所受到金属的吸引力，等于在金属表面背后相同距离 x 处，有一个与电子电荷大小相等的正电荷对该电子的作用力。

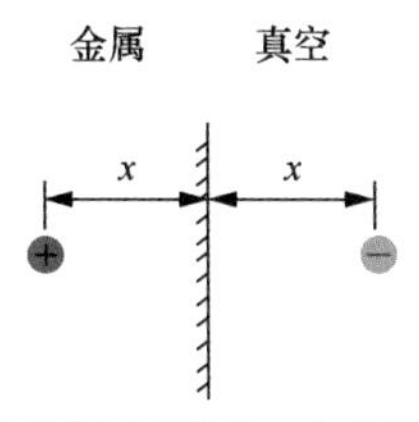

图 3-2　电子离开金属表面时，在金属中产生了正电荷

电子在金属表面受到的阻止它逸出的作用力，可以用图 3-3（a）所示的电位曲线来表示。图中纵轴所在位置代表金属和真空的交界面，横轴表示电子离开金属表面的距离。沿纵轴表示空间各点的电位，而且从 O 点向上的方向表示负电位。图中曲线上位置越高的点，电子越难到达。这是因为电子带有负电荷，曲线上某一点的电位也为负，电子的位置越高，位能就越大，它到达这一点时就要消耗更多的动能。电位曲线与小坡的类比如图 3-3（b）所示。

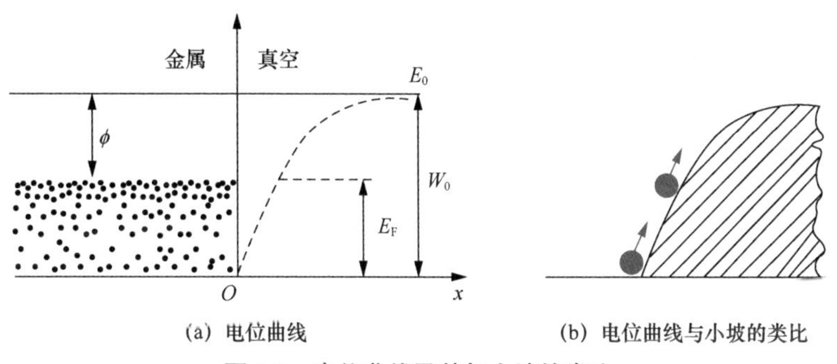

（a）电位曲线　　（b）电位曲线与小坡的类比

图 3-3　电位曲线及其与小坡的类比

电子要脱离金属进入真空，就必须克服表面势垒的作用。设 E_0 为真空能级，E_F 是金属费米能，E_C 为金属内周期势场分布曲线最高点所对应的能级。显然，金属表面势垒 W_0 比 E_F 大，ϕ 是金属的功函数，故有 $W_0 = E_F + \phi$ 。

逸出功是表面势垒的一种表现形式。它实际上就是电子从固体内部克服表面势逃逸到真空中所需的能量。表面势垒的存在使得电子需要一定的能量才能从固体表面逃逸出去，而这个能量就是逸出功。表面势垒的高度与逸出功成正比：表面势垒越高，电子逸出所需克服的能量就越大，逸出功也就越高；表面势垒越低，逸出功也就越低。

逸出功可以用功的单位来度量。不过，由于电子电荷量是固定的，因此可以用电子伏特（eV）来度量逸出功。1eV 相当于一个电子从电位为 1V 的区域移到电位为 0 的区域时所需做的功。

不同的物质具有不同的逸出功。某些金属物质的逸出功如表 3-1 所示。

表 3-1 某些金属物质的逸出功

物质名称	铯	钠	钡	锶	钙	钍	镧	铌	钽	钼
逸出功/eV	1.93	2.35	2.52	2.74	2.76	3.35	3.80	3.98	4.39	4.24
物质名称	铜	铁	硼	汞	钨	银	镍	金	铼	铂
逸出功/eV	4.54	4.49	4.50	4.52	4.82	4.73	4.61	5.10	4.94	5.36

注：数据源自《电子发射原理与应用》（云南大学出版社，1995 年出版）

无论采用什么手段，只要能使金属内的自由电子获得大于逸出功的额外能量，它们就可以从金属中逃逸，构成电子发射。金属中的自由电子发射是一个重要的物理现象，具有多种实现方法，在不同的领域发挥着关键作用。热电子发射是一种常见的金属自由电子发射方法。该方法通过对金属加热，使金属内部的电子获得足够的能量，克服金属表面的势垒而逸出。例如在真空管中，阴极被加热到较高温度，电子在热能的激发下从金属阴极表面发射出来。该方法在早期的电子管等器件中得到广泛应用，为电子技术的发展奠定了基础。光致发射是当金属受到特定频率的光子照射时，如果光子能量大于金属的逸出功，电子就会吸收光子能量而从金属表面发射出来。这种方法在光电探测器、太阳能电池等光电器件中起着核心作用，利用光的能量激发金属中的自由电子，实现光电转换。场致发射则是利用强电场作用于金属表面，使金属中的自由电子在电场力的作用下隧穿表面势垒而发射出来。在高电场强度下，电子的能量状态发生变化，能够突破表面势垒的束缚。场致发射具有发射电流密度高、响应速度快等优点，在现代纳米电子器件、场发射显示器等领域有着广阔的应用前景。

3.2.2 热电子发射

低温时，金属内部的自由电子因能量太小，不能越过金属表面的表面势垒。倘若把金属的温度升高，一部分自由电子可以获得充分的能量，越过表面势垒，离开金属。金属的温度越高，金属内动能大于逸出功的电子就越多，因此，发射电流也越大。杜什曼推导出二极管中热电子发射电流密度与阴极温度（T）的关系式：

$$j = AT^2 \mathrm{e}^{-\frac{\phi}{kT}} \tag{3-1}$$

其中，j 表示热电子发射的电流密度，单位是 $\mathrm{A/m^2}$；A 表示与阴极表面化学纯度有关的系数，单位为 $\mathrm{A/(m^2 \cdot K^2)}$（对于一系列金属，实验给出 A 约等于 $120\mathrm{A/(m^2 \cdot K^2)}$，比理论值小一半）；$T$ 表示发射热电子的阴极的绝对温度，单位为 K；k 表示玻耳兹曼常数，$k=1.38\times10^{-23}\mathrm{J/K}$；$\phi$ 表示阴极材料的逸出功，单位为 J（eV 也是常用单位，$1\mathrm{eV}=1.6\times10^{-19}\mathrm{J}$）。

由式（3-1）可以看出，热电子发射电流密度与阴极材料的逸出功、温度密切相关。

逸出功越小、温度越高，热电子发射电流密度越大。这也是为什么在实际的电子器件中，为了获得较高的电子发射效率，通常会对阴极进行加热，并且选择逸出功较低的材料作为阴极。

在工作温度下，阴极会不断发射电子，如果没有外力作用，电子就会在阴极附近堆积起来，形成“电子云”。这是由于从阴极飞出来的电子，受到较早飞出去的电子的排斥，不能远离阴极。一部分运动速度较慢的电子，又重新被推回阴极。最后电子云层达到稳定，从阴极飞出的电子数等于回到阴极的电子数。电子云层是在真空中存储的自由电子，它们是可以被利用的。

假如在阳极上加负电压，那么，由阴极飞出并聚集在阴极周围的电子云层中的电子会因被排斥而返回阴极。

当在阳极上加上不大的正电压时，阳极产生的正电场对电子云层中的电子产生一个吸引力，但因为电场力不大，只有那些具有较大初始速度的电子能被拉出电子云层并到达阳极，初始速度较小的电子则因为受到的电子云层排斥力大于电场的吸引力而无法到达阳极，所以阳极电流较小。随着阳极正电压的增大，吸引电子的电场力增大，更多的电子可以脱离电子云层到达阳极。因此，改变阳极电压可以达到控制阳极电流的目的，电子管内工作原理与此类似。在这种状态下，一定的阳极电压对应一定的阳极电流，起自动调节作用的是电子云层。电子云层的这种作用，常被称为空间电荷限制作用。最后，当阳极上的电压足够大时，所有在阴极周围的电子都可以到达阳极，电子云层就会完全“消散”。理论上，这时再增大阳极电压，吸取的电流也不能再增大，因为阴极发射的全部电子都已被“吸干”了。要想进一步增大阳极电流，就必须升高阴极温度，使发射的电子增加。在一定温度下，阴极发射的全部电子都被阳极吸收时所对应的阳极电流，称为该温度下的饱和电流。由此可见，在这种状态下，阳极电流是受阴极温度限制的，这种情况通常称为温度限制。通常，在电子管工作时，实际利用的阴极发射电流值比温度限制饱和电流小得多，因为在阴极工作过程中电子发射会逐渐衰减，若开头就利用它的全部发射电子，则在后期阴极的发射电流就会不敷所需，从而使管子性能变差，甚至不能工作。

实际上，增大阳极电压使电流达到温度限制饱和电流后，继续增大阳极电压，阳极的电流仍可以缓慢增大，表明阴极发射电流在缓慢增大，这种因电场增强而使发射电流增大的现象称为肖特基效应（Schottky Effect）。肖特基效应产生的原因是：在阳极上加很高的正电压时，它产生的电场除了吸引所有发射的电子，还有部分作用到阴极表面，抵消了部分表面势垒，助力自由电子离开金属表面，因而增加了发射电子的数量。利用图解来说明肖特基效应，更加容易理解。前面已经说过，电子离开金属表面时受到的力可以用表面势垒来表示，而阳极加上高电压时，对阴极表面的表面势垒是有影响的。如图 3-4 所示，曲线 1 表示金属表面的表面势垒，电子的动能如能克服这个表面势垒就能逸出；曲线 2 表示阴极和阳极之间加上电压时在两极间的电位分布情况；两条曲线的叠加如曲线 3 所示。由图可见，由于外加电场的存在，金属表面的表面势垒的最高点降低，逸出功由 ϕ_0 减小到 ϕ_0' 。这时，电子只需具有能克服曲线 3 所示表面势垒的能量就能逸出。这好像“小土坡”被挖矮了，电子越过“坡顶”所需做的功小了。随着外加电场增强，表面势垒下降，因而发射电流随电场的增强而增大。表面势垒的降低意味着逸出功减小，我们会想到，当外加电场足够强时，逸出功减至 0，岂不是在常温下就有显著的电子发射现象了？答案是肯定的。这种电子发射方法将在 3.2.5 节进行介绍。

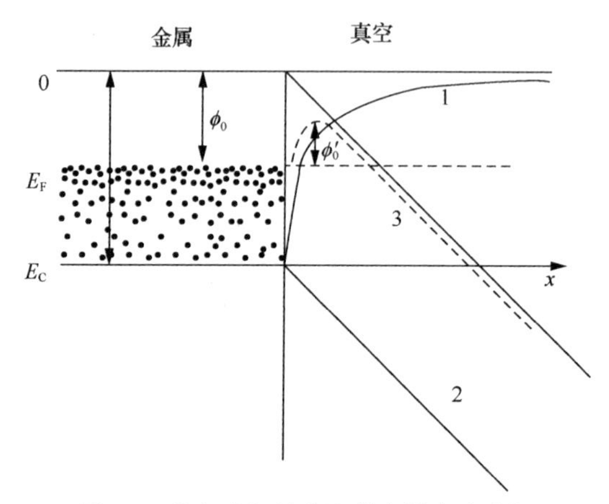

图 3-4　外加电场使表面势垒的高度降低

3.2.3　光电发射

光线照射到物体上使物体发射电子的现象称为光电发射。这一现象在热电子发射后不久就被发现了，并且在数年后基于此制成了实用的光电管。这种光电管通常由两个电极组成，一个是在光照射下会产生光电发射的光电阴极，另一个是接收电子的阳极。光电管的应用极广，比如在有些工厂里用光电管在机器上进行安全保险、电子计数等工作；又如作为教育和娱乐重要工具的有声电影，利用光电管技术，将电影胶片上的声音轨道转换为观众可以听到的声音。

即使不是利用光电发射的电子管也会有光电发射现象，这种现象会对一些记录微弱电流的电子管造成不利的影响。从这一方面来说，对光电发射现象的了解也是很重要的。

光照到物体上，物体内的自由电子吸收了光的能量就可以克服物体的表面势垒而跑出来，形成光电发射。它与热电子发射的主要区别是供给电子能量的方式不同，热电子发射是由加热的方式使电子得到以供逸出的能量，因此它的特性与阴极温度有密切关系；光电发射中供给能量的是光，因此它的特性必然与光的性质有很大关系。许多实验事实证明，光电发射与光的性质之间有下列两种关系。

（1）光电流的大小与照射光的强度成正比，照射的光越强，光电发射的电流越大。正是由于这一特性，可以把人物与景象的明暗各异的光线信息反映出来，使电视中的影像传送成为可能。这是光电发射的第一个基本定律。

（2）光电发射的电子具有的最大动能，取决于入射光的频率，而与光的强度无关。这是光电发射的第二个基本定律。

3.2.4　二次电子发射

物体在受到电子轰击时可以产生电子发射，这种现象称为二次电子发射。通常将轰击物体的电子称为一次电子，从物体表面发射出来的电子称为二次电子，后者也包括从物体表面反射回来的一次电子。

任何物体在电子轰击下都会产生二次电子发射，不过发射性能有好有坏，这取决于二次电子发射系数，即平均每个入射电子产生的二次电子数。干净的纯金属的二次电子发射系数的最大值，一般不超过 1.5；绝缘体和半导体的二次电子发射系数一般较大，有的达到 6～7；复杂的表面可以达到十几或更大。

二次电子发射在电子管的制造方面占有很重要的地位，有时会希望二次电子发射系数越小越好，有时又希望它尽可能大。例如，当一个电子管有多个电极时，具有较低电压的电极上产生的二次电子可能被较高电压的电极吸引过去，使这个电子管的性能变差，这时就要设法使电极的二次电子发射系数减小。与此相反，有一系列的电子管主要是依靠较大的二次电子发射系数工作，代表性的例子是光电倍增管。

二次电子既然是被一次电子轰击出来的，那么，二次电子发射系数应当与一次电子的能量有关。一次电子的能量越大，轰击出的二次电子应越多，二次电子发射系数也应越大。但研究发现，如果一次电子能量太大，二次电子发射系数反而减小，表明二次电子发射系数是有最大值的（见图 3-5）。若要深究其原因，需要对二次电子发射过程有所了解。

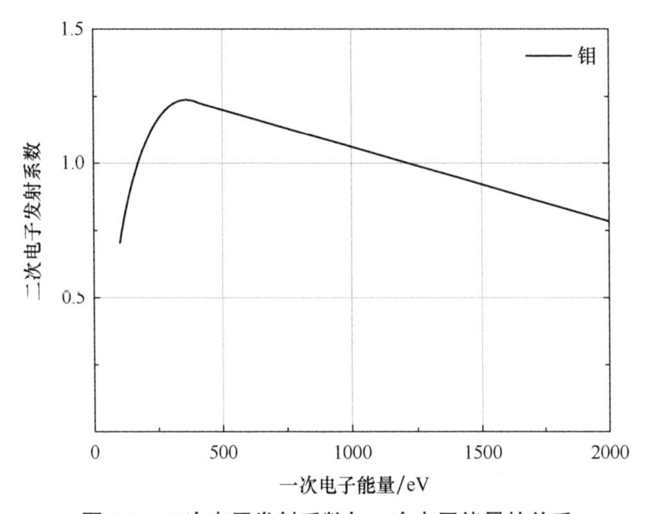

图 3-5　二次电子发射系数与一次电子能量的关系

一次电子进入金属内部以后，会与金属中的自由电子或原子核碰撞，并把部分能量给予后者，因而逐渐消耗掉自己的能量。受到撞击的自由电子获得能量以后先向金属内部移动，然后因与其他电子或原子核相碰而改变方向，如果它指向金属表面的能量大于逸出功，自由电子就能逸出金属表面；因为一次电子的能量很大，受它撞击的原子中被束缚的电子也可能被撞下来，这些电子也可以逸出金属表面。所以，轰击出来的二次电子既有自由电子，也有束缚电子，这就说明没有自由电子的绝缘体也能产生二次电子发射的原因。

由于金属中的自由电子很多，从而获得附加能量的电子和其他电子碰撞的可能性很大，能量损失较大，使电子逸出的可能性减小，因此金属的二次电子发射系数都不大。半导体、绝缘体内的自由电子极少，减小了二次电子碰撞和损耗能量的机会，因此二次电子发射系数就比较大。

因为二次电子发射系数和一次电子打入深度有关，所以和一次电子打入角度也有关。垂直于金属表面打入时[见图 3-6（a）中的直线 0]，一次电子穿进金属内的垂直深度最大[见图 3-6（a）中的 h_0]，所以这时的二次电子发射系数最小。当一次电子倾斜射入金属表面时[见图 3-6（a）中的直线 1，此时入射角为 θ_1]，它穿进金属内的垂直深度较小[见图 3-6（a）中的 h_1]，这时二次电子发射系数也较大。入射角越大[见图 3-6（a）中的 θ_2]，一次电子穿进金属的垂直深度越小[见图 3-6（a）中的 h_2]，二次电子发射系数就越大。几种不同金属的次级发射比 δ_m 与入射角 θ 的关系，如图 3-6（b）所示。一般逸出功越大，δ_m 也大。

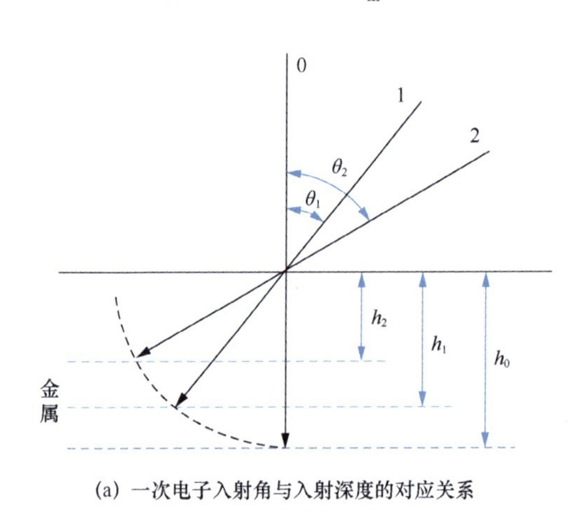

(a) 一次电子入射角与入射深度的对应关系

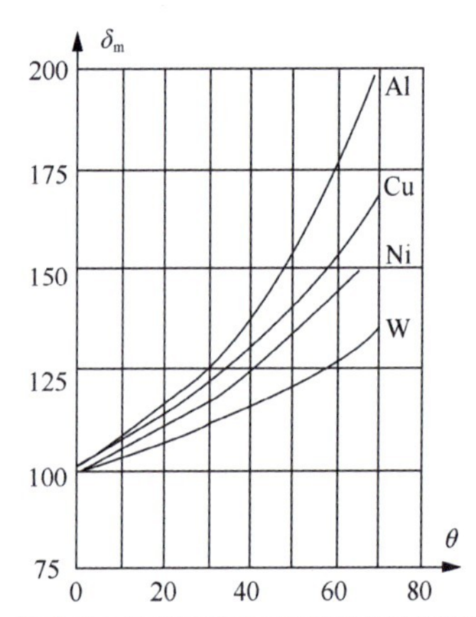

(b) 一次电子入射角与不同金属材料次级发射比的关系

图 3-6 一次电子入射角对二次电子发射的影响

二次电子发射与物体表面状况也有关。粗糙面的二次电子发射系数要比光滑面的小，这是因为粗糙面对二次电子来说有许多的孔，在这些孔底形成的二次电子受到洞壁的阻挡，不能发射出来，如图 3-7 所示。

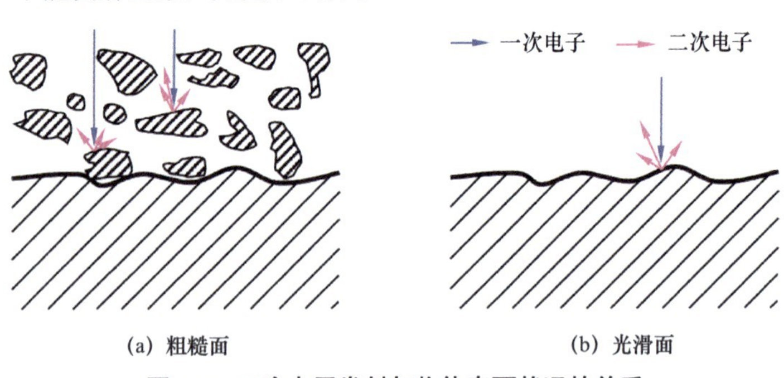

(a) 粗糙面　　(b) 光滑面

图 3-7 二次电子发射与物体表面状况的关系

逸出功的大小对二次电子发射影响不大，这是由于一次电子的能量很大，从物体内部轰击出的二次电子所具有的能量比热电子和光电子大得多，因此，逸出功即使改变 1～2eV，对二次电子的逸出影响也很小。只有当一次电子的能量小，且物体内轰击出的二次电子的动能也小的时候，逸出功才对二次电子发射有较大的影响。实际上，影响二次电子逸出更重要的因素是二次电子从深处向表面运动时遇到的碰撞。

离子轰击也可以使物体产生二次电子发射，每个正离子轰击到阴极，从阴极上产生的二次电子的数量也称为二次电子发射系数。它的值与离子的动能以及阴极材料表面情况等有密切的关系。这个值通常很小，一般金属的都小于 0.1。这种二次电子发射在离子管中得到应用，例如辉光放电管（包括辉光放电稳压管、冷阴极开流管、利用放电的辉光指示来记录数量的十进制针数管，以及一些放电灯等）。

3.2.5　场致发射

增强外加电场可以在不加热的情况（室温）下实现显著的电子发射现象，这种发射现象称为场致发射或冷发射。

我们知道，热发射、光电发射或二次电子发射都是以不同的形式给予物体内的电子能量，使它们能够越过阴极表面势垒而逸出。按照电子必须具有能越过表面势垒的能量才能逸出的原则，在不给电子额外能量下要求它们能逸出，唯一的办法只有降低表面势垒，使它们逸出时不受阻碍。这就好像堤坝拦住的水，要让它流出来，可以用抽水机把它汲出来（给水增加能量），也可以把堤坝挖矮，使水能够溢出来。

外加电场可以抵消镜像力的作用，也就是使表面势垒高度降低。若要依靠电场作用在室温下从阴极得到显著的发射电流，必须把逸出功减至 0，使表面势垒从图 3-8（a）所示的情况变为图 3-8（b）所示的情况。这样，能量大的电子就可以“溢出”了［见图 3-8（b）］。按照肖特基的理论计算可知，要使阴极的逸出功减至 0，阴极表面的外加电场强度必须大于10^8 V / cm。可是，实际上外加电场强度达到$4\times10^6\text{ V / cm}$时，就已经有很大的发射电流了。这时，表面势垒高度虽降低了，但经典力学理论认为，金属内的电子还不能“溢出”，就好像水被高出水面的堤坝拦住，不能溢出一样［见图 3-8（c）］。那么，电子为什么能跑出来？

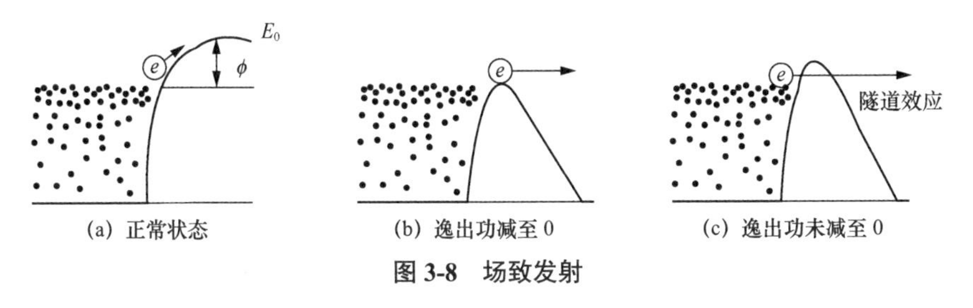

(a) 正常状态　(b) 逸出功减至 0　(c) 逸出功未减至 0

图 3-8　场致发射

量子力学认为，对于厚的表面势垒，电子只能从顶上越过。可是外加电场的增强，不仅使表面势垒的高度降低，还使其厚度也变小了。当表面势垒薄到一定程度时，电子可以穿壁而过，跑出金属。这就好像堤坝下有一条隧道，水可通过隧道流出去一样。

因此，电子穿过薄势垒的现象被称为隧道效应。所以，场致发射实质上是在强电场下产生隧道效应的结果，外加电场越强，场致发射的电流就越大。

显然，场致发射与逸出功的关系很密切：阴极的逸出功越小，使表面势垒降低并变窄到电子能跑出所需的外加电场就越弱，所以减小场致发射阴极的逸出功可以使发射电流密度增大。阴极表面各处发射的不均匀性就是各处的逸出功不同造成的，电子发射大部分发生在逸出功较小的地方。

温度对场致发射有一定影响。随着温度升高，阴极内电子的能量增大，这时有部分电子能越过表面势垒跑出来，这部分就是热电子发射，因此总发射电流增大了。但在温度不高时，热电子发射对场致发射的影响是不大的，因为这时具有高能量的电子还不多，越过表面势垒的电子很少。当温度很高时，具有越过表面势垒最高点能量的电子迅速增加，这时越过表面势垒的电子数与穿过表面势垒的电子数不相上下，这种发射的性质介于热电子发射与场致发射之间，称为热场致发射。若温度更高，以致热电子发射占了主要部分，发射的性质就又接近热电子发射了。

场致发射电流的大小取决于阴极表面的电场，而电场强弱除与外加电压大小有关外，在很大程度上还与阴极的几何形状和尺寸有关。例如，对于平面形的阴极，若要达到10^6 V/cm 的电场强度，必须在阴极和其他电极间加上几万伏甚至十几万伏的电压；而对于尖端形的阴极，只要几千伏甚至更低的电压，就可以达到同样的电场强度。例如，有高压电的地方要避免导体有尖端，以避免引起不希望有的放电。而场致发射中，为了不用太高的电压就能得到足够强的电场，目前最有利的且最常用的形状是尖端。它利用一根细金属丝的微细尖端作为发射体，尖端的直径约为微米级或更小的数量级。

选择场致发射阴极的材料，从获得大的发射电流来看，要求逸出功小；从做成细尖端来看，还要求机械强度高；从阴极使用寿命来看，耐离子轰击性能必须特别好，并且能耐高温。从上述多方面考虑，钨成为一种场致发射阴极的常用材料，经过加热处理的钨可以保证尖端表面洁净，避免气体吸附引起的逸出功变化。此外，许多金属的硼化物和碳化物具有小的逸出功、高的机械强度、高的熔点和足够的化学稳定性。场致发射阴极的结构最简单的形式是一根具有尖端的金属细丝。4 种场致发射阴极的结构如图 3-9 所示。

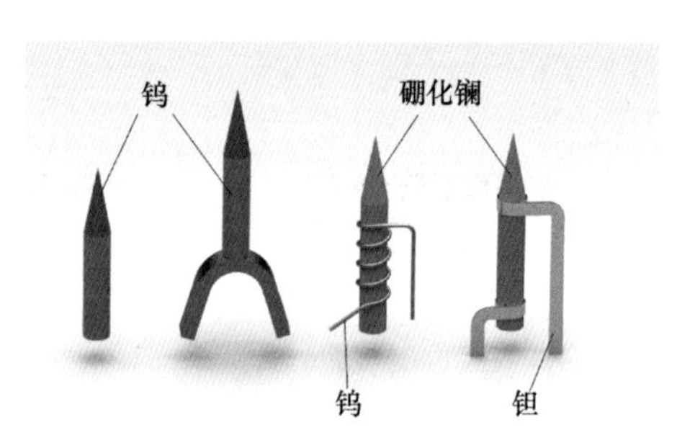

图 3-9　4 种场致发射阴极的结构

在较高的电场强度下，尖端的场致发射电流密度在连续工作状态下可以达到10^7 A/cm^2，而在脉冲工作状态下可达到10^8 A/cm^2！如此大的发射电流密度，没有一种热电子发射阴极可以与它相比。但是由于它的尖端发射面积很小，总的电流一般为毫安数量级。

3.3　自由电子的传输

在真空电子器件中，自由电子首先由电子枪产生与成形，随后经过一段距离的传输与电磁波发生能量交换。在传输过程中，不仅要保证自由电子维持特定形状，还需要电子注具备一定的层流性以及在高频场作用下的稳定性。真空电子器件中的电子注主要为强流电子注，通常有圆柱状（实心注）、环状（空心注）和带状（带状注）3 种。电子注的有效、稳定传输需要具有满足一定条件的聚焦场，以克服电子注内部的空间电荷力，此功能由聚焦系统实现。

3.3.1　真空电子器件中的电子注

1. 导流系数和强流电子注

导流系数是电子注的一个重要特性，它是电子注空间电荷强度的度量指标。导流系数定义为

$$P = I / U^{3/2} \tag{3-2}$$

其中，I 为电子注电流（A），U 为电子注电压（V），导流系数的单位为朴（P）。

一般认为，导流系数在 0.1μP 以上的，属于强流电子注；在 0.001μP 以下的，属于弱流电子注。强流电子光学和弱流电子光学这两种处理方法的侧重点有所不同：前者导流系数大，需要考虑电子间的互相作用（空间电荷效应），后者导流系数小，通常可以忽略空间电荷效应；前者以研究电子注的产生、维持和收集问题为主，后者以研究电子注的成像特性为主。但是，随着研究工作的深入，两种处理方法互相渗透的情况越来越多。在绝大多数微波器件中，导流系数都在 0.1μP 以上。

2. 微波器件中电子注的 4 个区段

从强流电子光学的观点来看，微波器件中的电子注可以分为 4 个区段：电子枪区、过渡区、作用区和收集极区（见图 3-10）。

（1）电子枪区：电子枪由阴极、聚焦极和阳极等构成。电子自阴极发射出来，受到阳极的加速作用。聚焦极的电位通常等于或接近阴极的电位，它的作用是控制电子注的形状。在这个区域内，存在着各电极和电子注自身空间电荷建立的静电场，有时也存在磁场。电子枪的基本设计思想是：首先找到一种适当的空间电荷流模型，如图 3-11（a）所示，在这种电荷流模型中，电子轨迹都相似，沿轨迹的电位及其对轨迹的法向导数都可求解；随后“切去”多余部分，只留下所需要的电子注，以适当形状的外电极来代替被“切去”那部分空间电荷所产生的场，维持电子注边界上的电位和电场不变，这样就可以得到所需要的电子注，如图 3-11（b）所示。应当指出，实际系统的电极形状和最后形成的电子注都与理论模型有一定的差别。

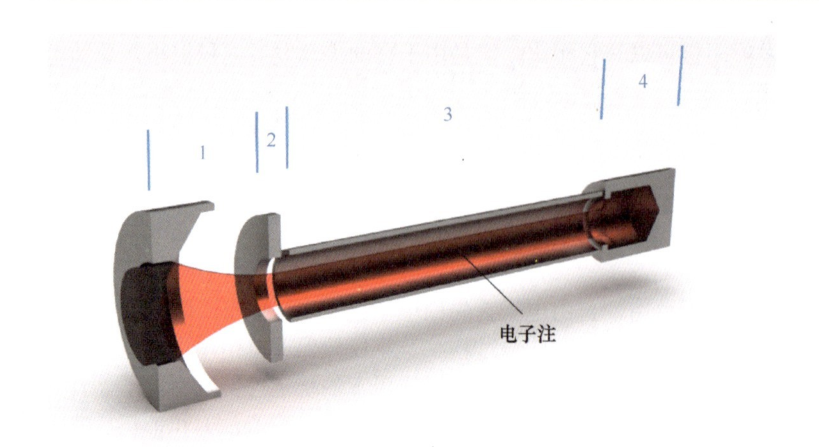

1—电子枪区；2—过渡区；3—作用区；4—收集极区

图 3-10　微波器件中的电子注

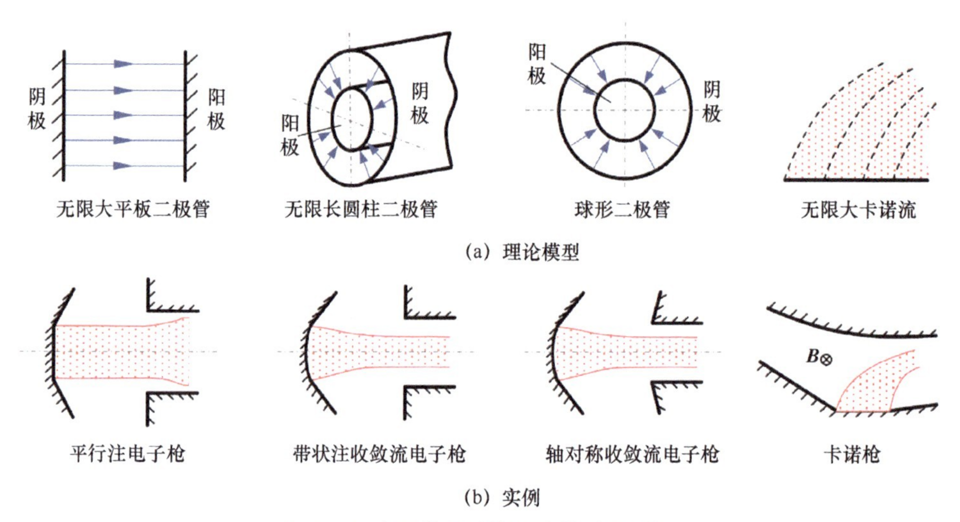

图 3-11　电子枪设计的理论模型和实例

（2）过渡区：这是电子枪区和作用区之间的区域。电子注经过过渡区后，应满足作用区所要求的注入条件。也就是说，电子注通过整个过渡区的过程就是电子枪参数与作用区参数之间的匹配过程。理论和实验都表明，这种匹配的好坏对作用区内电子注的好坏有很大的影响。

（3）作用区：在这个区域内，电子注是在聚焦场中通过的。由于聚焦力的作用，电子注能维持一定的形状，同时与高频电磁场互相作用，交换能量，完成电子注的任务——将电源直流能量传递给高频电磁场。在作用区内，要求聚焦力和空间电荷发散力（当电子注转动时，还有离心力）之间达到平衡，可以是处处平衡（如均匀磁场聚焦系统），或是在一段长度（一个周期）内聚焦力与发散力作用的总效果平衡（如周期永磁聚焦系统）。由于电子注与高频场互相作用，电子交出能量，以及高频场对电子注的扰动使部分电子发散，一些电子进入高频回路，造成电子注流通率下降，这就是“高频散焦”问题。要解决这个问题，从电子光学观点来看，要求电子轨迹互不交叉和抗扰动性强。

（4）收集极区：与高频场交换了能量的电子在这个区域内被收集极表面收集。收集极设计的主要问题是收集极内电子的轨迹计算、收集极的热状态分析、收集极内二次电子的抑制以及降压收集极的电流分配等。在真空电子器件中，电子注与高频场交换能量后，仍有相当多的电子带有较大的动能，这部分能量在收集极上转化为热能。如果能将收集极电压降下来，就能减少能量的损耗，提高器件的总效率。理想的降压收集极是采用适当的电磁场将经过高频场作用后的电子按速度分别收集，使动能大的电子到达低电位的电极上，动能小的电子到达较高电位的电极上，从而使电子到达相应电极表面时速度接近 0。这样，收集极就几乎不消耗能量。

3.3.2　聚焦系统

电子注经电子枪成形后，以一定速度进入互作用区，由于电子注内部的空间电荷力，它在前进的同时将在横向不断发散，使得电子注过早地打到高频结构上，甚至引起高频结构的损坏。因此，要得到有效的注波互作用，就必须克服电子注内部的空间电荷力，使电子聚在具有一定截面形状的一束电子注内，这就是聚焦系统所应实现的功能。下面将以柱形注为例来介绍真空电子器件的聚焦系统。常见的聚焦系统主要有均匀磁场聚焦系统、周期永磁聚焦系统和静电聚焦系统 3 类。

1. 均匀磁场聚焦系统

均匀磁场聚焦的出发点是：利用均匀磁场对运动电子的洛伦兹力来抵消电子注内部的空间电荷力，使两者达到平衡，在此过程中，均匀磁场的磁力线平行于系统轴线，电子将沿磁力线运动。这个平衡过程十分清晰。如果纵向运动的电子因空间电荷力产生径向扩散而具有径向速度 v_{r}，纵向磁场 B_{z} 就会对以 v_{r} 运动的电子产生一个角向力，使电子在角向具有了速度 v_{ϕ}，这个速度在 B_{z} 的作用下，又会使电子受到一个向心力，即产生 $-v_{\mathrm{r}}$ 的运动，从而迫使电子回到平衡位置。因此，最终扩散运动和向心运动平衡，电子只能顺着磁力线在 z 方向运动，而不可能出现真正的扩散运动。

产生均匀磁场可以用螺旋线包、电磁铁和永久磁铁等形式，3 种方法各有优缺点。螺旋线包系统结构简单，易于调节，特别是由于线包可以分段绕制，每段线包的电流又可以分别调节，所以易于使微波管中电子注与高频场的相互作用达到比较理想的状态。电磁铁系统受限于极靴间距，如果极靴间距过大，磁场的不均匀问题较严重，因此磁场均匀区一般较短，但能产生较强的磁场，而且由于电磁铁系统在均匀磁场区周围没有线包，因而真空电子器件的输入、输出、调谐甚至冷却等装置的设置就比较方便。螺旋线包系统和电磁铁系统共同的缺点是体积大、质量大、消耗功率较大，有时还需要进行冷却。永久磁铁系统不需要消耗功率，当然也无须冷却，因此相对而言其质量小、体积小，但它的设计和调整相对比较困难。

2. 周期永磁聚焦系统

周期永磁聚焦系统以周期性分布的磁场来代替均匀磁场聚焦系统中方向一致、强度接近均匀的磁场，结构如图 3-12 所示。

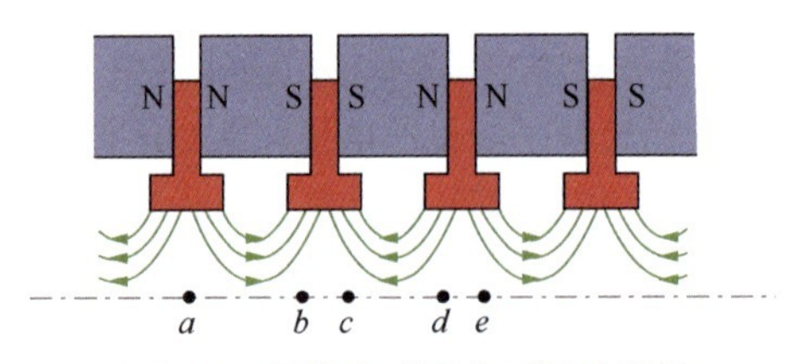

图 3-12　周期永磁聚焦系统的结构

设电子从聚焦系统左边以平行于轴的速度 v_z 入射，在 a 点聚焦磁场存在一个 $-B_r$ 分量，v_z 与 $-B_r$ 共同作用使电子受到一个角向力，产生速度 v_ϕ；这时电子由于电子注内部的空间电荷力和旋转运动的离心力作用，还将向外扩散，即存在一个速度 v_r；与此同时，电子又继续以 v_z 前进。另外，在 a 点，磁场还存在 B_z 分量，电子的 v_ϕ 和 B_z 共同作用，又会使电子得到一个向心力，产生速度 $-v_r$；随着电子离开 a 点，到达 a、b 中点时，B_z 达到最大，因而电子的 $-v_r$ 也达到最大，使电子受到的向心力可以完全抵消空间电荷引起的扩散力和电子角向旋转的离心力，电子注截面形状得以恢复。

电子离开 a、b 中点继续前进时，由于磁场径向分量由 $-B_r$ 变成了 B_r，电子受到的角向力也将相反，使得角向速度 v_ϕ 减小；与此同时，磁场纵向分量 B_z 随着 B_r 的增大不断减小，电子的空间电荷力超过了向心力，电子注又开始扩散。到达 b、c 中点时，B_r 最大，电子角向速度则降到 0，但电子的径向扩散达到最强。

电子越过 b、c 中点到达 c 点时，情况又与 a 点相似了。只是这时磁场径向分量反向，为 $-B_r$，因而与 v_z 作用产生的电子角向速度也反向，为 $-v_\phi$，但这时磁场的纵向分量也已经反向，为 $-B_z$，因此 $-v_\phi$ 与 $-B_z$ 共同作用仍然产生一个向心力，抵消电子注的空间电荷力与离心力，这一作用在 c、d 中点达到最强。电子离开 c、d 中点后，就将重复进行上面分析过的过程，即电子的角向速度 $-v_\phi$ 越来越小，而电子注的聚焦又开始增强，直至在 d、e 中点，$-v_\phi$ 降到 0，电子注径向扩散达到最强，如此往复。

由此可见，在 a、b 之间和 c、d 之间的区域，磁场以 B_z 为主，而且接近均匀，只有在这里，电子注的空间电荷力、磁场聚焦力和离心力三者之间才真正达到平衡；在 a、b、c、d 等点，上述 3 个力不能完全平衡，使得电子注截面形状出现变化。由此可见，在周期永磁聚焦系统中，电子注反复左旋和右旋，直径有规律地周期性变化。

周期永磁聚焦系统的优点是：体积小、质量小，只有均匀永久磁铁系统或螺旋线包系统的 1/5 甚至更小；不消耗功率，而且可以十分方便地实现包装式结构，因而目前得到广泛的应用。不足之处主要是工作温度范围受限制，易导致真空电子器件噪声较大，以及电子注存在波动等。

3. 静电聚焦系统

利用静电场产生的聚焦力来平衡电子注的空间电荷发散力，从而实现电子注聚焦的系统，称为静电聚焦系统（如静电透镜）。静电聚焦系统的体积和质量比周期永磁聚焦系统的更小，完全没有杂散磁场引起的对相邻管子的影响，聚焦性能基本上不受环境温度变化和电源电压波动的影响。该系统的主要缺点是：聚焦结构的安排和电位分布受到管子高频性能和电压击穿的限制，从而也限制了静电聚焦的能力，使得电子注的导流系数较小；静电聚焦的电子注抗高频扰动性差，高频散焦严重。总的说来，目前静电聚焦系统应用面很窄，仅在对频宽要求不高、功率不大，以及体积、质量受到严格限制的 S、C 波段速调管中有少量应用。

用静电场来聚焦电子注就是要使静电场产生的聚焦力与空间电荷发散力相平衡。一种方法是使静电场的聚焦力处处与电子注的空间电荷发散力相平衡，称为平直流法。此时，电子注没有波动。另一种方法是使静电场在一个周期内对电子注的聚焦力与一个周期内电子注空间电荷发散力的总效果相平衡，称为单透镜法。此时，电子注存在波动。

（1）平直流法的原理。

平直流法的设计思想是，在一个电流密度均匀和截面无穷大的长电子流中，切出半径为 r_0 的圆柱形电子注或宽度为 W_b 的带状电子注，并用外电极代替被切去电子的空间电荷作用。

在这样的电子流中，位置 z 的电位 $U(z)$分布为

$$\frac{z}{z_0}=\left\{\left[\frac{U(z)}{U_L}\right]^{1/2}+2\right\}\left\{\left[\frac{U(z)}{U_L}\right]^{1/2}-1\right\}^{1/2} \tag{3-3}$$

$$\frac{\partial U(z)}{\partial z}\Big|_{z=0,L}=0 \tag{3-4}$$

其中，$z_0=1.53\times10^{-3}U_L^{3/4}/J^{1/2}$，$J$ 为注电流密度；U_L 为电子流中最低的电位值；L 为周期长度。

图 3-13 所示为在电子流内满足式（3-3）和式（3-4）的电位分布曲线。由式（3-3）和式（3-4）作为电子注的边界条件来求解注外的拉普拉斯方程，可以得出外电极形状。

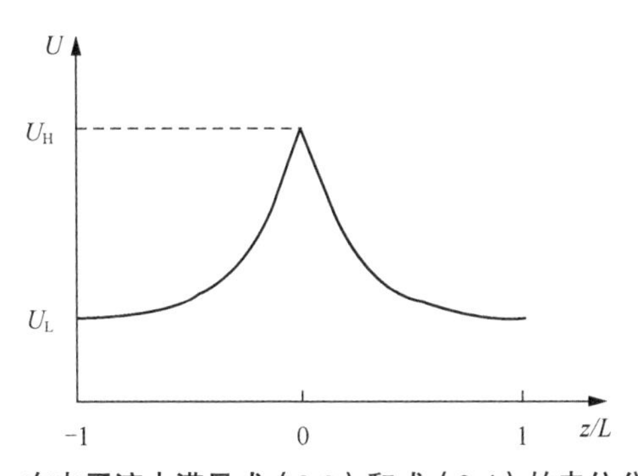

图 3-13　在电子流内满足式（3-3）和式（3-4）的电位分布曲线

实际上可以用式（3-5）给出的电位分布来代替式（3-3）和式（3-4）。

$$U(z)=U_{\mathrm{H}}-(U_{\mathrm{H}}-U_{\mathrm{L}})\cos\frac{\pi z}{L}\quad\left(-\frac{L}{2}\leqslant z\leqslant\frac{L}{2}\right)\tag{3-5}$$

其中，U_{H}是电子流中最高的电位值。

比较式（3-3）、式（3-4）和式（3-5）可见，当$U_{\mathrm{L}}/U_{\mathrm{H}}=0.25$时，两者的误差仅为3%。所以通常用式（3-5）作为边界条件，解拉普拉斯方程以求得外电极形状，这既便于解方程，又能满足工程设计的精度要求。圆柱形电子注的平直流法解析的外电极形状如图3-14所示（以电子流的中心为坐标原点，电子运动方向z为横轴，建立圆柱坐标系），从图中可见：平直流的外电极中，低电位电极是具有一定形状的厚电极，高电位电极为一薄片。由于速调管有一定的腔高，并接地电位，阴极处于负高压，所以如果采用这种聚焦结构，谐振腔就应是低电位电极，高电位的薄电极（也称为透镜电极）则须由另一个正高压电源供电，这是实际器件所不希望的。平直流法是最早被提出的静电聚焦方法，但实际上很少有器件采用这种方法。

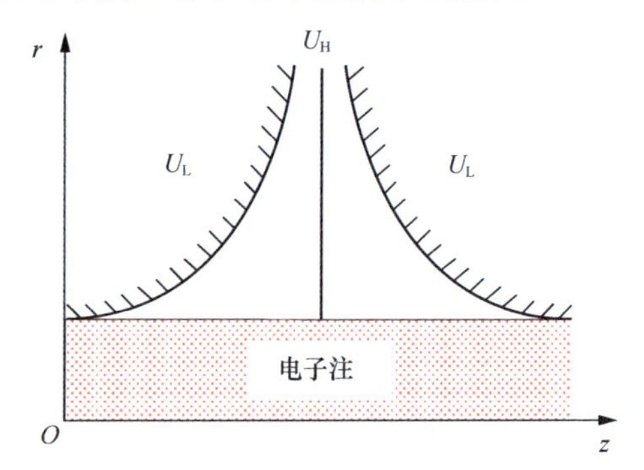

图3-14　圆柱形电子注的平直流法解析的外电极形状

（2）单透镜法的原理。

典型的单透镜系统如图3-15所示，它由同轴的3个带孔膜片组成，两边电极具有相同的电位U_1，中间电极的电位为U_2。其中U_2可以大于U_1，也可以小于U_1。根据单透镜原理，无论是$U_2>U_1$，还是$U_2<U_1$，透镜总是聚焦的。透镜的聚焦力大小决定了所能聚焦的电子注的导流系数。

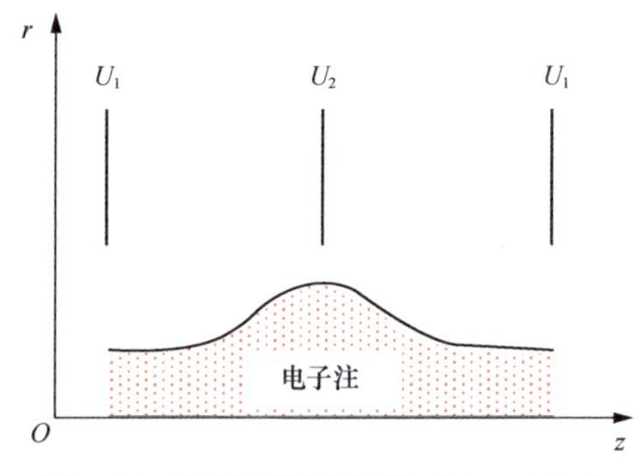

图3-15　典型的单透镜系统（$U_2<U_1$）

只要在一个周期内，空间电荷的发散力与单透镜的聚焦力相平衡，就能维持电子注。与平直流法中的电子注状态不一样，单透镜法中的电子注是存在波动的，实际的静电聚焦速调管都是按单透镜法设计的，实用结构如图 3-16 所示。图中，r_{in}、r_{out}、z_{in}、z_{out} 分别表示一个周期内电子在输入和输出平面上的注半径和 z 坐标，h 表示谐振腔的腔体高度，H 表示透镜电极与谐振腔的距离，C 表示透镜电极厚度。

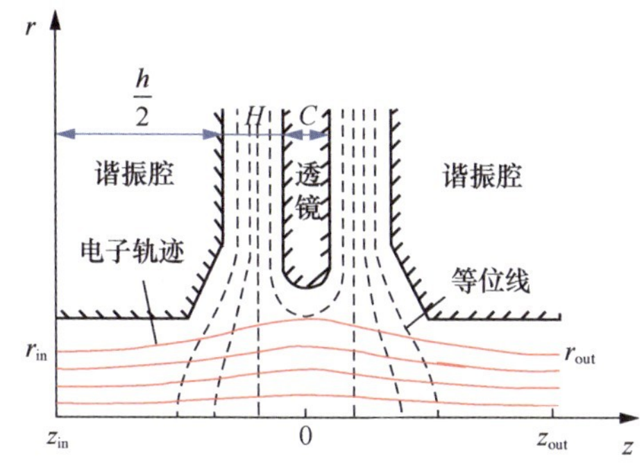

图 3-16　静电聚焦速调管的实用结构

3.4　自由电子的收集

自由电子经发射、传输过后，剩余电子若不经过有效的处理而直接到达收集极，所携带的动能将转换为热能并被耗散，造成能量的浪费，同时也增加了冷却系统的负担。为了有效地回收互作用区高频场换能以后的电子注，降低热能损耗，提高器件的整体效率，通常采用降压收集极技术。

3.4.1　单级降压收集极

在收集极上消耗的能量由收集极的电位决定，如果收集极电位低于高频系统互作用区电位，则在高频系统与收集极之间就形成了减速场，电子在到达收集极之前将减速，从而将自身所携带的剩余能量交回电源系统。收集极处电位相对于高频系统越低，电子的减速效果就随着越强的减速场变得越明显，则交回电源系统的能量也就越多。

单级降压收集极的工作示意如图 3-17 所示，在收集极处加上对高频系统（对地）为负值的电压 V_c，进入收集极的电子将被减去 eV_c 的能量而失去自身所携带的动能，失去的这部分动能被交给负压电源，由此减少了因到达收集极而产生的发热量。如图 3-17 所示，加在收集极处的负压 V_c 是从阴极的高压电源抽头引出来的，在阴极的电子注电流 i_0 中，通过整个高压电源 V_0 的高频系统截获的电流 i_t 只占很小一部分，而占据绝大部分的收集极电流 i_c 所通过的电压区为小于 V_0 的(V_0-V_c)，因此，从总高压电源中分配的总功率减少了，从而提升了总的效率。

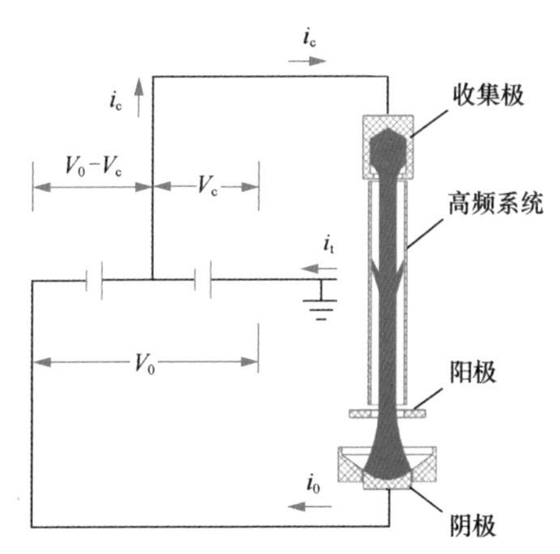

图 3-17　单级降压收集极的工作示意

显然，收集极电压越小，即 V_c 的绝对值越大，从收集极处回收的能量就会越多，但是 V_c 值并不能无限减小，有一个最小值，小于该值时，通过高频系统后的那些速度较低的慢电子将不足以克服收集极上的负压，就会被反射回来，到达金属壁上或者重返高频系统互作用区，使得腔体或者高频系统产生更多热量，造成危险；还有可能扰乱高频区互作用电场，吸收来自互作用电场的高频能量，造成互作用效率显著降低；甚至有可能引起自激振荡问题。这被称为慢电子回流或者回流问题。此外，由于高频系统相对于收集极是正电位，从收集极发出的二次电子将有可能被加速而返回高频互作用区，引起回流，这被称为二次电子回流。

3.4.2　多级降压收集极

由于在高频系统经过与高频场的互作用以后，电子的速度有快有慢，电子是零散分布的，因此就不可能只用一个唯一的收集极电压来收集所有具有不同速度（能量）的电子，为此，可采用多级降压收集极来收集具有不同能量的电子。

所谓多级降压收集极，即在不同的电压处通过利用几个不同形状和尺寸的电极在低能量状态下有选择地回收能量零散分布的电子。比如，如果把原来的单极降压收集极做成两段分布的双级降压收集极，第一段收集极电压相较于第二段较高，用于收集能量较小的慢电子；第二段收集极电压相较于第一段较低，用于收集能量较大的快电子。这种采用多级降压收集极的方式增加了总的回收能量，且能初步解决慢电子回流的问题，最终使得总效率进一步提升。图 3-18 所示为 4 级降压收集极的简单示意，理想情况下，多级降压收集极能回收的能量为各个电极上回收能量的总和。图 3-19（a）和图 3-19（b）所示分别为单级降压收集极和 4 级降压收集极中电子注的功率分配，其中，阴影部分的面积表示收集极所回收到的总功率，非阴影部分表示未被回收的电子注残余功率。从图中可以看出，4 级降压收集极中未被回收的电子注残余功率相较于单极降压收集极已大大减少，收集极的能量回收效率也因此获得了很大的提升。

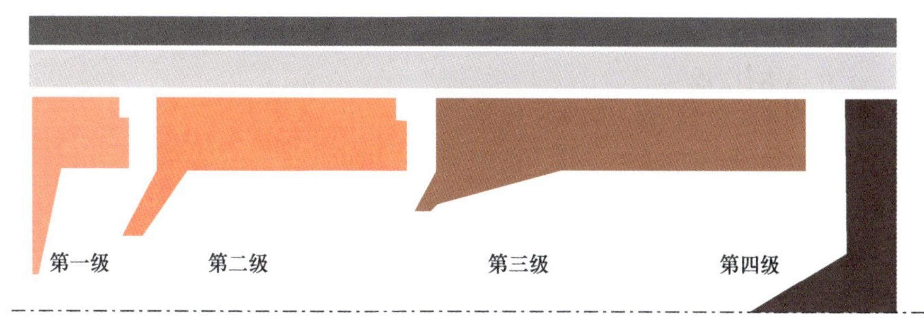

图 3-18　4 级降压收集极的简单示意

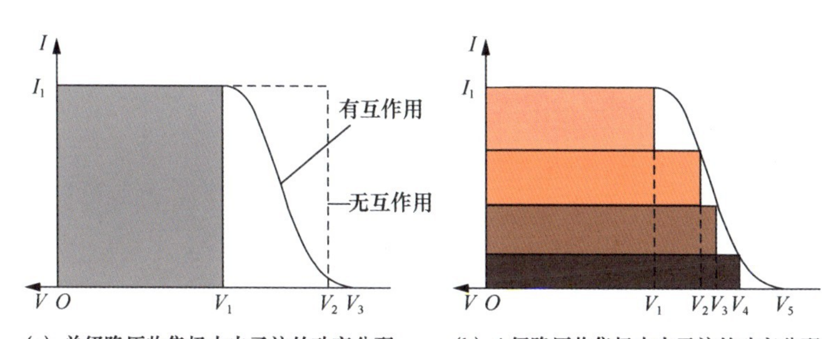

(a) 单级降压收集极中电子注的功率分配　　(b) 4 级降压收集极中电子注的功率分配

图 3-19　功率分配

值得注意的是，虽然理论上多级降压收集极的级数如果无限增多，则所有到达收集极上的电子的速度都将降低为 0，能量被全部回收，但实际上多级降压收集极的级数并不能无限增多，且大多数情况下降压收集极多于二级的效果就已经不太显著了。由于高频场的作用、磁场聚焦不足、电子注层流性不好，以及空间电荷力的作用，从高频系统进入收集极的电子注的速度杂乱无章，不仅纵向速度不同，横向速度也分布不均，这导致将电子按照多级降压收集极速度分类的效果并不理想，某些快电子也有可能到达前段的收集极，而从收集极发出的二次电子也有可能落到附近的高电位电极。

针对上述问题，多种不同类型的收集极被研发。其中，为解决速度分类的问题，可在收集极有意附加横向或径向电场，也可以用横磁场或者组合的横电磁场，使得不同速度的电子发生不同的偏转，从而实现电子速度分类的目的。抑制二次电子回流主要有 4 种方法：将二次电子发射系数较小的物质覆盖在收集极表面；为了达到静电屏蔽的效果，可将收集极形状做成口袋状，使得二次电子不存在加速场；由于多数二次电子的速度较小，电压只有几十伏，故可在收集极前放置一个电压更小的电极，形成一个表面势垒，使得回流被表面势垒挡住；附加非轴对称的横向电场，使得电子运动不可逆，则在此情况下的二次电子将不会返回。

拓展阅读

[1] 陈德森. 电子发射和阴极[M]. 北京: 人民邮电出版社, 1965.
[2] 承欢, 江剑平. 阴极电子学[M]. 西安: 西北电讯工程学院出版社, 1986.
[3] 电子管设计手册编辑委员会. 微波电子光学系统设计手册[M]. 北京: 国防工业出版社, 1981.
[4] BOXMAN R L, SANDERS D M, MARTIN P J. Handbook of vacuum arc science and technology[M]. Devon: Noyes Publications, 1995.
[5] FURSEY G. Field emission in vacuum microelectronics [M]. Berlin: Springer, 2005.
[6] CARTER R G. Microwave and RF vacuum electronic power sources[M]. Cambridge: Cambridge University Press, 2018.
[7] 王文祥. 微波工程技术[M]. 北京: 国防工业出版社, 2009.

第 4 章　电磁波的传输与谐振

在真空电子学中，电磁波是另一个重要的研究对象。其中，实现电磁波的传输或者谐振的结构被称为高频系统，它能够建立起特定的电磁场并实现电子注与高频场的有效能量交换。因此，高频系统的特性将直接影响真空电子器件的工作频率、频带宽度、换能效率和输出功率，以及其他一系列整管性能。可以说，高频系统很大程度上决定了器件的性能，是微波管的核心部件之一。真空电子器件的高频系统可以分为行波型和驻波型两大类，本章主要介绍在真空电子器件中较重要的行波结构和驻波结构。

4.1　行波结构

行波结构是可以让电磁波在被导行的过程中持续与电子注发生互作用的高频结构。为了保证电子能和电磁波产生足够有效的互作用，使电子注与高频场能够进行能量交换，行波结构必须满足一个重要条件：实现电子注与电磁波的同步。为了确保互作用中电子交出的能量能变成输出功率，而不是在器件内部被消耗，行波结构还需考虑如何减小分布损耗。行波结构有两个重要特性，分别是色散特性和耦合阻抗。电磁波的相速小于真空中光速的行波结构称为慢波结构；电磁波的相速大于真空中光速的行波结构称为快波结构。

行波结构中波的相速 v_{p}（或相光速比 v_{p}/c）随频率 f（或角频率 ω）变化的关系称为该结构的色散特性。在众多色散特性的表达方法中，较简单的是用图 4-1（a）所示的 v_{p}/c - ω 关系曲线来表示（也有作者习惯用 c/v_{p} -f 关系曲线）。它可以非常直观地呈现相光速比与频率的关系。另一种方法是用图 4-1（b）所示的布里渊图表示慢波结构色散特性。布里渊图呈现的是角频率 ω 和相位常数（单位长度行波结构上的相移量）β 的关系曲线。我们可以方便地从曲线上得到不同频率的相速和群速（曲线上的点与原点连线的斜率等于相速，曲线切线的斜率等于群速），在画布里渊图时，只要画出 0～π 的 ω 和 β 的关系曲线，就可以方便地利用对称性画出所有 β 值的 ω 和 β 的关系曲线，也就得到了所有空间谐波的色散关系曲线。

耦合阻抗 K_{c}（又称互作用阻抗）是用来说明场与电子互作用强弱的一个量，它实际上是表示在同样的功率流下能产生的和电子互作用的某次空间谐波的纵向电场强度的大小，故耦合阻抗取决于系统中高频场的纵向分量和传输功率的大小，对某次空间谐波的耦合阻抗的定义为

$$K_{cn} = E_{cn}^2 / 2\beta_n^2 P \tag{4-1}$$

其中，E_{cn} 为第 n 次空间谐波的纵向电场强度，β_n 为第 n 次空间谐波的纵向传播常数，

P 为通过慢波结构的功率流。

通常情况下，$\left|\dfrac{\mathrm{d}v_{\mathrm{p}}}{\mathrm{d}\omega}\right|$越大，即行波结构的色散越强，耦合阻抗越大，但器件的工作频带将越窄；反之，色散越弱，耦合阻抗越低，但工作频带越宽。可见，耦合阻抗与带宽往往是矛盾的。

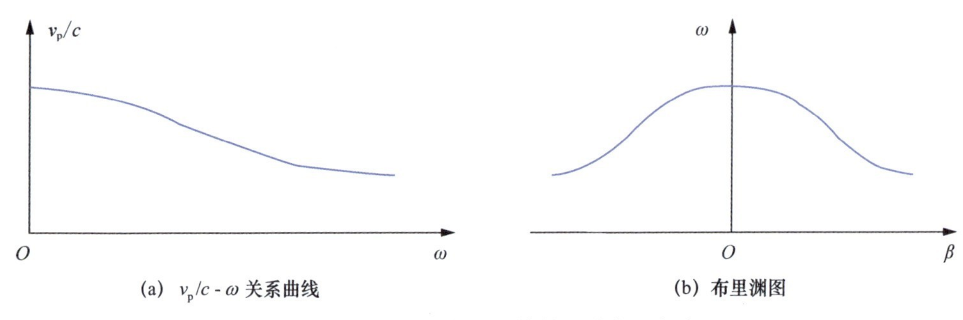

(a) v_{p}/c - ω 关系曲线　　(b) 布里渊图

图 4-1　行波结构色散特性的两种表示方法

4.1.1　螺旋线慢波结构

螺旋线是最早使用的一种慢波结构，同时也是在行波管中使用最广泛的慢波结构。螺旋线慢波结构具有很宽的工作频带，但功率容量相对较小，耦合阻抗也较小。同时，它有许多变形结构，弄懂螺旋线上传播的电磁波具有一定困难，一般可以用一些简化的物理模型来研究它。

1. 螺旋线形成慢波的基本原理

螺旋线的形成如图 4-2（a）所示。这里取出一圈螺旋线并将它展开成平面，如图 4-2（b）所示，图中 a 为螺旋线平均半径，ψ 为螺旋角，L 为螺距。电磁波以光速 c 沿螺旋线传播，它行进一圈螺旋线所走过的路径为

$$\sqrt{(2\pi a)^2+L^2}=\frac{2\pi a}{\cos\psi} \tag{4-2}$$

在电磁波沿螺旋线行进一圈的同时，螺旋线内外（$0\leqslant r\leqslant a$ 及 $r\geqslant a$ 区域，r 为螺旋线截面内任一点到螺旋线中心的距离）的电磁场则以相速 v_{p} 在轴向（z 向）前进了一个螺距 L，显然有

$$\frac{2\pi a}{\cos\psi}=\frac{L}{v_{\mathrm{p}}} \tag{4-3}$$

由此得到

$$v_{\mathrm{p}}=c\frac{L\cos\psi}{2\pi a}=c\sin\psi \tag{4-4}$$

螺旋角 ψ 很小时，$\cos\psi\approx1$，式（4-4）就可重写为

$$v_p \approx c\frac{L}{2\pi a} = c\tan\psi \tag{4-5}$$

由于 $\sin\psi<1$，当 ψ 很小时，$\tan\psi$ 也远小于 1，因此 $v_p<c$。由此可见，在螺旋线上可形成慢波，它使电磁波在轴向的相速降低到远小于光速，v_p/c 就称为慢波比。ψ 越小，v_p/c 也就越小。

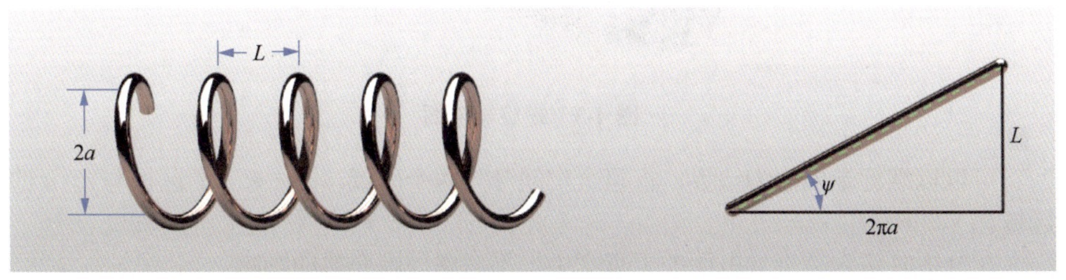

(a) 螺旋线的形成　　(b) 一圈螺旋线的展开

图 4-2　螺旋线形成慢波的基本原理

2. 螺旋导电面模型

上面从简单的物理概念出发，证明了螺旋线形成慢波的原理，而要严格求解螺旋线上传播的电磁波将会十分困难，因为它的边界条件十分复杂，但是可以提出一些简化的物理模型，去反映螺旋线传播的电磁波的本质特性。其中，具有实际价值并应用广泛的是皮尔斯提出的螺旋导电面模型。

当螺旋线的螺距 L 远小于螺旋线上的慢波导波长（λ_g）的一半时，可以把螺旋线看成一个沿 z 轴的均匀、无限薄的圆筒，圆筒半径就是螺旋线的平均半径，该圆筒只在沿螺旋线方向，即与垂直轴线的横断线（截面与圆筒的交线）成螺旋角 ψ 的方向上理想导电，而在与螺旋线垂直的方向，即导电方向的法线方向完全不导电，理想绝缘。显然，若螺旋线绕得足够密，即

$$L \ll \frac{\lambda_g}{2} \tag{4-6}$$

或

$$\beta L \ll \pi \tag{4-7}$$

时，这样的螺旋线就可以很好地近似为螺旋导电面（见图 4-3）。

利用上述螺旋导电面模型求解色散特性时，还必须考虑到以下特点。

由于螺旋导电面模型没有考虑螺旋线的结构周期性，在 $\beta L \ll \pi$ 的条件下，实际上把螺旋线近似看作均匀系统，因此螺旋导电面是螺旋线的均匀系统近似。

螺旋导电面沿传导方向的边界条件是倾斜的，具有螺旋角 ψ，因而单独的 TE 波（横电波）或 TM 波（横磁波）不能满足这样的边界条件，必须考虑 TE 波和 TM 波同时存在。

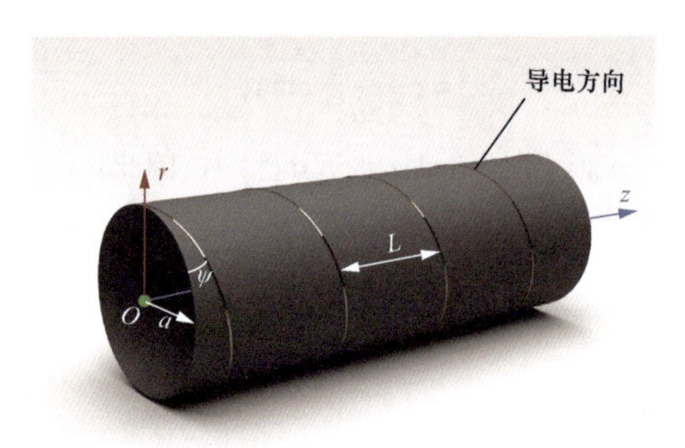

图 4-3　螺旋导电面

可以以螺旋导电面为边界，将整个空间分为两个区域，即 $r \ll a$ 的区域与 $r > a$ 的区域。

在分析时认为螺旋导电面处于真空中，不考虑周围介质的影响。

螺旋导电面在螺旋方向是理想导电的，因而可以不考虑导电面本身的损耗，即波的传播常数 $\gamma = \alpha + \mathrm{j}\beta \approx \mathrm{j}\beta$ 。

3. 螺旋带模型

螺旋带模型比螺旋导电面模型更接近实际螺旋线，该模型中的螺旋线是由无限薄的金属带绕成的，周期为 L，金属带宽度为 σ ，半径为 a ，如图 4-4（a）所示；图 4-4（b）则给出了行波管中实际应用的螺旋带慢波结构。螺旋带模型考虑了螺旋线的周期性，因而利用它分析螺旋线更符合实际。

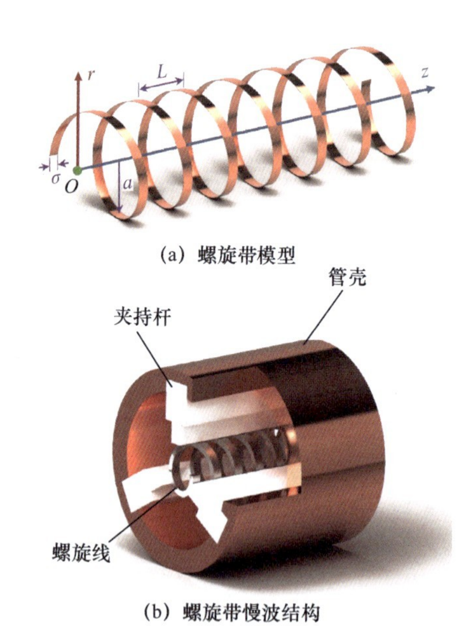

(a) 螺旋带模型

(b) 螺旋带慢波结构

图 4-4　螺旋带模型和螺旋带慢波结构

4. 螺旋线的变形结构

螺旋线虽然可有极宽的工作频带，但由于它本质上还是一种周期结构，因此会有空间谐波存在。螺旋线行波管的输出功率具有一定的限制，工作电压一般不超过 10kV，这是因为当同步电压变高时，负一次空间谐波的耦合阻抗增加很快，会引起返波振荡。后来人们找到了解决办法，若两根尺寸完全相同但以相反方向绕成的螺旋线同轴地放在一起，基波场将相互叠加而增强，负一次空间谐波则相互抵消，从而可以大大提高工作电压，得到高的输出功率。人们很想把这种交绕螺旋线[见图 4-5（a）]用到行波管中，可是交绕螺旋线的制造很困难，实际使用的是它的变形结构——环杆慢波结构[见图 4-5（b）]。环杆慢波结构将交绕螺旋线的主体变成了相距为一个螺距的环，而交绕螺旋线的交点则扩大为一根杆，这样制造就方便多了。如果把杆弯曲成半个圈，就得到了另一种变形——环圈慢波结构。

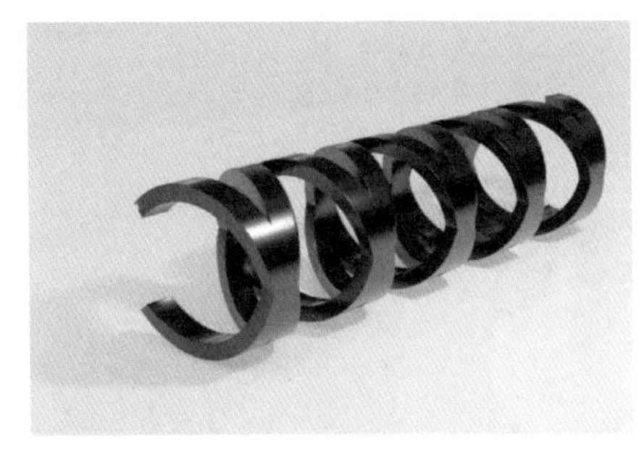

(a) 交绕螺旋线　　(b) 环杆慢波结构

图 4-5　螺旋线的变形结构

4.1.2　耦合腔慢波结构

事实上，环杆慢波结构和环圈慢波结构在大平均功率的行波管中的应用受到了很大的限制。虽然可以通过提高工作电压得到大的输出功率，但也存在不小的缺点——散热能力十分有限。一方面，它们导热途径上的介质杆虽可采用氧化铍或氮化硼，而有较好的散热能力，但环杆或环圈慢波结构之间，以及它们和管壳之间的热阻成为散热的障碍；另一方面，它们从结构上看都很单薄，耐热性很差。如果能有一种全金属的慢波结构，导热问题就可以得到很好的解决，于是耦合腔慢波结构应运而生。

耦合腔慢波结构通常由一系列谐振腔通过耦合孔相互连接而成。它主要包括以下两个部分。

（1）谐振腔：慢波结构的基本单元，通常呈圆柱状或其他特定形状。谐振腔能够存储电磁能量，并与电子注相互作用，实现对电磁波的放大或产生特定频率的电磁波。

（2）耦合孔：用于连接相邻的谐振腔，使电磁波能够在不同的谐振腔之间传播。耦合孔的大小、形状和位置对慢波结构的性能有着重要影响。

在耦合腔慢波结构中传播时，电磁波的相速能够被减慢到与电子注的速度相近，从而满足使电子注与微波场同步的条件，实现有效的能量交换。电子注进入耦合腔慢波结构后，与慢波电路中行进的微波场发生相互作用，电子在微波场的作用下发生速度调制和密度调制，进而将电子的动能转化为微波场的能量，使微波信号得到放大。

1. 休斯结构

图 4-6 所示为休斯结构，它是由一串谐振腔组成，各个相邻的腔体之间都有一个耦合装置以保证各相邻腔之间的耦合。该结构最显著的特点是带有反向交错排列的耦合孔。每一节腔体的相移量对基波而言总是为$0\sim\pi$，对 n 次空间谐波，则为$n\pi\sim(n+1)\pi$。如果腔高为 L，则每腔的相移量也可写成βL。由于相速$v_{\mathrm{p}}=\omega/\beta$，因此只要改变腔高 L，就可以改变耦合腔慢波结构的相速。腔高 L 越大，则在同样的相移时 β 就越小，相速就越高；反之，腔高 L 越小，相速就越低。这可以方便地用来实现相速渐变。在 $\beta L=n\pi$ 处，$\mathrm{d}\omega/\mathrm{d}\beta$ 为 0，即这时群速为 0，耦合阻抗达到无穷大。

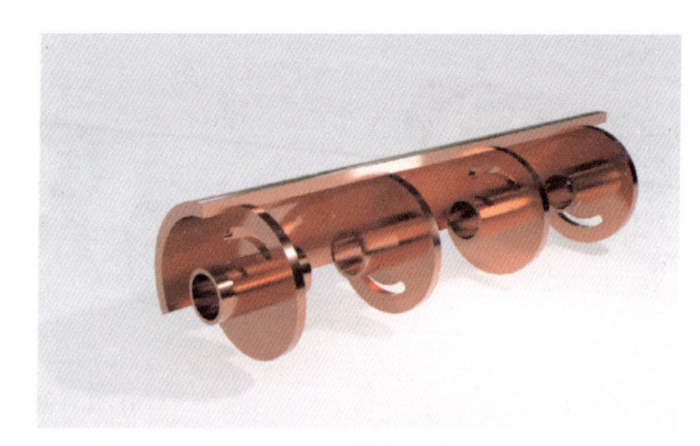

图 4-6 休斯结构

2. 其他耦合腔慢波结构

耦合腔慢波结构有各种不同的形式，如耦合孔不交错排列，而在同一方向呈直线排列（见图 4-7）；或者上、下同时设耦合孔（见图 4-8）；或者在双长缝耦合的基础上，在膜片间的腔内圆波导壁上加脊（见图 4-9）等。它们只是色散特性有所不同，有的使腔通带的基波成为前向波，更有利于大功率行波管的应用；有的则是为了增大带宽，它的基本原理与交错排列耦合孔的耦合腔慢波结构一样。

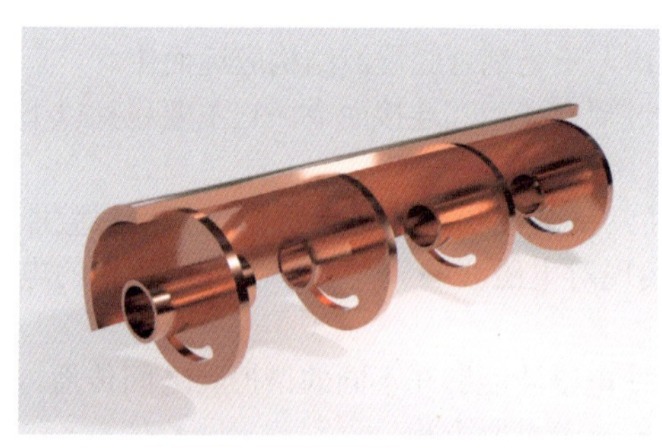

图 4-7 直线排列耦合孔耦合腔慢波结构

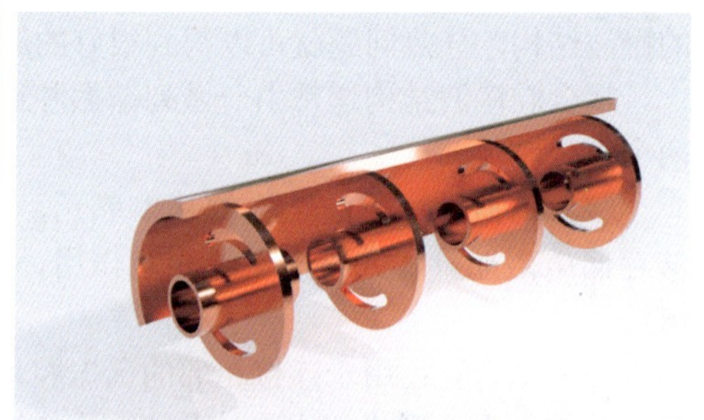

图 4-8 双耦合孔耦合腔慢波结构

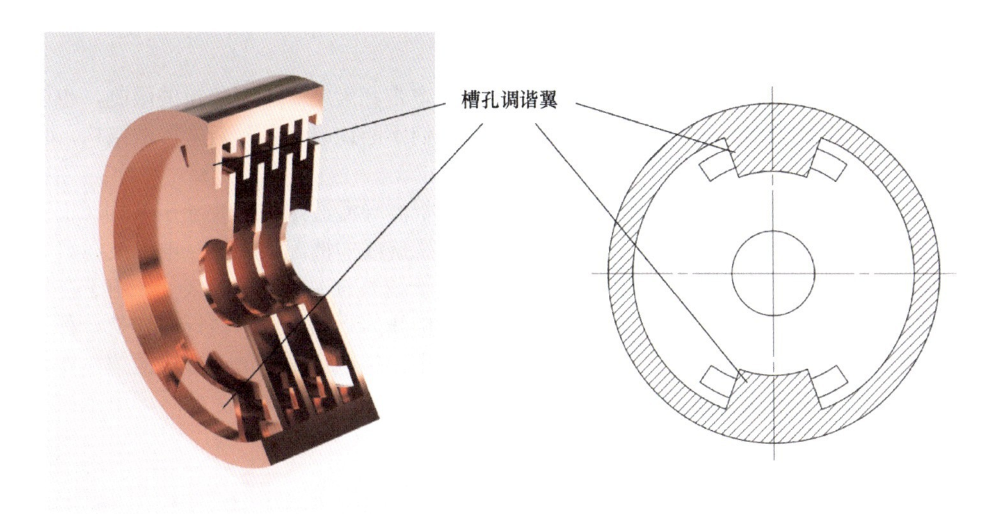

图 4-9　长隙缝耦合腔慢波结构

为了满足具体应用场景的需求，人们设计了各种各样的结构。例如，为了适应毫米波行波管发展的需求，美国瓦里安公司开发了一种改进的耦合腔链慢波电路——梯形电路，把圆腔体改成了矩形腔体，在腔的公共壁的边缘开设耦合槽。如图 4-10 所示，这种梯形电路结构比传统耦合腔简单得多，具有整体性和一致性好、易加工、成本低、尺寸大、散热性能好、功率容量大和可消除带边振荡等优点。

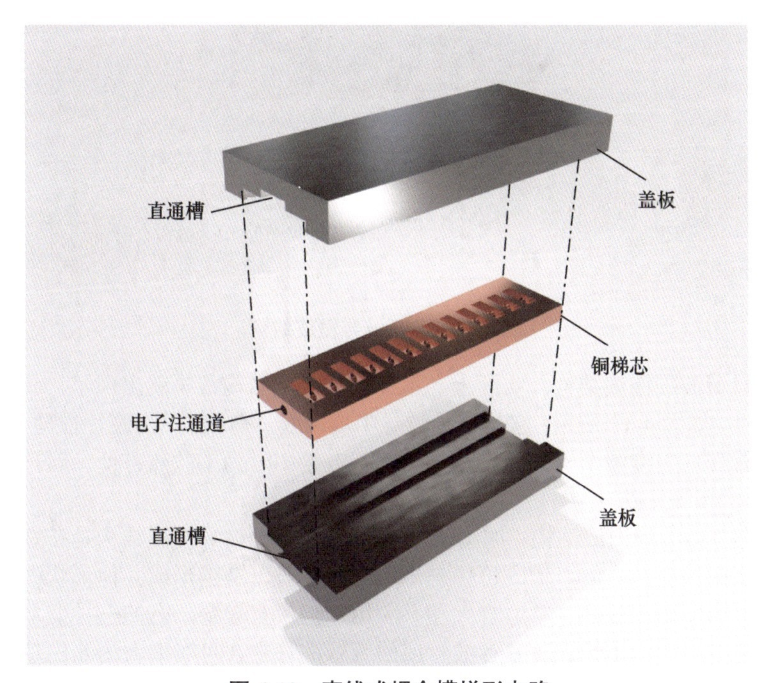

图 4-10　直线式耦合槽梯形电路

3. 新型慢波结构

传统螺旋线与耦合腔行波管的发展一直受到宽带和大功率不可兼得的限制，也面临着向高频率器件制造方面发展的困难，因此人们不断地寻找各种新型慢波结构，目前常见的有以下 5 种。

（1）曲折波导慢波结构。如图 4-11 所示，曲折波导慢波结构将波导在 E 面（指包含电场矢量和波导传播方向的平面）弯曲，这和螺旋线的情况很相似，电磁波在波导内前进了距离 L，在轴向只前进了距离 P，相当于波的前进速度慢下来了。由于在每次弯曲后就要反相一次，因此该结构的色散比螺旋线的更强。这种曲折波导是一种很有发展前途的慢波结构，具有接近波导频程的带宽，制造相对简单，可根据频率需求采用相应的加工方式，在毫米波段可用电火花技术加工，工作频率更高时可用微加工技术加工。

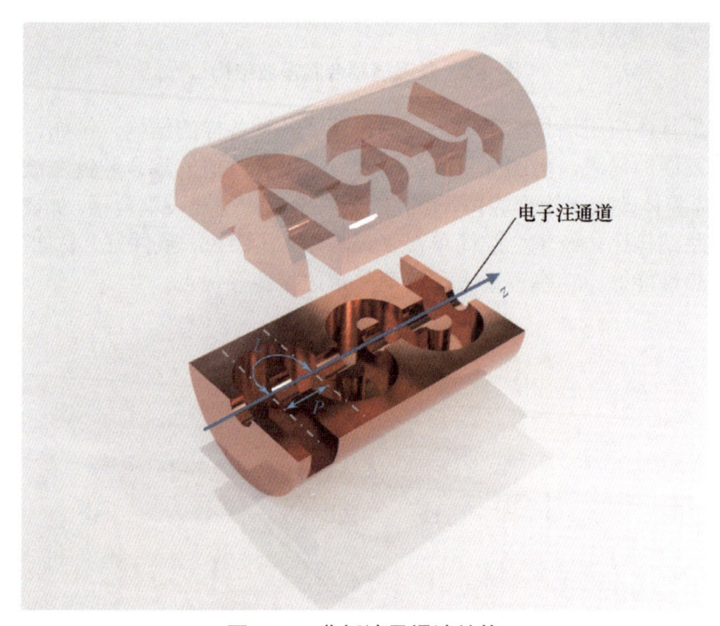

图 4-11　曲折波导慢波结构

（2）盘荷波导慢波结构。实际上，盘荷波导慢波结构很早就出现了，具有优良的大功率特性。如图 4-12 所示，它是在圆波导中加载膜片得到的。当膜片很薄又很密时，可以将其看作均匀慢波结构；而用在大功率行波管中时为了散热方便，膜片较厚，数量也较少。

（3）螺旋槽波导慢波结构。如图 4-13 所示，螺旋槽波导慢波结构是在圆波导内壁上刻螺旋状的槽而形成的，槽既可以是矩形的，也可以是圆形或其他形状的。由于具有极佳的散热能力，故而非常适合大功率应用，但带宽较窄。它的一种变形形式是将螺旋槽做成多头的，用于大功率行波管或回旋行波管中，可在很大的输出功率下得到约 20%的相对带宽。

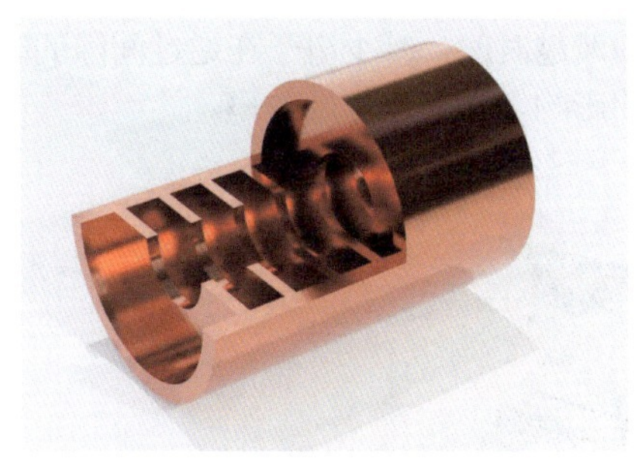

图 4-12　盘荷波导慢波结构

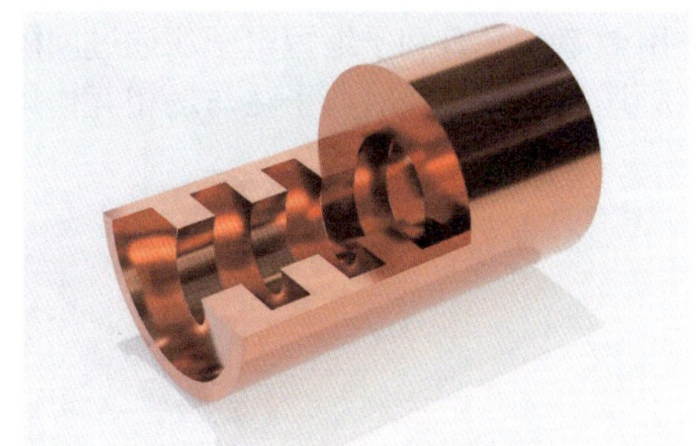

图 4-13　螺旋槽波导慢波结构

（4）脊棱加载螺旋槽波导慢波结构。为了解决螺旋槽波导慢波结构的带宽较窄的问题，人们研发了图 4-14 所示的脊棱加载螺旋槽波导慢波结构。它的相对带宽可达到 30%～40%。

（5）π 形慢波线慢波结构。π 形慢波线也是一种大功率行波管常用的慢波结构，如图 4-15 所示，它是在金属屏蔽筒中等距放置一系列圆环，圆环中部水平方向伸出 2 根支撑杆固定在屏蔽筒上，在与其垂直的方向上加 2 个脊以增大带宽。TH3666 管为采用这种慢波结构制造的多种商品管之一，工作频率为 2.8～3.2GHz，脉冲输出功率为 170kW，增益为 32dB，工作比为 1.4%，脉宽为 23 μs 。

图 4-14　脊棱加载螺旋槽波导慢波结构

图 4-15　π 形慢波线慢波结构

4.2　驻波结构

4.2.1　重入式谐振腔

图 4-16 所示为重入式谐振腔的结构。在速调管中，重入式谐振腔是常见的高频结构，这种谐振腔的特点如下。

腔体是上、下端面在中心处内凹的圆柱形空腔，由于双侧在中心部分均向腔体内部突出，所以被称为重入式谐振腔。两个突出部分之间形成一个高频间隙，间隙距离比腔体高度小很多，这样既有利于提高间隙中高频场的强度，提高高频场与电子注的互作用效率，又有利于缩短电子注通过间隙的渡越时间，减少电子在通过间隙的时间内高频场产生的变化对电子注与场相互作用的影响，提高互作用效率。

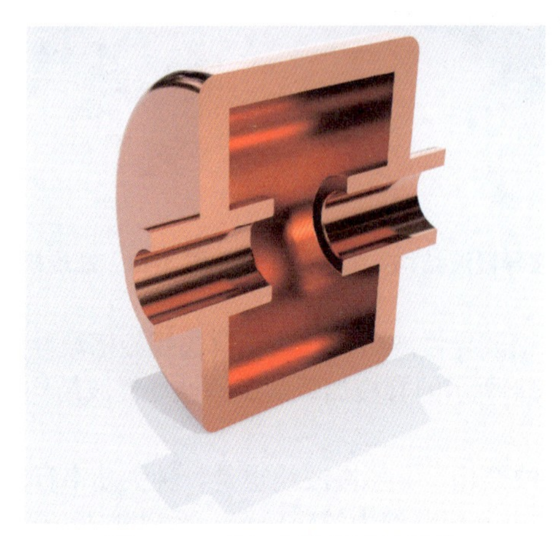

图 4-16　重入式谐振腔的结构

腔体可以被看作一种变形的圆波导腔，最低工作模式为圆波导谐振腔 TM_{010} 模，是一个驻波场，这种模式在腔体中心轴线上具有最强的纵向电场，有利于与在中心通过的电子注进行能量交换。

腔体中心的突出部分也是空心的，构成一段漂移管，作为电子注通道。因为它内部是一个等位空间，既没有直流场，也没有高频场，电子注通过时不受任何力，所以称为漂移管。

由于谐振腔的频率选择性，腔体只能存在一系列分离的谐振频率，每个频率对应一种模式，但微波管的工作模式一般为 TM_{010} 模式。因此，以谐振腔作为高频结构的微波管只能具有窄带工作范围。

谐振腔是一种全金属的封闭结构，具有良好的热传导性能，因此功率容量大，相应的谐振腔型微波管可以获得大的输出功率。

4.2.2　多腔谐振系统

在磁控管中，一般采用多腔谐振系统作为阳极，它由一系列沿圆周均匀分布的谐振腔组成，是决定磁控管的工作频率、效率、功率及频率稳定性等性能的关键部件。每一个腔的隙缝口都与相互作用空间相通，电子注正是通过这些隙缝口与高频场相互作用的。

1. 多腔谐振系统的类型

（1）同腔系统。由多个具有相同形状和尺寸的谐振腔组成的多腔谐振系统称为同腔系统，每个腔的具体形状又有孔-槽形、扇形、扇-槽形、槽形等之分（见图 4-17）。

（2）异腔系统。由大小两组谐振腔（称为长波谐振腔和短波谐振腔）间隔排列组成的多腔谐振系统就是异腔系统，同样，根据两组腔的形状又可以分为孔-槽形、扇形、扇-孔-槽形、扇-槽形等类型（见图 4-18）。

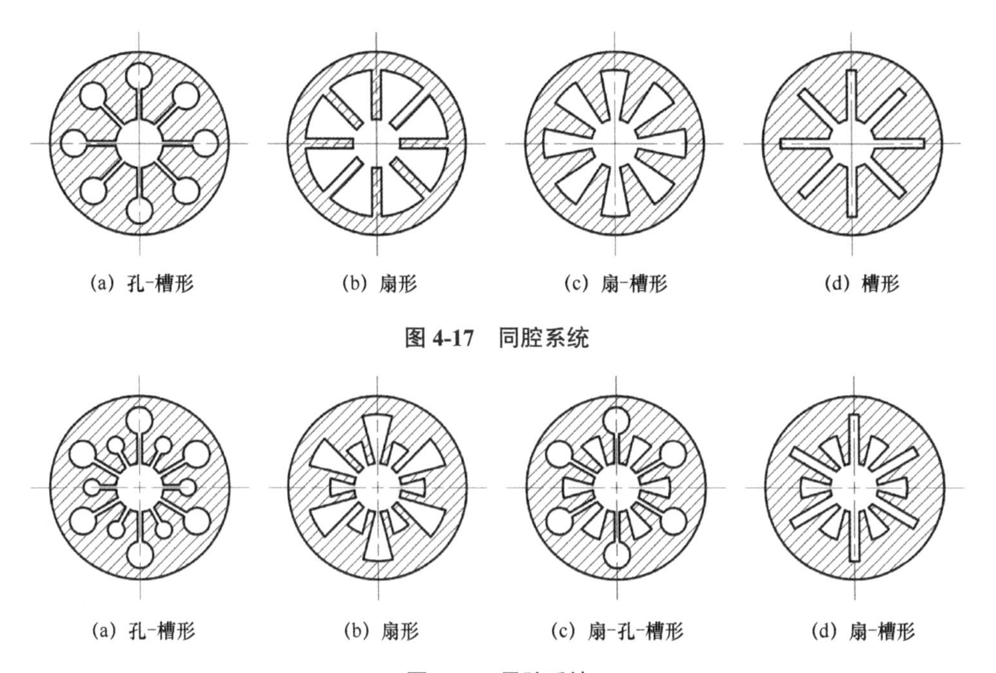

(a) 孔-槽形　(b) 扇形　(c) 扇-槽形　(d) 槽形

图 4-17　同腔系统

(a) 孔-槽形　(b) 扇形　(c) 扇-孔-槽形　(d) 扇-槽形

图 4-18　异腔系统

2. 振荡模式

由于多腔谐振系统在结构上是一个圆周上首尾相连的闭合系统，因此它本身也构成一个谐振系统。在谐振时，高频场沿该系统行进一周的相位变化应该是2π的整数倍，即

$$N\varphi = 2n\pi \quad (n=0,1,2,\cdots) \tag{4-8}$$

其中，N 为小谐振腔的数量；φ 为相邻两个小谐振腔之间高频场的相位差。由于小谐振腔在圆周上是均匀分布的，所以 N 个 φ 是相等的，一周的总相移就应该是 $N\varphi$。

由式（4-8）可以得到

$$\varphi = \frac{2n\pi}{N} \quad (n=0,1,2,\cdots) \tag{4-9}$$

可见，在给定 N 之后，n 取不同的值就会有不同的 φ，意味着高频场沿圆周有不同的分布，也就有不同的振荡模式。以一个 8 腔（$N=8$）谐振系统为例，表 4-1 中列出了对应不同 n 值时的不同 φ 值，每个 φ 值代表一种振荡模式。

表 4-1　8 腔谐振系统的振荡模式

n	$\frac{N}{2}-4$	$\frac{N}{2}-3$	$\frac{N}{2}-2$	$\frac{N}{2}-1$	$\frac{N}{2}$	$\frac{N}{2}+1$	$\frac{N}{2}+2$	$\frac{N}{2}+3$	$\frac{N}{2}+4$
φ	0	$\frac{\pi}{4}$	$\frac{\pi}{2}$	$\frac{3\pi}{4}$	π	$\frac{5\pi}{4}$	$\frac{3\pi}{2}$	$\frac{7\pi}{4}$	2π

从表 4-1 中可以看出，$n=0$ 和 $n=8$ 两种模式的相邻腔体高频场的相位差分别是 0 和 2π 。每个小谐振腔的隙缝口的场，也就是能与电子注发生互作用的场一致。因此，意味着这两种模式实际上是同一种振荡模式。同理，$n=1$ 和 $n=9$ 、$n=2$ 和 $n=10$ ……也应该对应同一振荡状态，为同一种振荡模式。由此可见，在一个 8 腔的谐振系统中，谐振模式只有 $n=0$ 到 $n=7$ 共 8 种。一般情况下，一个由 N 种谐振腔组成的多腔谐振系统可以有 N 种振荡模式，从 $n=0$ 到 $n=N-1$ 。

两种振荡模式的相位差若是 2π ，实际上这两种振荡模式就是同一种模式。这样说来，就可将 $n=1$ 和 $n=7$ 对应的两种模式分别看作 $\varphi=\frac{\pi}{4}$ 和 $\varphi=-\frac{\pi}{4}$ 这两种模式。$\varphi=\frac{7}{4}\pi$ 和 $\varphi=\frac{\pi}{4}$ 之间的相位差正好是 2π ，而 $\varphi=\frac{\pi}{4}$ 和 $\varphi=\frac{7}{4}\pi$ 的 φ 值大小相同，只是正负不同，显然，这两种模式的场结构是完全相同的，而相位的正负只是反映出相邻腔体的场在相位上超前还是落后的不同，从行波的角度来看，就是场是右旋还是左旋的不同，而场分布是完全相同的，因此也可以认为这两种模式是同一种振荡模式的一对极化简并模。同理，$n=2$ 、$\varphi=\frac{\pi}{2}$ 与 $n=6$ 、$\varphi=2\pi-\frac{\pi}{2}$ 和 $n=3$ 、$\varphi=\frac{3\pi}{4}$ 与 $n=5$ 、$\varphi=2\pi-\frac{3\pi}{4}$ 也是同一种振荡模式的极化简并模。

这样一来，由 N 个谐振腔组成的多腔谐振系统中，实际上只能存在$(\frac{N}{2}+1)$种模式，即 $n=1,2,\cdots,\frac{N}{2}$ 。其中 $n=0$ 、$\varphi=0$ 的模式称为零模式，而 $n=\frac{N}{2}$ 、$\varphi=\pi$ 的模式称为 π 模式，π 模式是磁控管的工作模式。图 4-19 给出了 8 腔谐振系统中前 5 种振荡模式在磁控管互作用区的瞬时场分布，由图 4-19 可见，n 的大小代表了高频场沿谐振系统圆周变化的周期数。

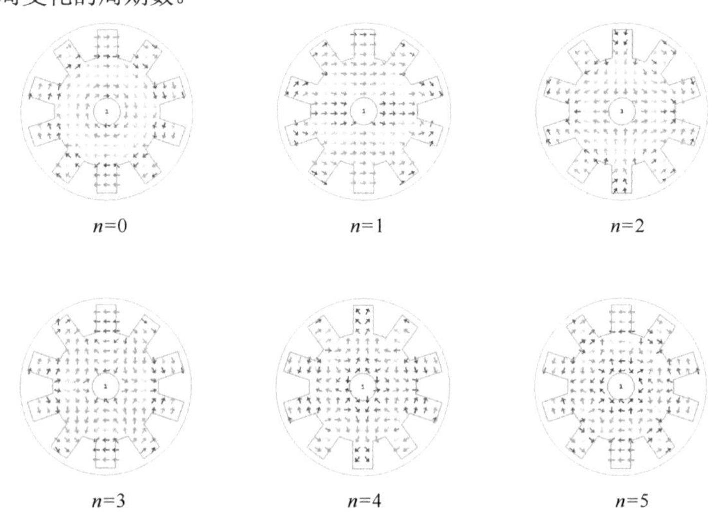

图 4-19　8 腔谐振系统中前 5 种振荡模式在磁控管互作用区的瞬时场分布

4.2.3　开放式波导谐振腔

回旋管中使用的高频结构是一种开放式波导谐振腔（见图 4-20），这种谐振腔的特点如下。

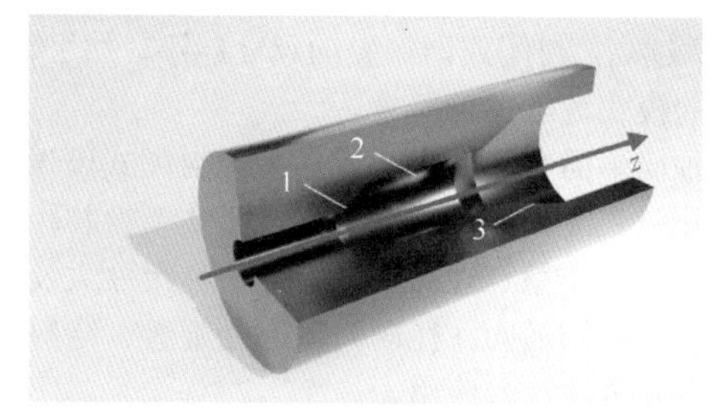

(a) 均匀波导腔

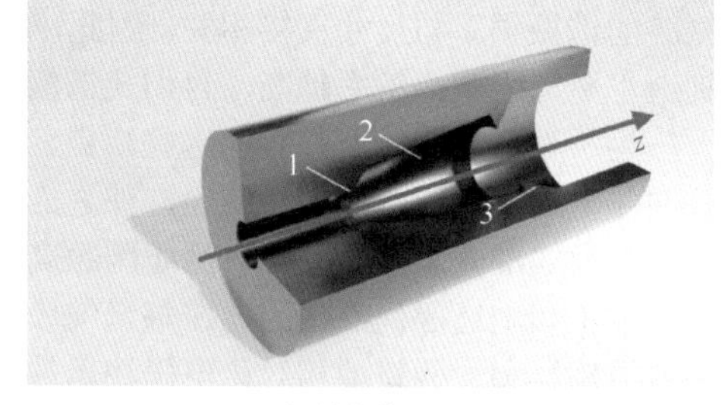

(b) 缓变截面波导腔

1—截止截面；2—腔体；3—绕射输出段

图 4-20　开放式波导谐振腔

（1）腔体由一段波导（一般为圆波导，少数为矩形波导）构成，波导可以是均匀波导，也可以是截面缓变的波导，还可以是由两段直径不同的波导直接连接（突变连接）形成的复合波导。腔的两端没有金属封闭面，而是由腔体前端（靠电子枪端，也称上游端）的截止截面（或截止波导段）和腔体后端（靠收集极端，也称下游端）的绕射输出段产生的反射，形成腔体内的振荡，从而产生谐振。谐振腔两端的开放式结构正是形成大尺寸电子注通道所必需的。

（2）由于这类腔体是由波导构成的，而波导内传播的是快波，所以回旋管是快波器件，而且回旋管的开放式波导腔一般都被设计为接近谐振模式的截止状态，因此不仅腔体截面尺寸大，而且快波相速远大于光速。尺寸大使得电子注通道也相应比较大，回旋管可以产生很大的输出功率；相速远大于光速可以使群速相应地远小于光速，而回旋管中电子注的纵向速度是与群速接近的，这样就可以降低对电子注纵向速度的要求，让更多的电子能量转换成横向速度参与高频场能量交换。

（3）开放式波导谐振腔两端的反射不是全反射，如果前端有足够长的截止波导可能会产生全反射，而后端由于要输出微波能量，不可能产生全反射，因此，这种谐振频率不能简单地用腔体纵向长度为半波长整数倍[$l = p\lambda_g/2$（$p = 0,1,2,\cdots$）]来计算，其中 l 为谐振腔长度，λ_g 为腔内振荡模式的波导波长。

（4）基于同样的理由，既然腔体内不能产生全反射，腔体内也就不会形成全驻波，必然存在一部分行波分量从绕射输出段输出，这也正是回旋管激励的微波能量的输出途径。

（5）开放式波导谐振腔前端的截止截面或截止波导只能截止一些模式，不能截止更高次的模式，因而这些高次模式就不具有足够的反射以形成谐振，从而减少了腔体内的谐振模式，减少了模式竞争，也就提高了模式分隔度。

开放式波导谐振腔的截面尺寸大、电子注通道大，这使得它可以在毫米波、亚毫米波获得很大的功率，这正是回旋管的主要特色。

4.2.4 准光学谐振腔

随着技术的发展，人们对微波频率的要求不断提高，封闭式谐振腔的品质因数 Q_0 随着频率的提高、损耗的增加而越来越小，即 Q_0 与 $\frac{1}{f^2}$ 成正比；另外，由于封闭式谐振腔的谐振频率与尺寸直接相关，因此，频率越高，封闭式谐振腔的尺寸越小，加工、制造也更加困难；频率越高，封闭式谐振腔的模式竞争也越严重。

为了克服封闭式谐振腔的这些缺点，一种简单而实用的方法就是去掉封闭式谐振腔的侧壁而仅保留两端的金属面，使之成为开放式准光学谐振腔。与封闭式谐振腔相比，开放式准光学谐振腔具有品质因数高、单模工作稳定性高、调谐方便、尺寸大及易于加工和制造等优点，因此在毫米波段微波器件如横向（径向）输出回旋管、绕射辐射振荡器和一些新型相对论电子注器件中得到了广泛的应用。

1. 共轴球面准光学谐振腔

开放式准光学谐振腔一般是由具有公共轴线的两个球面镜构成的，称为共轴球面准光学谐振腔，由两个平行平面镜构成的准光学谐振腔可以作为球面镜曲率半径无限大的一种特例，称为法布里-珀罗（F-P）腔（又称平面平行腔）。图 4-21 所示为一些不同类型的共轴球面准光学谐振腔。其中，R_1 和 R_2 为反射镜 1 和 2 的焦距。

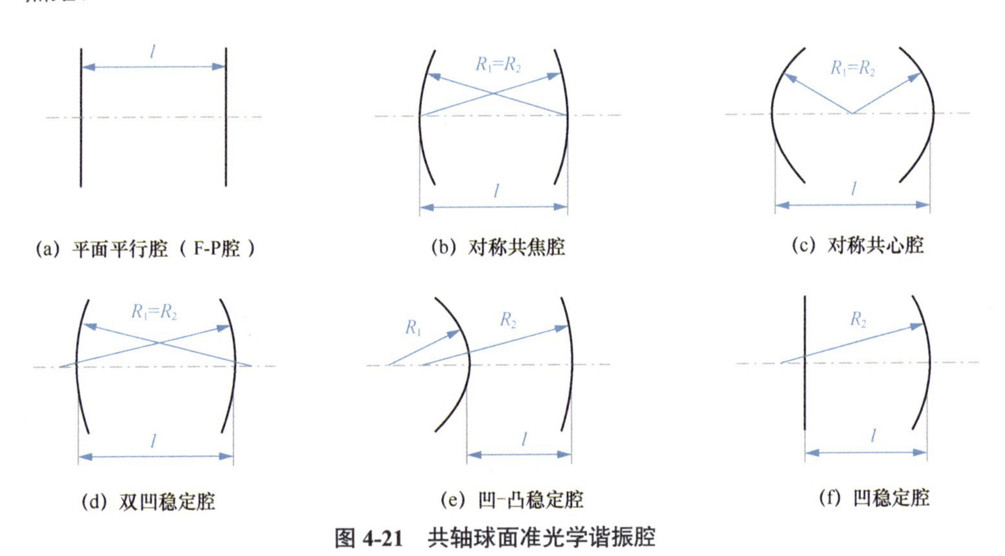

图 4-21 共轴球面准光学谐振腔

2. 开放式准光学谐振腔的模式

（1）开放式准光学谐振腔的纵模。

开放式准光学谐振腔工作在一个两端有金属反射面的腔内，TEM 波（横电磁波）在纵向将形成驻波，在腔体纵向长度内分布的驻波半波长数不同，就形成不同的模式，即

$$l' = p\frac{\lambda_{0p}}{2} \quad (p=0,1,2,\cdots) \tag{4-10}$$

其中，l' 为腔体的光学纵向长度，$l' = nl$，n 为腔内填充的均匀介质的折射率，对空气或真空来说，n=1；λ_{0p} 为腔体内 p 模式的谐振波长；p 为模式号数。

可见，开放式准光学谐振腔中谐振波长的概念与封闭式谐振腔中完全一样，只是在开放式准光学谐振腔中，将这种由于纵向驻波场分布不同而形成的不同模式命名为纵模。这样，p 就成为纵模的号数，不同的纵模（不同的 p）对应不同的谐振频率。与封闭式谐振腔一样，开放式准光学谐振腔中的谐振频率也是分立的。

式（4-10）表明，开放式准光学谐振腔的谐振频率不仅与模式号数 p 有关，还与腔体中两个反射镜的间距有关。在给定模式后，调节 l 就可以改变频率，这使得开放式准光学谐振腔的调谐十分方便。

（2）开放式准光学谐振腔的横模。

对无限大的反射镜来说，开放式准光学谐振腔内的 TEM 波在横向的分布是均匀的，不会有不同的模式存在。但实际上，开放式准光学谐振腔的反射镜的尺寸总是有限的，电磁场在反射镜边缘会产生衍射，使场的横向分布不再均匀，从而在横向也有了不同模式，人们将这种由于场在开放式准光学谐振腔横向的不同分布而形成的不同模式命名为横模。

在镜面中心处振幅最大、从中心到边缘振幅逐渐减小，且整个镜面上沿横向某一方向上的场分布具有偶对称性的稳定场分布，称为腔的最低阶偶对称模或基模，以符号 TEM_{00} 表示。

除了 TEM_{00}，开放式准光学谐振腔中在横向还可能存在其他形式的稳态场分布，即其他横模，以 TEM_{mn} 表示。下标 m、n 为模的阶次，它们表示镜面上场的振幅为 0 的位置（称为节线）的数量。对于矩形镜，m 表示场沿 x 轴方向的场振幅为 0 的节线数，n 表示场沿 y 方向的节线数；对于圆形镜，m 表示沿角向的节线数，n 表示场沿半径 r 方向的节线数。图 4-22 所示为平面平行腔中一些横模在镜面上的电场分布，图中以箭头的长短表示振幅的大小，箭头的方向表示电场方向，点画线表示节线，即电场振幅为 0 的位置。

（3）开放式准光学谐振腔的完整模式。

上面虽然分别讨论了开放式准光学谐振腔中的纵模与横模，但是它们其实是一个完整、统一的模式，并不是各自独立可分割的。任何一个腔内的稳定场必定既有纵模，又有横模，它们是对开放式准光学谐振腔中某个稳定的场结构的不同侧面的描述。纵模反映的是场结构在腔体纵向的分布特点，横模则反映场结构在腔体横向的分布特点，通常以 TEM_{mnp} 来表示完整的腔体模式。

模式 TEM_{mnp} 中任何一个下标的改变都对应不同的分布和频率，但不同横模之间的谐振频率的差别远小于不同纵模之间的，因此，开放式准光学谐振腔的谐振频率主要由纵模的特征值 p 决定。具有同一个 p 值，即同一个纵模的各个不同横模的差别主要是场的横向分布，而不是谐振频率。

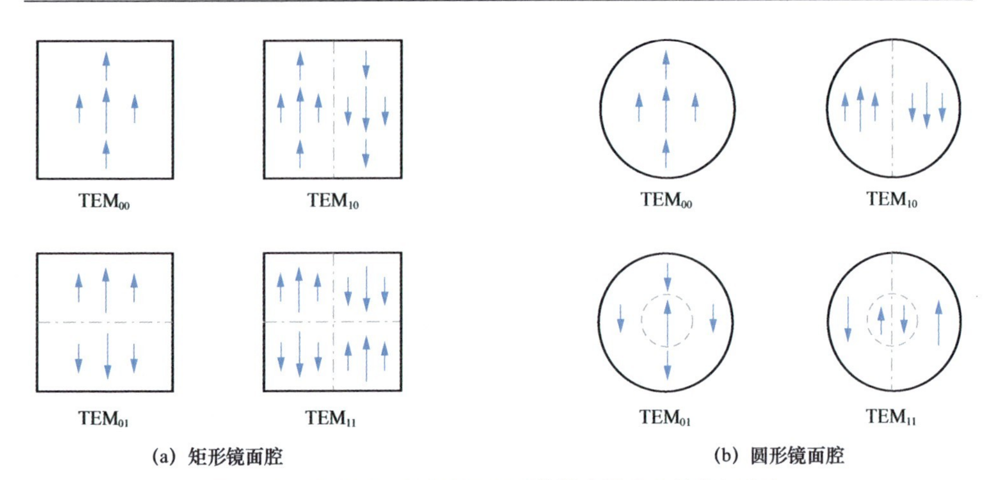

图 4-22 平面平行腔中若干低阶横模在镜面上的电场分布

4.2.5 输能装置

在微波管中，由振荡或放大产生的微波能量必须能从管内高频结构上被提取出来，并输送到管外与管子连接的传输系统和负载上。对放大管来说，还必须由管外向管内高频结构输送待放大的微波信号。实现向管内输入或从管内输出微波能量的机构被称为输入、输出装置，统称为输能装置。

微波管输能装置的功能是把微波能量耦合到管内高频结构上和从高频结构上把微波能量耦合到管外系统中，所以输能装置是一种能量耦合器。

由于管外是大气，而管内是真空，因此输能装置还必须具有真空密封的功能，这一功能由作为输能装置必要组成部分的输出窗来完成。

1. 对输能装置的要求

（1）良好的匹配性能。

对输能装置的基本要求是它必须与管内高频结构以及管外传输系统匹配良好，保证微波能量以尽可能小的反射向管内输入或从管内输出。一般来说，管外传输系统的类型（同轴线或波导）及尺寸都是确定的，它们的特性阻抗也就是固定的，而管内高频结构的特性阻抗千差万别，它不仅与高频结构本身的结构形式和尺寸有关，还与高频结构周围可能存在的介质、管壳等其他零件有关；而且为了更好地与输能装置匹配，往往还会对高频结构在耦合端做适当改变或引入一些匹配元件等。即使如此，高频结构的特征阻抗与管外传输系统的特征阻抗通常还会有很大的差别。因此，输能装置实际上还同时起着阻抗变换器的作用，以便把高频结构与传输系统匹配并连接起来。

可见，从能量传输的角度看，输能装置是耦合器，但为了达到匹配传输，或者说为了传输有效，输能装置又必须是阻抗变换器。匹配不好的输能装置（尤其是输出装置）不仅会损失微波功率、降低微波管的效率，还会使微波管产生自激振荡，严重影响微波管的正常工作。

（2）足够的功率容量。

输能装置本身必须具有足够的功率容量，保证微波管可能产生的最大微波功率都能顺利输出，特别是输出窗和输能装置与高频结构的连接处，往往会由于设计或材料的不合理、工艺不理想或不完善，致使其无法承受大功率通过而被击穿或烧毁。

（3）合理的结构。

输能装置在结构上需要既能方便地与高频结构连接，又能方便地与管外传输系统连接，既能与管体可靠地气密焊接，又能与管体可靠地组成稳固的整体；输能装置的结构和尺寸应与聚焦系统的允许安装空间相适应；结构还应尽可能简单，制造方便，便于与管体和输出窗焊接，焊缝可靠。

2. 输出窗

输能装置中的输出窗是必须精心设计的部分，它既涉及整个输能装置的匹配性能、功率容量，还涉及密封性能、高频损耗等。良好的输出窗应能保证微波能量顺利通过而不被反射，微波损耗小，不应在大功率情况下因损耗引起介质窗片发热而导致炸裂；又要保证在高温等恶劣使用环境中，不引起输出窗的损坏或焊缝漏气，也不能因焊接质量不好而引起管子慢性漏气。

输出窗材料一般是玻璃、陶瓷或蓝宝石等，在微波管中使用较多的是陶瓷，而在毫米波段，则较多使用蓝宝石。在相对论电子注微波管中，因为真空度较低和传输系统尺寸较大，也会用聚四氟乙烯制作输出窗。

3. 输能装置的结构

总体来说，输能装置可以分为同轴型与波导型两大类。同轴型耦合元件分为探针和耦合环两种，前者为电耦合，后者为磁耦合；波导型耦合元件分为感性膜孔和容性膜孔。

输能装置的结构形式、尺寸等受很多因素影响。首先是高频结构本身的类型，以及具体形状、尺寸等；其次是输能装置与高频结构的耦合方式、耦合位置、耦合部分尺寸、连接方式等，以及输能装置与管外系统的连接方式、尺寸等；再次是高频结构周围零件、管体、介质的位置、形状尺寸，以及聚焦系统的结构和尺寸等；然后是为了高频结构与输能装置之间的匹配过渡而引入的匹配元件的形状、方式、位置、尺寸及连接方式等；还有所选择的输出窗的种类、形状、位置、尺寸、焊接方式等。这一系列的因素都会直接影响输能装置的性能。因此，输能装置的设计一般情况下比较难以直接由数值计算决定，而更多地依赖经验、模拟和实验测试，经反复调整、修改后才能确定。

对于某些宽带管，多采用耦合环给中间腔加载，或在腔体内加入损耗体或在腔内涂覆损耗材料以降低 Q_L（有载品质因数）。

对于内腔速调管，为保持速调管的真空性能，只能在传输能量的波导或同轴线上加一个介质薄片，用来保持管内真空，同时也要求输入、输出功率能无损地通过，这就形成微波窗。输入功率小时多用同轴窗，如图 4-23（a）所示。图 4-23（b）所示为用于外腔速调管的筒形窗，它同时也起到真空密封作用。大功率速调管的输出一般多使用盒形窗，如图 4-23（c）所示，它由一段圆波导（其中封接了一个介质圆片，称为窗片）和两个标准波导段组成，特点是带宽大、结构简单、工作性能稳定且可靠。中、小功率和高波段的管子采用矩形窗，如图 4-23（d）所示。

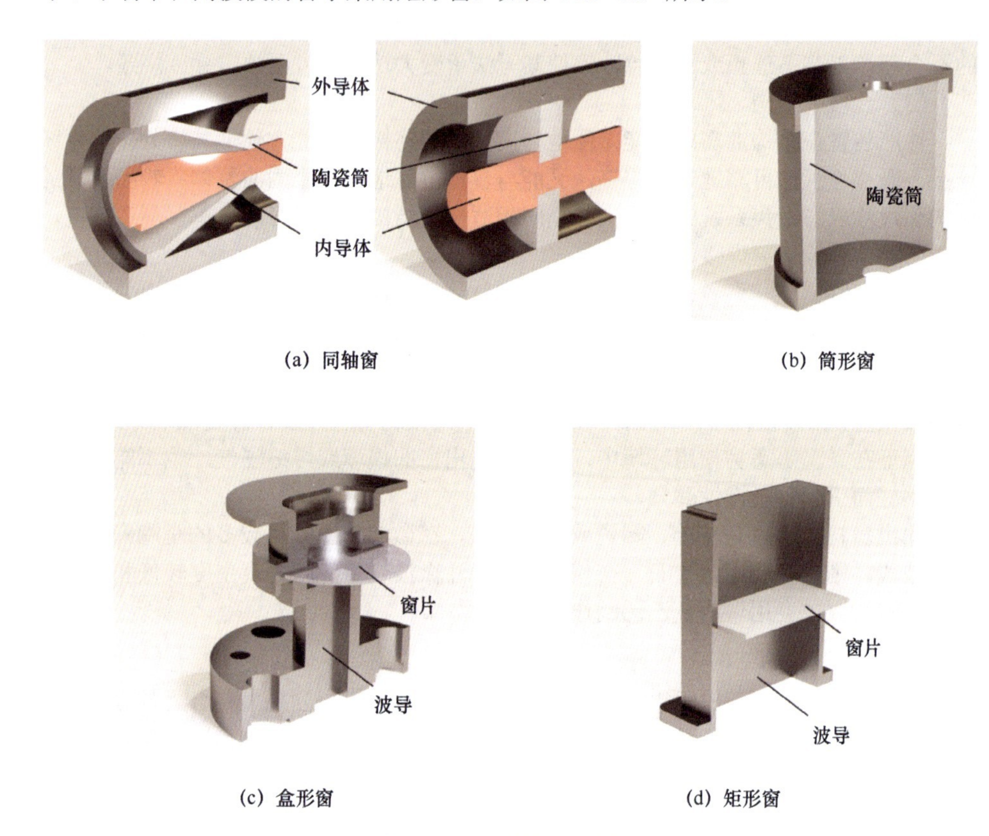

(a) 同轴窗　(b) 筒形窗

(c) 盒形窗　(d) 矩形窗

图 4-23　4 种典型微波窗

拓展阅读

[1] 王文祥. 微波工程技术[M]. 北京: 国防工业出版社, 2009.

[2] 李廷高, 陈凤止. 真空电子器件[M]. 北京: 电子工业出版社, 1994.

[3] 瓦维洛夫. 电子管[M]. 周志毅, 译. 北京: 国防工业出版社, 1966.

[4] 张克潜, 李德杰. 微波与光电子学中的电磁理论[M]. 北京: 电子工业出版社, 1994.

[5] 吴鸿适. 微波电子学原理[M]. 北京: 科学出版社, 1987.

[6] 刘盛纲. 微波电子学导论[M]. 北京: 国防工业出版社, 1985.

[7] 肖羽. 微波电子管概述[M]. 北京: 国防工业出版社, 1974.

[8] 张兆镗. 微波电子管原理[M]. 北京: 国防工业出版社, 1981.

[9] FENG J J, ZHANG S L. Vacuum electronics: components and devices[M]. Berlin: Springer, 2015.

[10] HAWKES P W. Principles of electron optics[M]. Salt Lake City: Academic Press, 1994.

[11] POZAR D M. Microwave engineering[M]. New York: Wiley, 2012.

[12] CROSS A W, JOHANSEN T K. Microwave vacuum electronics[M]. New York: Wiley, 2013.

[13] EASTLUND B J. Introduction to vacuum electronics[M]. Salt Lake City: Academic Press, 1989.

第 5 章　电子注与场的相互作用

在不同的高频系统中，电子注与场的互作用类型并不相同。在驻波型高频系统（如磁控管、速调管等）中，电子注只有在通过谐振腔的高频间隙时才与场发生相互作用；在行波型高频系统（如行波管、返波管等）中，电子注在通过慢波线的整个过程中与行波同步，始终发生相互作用。不同类型互作用所需的条件自然不同，如速调管互作用所需条件：当群聚电流基波分量最大时，电子注刚好通过输出高频间隙，能量交换过程自动完成，输出腔输出基波功率。

5.1　感应电流

分析电子在真空电子器件中的运动和真空电子器件外电路中流动的电流之间的关系，是真空电子学中的一个基本问题。低频时，在某一个电极的外电路中流动的瞬时电流，与落在该电极上的电子流相等。从这一观点来看，如果管内没有电子落在电极上，该电极外电路中的电流就等于 0。但这种低频电子学的观点，在微波频率情况下就完全不适用了。为了说明电子在管内的运动和管外电路中流动的电流之间的关系，我们来研究自由电荷在平板真空间隙（如平板二极管）中运动所发生的物理现象。

设有一平板二极管，阴极和阳极相连，有电荷（$-q$）自阴极逸出向阳极运动。由于静电感应，阴极和阳极带正电荷。显然，整个系统的电荷量应等于 0，即

$$q_{\mathrm{a}} + q_{\mathrm{k}} - q = 0 \tag{5-1}$$

其中，q_{a} 和 q_{k} 分别是阳极和阴极上感应的电荷。

在电荷向阳极飞行时，阳极上感应的电荷逐渐增多，而阴极上感应的电荷逐渐减少，如图 5-1 所示。当电荷到达阳极时，正电荷全部集中在阳极上，与负电荷中和。因此，在电荷飞行过程中，电极上感应的正电荷的数值在变化，所以电子管电极及其外电路中的电流实际上是电荷飞行过程中电极上感应电荷变化所引起的，一旦负电荷撞上电极，正负电荷中和，电流也就中止。

下面分析平板电极间有一薄层电子飞行时所引起的感应电流。设平板二极管在外直流电压的作用下，电极间产生稳定的电场 $\boldsymbol{E}$。这时，阴极和阳极上分别有电荷 $-Q$ 和 $+Q$。

如果在电极间离阴极 x 处有一薄层电荷（$-q$），则由于静电感应，阴极和阳极上的即时总电荷分别变成 $-Q+q_{\mathrm{k}}$ 和 $+Q+q_{\mathrm{a}}$，电荷层两边的电场相应地发生变化，如图 5-2 所示。

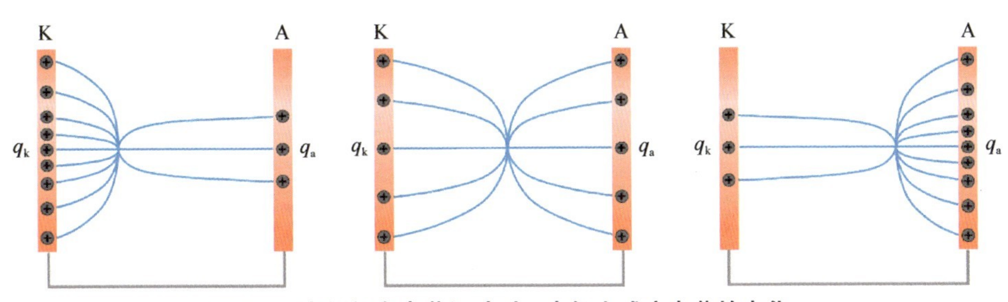

图 5-1　电极间有电荷运动时，电极上感应电荷的变化

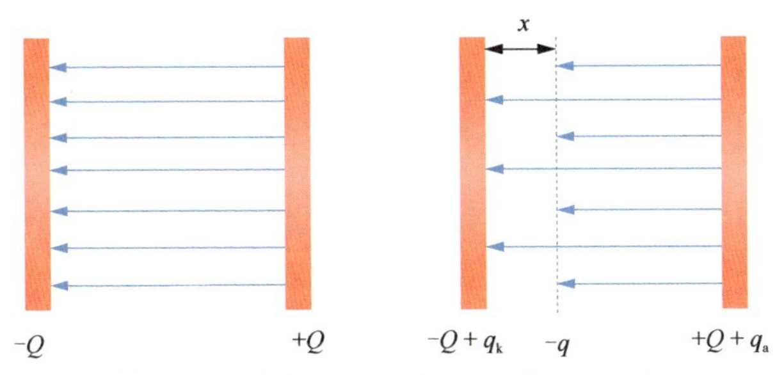

图 5-2　电极间没有电荷和有电荷时的电场

设电荷层左边的电场强度为 E_1，右边的为 E_2，由于外加电压未变，因而有下列关系：

$$E_1x + E_2(d - x) = Ed \tag{5-2}$$

其中，d 是极间距离。

对于平板二极管内电通量和电极上电荷之间的关系，根据高斯定律有

$$\begin{cases} -SE\varepsilon_0 = Q \\ -SE_1\varepsilon_0 = -(Q - q_k) \\ -SE_2\varepsilon_0 = +(Q + q_a) \end{cases} \tag{5-3}$$

其中，S 是电极的面积。

由式（5-1）～式（5-3）可解得电极上的感应电荷为

$$\begin{cases} q_k = q\left(1 - \dfrac{x}{d}\right) \\ q_a = q\dfrac{x}{d} \end{cases} \tag{5-4}$$

这样，在某一瞬间，阴极和阳极上的总电荷为

$$\begin{cases} Q_k = -Q + q\dfrac{d - x}{d} \\ Q_a = Q + q\dfrac{x}{d} \end{cases} \tag{5-5}$$

外电路流通的瞬间，电流为

$$i = -\frac{\mathrm{d}Q_{\mathrm{k}}}{\mathrm{d}t} = \frac{\mathrm{d}Q_{\mathrm{a}}}{\mathrm{d}t} = \frac{\mathrm{d}Q}{\mathrm{d}t} + q\frac{v}{d} \tag{5-6}$$

其中，$q\frac{v}{d}$ 就是感应电流，在外电路中由阴极流向阳极。当外加电压是直流电压时，$\frac{\mathrm{d}Q}{\mathrm{d}t} = 0$。如果外加电压含有交变分量，则 $\frac{\mathrm{d}Q}{\mathrm{d}t}$ 就是电极间的容性电流。因此，由电荷层运动引起的感应电流为

$$i_{\mathrm{ind}} = q\frac{v}{d} \tag{5-7}$$

电极间有许多电荷层运动时，外电路的感应电流应该是每一层电荷所引起的感应电流之和，即

$$i_{\mathrm{ind}} = \int_0^d \mathrm{d}i_{\mathrm{ind}} = \int_0^d \frac{v_x}{d}\mathrm{d}q = \int_0^d \frac{v_x \rho_x S}{d}\mathrm{d}x \tag{5-8}$$

其中，$\mathrm{d}q = \rho_x S\mathrm{d}x$，即任一截面 S 厚度为 $\mathrm{d}x$ 的电荷层的电荷量；ρ_x 和 v_x 分别是任一截面上的电荷密度和电子速度。

因此，从感应电流的观点来看，只要电极间有电子流动，外电路中就有感应电流通过，与电子是否落在电极上无关。在低频情况下，平板电极间任一截面上的电流密度都是一样的，这时有

$$i_{\mathrm{ind}} = \frac{1}{d}\int_0^d v_x \rho_x S = J_x S \tag{5-9}$$

因此，可把外电路中的电流和落在电极上的电子流等同。

5.2 电子流与电场的能量交换

任何真空电子器件的基本任务，都是要借助运动的电子，将直流电源的能量转换为电磁能量，以达到产生电磁振荡和放大电磁波的目的。因此，分析从电子注吸取能量的原理和研究最大能量转换的条件是十分重要的。

电子在直流电场中所受到的电场力 $\boldsymbol{F} = -e\boldsymbol{E}$，加速度为

$$\boldsymbol{a} = \frac{\mathrm{d}^2\boldsymbol{l}}{\mathrm{d}t^2} = -\frac{e}{m}\boldsymbol{E}\cdot\mathrm{d}\boldsymbol{l} \tag{5-10a}$$

式（5-10a）两边乘以 m，并与 $\mathrm{d}\boldsymbol{l}$ 求点积，得

$$m\left[\frac{\mathrm{d}}{\mathrm{d}t}\left(\frac{\mathrm{d}\boldsymbol{l}}{\mathrm{d}t}\right)\right]\cdot\mathrm{d}\boldsymbol{l} = m\frac{\mathrm{d}\boldsymbol{l}}{\mathrm{d}t}\cdot\mathrm{d}\left(\frac{\mathrm{d}\boldsymbol{l}}{\mathrm{d}t}\right) = \mathrm{d}\left[\frac{1}{2}m\left(\frac{\mathrm{d}\boldsymbol{l}}{\mathrm{d}t}\right)^2\right] = -e\boldsymbol{E}\cdot\mathrm{d}\boldsymbol{l} \tag{5-10b}$$

若电子由电场中某一点 A 运动到点 B，则

$$\int_A^B \mathrm{d}\left[\frac{1}{2}m\left(\frac{\mathrm{d}\boldsymbol{l}}{\mathrm{d}t}\right)^2\right] = -e\int_A^B \boldsymbol{E}\cdot\mathrm{d}\boldsymbol{l} = -e\left(V_B - V_A\right) \tag{5-11}$$

其中，V_B 和 V_A 分别是 B 点和 A 点的电位。

式（5-11）表明，电子在直流电场中运动时，无论电位分布如何，也无论电子运动的轨迹怎样，电子动能的变化只取决于电子经过的电位差。当电子从低电位向高电位运动时，电场使电子加速，电子的动能增大，电场因对电子做功而消耗能量；反之，当电子从高电位向低电位运动时，电场使电子减速，电子的动能减小，电子减小的那一部分能量就被传递给电场，使电场的能量增加。利用感应电流原理可以进一步了解电子在外加电场中运动时的能量交换。如图 5-3 所示，设有一薄层电荷（$-q$）以速度 v_0 穿过平板栅网的间隙。当外加电场使电子加速时，感应电流 i_{ind} 的方向与电源的放电电流方向一致，故电源消耗能量，这部分能量就转变成电子流增加的动能。当外加电压使电子减速时，感应电流的方向和电源的充电电流方向一致，这时，电子流减小的动能转化为外电源的能量。

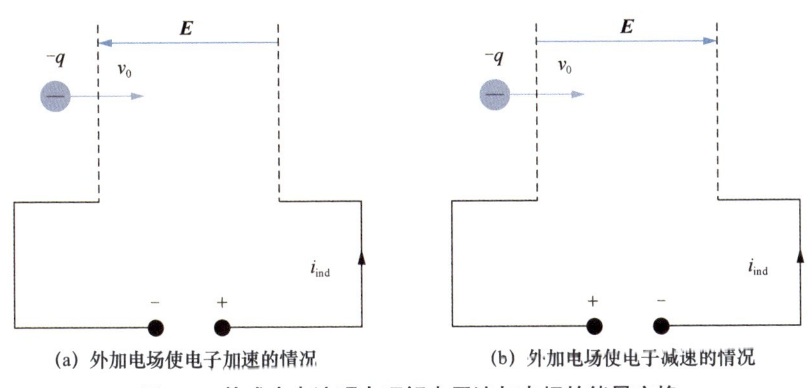

(a) 外加电场使电子加速的情况　　(b) 外加电场使电子减速的情况

图 5-3　从感应电流观点理解电子流与电场的能量交换

电子流与交变电场的能量交换，原则上与直流电场的情况相同。电子流在交变电压的正半周加速，电子动能增大而电场能量减少；在负半周电子减速，电子动能减小而电场能量增加。因此，只有在通过间隙时减速的那些电子才能把自己的一部分能量交给电场。

如果是密度均匀的非调制电子流，则电子流在交变电场中行进时受交变电场的连续作用。在正半周内，电子摄取交变电场能量；而在负半周内，电子把能量交给电场。这两部分能量在电子流均匀的情况下是相等的，总的效应在正、负两个半周期内全部相互抵消。

因此，要得到有效的能量交换，必须利用密度不均匀的电子流，即密度调制的电子流。在理想的情况下，应该使电子组成电子群，使电子群刚好在间隙内有最大的拒斥场时通过。这样，电子群与交变电场的相互作用最有效，交变电场就可以从电子群

（从直流电源）得到最大的能量。微波电子管正是利用这一原理实现微波信号的放大和产生振荡的。

在间隙内接有负载的情况下，与电子流相互作用的交变电场是自动建立的。例如，在平行双栅间隙内接入微波谐振腔的等效电路如图 5-4 所示。在腔体的一些分立的本征频率上，谐振腔负载呈现电阻性。当有电子流穿过间隙时，外电路中的感应电流将在负载上产生电压降，极性如图 5-4 所示。负载上的电压降在间隙内产生拒斥场，使电子在间隙的拒斥场中运动时速度不断下降。当电子离开间隙时，它的动能就低于进入时的动能，两者之差就是传送到外电路负载上的能量。

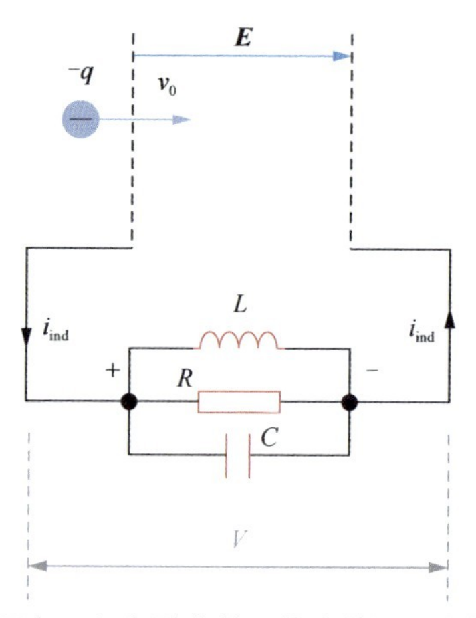

图 5-4　平行双栅间隙内接入微波谐振腔的等效电路

由感应电流和感应电流在负载上产生的感应电压 V，可以求得电子流与交变场相互作用功率的有功分量（实部）和无功分量（虚部）分别为

$$\begin{cases} P_{\text{real}} = \dfrac{1}{2}\text{Re}\left(I_{\text{ind}}V^*\right) = \dfrac{1}{2}V^2 G \\ P_{\text{react}} = \dfrac{1}{2}\text{Im}\left(I_{\text{ind}}V^*\right) = \dfrac{1}{2}V^2 B \end{cases} \tag{5-12}$$

其中，G 和 B 分别是谐振腔的等效电导和等效导纳。

电子流交给谐振腔的有功功率也可写为

$$P_{\text{real}} = \frac{1}{2}\frac{I_{\text{ind}}^2}{G^2 + B^2}G \tag{5-13}$$

单个电子群通过谐振腔间隙，只能在腔体中引起冲击式激励，这样产生的是衰减振荡，不能有效地输出能量。如果进入谐振腔的是密度调制的电子流，即周期性群聚的电子群，那么腔体功率的损耗就可得到补偿，从而产生稳定的持续振荡。要求能量源源不断地从电子流向腔体传输的必要条件是，一个个电子群顺序通过间隙内的拒斥电场，而腔体的谐振频率是电子群的重复频率（或其 2 倍、3 倍）。

5.3　皮尔斯理论

电子注与慢波结构中的行波之间的相互作用可以通过多种方法来分析，其中，由皮尔斯提出的经典小信号理论对电子注与行波的互作用原理进行了深入的定量探讨，许多由皮尔斯定义的参数名称现在已成为行波管行业的固定词汇，再加上皮尔斯理论为分析行波管的工作机理提供了理想的物理基础，所以本节将重点介绍皮尔斯理论。

下面的分析将分为几个步骤进行。首先，求解电子注中的高频电流（所采用的公式是电子方程，它是在分析空间电荷对电子群聚的影响的基础上推导出来的）。然后，分析基于慢波线的线路方程。接着，将线路方程与电子方程结合，以确定传播常数，并推出特征方程。最后，分析电子注与行波的同步状态，分别考察在同步（电子速度等于线路的冷相速）及非同步（电子速度不等于线路的冷相速）条件下的工作状态。

5.3.1　电子注中的高频电流

电子注中的空间电荷会影响电子群聚。其中，电子注中的电流i_z是电场E_z的函数。该函数的推导过程是将定义电流密度的方程（$J=\rho u$，其中ρ、u分别为电荷的密度与速度）与连续性方程（$\nabla\cdot\boldsymbol{j}=-\dfrac{\partial\rho}{\partial t}$）及受力方程（$\dfrac{\mathrm{d}\boldsymbol{v}}{\mathrm{d}t}=\dfrac{\partial\boldsymbol{v}}{\partial t}+(\boldsymbol{v}\cdot\nabla)\boldsymbol{v}=-\dfrac{e}{m}\boldsymbol{E}$）线性化后联立起来（高频信号具有谐波形式$\mathrm{e}^{\mathrm{j}(\omega t-\beta z)}$）：

$$J_z=(\rho_0+\rho_1)(u_0+u_1)\approx\rho_0u_1+u_0\rho_1$$

$$\mathrm{j}\beta J_z=-\mathrm{j}\omega\rho_1$$

$$(\mathrm{j}\omega-\mathrm{j}\beta u_0)u_1=-\frac{e}{m}E_z$$

消去ρ_1、u_1，结果得到了电子方程：

$$J_z=\mathrm{j}\omega\varepsilon_0\frac{\omega_\mathrm{p}^2}{(\omega-\beta u_0)^2}E_z \tag{5-14}$$

在下面的分析中，为方便起见，将式(5-14)中的ω_p^2和u_0^2分别用$\eta\rho_0/\varepsilon_0$和$2\eta V_0$代替（$\eta=e/m$，表示电子的荷质比）。另外，电流密度J_z和J_0也用相应的电流i_z和I_0代替，便得到

$$i_z=\frac{\mathrm{j}\beta_\mathrm{e}I_0}{2V_0(\beta_\mathrm{e}-\beta)^2}E_z \tag{5-15}$$

其中，I_0为直流束电流，V_0为直流束电压；$\beta_e=\omega/u_0$为电子注的传播常数，有多个值。

5.3.2　线路方程

行波管的高频线路可采用传输线模型，如图 5-5 所示。假定传输线单位长度上的分布

电感和分布电容分别为L_ℓ和C_ℓ，而且假设电流为i_z的电子注几乎紧贴传输线穿过，于是根据拉莫尔定律，线路中的感应电流$I = i_z$，当长度增加Δz时，感应电流$\Delta I = \Delta i_z$。

感应电流ΔI分为感性电流I_L和容性电流I_C，如图5-6所示，可以得到点A处的总电流：

$$\Delta i_z + I_L = I_L + \frac{\partial I_L}{\partial z}\Delta z + I_C \tag{5-16}$$

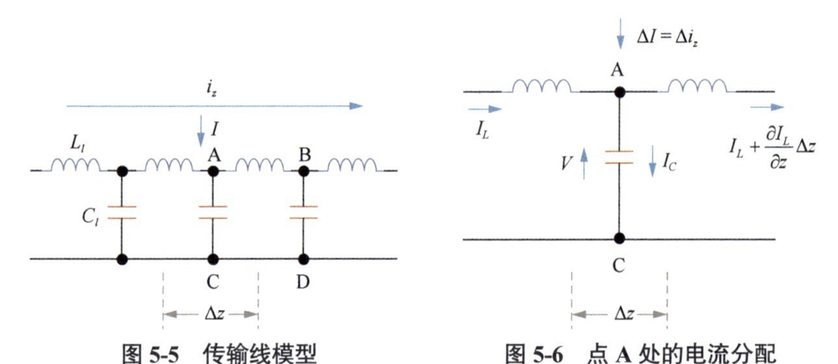

图5-5　传输线模型　　**图5-6　点A处的电流分配**

由于

$$I_C = -\frac{V}{X_C} = -\mathrm{j}\omega C_\ell \Delta z V \tag{5-17}$$

所以

$$\Delta i_z = \frac{\partial I_L}{\partial z}\Delta z - \mathrm{j}\omega C_\ell V \Delta z \tag{5-18}$$

当$\Delta z \to 0$时，有

$$\frac{\partial I_L}{\partial z} = \frac{\partial i_z}{\partial z} + \mathrm{j}\omega C_\ell V \tag{5-19}$$

考虑图5-7所示的ABCD回路的电压：

$$V = -\mathrm{j}\omega L_\ell \Delta z I_L + V + \frac{\partial V}{\partial z}\Delta z \tag{5-20}$$

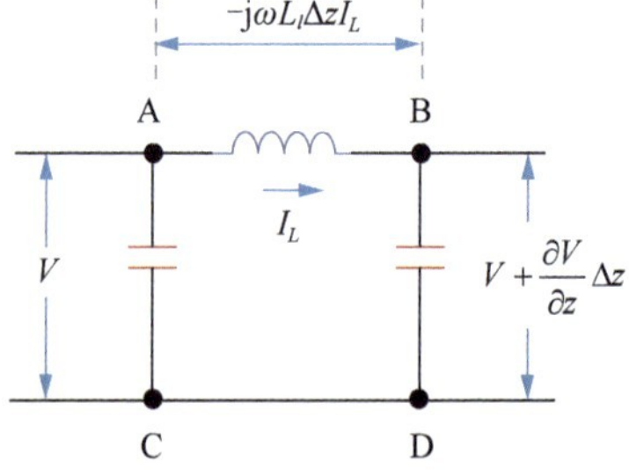

图5-7　回路ABCD的电压

或写成

$$\frac{\partial V}{\partial z} = \mathrm{j}\omega L_\ell I_L \tag{5-21}$$

假定所有变量都随 $\mathrm{e}^{\mathrm{j}(\omega t-\beta z)}$ 而变化，式（5-20）和式（5-22）可写为

$$-\mathrm{j}\beta I_L = -\mathrm{j}\beta i_z + \mathrm{j}\omega C_\ell V \tag{5-22}$$

$$-\mathrm{j}\beta V = \mathrm{j}\omega L_\ell I_L \tag{5-23}$$

联立式（5-22）和式（5-23），消去 I_L 后得到

$$V = \frac{\beta\omega L_\ell i_z}{\beta^2 - \omega^2 L_\ell C_\ell} \tag{5-24}$$

假设电子紧贴传输线运动，于是作用在电子上的电场为

$$E_z = -\frac{\partial V}{\partial z} = \mathrm{j}\beta V = \mathrm{j}\frac{\beta^2 \omega L_\ell i_z}{\beta^2 - \omega^2 L_\ell C_\ell} \tag{5-25}$$

通过考虑线路特性，可以消去 L_ℓ 和 C_ℓ。

在没有电子注（i_z=0）的情况（高频线路传输线模型，分母 $\beta^2 - \omega^2 L_\ell C_\ell = 0$）下，线路的相速（$v_\mathrm{p} = \omega / \beta$）与特性阻抗分别为

$$v_\mathrm{p} = \left(\frac{1}{L_\ell C_\ell}\right)^{1/2} \tag{5-26}$$

$$Z_0 = \left(\frac{L_\ell}{C_\ell}\right)^{1/2} \tag{5-27}$$

于是，$\beta_\mathrm{c}{}^2 = \omega^2 L_\ell C_\ell$，$\omega L_\ell = \beta_\mathrm{c} Z_0$。

作用在电子上的线路电场方程[式（5-25）]可写为

$$E_z = \mathrm{j}\frac{\beta^2 \beta_\mathrm{c} Z_0}{\left(\beta^2 - \beta_\mathrm{c}{}^2\right)} i_z \tag{5-28}$$

除了传播常数不同，该方程与皮尔斯线路方程的唯一区别是皮尔斯用 K 而不是 Z_0 来表示线路阻抗。

5.3.3　特征方程

在推导式（5-15）的过程中，已忽略了由空间电荷产生的电场。电子方程式（5-14）和线路方程式（5-25）以两种方式反映了 i_z 与 E_z 的关系。在没有空间电荷力的情况下，可以将这两个方程合并，获得下列特征方程，从而求解传播常数：

$$1 = \frac{\beta_\mathrm{e} I_0}{2V_0(\beta_\mathrm{e} - \beta)^2} \frac{\beta^2 \beta_\mathrm{c} Z_0}{\left(\beta_\mathrm{c}{}^2 - \beta^2\right)} \tag{5-29}$$

皮尔斯定义了一个参数 C，称为增益参数，有

$$C^3 = \frac{Z_0}{4V_0 / I_0} \tag{5-30}$$

如果称 V_0 / I_0 为电子注阻抗，那么 C^3 便是线路阻抗与电子注阻抗之比的 1/4。由于 Z_0 的值通常为几十欧数量级，而 V_0 / I_0 为几千至几十千欧数量级，所以 C^3 是一个非常小的量，通常为 0.01～0.1。

利用 C^3 可以将特征方程写为

$$\frac{\beta_e}{(\beta-\beta_e)^2}\frac{\beta^2\beta_c}{\left(\beta^2-\beta_c{}^2\right)}2C^3+1=0 \tag{5-31}$$

式（5-31）对由 β_e 给出的任何电子速度，以及由线路传播常数 β_c 的实部和虚部确定的任何波速与衰减均成立。

特征方程是 4 次方程，这就意味着 β 将有 4 个可能的解，分别反映了沿电子注和线路传播的波的 4 种基本模式。

5.3.4 同步状态

在求解特征方程的过程中，需要关注的是与电子注的传播方向相同、速度接近的波，正是这个波与电子注相互作用，并得到放大。为了求解这个波，假定电子速度与不存在电子时的波速相等，且 β 与 β_c 仅相差一个很小的量 ξ，则有

$$\beta_\mathrm{e}=\beta_\mathrm{c} \tag{5-32}$$

$$\beta=\beta_\mathrm{e}+\xi=\beta_\mathrm{c}+\xi \tag{5-33}$$

特征方程可以表示为

$$\frac{\beta_\mathrm{e}{}^2\left(\beta_\mathrm{e}{}^2+2\beta_\mathrm{e}\xi+\xi^2\right)}{\xi^2\left(2\beta_\mathrm{e}\xi+\xi^2\right)}2C^3+1=0 \tag{5-34}$$

因为 β 接近 β_e，所以 $\xi \ll \beta_\mathrm{e}$，因此，分子中的 $\beta_\mathrm{e}\xi$ 和 ξ^2 与 $\beta_\mathrm{e}{}^2$ 相比可以忽略不计，而分母中的 ξ^2 与 $\beta_\mathrm{e}\xi$ 相比也可以忽略不计。于是，式（5-34）可以简化为

$$\xi^3=-\beta_\mathrm{e}{}^3C^3 \tag{5-35}$$

或

$$\xi=(-1)^{1/3}\beta_\mathrm{e}C \tag{5-36}$$

$(-1)^{\frac{1}{3}}$ 有 3 个根，分别代表 3 个前向波，根据欧拉公式：

$$(-1)^{\frac{1}{3}}=\left[\mathrm{e}^{\mathrm{j}(2n-1)\pi}\right]^{\frac{1}{3}}=\cos(2n-1)\frac{\pi}{3}+\mathrm{j}\sin(2n-1)\frac{\pi}{3} \tag{5-37}$$

其中，n=0,1,2。

3 个根 ε_1、ε_2 和 ε_3 分别为

$$\varepsilon_1 = \frac{1}{2} + \mathrm{j}\frac{\sqrt{3}}{2} \qquad \varepsilon_2 = \frac{1}{2} - \mathrm{j}\frac{\sqrt{3}}{2} \qquad \varepsilon_3 = -1 \tag{5-38}$$

相应的传播常数 β_1、β_2 和 β_3 分别为

$$\begin{cases} \beta_1 = \beta_e + \varepsilon_1\beta_e C = \beta_e + \dfrac{\beta_e C}{2} + \mathrm{j}\dfrac{\sqrt{3}}{2}\beta_e C \\ \beta_2 = \beta_e + \varepsilon_2\beta_e C = \beta_e + \dfrac{\beta_e C}{2} - \mathrm{j}\dfrac{\sqrt{3}}{2}\beta_e C \\ \beta_3 = \beta_e + \varepsilon_3\beta_e C = \beta_e - \beta_e C \end{cases} \tag{5-39}$$

应当指出，这里所使用的 ε 值与皮尔斯使用的增益波的传播常数（δ）有如下关系：

$$\varepsilon = \mathrm{j}\delta \tag{5-40}$$

假设有一个波在反方向传播（不存在电子注时，只有一个波反方向传播），它的速度非常接近无电子注时电磁波的速度，可以求出第 4 个波的传播常数：

$$\beta_4 = -\beta_e + \beta_e \frac{C^3}{4} \tag{5-41}$$

回顾关于所有波随 $\mathrm{e}^{\mathrm{j}(\omega t-\beta z)}$ 而变化的假设，便不难理解传播常数的意义。例如，对于 β_1，有

$$\mathrm{e}^{\mathrm{j}(\omega t-\beta_1 z)} = \mathrm{e}^{\mathrm{j}\left[\omega t-\left(\beta_e+\frac{\beta_e C}{2}\right)z\right]}\mathrm{e}^{\frac{\sqrt{3}}{2}\beta_e C z} \tag{5-42}$$

β_1、β_2 和 β_3 均包含电子注的传播常数 β_e 和一个很小的量（之所以很小是因为乘以了 C）。因而，各个波均为传播速度接近电子速度的前向波（行进方向与电子注的相同）。在 β_1 和 β_2 中，变量 $+\beta_e C/2$ 表示波行进得比电子注慢。在 β_3 中，变量 $-\beta_e C$ 表示波行进得比电子注快。在第 4 个波中起主要作用的量是 $-\beta_e$，它反映了波的行进方向与电子注的相反。在 β_4 中，变量 C^3 非常小，以至于第 4 个波的速度仅稍大于电子注速度。在 β_1 和 β_2 中，传播常数的虚部反映了这个波可以是增幅波（β_1 中为+）或是衰减波（β_2 中为−）。传播常数 β_1 至 β_4 所代表的 4 个波如图 5-8 所示。

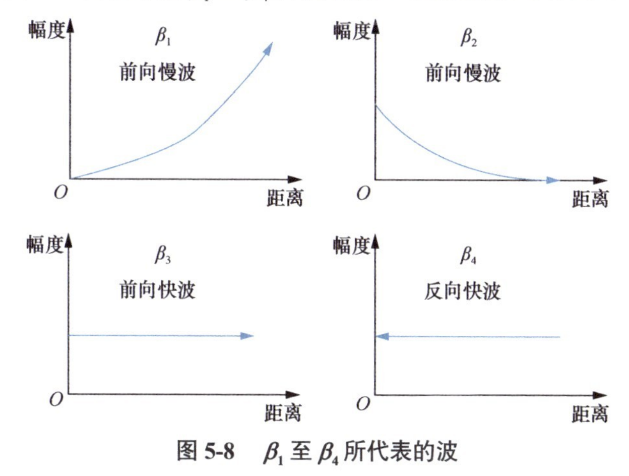

图 5-8 β_1 至 β_4 所代表的波

确定增幅波增长的速度具有特别重要的意义。为此，可以依据式(5-42)中的$e^{\frac{\sqrt{3}}{2}\beta_e Cz}$项来进行计算。假设线路的波长数为$N$，有

$$\beta_e z = \frac{\omega}{u_0} z = \frac{2\pi f}{u_0} z = 2\pi \frac{z}{\lambda} = 2\pi N \tag{5-43}$$

因为功率正比于电场的平方，所以功率增益为

$$10\lg\left(e^{\frac{\sqrt{3}}{2}C 2\pi N}\right)^2 \approx 47.3CN\text{（dB）} \tag{5-44}$$

现在便可以理解为什么将C称为增益参数，因为增益与C成正比。

式（5-44）给出了无损耗情况下的增益。除了不计损耗，它也未包括在电子注中激励信号所产生的损耗。由于在电子注中激励了3个前向波，所以加到行波管输入端的信号必然会以某种方式在3个前向波之间进行分配，因而输入信号只有一部分被用于激励增幅波。

为了确定激励波的相对幅度，在输入端必须满足边界条件。在这里，必须将3个波加到一起给出合理的高频场、速度和电流。假设慢波线路起始处的高频场、速度和电流分别为E_{in}、u_{in}和i_{in}，那么有

$$\begin{gathered} E_1 + E_2 + E_3 = E_{\text{in}} \\ u_1 + u_2 + u_3 = u_{\text{in}} \\ i_1 + i_2 + i_3 = i_{\text{in}} \end{gathered} \tag{5-45}$$

根据受力方程

$$\nabla^2 E_1 + k^2 E_1 = -j\omega\mu_0 J_1 - \frac{1}{\varepsilon_0}\nabla\rho_1 \tag{5-46}$$

可以得到

$$u_1 = -\frac{\eta}{j(\omega - \beta_1 u_0)} E_1 = j\frac{\eta}{u_0\left(\beta_e - \beta_1\right)} E_1 \tag{5-47}$$

u_2和u_3也有类似的关系。现在，将$\beta_1 = \beta_e + \varepsilon_1\beta_e C$代入式（5-47），得

$$u_1 = j\frac{\eta}{u_0\left(\beta_e - \beta_e - \varepsilon_1\beta_e C\right)} E_1 = -j\frac{\eta}{u_0\varepsilon_1\beta_e C} E_1 \tag{5-48}$$

于是，有

$$u_1 + u_2 + u_3 = -j\frac{\eta}{u_0\beta_e C}\left(\frac{E_1}{\varepsilon_1} + \frac{E_2}{\varepsilon_2} + \frac{E_3}{\varepsilon_3}\right) = u_{\text{in}} \tag{5-49}$$

根据式（5-14），有

$$i_1 = j\frac{\beta_e I_0}{2V_0(\beta_e - \beta_1)^2} E_1 = j\frac{\beta_e I_0}{2V_0(\varepsilon_1\beta_e C)^2} E_1 \tag{5-50}$$

对于i_2和i_3，同样可以写出类似的关系。结果可得

$$i_1+i_2+i_3=\mathrm{j}\frac{I_0}{2V_0\beta_e C^2}\left(\frac{E_1}{\varepsilon_1^2}+\frac{E_2}{\varepsilon_2^2}+\frac{E_3}{\varepsilon_3^2}\right)=i_{in} \tag{5-51}$$

现在，可以利用式（5-45）、式（5-49）和式（5-51），以初始值E_{in}、u_{in}及i_{in}求解E_1、E_2及E_3。通常（例如，在慢波线中的切断和衰减器之后）u_{in}和i_{in}值均不为 0，但在行波管的输入端，u_{in}和i_{in}值均为 0。

$$\begin{aligned}&E_1+E_2+E_3=E_{in}\\&\frac{E_1}{\varepsilon_1}+\frac{E_2}{\varepsilon_2}+\frac{E_3}{\varepsilon_3}=0\\&\frac{E_1}{\varepsilon_1{}^2}+\frac{E_2}{\varepsilon_2{}^2}+\frac{E_3}{\varepsilon_3{}^2}=0\end{aligned} \tag{5-52}$$

将这些方程联立求解，得出

$$E_1=\frac{E_{in}}{\left(1-\dfrac{\varepsilon_2}{\varepsilon_1}\right)\left(1-\dfrac{\varepsilon_3}{\varepsilon_1}\right)} \tag{5-53}$$

通过变换下标还可以获得计算E_2和E_3的相应公式。

代入ε_1、ε_2和ε_3的值，便可求出

$$E_1=E_2=E_3=\frac{1}{3}E_{in} \tag{5-54}$$

这就是说，输入信号在这 3 个波之间被平均分配。

考虑到这一因素，功率增益为

$$G=10\lg\left(\frac{1}{3}\mathrm{e}^{\frac{\sqrt{3}}{2}C2\pi N}\right)^2 \tag{5-55}$$

或写作

$$G\approx -9.54+47.3CN\ \ (\mathrm{dB}) \tag{5-56}$$

如果考虑到所有的 3 个波，那么线路高频场与距离的函数关系为

$$\begin{aligned}E_z&=\frac{1}{3}E_{in}\mathrm{e}^{-\mathrm{j}\beta_e z}\left(\mathrm{e}^{-\mathrm{j}\frac{1}{2}\beta_e C_z}\mathrm{e}^{\frac{\sqrt{3}}{2}\beta_e C_z}+\mathrm{e}^{-\mathrm{j}\frac{1}{2}\beta_e C_z}\mathrm{e}^{\frac{-\sqrt{3}}{2}\beta_e C_z}+\mathrm{e}^{\mathrm{j}\beta_e z}\right)\\&=\frac{1}{3}E_{in}\mathrm{e}^{-\mathrm{j}\beta_e(1-C)z}\left[1+\mathrm{e}^{-\mathrm{j}\frac{3}{2}\beta_e C_z}\left(\mathrm{e}^{\frac{\sqrt{3}}{2}\beta_e C_z}+\mathrm{e}^{\frac{-\sqrt{3}}{2}\beta_e C_z}\right)\right]\\&=\frac{1}{3}E_{in}\mathrm{e}^{-\mathrm{j}\beta_e(1-C)z}\left[1+2\mathrm{e}^{-\mathrm{j}\frac{3}{2}\beta_e C_z}\cosh\frac{\sqrt{3}}{2}\beta_e C_z\right]\end{aligned} \tag{5-57}$$

现在可以计算功率增益$10\lg|E_z/E_{in}|^2$，结果如图 5-9 所示。

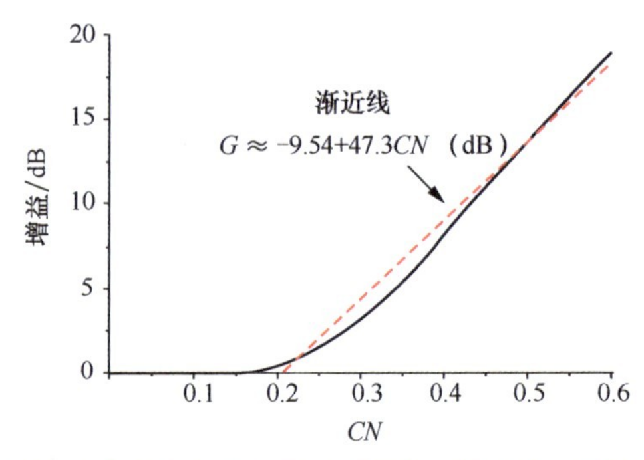

图 5-9 在损耗为 0 且无空间电荷的同步条件下行波管的功率增益（摘自皮尔斯所写的《行波管》）

由图 5-9 可知，在开始阶段，电压不随距离变化而且无增益。这是因为电子注只有在群聚后才具有高频电流，并在慢波线路上感应出信号。最终，增益波会远远超过其他两个波，而曲线的斜率 B 必然会趋向增幅波的斜率 47.3。虚线代表增幅波，它的起始处为−9.54dB，斜率为 47.3。皮尔斯给出了该增益的渐近表达式：

$$G = A + BCN \tag{5-58}$$

对于同步情况下无损耗、无空间电荷、无高频初始速度或高频电流的电子注，A=−9.54dB，B=47.3。该结果在 CN>0.2 时是相当令人满意的。

5.4 有关相互作用的讨论

电子注进入行波管的高频电路时，来自慢波线的电场轴向分量使某些电子加速，而使另一些电子减速，开始形成图 5-10（a）所示的群聚。在电子注中产生的高频电流在慢波线上感应的电流和电压比初始电压滞后 90°。因此，感应波落后于初始波。随着群聚和感应波的增大，形成了减速场区，群聚的位置如图 5-10（b）所示。对群聚块减速获得的能量被转移给线路场，这使得线路场放大。只要维持小信号条件，便可以应用皮尔斯理论，电子注与慢波线中的各种放大波均随距离呈指数级增长。

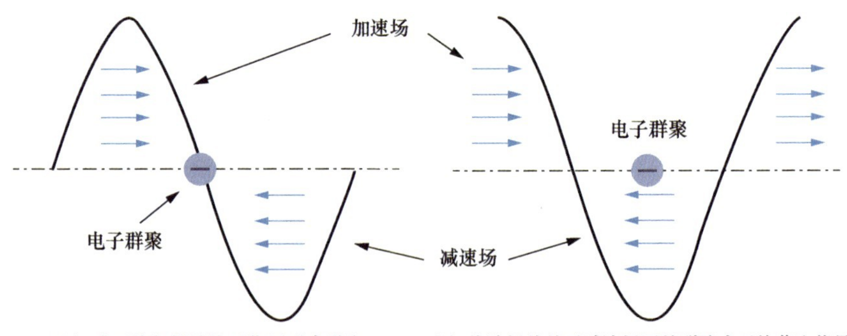

(a) 电子注与慢波线互作用形成群聚　(b) 线路场从处于减速场区的群聚电子注获取能量

图 5-10 电子注与慢波线轴向场互作用的原理

随着波的增大，电子注与慢波线路之间的相互作用逐步呈现出非线性。在所有已发表的文献中，卡特勒对行波管中的非线性现象阐述得最透彻。他建立了行波管的大信号模型，并利用电子偏转系统测量了离开行波管互作用区的电子注中电流和电子速度与相对线路波相位之间的关系。卡特勒给出的某些能导致出现饱和现象的结果如图 5-11 所示。在图 5-11 中，每一个图形的顶部均绘出了线路电压。高频电流用蓝色曲线所围区域的宽度表示，高频速度则用蓝色曲线所围区域偏离每个图形中心的水平线的程度来表示。因此，在每个图形中都包含对特定的激励幅度电流（用低于产生饱和时幅度的分贝数表示），电压、电子速度及电子电流与相位关系的全部基本信息。

在图 5-11（a）中，激励幅度远低于饱和激励幅度，电子电流和电子速度的图形反映出小信号状态。卡特勒注意到在小信号状态下，速度调制和电流调制与计算结果一致。图 5-11 中，电压相位与高频电子速度的关系是根据小信号理论分析得到的，而包括相位变化在内的其他结果则都是由测量得到的。

非线性现象是在激励幅度低于饱和激励幅度 17dB 时出现的[见图 5-11（b）]，电子速度和电子电流不再呈正弦形状，而是像卡特勒所描述的那样："在速度曲线中呈现起始尖端，在拒斥场区域（30°～210°）呈现出明显的非正弦形电子群聚"。

图 5-11（c）所示为低于饱和激励幅度 12dB 的图形，它揭示了电子速度曲线尖齿形状的建立过程，以及 60°～180°电子群聚的建立。卡特勒注意到，此时群聚过程中电子速度与低激励幅度时相比并没有明显的变化。如果事实确实如此的话，由于群聚位于线路场的减速段，所以空间电荷场必须恰好能补偿线路场。在 60°附近，减速场必然会迅速上升，使电子急剧减速，从而形成电子速度曲线的尖齿形状。卡特勒进一步观察到，减速场必须明显大于线路场，因为恰好位于尖齿之后的电子受到的减速作用要比尖齿前面的电子剧烈得多。卡特勒的结论是，所存在的空间电荷场要比线路场强得多。

接下来的两个图形[见图 5-11（d）（e）]展示了尖齿形状不断建立的过程，来自高速度区电子的不断运动以及尖齿形状前主群聚块的凝聚过程。显然，由于群聚块中的电子速度仍接近低激励幅度时的值，空间电荷及群聚块中相关联的场的增加足以补偿线路场，使总电场保持接近 0。

在低于饱和激励幅度 4dB（−4dB）处，由于尖齿形状大部分进入加速区，所以尖齿形状中大部分电子的速度得到了提高。尖齿形状右边的主群聚块中心的相位间隔 60°～120°。显然，在这一相位超前区域，空间电荷场不再能补偿线路减速场，所以电子的速度衰减。

在饱和处[见图 5-11（f）]，尖齿形状的顶端也形成了群聚，一方面它与主群聚块几乎相等，另一方面它所处的线路场与主群聚块大小相近，方向相反。在主群聚块前面的少数电子（见图 5-11 中点画线）减速进入下一个低速环中。出现饱和的原因是尖齿形状顶端的群聚块从线路获取的能量已经接近主群聚块所提供的能量。

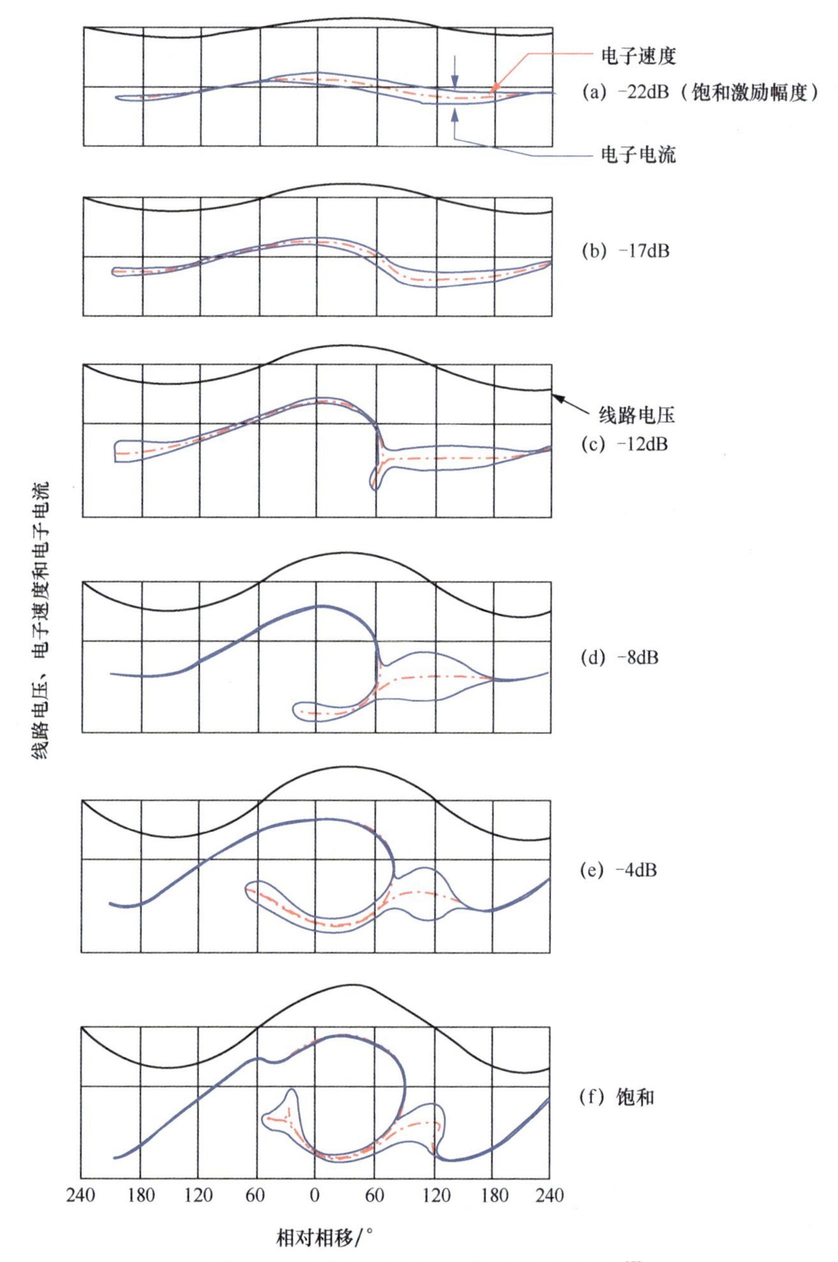

图 5-11　某些能导致出现饱和现象的结果[7]

拓展阅读

[1] PIERCE J R. Traveling-wave tubes[M]. New York: Van Nostrand Reinhold Company, 1950.

[2] 雷巴洛夫. 行波管和返波管[M]. 北京: 人民邮电出版社, 1963.
[3] 邢俊毅, 冯进军. 毫米波扩展互作用器件[J]. 真空电子技术, 2010(2): 5.
[4] BENFORD J, SWEGLE J A. High power microwaves[M]. Boca Raton: CRC Press, 2007.
[5] GILMOUR A J R. Microwave tubes[M]. Norwood: Artech House, 2014.
[6] SLATER J C. Microwave electronics[M]. New York: Van Nostrand Reinhold Company, 1950.
[7] Cutler C C. The nature of power saturation in traveling wave tubes[J]. The Bell System Technical Journal, 1956, 35(4): 841-876.

第 6 章　真空电子学研究的新方法：模拟仿真与虚拟实验

真空电子器件的早期研究与设计主要基于理论计算与实验测试，但是真空电子器件结构复杂，且工作在饱和状态时具有显著的非线性效应，难以实现严格的理论计算；随着工作频率的提高，真空电子器件对加工精度的要求也进一步提高，加工和装配成本显著上升。因此，理论计算和实验测试难以满足对高频率器件性能优化的要求。而采用模拟仿真与虚拟实验相结合的方法，可以提供快速、准确的器件设计与优化。

6.1　用等效电路法求解慢波结构高频特性

慢波结构作为行波管中的注波互作用电路，它的设计直接影响到行波放大器的最终性能。由于慢波结构的几何边界较复杂，且可以传输多种工作模式，每一种工作模式又由无穷多个空间谐波累加在一起以满足边界条件。每种工作模式的各谐波分量虽然有不同的相速、色散特性及耦合阻抗等，但是它们的工作频率和群速是一致的。因此，考虑到慢波结构在行波管中发挥的作用，在初始设计阶段，我们通常需要关注的结构参数如下。

（1）工作模式，这决定了行波管的工作频率。

（2）相速及色散特性，这对行波管的频带宽度有很大的影响。

（3）耦合阻抗，这个参数与行波管的增益以及能量转换的效率息息相关。

需要注意的是，行波管中的注波能量交换主要指的是电子注与工作模式下的某一次空间谐波发生耦合，并且要避免与该工作模式下的其他空间谐波的耦合。本节将以曲折波导慢波结构为例，介绍用等效电路法求解慢波结构高频特性的主要过程。

6.1.1　曲折波导慢波结构模型

U 形弯曲曲折波导慢波结构如图 6-1 所示，是先对矩形波导沿 E 面做周期性的 U 形弯曲，然后在慢波结构的直波导段的截面上，沿该结构的对称轴线从头至尾打孔，形成电子注通道。决定该慢波结构的尺寸参数主要有：波导宽边长度 a、波导窄边长度 b、直波导高度 h、轴向周期长度 p 和电子注通道半径 r_0。在 U 形弯曲曲折波导中，电磁波沿弯曲路径传播。从电子注的角度来看，这样的结构会降低电磁波的纵向等效速度，进而满足电子注与电磁波的同步条件。

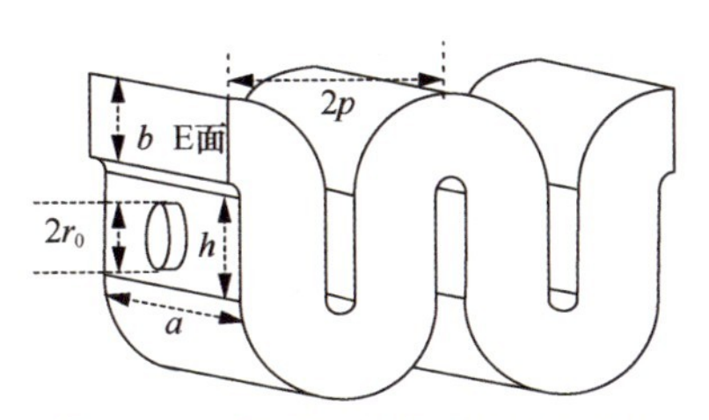

图 6-1　U 形弯曲曲折波导慢波结构

6.1.2　等效电路

根据电磁波在 U 形弯曲曲折波导慢波结构中的行进路线，可以把慢波结构划分为 7 个部分，如图 6-2 所示。首先将每个部分等效为相应的电路元件，然后把慢波结构表示为等效网络。

（1）矩形波导沿 E 面 U 形弯曲部分（A）。

（2）U 形弯曲部分与直波导连接面（B）。

（3）直波导部分（C）。

（4）电子注通道部分，在直波导中间位置（D）。

（5）直波导部分（C）。

（6）直波导与 U 形弯曲部分连接面（B）。

（7）矩形波导沿 E 面 U 形弯曲部分（A）。

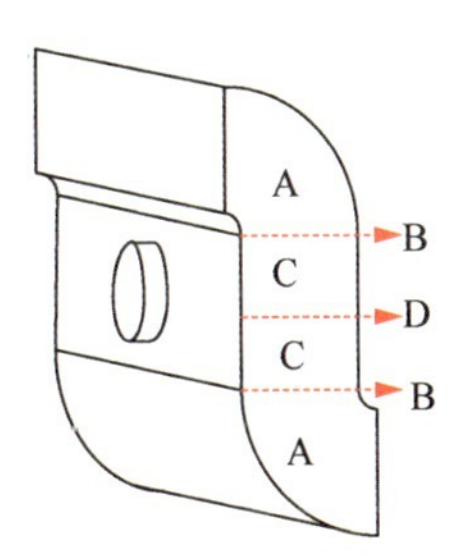

图 6-2　U 形弯曲曲折波导慢波结构的等效示意

C 部分可视为导波波长为 λ_g 的均匀传输线，λ 为电磁波自由空间的波长，λ_c 为截止波长，长度 $L_0 = h/2$，特性阻抗为 Z_0。其中，有

$$\lambda_g = \frac{\lambda}{\sqrt{1-\left(\frac{\lambda}{\lambda_c}\right)^2}} \tag{6-1}$$

$$Z_0 = \frac{2b}{a}\frac{\eta}{\sqrt{1-\left(\frac{\lambda}{\lambda_c}\right)^2}} \tag{6-2}$$

A 部分可被看作均匀的角向导波系统的等效传输线，它的导波波长为 λ_g'，长度

$L_1=\frac{\pi p}{4}$，特性阻抗为Z_1。

$$\lambda_g'=\lambda_g\left\{1+\frac{1}{12}\left(\frac{2b}{p}\right)^2\left[\frac{1}{2}-\frac{1}{5}\left(\frac{2\pi b}{\lambda_g}\right)^2\right]\right\} \tag{6-3}$$

$$Z_1=Z_0\left[1+\frac{1}{24}\left(\frac{2b}{p}\right)^2-\frac{1}{60}\left(\frac{2b}{p}\right)^2\left(\frac{2\pi b}{\lambda_g}\right)^2\right] \tag{6-4}$$

B部分可以被看作一个电抗元件，它的等效传输线参数为

$$X_1=Z_0\frac{32}{\pi^2}\left(\frac{2\pi b}{\lambda_g}\right)^3\left(\frac{2b}{p}\right)^2\sum_{n=1,3,\cdots}^{\infty}\frac{1}{n}\sqrt{1-\left(\frac{2b}{n\lambda_g}\right)^2} \tag{6-5}$$

当$2b/\lambda_g<1$时，角向导波系统可以工作在最低模式，利用变分法求解直波导和波导弯曲的交界面处的电场分布，可求得上面的Z_1和X_1这两个参数。

D部分表示的是电子注通道部分的等效电路模型。假设电子注通道足够小，使得通道对电磁场截止，可以先将参考模型的圆波导半径缩小为曲折波导中的电子注通道尺寸，同时将小孔尺寸扩大为曲折波导中的电子注通道尺寸，然后延伸到矩形波导的另外一个宽边，如图6-3所示，改变后的模型就和矩形波导的两个宽边相交了，相应的等效电路的串联电纳不变，而并联电纳增加一倍。我们可以用此来表示变化曲折波导中的电子注通道的等效电路。

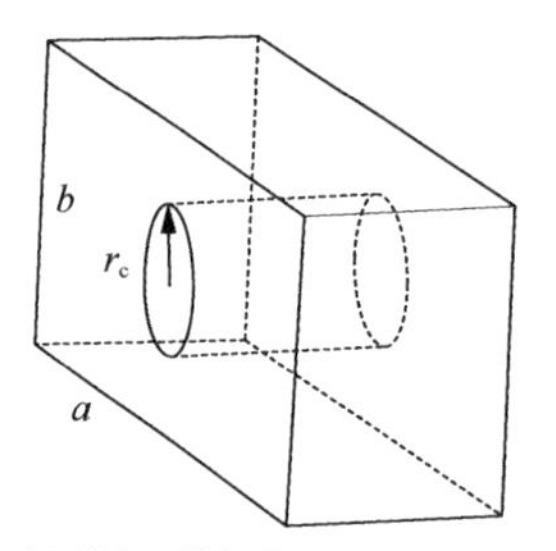

(a) 矩形波导横向壁上开孔的结构示意

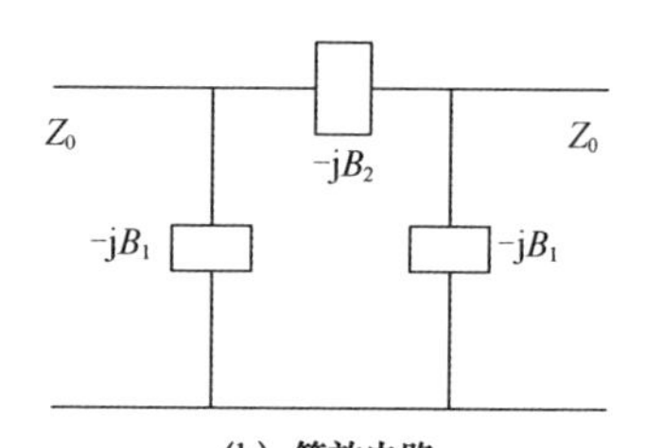

(b) 等效电路

图6-3 矩形波导横向壁上开孔的结构示意及等效电路

图6-3中各参数的定义为

$$B_1=\frac{1}{Z_0}\frac{\frac{M}{\lambda_g ab}\left(\frac{\lambda_g}{\lambda}\right)^2}{1-\frac{M}{\lambda^2 b}} \tag{6-6}$$

$$B_2=\frac{\lambda_g ab}{4}\left[\frac{2}{M}-\left(\frac{1}{a^2b}+\frac{7.74}{6\pi M}\right)\right] \tag{6-7}$$

$$M=\frac{\pi r_c^{\ 3}}{3} \tag{6-8}$$

如果电磁波在曲折波导中行进时，横向成分与波导横向壁上的小孔不发生耦合，可以将直波导中的电子注通道等效为串联电抗，等效电路如图 6-4 所示，电抗参数为

$$X_2 = \frac{Z_0 \beta b}{4\pi^2}\left(\frac{b}{a}\right)^2\left(\frac{2r_c}{a}\right)^3 \tag{6-9}$$

其中，β 为波导中电磁波的相位传播常数。

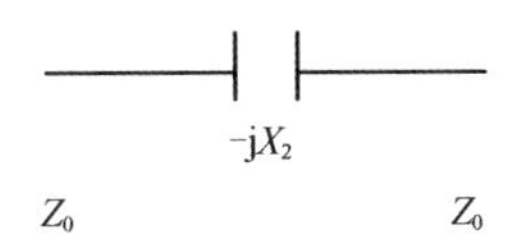

图 6-4　电磁波与小孔耦合的等效电路

由于曲折波导慢波结构具有周期性，因此，在我们的分析中，可只研究一个单周期的曲折波导传输线。根据前面的分析，将一个周期的曲折波导的各部分等效电路串联起来，就形成了曲折波导传输线的等效网络，如图 6-5 所示。

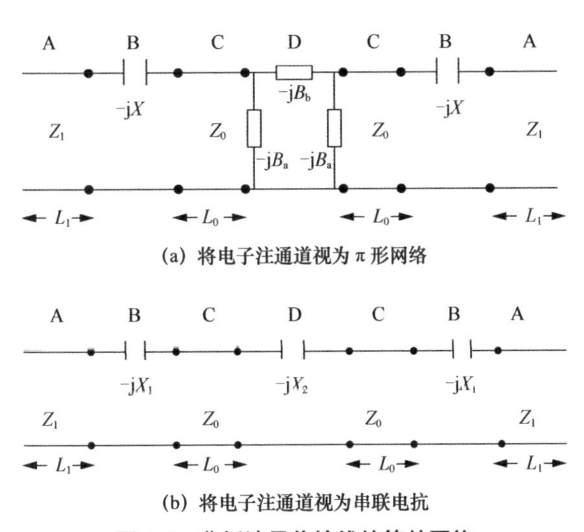

图 6-5　曲折波导传输线的等效网络

6.1.3　高频特性分析

1. 色散特性

这里，我们将用软件模拟的结果与等效电路理论计算的结果相比，以分析用等效电路理论分析曲折波导慢波色散特性的准确性。

等效电路理论计算方法是把一个单周期的曲折波导慢波结构视为均匀传输线，如图 6-6 所示。那么根据传输线理论，输出端的电压和电流可以表示为

$$\begin{cases} V(z)=V(z_0)\cos[\xi(z-z_0)]+\mathrm{j}ZI(z_0)\sin[\xi(z-z_0)] \\ I(z)=I(z_0)\cos[\xi(z-z_0)]+\mathrm{j}YV(z_0)\sin[\xi(z-z_0)] \end{cases} \tag{6-10}$$

当在点 $z=z_0+p$ 的位置，式（6-10）变为

$$\begin{cases} V(z_0+p)=V(z_0)\cos(\xi p)+\mathrm{j}ZI(z_0)\sin(\xi p) \\ I(z_0+p)=I(z_0)\cos(\xi p)+\mathrm{j}YV(z_0)\sin(\xi p) \end{cases} \tag{6-11}$$

写成矩阵形式：

$$\begin{bmatrix} V(z_0+p) \\ I(z_0+p) \end{bmatrix}=\begin{bmatrix} \cos(\xi p) & \mathrm{j}Z\sin(\xi p) \\ \mathrm{j}Y\sin(\xi p) & \cos(\xi p) \end{bmatrix}\begin{bmatrix} V(z_0) \\ I(z_0) \end{bmatrix} \tag{6-12}$$

$$\boldsymbol{N}=\begin{bmatrix} \cos(\xi p) & \mathrm{j}Z\sin(\xi p) \\ \mathrm{j}Y\sin(\xi p) & \cos(\xi p) \end{bmatrix} \tag{6-13}$$

其中，$\boldsymbol{N}$ 表示传输线的转移矩阵，$V(z_0+p)$ 和 $I(z_0+p)$ 分别表示传输线输出端的电压和电流，$V(z_0)$ 和 $I(z_0)$ 分别表示输入端的电压和电流，Z 和 Y 分别表示曲折波导的特性阻抗和导纳，ξp 表示在电子注方向上曲折波导单周期的相移。

考虑到曲折波导的结构特点，则电磁波在单周期上的相移可以表示为

$$\beta_z=\frac{\xi p+\pi}{p} \tag{6-14}$$

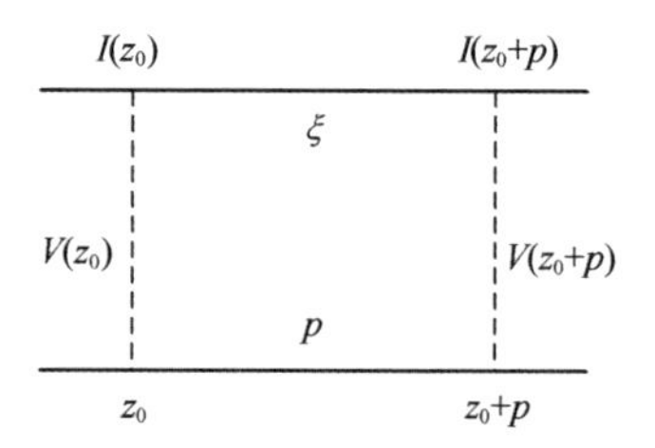

图 6-6　均匀传输线示意

从而，单周期曲折波导慢波线的转移矩阵可以写成该单周期中各个微波元件转移矩阵的级联，即

$$\boldsymbol{N}=\boldsymbol{ABCDCBA} \tag{6-15}$$

根据微波工程基础知识，可以给出单周期曲折波导中各微波元件的转移矩阵，其中，β 为波导中电磁波的相位传播常数。

$$\boldsymbol{A}=\begin{bmatrix} \cos(\beta_1 L_1) & \mathrm{j}\sin(\beta_1 L_1)\cdot Z_1 \\ \mathrm{j}\sin(\beta_1 L_1)\cdot Y_1 & \cos(\beta_1 L_1) \end{bmatrix} \tag{6-16}$$

$$\boldsymbol{B}=\begin{bmatrix} 1 & -\mathrm{j}X_1 \\ 0 & 1 \end{bmatrix} \tag{6-17}$$

$$\boldsymbol{C}=\begin{bmatrix} \cos(\beta_0 L_0) & \mathrm{j}\sin(\beta_0 L_0)\cdot Z_0 \\ \mathrm{j}\sin(\beta_0 L_0)\cdot Y_0 & \cos(\beta_0 L_0) \end{bmatrix} \tag{6-18}$$

$$\boldsymbol{D}=\begin{bmatrix}1 & -\mathrm{j}X_2\\0 & 1\end{bmatrix} \tag{6-19}$$

由此，可以给出单周期曲折波导的色散特性表达式：

$$\cos(\xi p)=T_1+\left[\frac{X_1X_2}{2Z_0Z_1}+\frac{X_1^{\ 2}}{2Z_0Z_1}-\frac{1}{2}\left(\frac{Z_0}{Z_1}-\frac{Z_1}{Z_0}\right)\right]T_2+\left(\frac{X_1}{Z_0}+\frac{X_2}{2Z_0}\right)T_3+$$
$$\frac{X_1}{Z_1}T_4+\frac{X_2}{4Z_1}T_5+\frac{X_1X_2}{2Z_0^{\ 2}}T_6+\left(\frac{X_1^{\ 2}X_2}{4Z_0^{\ 2}Z_1}-\frac{X_2Z_1}{4Z_0^{\ 2}}\right)T_7 \tag{6-20}$$

其中

$$T_1=\cos\left(2\beta_0L_0\right)\cos\left(2\beta_1L_1\right)$$
$$T_2=\sin\left(2\beta_0L_0\right)\sin\left(2\beta_1L_1\right)$$
$$T_3=\sin\left(2\beta_0L_0\right)\cos\left(2\beta_1L_1\right)$$
$$T_4=\cos\left(2\beta_0L_0\right)\sin\left(2\beta_1L_1\right)$$
$$T_5=\sin\left(2\beta_1L_1\right)+T_4$$
$$T_6=\cos\left(2\beta_1L_1\right)-T_1$$
$$T_7=\sin\left(2\beta_1L_1\right)-T_4$$

我们将曲折波导色散特性的模拟结果和等效电路理论计算结果做了比较，并考虑了 3 种等效电路方法：

① 将电子注通道视为一个电抗元件；

② 将电子注通道视为一个 π 形网络；

③ 不考虑电子注通道的影响。

从图 6-7 可以看出，3 种等效电路的理论计算结果仅有细微的差别，说明在通道半径很小的情况下，曲折波导中电子注通道的存在对色散特性的影响很小，可以不考虑电子注通道的影响或者将其视为一个简单的电抗元件。

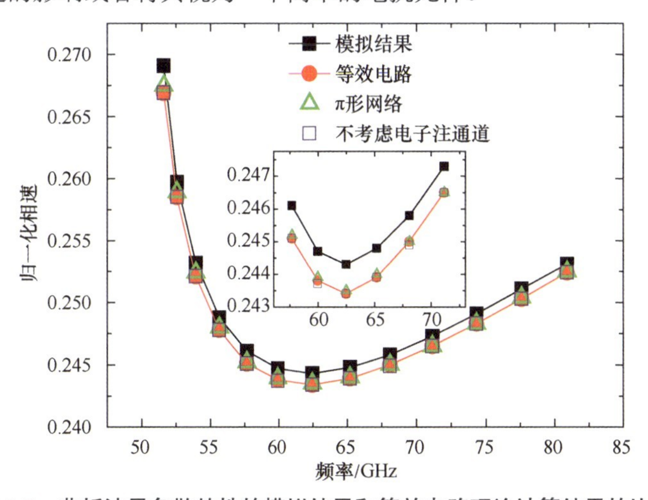

图 6-7　曲折波导色散特性的模拟结果和等效电路理论计算结果的比较

2. 耦合阻抗

电子注和行波的场在传输线宽度为 b 的区域中相遇，而当电子注穿过横向壁上的小孔后，电子注和行波的场是彼此隔离的。因此，电子注路径上的场虽然是非正弦变化的，但是它具有周期性，可以写成傅里叶级数的形式：

$$E_z = \sum_{m=-\infty}^{+\infty} A_m \mathrm{e}^{-\mathrm{j}\beta_m z} I_0(\tau_m r) \tag{6-21}$$

其中：

$$\beta_m = \beta_0 + \frac{2\pi m}{p}$$

$$\tau_m{}^2 - \beta_m{}^2 = -k^2$$

$$k^2 = \left(\frac{\omega}{c}\right)^2$$

且仅考虑 $\beta_m > k$ 的情况。

利用圆波导的边界条件，边缘处的电场强度为 0，假定在 $r = r_\mathrm{c}$ 处，电场强度为一个常数且等于 $-V/b$，可求得

$$A_m = \frac{-V}{p}\frac{\sin(\beta_m b/2)}{\beta_m b/2}\frac{1}{I_0(\tau_m r_\mathrm{c})} \tag{6-22}$$

由此，考虑了场的径向变化后，可以求得第 m 次空间谐波在半径 r 处的电场幅值为

$$E_{zm} = \frac{-V}{p}\frac{\sin(\beta_m b/2)}{\beta_m b/2}\frac{I_0(\tau_m r)}{I_0(\tau_m r_\mathrm{c})} \tag{6-23}$$

根据耦合阻抗的定义：

$$K_{\mathrm{c}m} = \frac{\left|E_{zm}\right|^2}{2\beta_m{}^2 W_p} = E_{zm} = \frac{V^2}{2W_p}\frac{1}{(\beta_m p)^2}\frac{\sin(\beta_m b/2)}{\beta_m b/2}\frac{1}{I_0^2(\tau_m r_\mathrm{c})} \tag{6-24}$$

其中，W_p 是纵向传播的功率流。

因此，第 m 次空间谐波的在半径 r 处的耦合阻抗可以写为

$$K_{\mathrm{c}m} = Z_0 \frac{1}{(\beta_m p)^2}\frac{\sin(\beta_m b/2)}{\beta_m b/2}\frac{I_0^2(\tau_m r)}{I_0^2(\tau_m r_\mathrm{c})} \tag{6-25}$$

由式（6-25），电子注通道中心轴线上的耦合阻抗可以表示为

$$K_{\mathrm{c}m\text{-axis}} = Z_0 \frac{1}{(\beta_m p)^2}\frac{\sin(\beta_m b/2)}{\beta_m b/2}\frac{1}{I_0^2(\tau_m r_\mathrm{c})} \tag{6-26}$$

在截面上求平均值，则可以计算出电子注截面上的平均耦合阻抗：

$$K_{\mathrm{c}m} = Z_0 \frac{1}{(\beta_m p)^2}\frac{\sin(\beta_m b/2)}{\beta_m b/2}\left[I_0^2(\tau_m r_b) - I_1^2(\tau_m r_b)\right] \tag{6-27}$$

通过上面的分析，我们得到了曲折波导慢波结构第 m 次空间谐波的耦合阻抗计算式，接下来利用仿真软件自带的场计算器来计算慢波结构的耦合阻抗。

场计算器可以根据基本场量，对模型中已经保持的电磁场的数据进行数学计算。利用仿真软件中的场计算器可以将式（6-24）中的 3 个物理量（E_{zm}、W_p、β_m）分别表示出来。

$$\begin{aligned} E_{zm} &= \frac{1}{p}\int_0^p E_z(z)\cdot \mathrm{e}^{\mathrm{j}\beta_m z}\mathrm{d}z \\ &= \frac{1}{p}\int_0^p [\mathrm{Re}(E_z)+\mathrm{j}\,\mathrm{Im}(E_z)]\cdot \mathrm{e}^{\mathrm{j}\beta_m z}\mathrm{d}z \\ &= \frac{1}{p}\int_0^p [\mathrm{Re}(E_z)\cos(\beta_m z)-\mathrm{Im}(E_z)\sin(\beta_m z)]\mathrm{d}z + \\ &\quad \mathrm{j}\frac{1}{p}\int_0^p [\mathrm{Re}(E_z)\sin(\beta_m z)+\mathrm{Im}(E_z)\cos(\beta_m z)]\mathrm{d}z \end{aligned} \tag{6-28}$$

从而有

$$\begin{aligned} |E_{zm}|^2 = &\left\{\frac{1}{p}\int_0^p [\mathrm{Re}(E_z)\cos(\beta_m z)-\mathrm{Im}(E_z)\sin(\beta_m z)]\mathrm{d}z\right\}^2 + \\ &\left\{\frac{1}{p}\int_0^p [\mathrm{Re}(E_z)\sin(\beta_m z)+\mathrm{Im}(E_z)\cos(\beta_m z)]\mathrm{d}z\right\}^2 \end{aligned} \tag{6-29}$$

通过慢波结构的总功率流可以表示为

$$W_p = \iint_s \mathrm{Re}(\boldsymbol{S}_z)\cdot \mathrm{d}\boldsymbol{s} \tag{6-30}$$

其中，$\boldsymbol{S}_z$ 为坡印亭矢量。

第 m 次空间谐波的纵向传播常数可表示为

$$\beta_m = \frac{\Delta\phi}{p} \tag{6-31}$$

其中，$\Delta\phi$ 为单个周期长度边界上的相位差。

需要注意的是，利用仿真软件计算的慢波结构的耦合阻抗与所选取的积分线位置相关。当积分线选定后，求得的耦合阻抗即慢波结构沿积分线方向的耦合阻抗。

曲折波导耦合阻抗的模拟结果和等效电路理论计算结果的比较如图 6-8 所示。这里的理论计算也考虑了 3 种方法：

① 将电子注通道视为一个电抗元件；

② 将电子注通道视为一个 π 形网络；

③ 不考虑电子注通道的影响。

可知，理论计算结果与模拟结果的平均误差小于 10%，最大的误差出现在离中心频率很远的低频端，在中心频率处，频点的误差约为 2%。

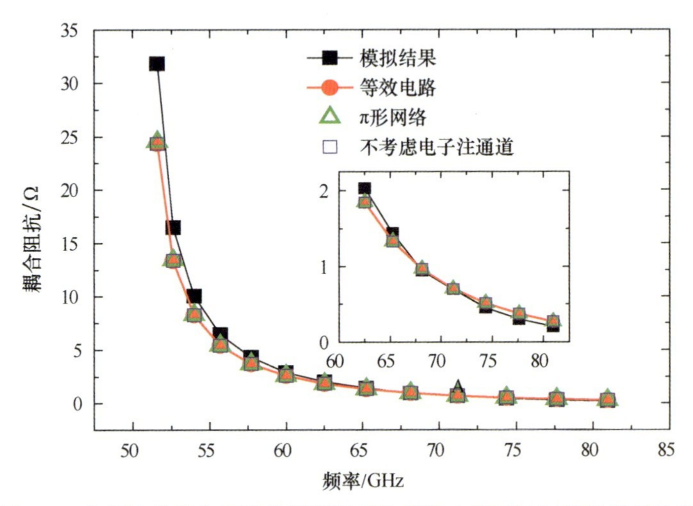

图 6-8　曲折波导耦合阻抗的模拟结果和等效电路理论计算结果的比较

6.2　用场匹配法求解慢波结构高频特性

除了等效电路法，场匹配法在高频特性的求解上也有较好的表现。本节将以一种常用的交错双栅慢波结构为例，介绍用场匹配法求解慢波结构高频特性的过程。

6.2.1　交错双栅慢波结构模型

图 6-9 所示为单个周期交错双栅慢波结构示意。图中，p 为周期长度，g 为矩形栅长度，h 为矩形栅高度，b 为电子注通道高度。此外，图中慢波结构在垂直纸面方向（x 轴方向）的宽度为 w。

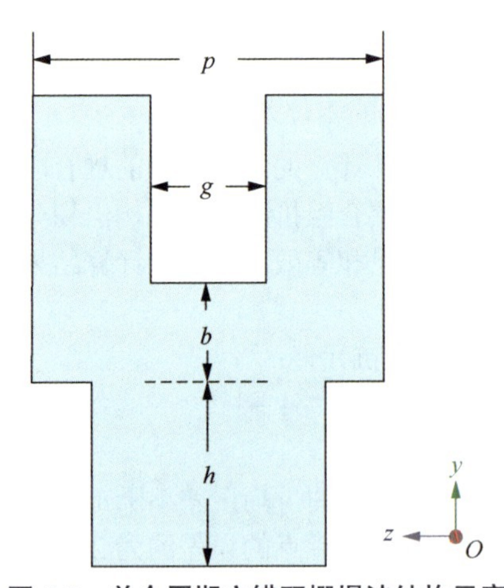

图 6-9　单个周期交错双栅慢波结构示意

交错双栅慢波结构的单个周期也可以被视为由两个形状完全相同、仅空间位置和方向不同的半周期结构组合而成，如图 6-10 所示，这样的半周期结构是交错双栅慢波结构空间形态的最小单位。因此，也可利用半周期结构进行色散分析。但需要强调的是，图 6-10 所示的结构不是交错双栅慢波结构的最小空间周期。

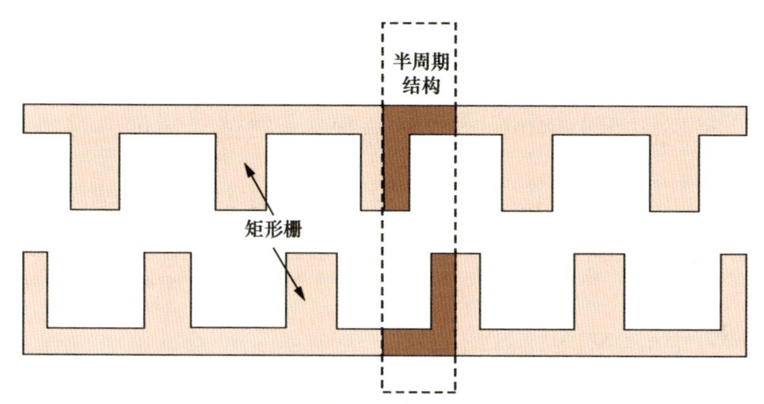

图 6-10　交错双栅慢波结构半周期示意

6.2.2　场方程推导

考虑图 6-11 所示的阶梯波导结构即交错双栅慢波结构的半周期结构，宽度（沿垂直纸面向外的 x 轴方向）为 a。波导 A 和 C 完全相同，高度为 b；波导 B 的高度为 b_2，长度为 d，并令 $b_2 - b = h$ 。

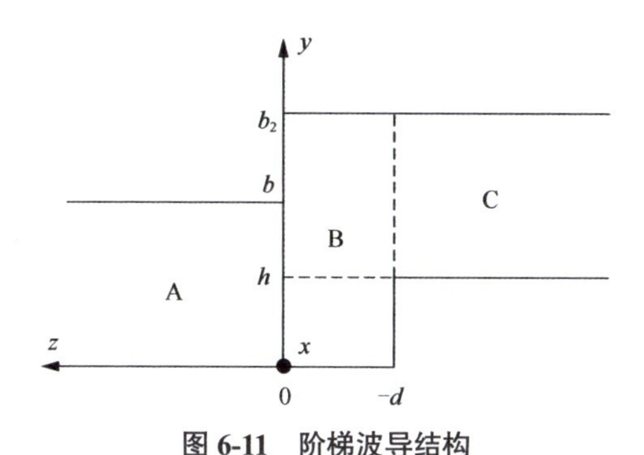

图 6-11　阶梯波导结构

1. 电场方程及边界匹配

假定 TE_{10} 模式的电磁波从波导 C 输入，且输入波沿 z 轴正方向传播。显然，图 6-11 中波导的不连续性出现在 z=0 和 z=−d 两个面，因此波会在这两个位置发生反射，因此，在波导 C 中，同时存在入射的 TE_{10} 波和从 BC 界面上反射回来的反射波；在波导 B 中，同时存在从波导 C 入射的入射波和从 AB 界面反射回来的反射波；在波导 A 中，只存在从波导 B 入射的入射波。由于结构在 x 轴方向上的均匀性，假定场在

x 轴方向上是 TE 波。根据矩形波导行波解的形式，假定波导 C 的入射波幅值为 1，可以写出 A、B、C 这 3 段波导中电场的表达式：

$$E_y^{\mathrm{A}}=\sum_{n=0}^{+\infty}R_n^{\mathrm{A}}\sin\frac{\pi x}{a}\cos\frac{n\pi y}{b}\mathrm{e}^{-\mathrm{j}k_n^{\mathrm{A}}z} \tag{6-32}$$

$$E_y^{\mathrm{B}}=\sum_{n=0}^{+\infty}\left[F_n^{\mathrm{B}}\sin\frac{\pi x}{a}\cos\left(\frac{n\pi y}{b_2}\right)\mathrm{e}^{\mathrm{j}k_n^{\mathrm{B}}z}+G_n^{\mathrm{B}}\sin\frac{\pi x}{a}\cos\left(\frac{n\pi y}{b_2}\right)\mathrm{e}^{-\mathrm{j}k_n^{\mathrm{B}}z}\right] \tag{6-33}$$

$$E_y^{\mathrm{C}}=\sin\left(\frac{\pi x}{a}\right)\mathrm{e}^{-\mathrm{j}k_0^{\mathrm{C}}(z+d)}+\sum_{n=0}^{+\infty}\left\{A_n^{\mathrm{C}}\sin\frac{\pi x}{a}\cos\left[\frac{n\pi(y-h)}{b}\right]\mathrm{e}^{\mathrm{j}k_n^{\mathrm{C}}(z+d)}\right\} \tag{6-34}$$

其中，k_n 为对应区域第 n 次谐波的波数；R、F、A、G 为谐波的幅值。

在得到电磁场的通解形式后，需要通过对 3 段波导的界面处场的匹配来求解场方程的具体形式。在波导 A 和波导 B 的界面（z=0 处），场应该是匹配的，因此，对于电场有

$$\begin{aligned}E_y^{\mathrm{A}}(x,y,0)&=\sum_{n=0}^{+\infty}\left(R_n^{\mathrm{A}}\sin\frac{\pi x}{a}\cos\frac{n\pi y}{b}\right)\\&=\sum_{n=0}^{+\infty}\left(F_n^{\mathrm{B}}\sin\frac{\pi x}{a}\cos\frac{n\pi y}{b_2}+G_n^{\mathrm{B}}\sin\frac{\pi x}{a}\cos\frac{n\pi y}{b_2}\right)=E_y^{\mathrm{B}}(x,y,0)\end{aligned} \tag{6-35}$$

将公共面（z=0 处）的电场强度 E_y 记为 $P(x,y)$，即

$$E_y^{\mathrm{A}}(x,y,0)=E_y^{\mathrm{B}}(x,y,0)=\begin{cases}P(x,y) & (x,y)\in V\\0 & (x,y)\notin V\end{cases} \tag{6-36}$$

其中，V 表示电磁波可以传播的真空区域。

将函数 $P(x,y)$分离变量，即

$$P(x,y)=\sin\left(\frac{\pi x}{a}\right)Y(y) \tag{6-37}$$

为了能够得到未知函数 $Y(y)$的形式，以 $\cos\frac{n\pi y}{b}$ 为基函数对其进行展开，则有

$$Y^{\mathrm{A}}(y)=\frac{\tilde{Y}^{\mathrm{A}}(0)}{2}+\sum_{n=1}^{+\infty}\tilde{Y}^{\mathrm{A}}(n)\cos\frac{n\pi y}{b} \tag{6-38}$$

$$\tilde{Y}^{\mathrm{A}}(n)=\frac{2}{b}\int_0^b Y^{\mathrm{A}}(y)\cos\frac{n\pi y}{b}\mathrm{d}y \tag{6-39}$$

同理，若以 $\cos\frac{n\pi y}{b_2}$ 为基函数对 $Y(y)$ 进行展开，则有

$$Y^{\mathrm{B}}(y)=\frac{\tilde{Y}^{\mathrm{B}}(0)}{2}+\sum_{n=1}^{+\infty}\tilde{Y}^{\mathrm{B}}(n)\cos\frac{n\pi y}{b_2} \tag{6-40}$$

$$\tilde{Y}^{\mathrm{B}}(n)=\frac{2}{b_2}\int_0^b Y^{\mathrm{B}}(y)\cos\frac{n\pi y}{b_2}\mathrm{d}y \tag{6-41}$$

将式（6-37）、式（6-38）和式（6-40）代入式（6-35），有

$$\begin{cases} R_0^{\mathrm{A}} = \dfrac{\tilde{Y}^{\mathrm{A}}(0)}{2} \\ R_n^{\mathrm{A}} = \tilde{Y}^{\mathrm{A}}(n), \quad n \geqslant 1 \end{cases} \tag{6-42}$$

$$\begin{cases} F_0^{\mathrm{B}} + G_0^{\mathrm{B}} = \dfrac{\tilde{Y}^{\mathrm{B}}(0)}{2} \\ F_n^{\mathrm{B}} + G_n^{\mathrm{B}} = \tilde{Y}^{\mathrm{B}}(n), \quad n \geqslant 1 \end{cases} \tag{6-43}$$

令

$$F_n^{\mathrm{B}} = \Gamma_n G_n^{\mathrm{B}} \tag{6-44}$$

其中，Γ_n 为常数。

通过式（6-43）和式（6-44），可以得到

$$\begin{cases} G_0^{\mathrm{B}} = \dfrac{1}{2(1+\Gamma_0)} \tilde{Y}^{\mathrm{B}}(0) \\ G_n^{\mathrm{B}} = \dfrac{1}{1+\Gamma_n} \tilde{Y}^{\mathrm{B}}(n), \quad n \geqslant 1 \end{cases} \tag{6-45}$$

$$\begin{cases} F_0^{\mathrm{B}} = \dfrac{\Gamma_0}{2(1+\Gamma_0)} \tilde{Y}^{\mathrm{B}}(0) \\ F_n^{\mathrm{B}} = \dfrac{\Gamma_n}{1+\Gamma_n} \tilde{Y}^{\mathrm{B}}(n), \quad n \geqslant 1 \end{cases} \tag{6-46}$$

由于在波导 B 和波导 C 的界面（$z=-d$ 处），场应该是匹配的，因此对于电场，有

$$\begin{aligned} & E_y^{\mathrm{B}}(x,y,-d) \\ & = \sum_{n=0}^{+\infty} \left(F_n^{\mathrm{B}} \sin\frac{\pi x}{a} \cos\left(\frac{n\pi y}{b_2}\right) \mathrm{e}^{-\mathrm{j}k_n^{\mathrm{B}} d} + G_n^{\mathrm{B}} \sin\frac{\pi x}{a} \cos\left(\frac{n\pi y}{b_2}\right) \mathrm{e}^{\mathrm{j}k_n^{\mathrm{B}} d} \right) \\ & = \sin\frac{\pi x}{a} + \sum_{n=0}^{+\infty} A_n^{\mathrm{C}} \sin\frac{\pi x}{a} \cos\frac{n\pi(y-h)}{b} \\ & = E_y^{\mathrm{C}}(x,y,-d) \end{aligned} \tag{6-47}$$

将 $z=-d$ 处的电场强度 E_y 记为 $Q(x,y)$，即

$$E_y^{\mathrm{B}}(x,y,-d) = E_y^{\mathrm{C}}(x,y,-d) = \begin{cases} Q(x,y), & (x,y) \in V \\ 0, & (x,y) \notin V \end{cases} \tag{6-48}$$

其中，V 表示电磁波可以传播的真空区域。

将函数 $Q(x,y)$ 分离变量，即

$$Q(x,y) = \sin\left(\frac{\pi x}{a}\right) X(y) \tag{6-49}$$

为了能够得到未知函数 $X(y)$ 的形式，以 $\cos\dfrac{n\pi y}{b_2}$ 为基函数对其进行展开，则有

$$X^{\mathrm{B}}(y) = \frac{\tilde{X}^{\mathrm{B}}(0)}{2} + \sum_{n=1}^{+\infty} \tilde{X}^{\mathrm{B}}(n) \cos\frac{n\pi y}{b_2} \tag{6-50}$$

$$\tilde{X}^{\mathrm{B}}(n)=\frac{2}{b_2}\int_h^{b_2}X^{\mathrm{B}}(y)\cos\frac{n\pi y}{b_2}\mathrm{d}y \tag{6-51}$$

同理，若以 $\cos\frac{n\pi(y-h)}{b}$ 为基函数对 $X(y)$ 进行展开，则有

$$X^{\mathrm{C}}(y)=\frac{\tilde{X}^{\mathrm{C}}(0)}{2}+\sum_{n=1}^{+\infty}\tilde{X}^{\mathrm{C}}(n)\cos\frac{n\pi(y-h)}{b} \tag{6-52}$$

$$\tilde{X}^{\mathrm{C}}(n)=\frac{2}{b}\int_h^{b_2}X^{\mathrm{C}}(y)\cos\frac{n\pi(y-h)}{b}\mathrm{d}y \tag{6-53}$$

联立式（6-44）、式（6-47）、式（6-49）、式（6-50）和式（6-52），有

$$\begin{cases}A_0^{\mathrm{C}}=\dfrac{\tilde{X}^{\mathrm{C}}(0)}{2}-1\\ A_n^{\mathrm{C}}=\tilde{X}^{\mathrm{C}}(n),\ n\geqslant1\end{cases} \tag{6-54}$$

$$\begin{cases}G_0^{\mathrm{B}}\left(\Gamma_0\mathrm{e}^{-\mathrm{j}k_0^{\mathrm{B}}d}+\mathrm{e}^{\mathrm{j}k_0^{\mathrm{B}}d}\right)=\dfrac{\tilde{X}^{\mathrm{B}}(0)}{2}\\ G_n^{\mathrm{B}}\left(\Gamma_n\mathrm{e}^{-\mathrm{j}k_n^{\mathrm{B}}d}+\mathrm{e}^{\mathrm{j}k_n^{\mathrm{B}}d}\right)=\tilde{X}^{\mathrm{B}}(n),\ n\geqslant1\end{cases} \tag{6-55}$$

接下来，使用基函数系列 $B_j(y)$展开未知函数 $X(y)$和 $Y(y)$，令

$$X(y)=\sum_{j=1}^{J}d_jB_j(y) \tag{6-56}$$

$$Y(y)=\sum_{j=1}^{J}c_jB_j(y) \tag{6-57}$$

其中，d_j 和 c_j 为基函数的系数。

因此，有

$$\tilde{X}^{\mathrm{B}}(n)=\sum_{j=1}^{J}d_j\tilde{B}_j^{\mathrm{B}}(n) \tag{6-58}$$

$$\tilde{X}^{\mathrm{C}}(n)=\sum_{j=1}^{J}d_j\tilde{B}_j^{\mathrm{C}}(n) \tag{6-59}$$

$$\tilde{Y}^{\mathrm{A}}(n)=\sum_{j=1}^{J}c_j\tilde{B}_j^{\mathrm{A}}(n) \tag{6-60}$$

$$\tilde{Y}^{\mathrm{B}}(n)=\sum_{j=1}^{J}c_j\tilde{B}_j^{\mathrm{B}}(n) \tag{6-61}$$

且

$$\tilde{B}_k^{\mathrm{A}}(n)=\frac{2}{b}\int_0^{b}B_k(y)\cos\frac{n\pi y}{b}\mathrm{d}y \tag{6-62}$$

$$\tilde{B}_k^{\mathrm{B}}(n)=\frac{2}{b_2}\int_0^{b_2}B_k(y)\cos\frac{n\pi y}{b_2}\mathrm{d}y \tag{6-63}$$

$$\tilde{B}_k^{\mathrm{C}}(n)=\frac{2}{b}\int_h^{b_2}B_k(y)\cos\frac{n\pi y}{b}\mathrm{d}y \tag{6-64}$$

对比式（6-45）和式（6-55），并考虑式（6-58）和式（6-61），可得

$$\frac{\Gamma_n \mathrm{e}^{-\mathrm{j}k_n^{\mathrm{B}}d}+\mathrm{e}^{\mathrm{j}k_n^{\mathrm{B}}d}}{1+\Gamma_n}\sum_{j=1}^{J}c_j\tilde{B}_j^{\mathrm{B}}(n)=\sum_{j=1}^{J}d_j\tilde{B}_j^{\mathrm{B}}(n) \tag{6-65}$$

由于式（6-65）中的系数 c_j 和 d_j 都与 n 无关，因此有

$$\frac{\Gamma_n \mathrm{e}^{-\mathrm{j}k_n^{\mathrm{B}}d}+\mathrm{e}^{\mathrm{j}k_n^{\mathrm{B}}d}}{1+\Gamma_n}=s \tag{6-66}$$

其中，s 为复常数。

因此，有

$$d_j=sc_j \tag{6-67}$$

同时，可以根据式（6-66）反解出

$$\begin{aligned}&\frac{g_0^{\mathrm{A}}\tilde{Y}^{\mathrm{A}}(0)}{2}+\sum_{n=1}^{+\infty}g_n^{\mathrm{A}}\tilde{Y}^{\mathrm{A}}(n)\cos\frac{n\pi y}{b}\\&=\frac{g_0^{\mathrm{B}}\tilde{Y}^{\mathrm{B}}(0)}{2}\frac{1-\Gamma_0}{1+\Gamma_0}+\sum_{n=1}^{+\infty}g_n^{\mathrm{B}}\tilde{Y}^{\mathrm{B}}(n)\frac{1-\Gamma_n}{1+\Gamma_n}\cos\frac{n\pi y}{b_2}\end{aligned} \tag{6-68}$$

其中，g_n 为第 n 次谐波的 y 方向电场振幅与 x 方向磁场振幅之比。

2. 磁场方程及边界匹配

与电场相似，可以根据矩形波导中行波解的形式，写出 A、B、C 这 3 段波导中磁场的表达式：

$$H_x^{\mathrm{A}}=\sum_{n=0}^{+\infty}g_n^{\mathrm{A}}R_n^{\mathrm{A}}\sin\frac{\pi x}{a}\cos\frac{n\pi y}{b}\mathrm{e}^{-\mathrm{j}k_n^{\mathrm{A}}z} \tag{6-69}$$

$$H_x^{\mathrm{B}}=\sum_{n=0}^{+\infty}\left[g_n^{\mathrm{B}}G_n^{\mathrm{B}}\sin\frac{\pi x}{a}\cos\left(\frac{n\pi y}{b_2}\right)\mathrm{e}^{-\mathrm{j}k_n^{\mathrm{B}}z}-g_n^{\mathrm{B}}F_n^{\mathrm{B}}\sin\frac{\pi x}{a}\cos\left(\frac{n\pi y}{b_2}\right)\mathrm{e}^{\mathrm{j}k_n^{\mathrm{B}}z}\right] \tag{6-70}$$

$$H_x^{\mathrm{C}}=g_0^{\mathrm{C}}\sin\left(\frac{\pi x}{a}\right)\mathrm{e}^{-\mathrm{j}k_0^{\mathrm{C}}(z+d)}-\sum_{n=0}^{+\infty}\left\{g_n^{\mathrm{C}}A_n^{\mathrm{C}}\sin\frac{\pi x}{a}\cos\left[\frac{n\pi(y-h)}{b}\right]\mathrm{e}^{\mathrm{j}k_n^{\mathrm{C}}(z+d)}\right\} \tag{6-71}$$

在波导 A 和 B 的界面上磁场相等，即

$$\begin{aligned}H_x^{\mathrm{A}}(x,y,0)&=\sum_{n=0}^{+\infty}g_n^{\mathrm{A}}R_n^{\mathrm{A}}\sin\frac{\pi x}{a}\cos\frac{n\pi y}{b}\\&=\sum_{n=0}^{+\infty}\left(g_n^{\mathrm{B}}G_n^{\mathrm{B}}\sin\frac{\pi x}{a}\cos\frac{n\pi y}{b_2}-g_n^{\mathrm{B}}F_n^{\mathrm{B}}\sin\frac{\pi x}{a}\cos\frac{n\pi y}{b_2}\right)\\&=H_x^{\mathrm{B}}(x,y,0)\end{aligned} \tag{6-72}$$

整理式（6-72）并将式（6-45）和式（6-46）代入，得

$$\begin{aligned}&\frac{g_0^{\mathrm{A}}\tilde{Y}^{\mathrm{A}}(0)}{2}+\sum_{n=1}^{+\infty}g_n^{\mathrm{A}}\tilde{Y}^{\mathrm{A}}(n)\cos\frac{n\pi y}{b}\\&=\frac{g_0^{\mathrm{B}}\tilde{Y}^{\mathrm{B}}(0)}{2}\frac{1-\Gamma_0}{1+\Gamma_0}+\sum_{n=1}^{+\infty}g_n^{\mathrm{B}}\tilde{Y}^{\mathrm{B}}(n)\frac{1-\Gamma_n}{1+\Gamma_n}\cos\frac{n\pi y}{b_2}\end{aligned} \tag{6-73}$$

在式（6-73）等号两侧同乘 $2B_k\left(y\right)/b$ 并在公共面上积分，有

$$\begin{aligned}&\frac{g_0^{\mathrm{A}}\tilde{Y}^{\mathrm{A}}(0)}{2}\tilde{B}_k^{\mathrm{A}}(0)+\sum_{n=1}^{+\infty}g_n^{\mathrm{A}}\tilde{Y}^{\mathrm{A}}(n)\tilde{B}_k^{\mathrm{A}}(n)\\&=\frac{b_2}{b}g_0^{\mathrm{B}}\tilde{Y}^{\mathrm{B}}(0)\tilde{B}_k^{\mathrm{B}}(0)\frac{1-\Gamma_0}{2\left(1+\Gamma_0\right)}+\frac{b_2}{b}\sum_{n=1}^{+\infty}g_n^{\mathrm{B}}\tilde{Y}^{\mathrm{B}}(n)\tilde{B}_k^{\mathrm{B}}(n)\frac{1-\Gamma_n}{1+\Gamma_n}\end{aligned}\tag{6-74}$$

将式（6-60）和式（6-61）代入式（6-74），得

$$\begin{aligned}&\frac{g_0^{\mathrm{A}}}{2}\tilde{B}_k^{\mathrm{A}}(0)\sum_{j=1}^{J}c_j\tilde{B}_j^{\mathrm{A}}(0)+\sum_{n=1}^{+\infty}g_n^{\mathrm{A}}\tilde{B}_k^{\mathrm{A}}(n)\sum_{j=1}^{J}c_j\tilde{B}_j^{\mathrm{A}}(n)\\&=\frac{b_2}{b}g_0^{\mathrm{B}}\tilde{B}_k^{\mathrm{B}}(0)\frac{1-\Gamma_0}{2\left(1+\Gamma_0\right)}\sum_{j=1}^{J}c_j\tilde{B}_j^{\mathrm{B}}(0)+\frac{b_2}{b}\sum_{n=1}^{+\infty}g_n^{\mathrm{B}}\tilde{B}_k^{\mathrm{B}}(n)\frac{1-\Gamma_n}{1+\Gamma_n}\sum_{j=1}^{J}c_j\tilde{B}_j^{\mathrm{B}}(n)\end{aligned}\tag{6-75}$$

将式（6-68）代入式（6-75），有

$$\begin{aligned}&\frac{g_0^{\mathrm{A}}}{2}\tilde{B}_k^{\mathrm{A}}(0)\sum_{j=1}^{J}c_j\tilde{B}_j^{\mathrm{A}}(0)+\sum_{n=1}^{+\infty}g_n^{\mathrm{A}}\tilde{B}_k^{\mathrm{A}}(n)\sum_{j=1}^{J}c_j\tilde{B}_j^{\mathrm{A}}(n)\\&=\frac{b_2}{b}g_0^{\mathrm{B}}\tilde{B}_k^{\mathrm{B}}(0)\frac{\mathrm{e}^{-\mathrm{j}k_0^{\mathrm{B}}d}+\mathrm{e}^{\mathrm{j}k_0^{\mathrm{B}}d}-2s}{2\left(\mathrm{e}^{-\mathrm{j}k_0^{\mathrm{B}}d}-\mathrm{e}^{\mathrm{j}k_0^{\mathrm{B}}d}\right)}\sum_{j=1}^{J}c_j\tilde{B}_j^{\mathrm{B}}(0)+\\&\quad\frac{b_2}{b}\sum_{n=1}^{+\infty}g_n^{\mathrm{B}}\tilde{B}_k^{\mathrm{B}}(n)\frac{\mathrm{e}^{-\mathrm{j}k_n^{\mathrm{B}}d}+\mathrm{e}^{\mathrm{j}k_n^{\mathrm{B}}d}-2s}{\mathrm{e}^{-\mathrm{j}k_n^{\mathrm{B}}d}-\mathrm{e}^{\mathrm{j}k_n^{\mathrm{B}}d}}\sum_{j=1}^{J}c_j\tilde{B}_j^{\mathrm{B}}(n)\end{aligned}\tag{6-76}$$

整理式（6-76），可以将其写为

$$\boldsymbol{A}_1c=\boldsymbol{U}_1\tag{6-77}$$

有

$$\begin{aligned}A_{1kj}=&\frac{g_0^{\mathrm{A}}}{2}\tilde{B}_k^{\mathrm{A}}(0)\tilde{B}_j^{\mathrm{A}}\left(0\right)+\sum_{n=1}^{\infty}g_n^{\mathrm{A}}\tilde{B}_k^{\mathrm{A}}\left(n\right)\tilde{B}_j^{\mathrm{A}}(n)-\\&\frac{b_2}{b}\left[g_0^{\mathrm{B}}\tilde{B}_k^{\mathrm{B}}(0)\tilde{B}_j^{\mathrm{B}}(0)\frac{\mathrm{e}^{-\mathrm{j}k_0^{\mathrm{B}}d}+\mathrm{e}^{\mathrm{j}k_0^{\mathrm{B}}d}-2s}{2\left(\mathrm{e}^{-\mathrm{j}k_0^{\mathrm{B}}d}-\mathrm{e}^{\mathrm{j}k_0^{\mathrm{B}}d}\right)}+\right.\\&\left.\sum_{n=1}^{\infty}g_n^{\mathrm{B}}\tilde{B}_k^{\mathrm{B}}(n)\tilde{B}_j^{\mathrm{B}}(n)\frac{\mathrm{e}^{-\mathrm{j}k_n^{\mathrm{B}}d}+\mathrm{e}^{\mathrm{j}k_n^{\mathrm{B}}d}-2s}{\mathrm{e}^{-\mathrm{j}k_n^{\mathrm{B}}d}-\mathrm{e}^{\mathrm{j}k_n^{\mathrm{B}}d}}\right]\end{aligned}\tag{6-78}$$

$$U_{1k}=0\tag{6-79}$$

同理，在波导 B 和 C 的界面上磁场相等，即

$$\begin{aligned}H_x^{\mathrm{B}}(x,y,-d)=&\sum_{n=0}^{+\infty}\left[g_n^{\mathrm{B}}G_n^{\mathrm{B}}\sin\left(\frac{\pi x}{a}\right)\cos\left(\frac{n\pi y}{b_2}\right)\mathrm{e}^{\mathrm{j}k_n^{\mathrm{B}}d}-g_n^{\mathrm{B}}F_n^{\mathrm{B}}\sin\left(\frac{\pi x}{a}\right)\cos\left(\frac{n\pi y}{b_2}\right)\mathrm{e}^{-\mathrm{j}k_n^{\mathrm{B}}d}\right]\\=&g_0^{\mathrm{C}}\sin\frac{\pi x}{a}-\sum_{n=0}^{+\infty}g_n^{\mathrm{C}}A_n^{\mathrm{C}}\sin\frac{\pi x}{a}\cos\frac{n\pi(y-h)}{b}=H_x^{\mathrm{C}}(x,y,-d)\end{aligned}\tag{6-80}$$

将式（6-44）代入式（6-80）并整理得

$$\sum_{n=0}^{+\infty} g_n^{\mathrm{B}} G_n^{\mathrm{B}} \left(\mathrm{e}^{\mathrm{j}k_n^{\mathrm{B}} d} - \Gamma_n \mathrm{e}^{-\mathrm{j}k_n^{\mathrm{B}} d}\right)\cos\frac{n\pi y}{b_2} = g_0^{\mathrm{C}} - \sum_{n=0}^{+\infty} g_n^{\mathrm{C}} A_n^{\mathrm{C}} \cos\frac{n\pi(y-h)}{b} \tag{6-81}$$

将式（6-81）等号两侧同乘 $2B_k\left(y\right)/b$ ，并在公共面上积分，可得

$$\frac{b_2}{b}\sum_{n=0}^{+\infty} g_n^{\mathrm{B}} G_n^{\mathrm{B}} \tilde{B}_k^{\mathrm{B}}(n)\left(\mathrm{e}^{\mathrm{j}k_n^{\mathrm{B}} d} - \Gamma_n \mathrm{e}^{-\mathrm{j}k_n^{\mathrm{B}} d}\right) = g_0^{\mathrm{C}} \tilde{B}_k^{\mathrm{C}}(0) - \sum_{n=0}^{+\infty} g_n^{\mathrm{C}} A_n^{\mathrm{C}} \tilde{B}_k^{\mathrm{C}}(n) \tag{6-82}$$

先将式（6-45）和式（6-54）代入式（6-82），可得

$$\begin{aligned}&\frac{b_2}{b} g_0^{\mathrm{B}} \tilde{Y}^{\mathrm{B}}(0)\tilde{B}_k^{\mathrm{B}}(0)\frac{\mathrm{e}^{\mathrm{j}k_0^{\mathrm{B}} d} - \Gamma_0 \mathrm{e}^{-\mathrm{j}k_0^{\mathrm{B}} d}}{2\left(1+\Gamma_0\right)} + \frac{b_2}{b}\sum_{n=1}^{+\infty} g_n^{\mathrm{B}} \tilde{Y}^{\mathrm{B}}(n)\tilde{B}_k^{\mathrm{B}}(n)\frac{\mathrm{e}^{\mathrm{j}k_n^{\mathrm{B}} d} - \Gamma_n \mathrm{e}^{-\mathrm{j}k_n^{\mathrm{B}} d}}{1+\Gamma_n}\\ &= -g_0^{\mathrm{C}} \tilde{B}_k^{\mathrm{C}}(0)\left[\frac{\tilde{X}_0^{\mathrm{C}}(0)}{2} - 2\right] - \sum_{n=1}^{+\infty} g_n^{\mathrm{C}} \tilde{X}_n^{\mathrm{C}}(n)\tilde{B}_k^{\mathrm{C}}(n)\end{aligned} \tag{6-83}$$

再将式（6-59）、式（6-61）、式（6-67）和式（6-68）代入式（6-83），得到

$$\begin{aligned}&\frac{b_2}{b} g_0^{\mathrm{B}} \tilde{B}_k^{\mathrm{B}}(0)\frac{1-s\mathrm{e}^{\mathrm{j}k_0^{\mathrm{B}} d}}{\mathrm{e}^{-\mathrm{j}k_0^{B} d} - \mathrm{e}^{\mathrm{j}k_0^{B} d}}\sum_{j=1}^{J} c_j \tilde{B}_j^{\mathrm{B}}(0) + \\ &\frac{2b_2}{b}\sum_{n=1}^{+\infty} g_n^{\mathrm{B}} \tilde{B}_k^{\mathrm{B}}(n)\frac{1-s\mathrm{e}^{\mathrm{j}k_n^{\mathrm{B}} d}}{\mathrm{e}^{-\mathrm{j}k_n^{\mathrm{B}} d} - \mathrm{e}^{\mathrm{j}k_n^{\mathrm{B}} d}}\sum_{j=1}^{J} c_j \tilde{B}_j^{\mathrm{B}}(n)\\ &= g_0^{\mathrm{C}} \tilde{B}_k^{\mathrm{C}}(0)\left[2 - \frac{1}{2}\sum_{j=1}^{J} s c_j \tilde{B}_j^{\mathrm{C}}(0)\right] - \sum_{n=1}^{+\infty} g_n^{\mathrm{C}} \tilde{B}_k^{\mathrm{C}}(n)\sum_{j=1}^{J} s c_j \tilde{B}_k^{\mathrm{C}}(n)\end{aligned} \tag{6-84}$$

将式（6-84）写为

$$\boldsymbol{A}_2 c = \boldsymbol{U}_2 \tag{6-85}$$

有

$$\begin{aligned}A_{2kj} = &\frac{b_2}{b} g_0^{\mathrm{B}} \tilde{B}_k^{\mathrm{B}}(0)\tilde{B}_j^{\mathrm{B}}(0)\frac{1-s\mathrm{e}^{\mathrm{j}k_0^{\mathrm{B}} d}}{\mathrm{e}^{-\mathrm{j}k_0^{B} d} - \mathrm{e}^{\mathrm{j}k_0^{B} d}} + \frac{s g_0^{\mathrm{C}}}{2}\tilde{B}_k^{\mathrm{C}}(0)\tilde{B}_j^{\mathrm{C}}(0) + \\ &\sum_{n-1}^{+\infty}\frac{2b_2}{b} g_n^{\mathrm{B}} \tilde{B}_k^{\mathrm{B}}(n)\tilde{B}_j^{\mathrm{B}}(n)\frac{1-s\mathrm{e}^{\mathrm{j}k_n^{\mathrm{B}} d}}{\mathrm{e}^{-\mathrm{j}k_n^{\mathrm{B}} d} - \mathrm{e}^{\mathrm{j}k_n^{\mathrm{B}} d}} + \sum_{n=1}^{+\infty} s g_n^{\mathrm{C}} \tilde{B}_k^{\mathrm{C}}(n)\tilde{B}_j^{\mathrm{C}}(n)\end{aligned} \tag{6-86}$$

$$U_{2k} = 2g_0^{\mathrm{C}} \tilde{B}_k^{\mathrm{C}}\left(0\right) \tag{6-87}$$

联立式（6-77）和式（6-85）求解场系数，再将结果代入式（6-32）～式（6-34）以及式（6-69）～式（6-71），就可以得到场的各分量的具体形式。

3. 基函数系列

下面讨论基函数系列 $B_j\left(y\right)$ 的具体形式。由于交错双栅慢波结构的不连续处是直角结构，可以将其视为一个直角金属楔。在邻近直角金属楔的空间中，电磁场按照距离的 2/3 次方衰减，因此可以选择如下基函数形式：

$$B_k\left(y\right) = \frac{\cos\left(k\pi\dfrac{y}{b_2}\right)}{\left[1-\left(\dfrac{y}{b_2}\right)^2\right]^{\frac{1}{3}}} \tag{6-88}$$

查找积分表，可知

$$\tilde{B}_k^A(n)=\frac{2}{b}\int_0^{b_2}\frac{\cos\left(k\pi\frac{y}{b_2}\right)}{\left[1-\left(\frac{y}{b_2}\right)^2\right]^{\frac{1}{3}}}\cos\frac{n\pi y}{b}\mathrm{d}y$$

$$=\frac{b_2}{2b}\Gamma\left(\frac{1}{2}\right)\Gamma\left(\frac{2}{3}\right)\left[\left(\frac{2}{k\pi+\frac{n\pi b_2}{b}}\right)^{\frac{1}{6}}J_{\frac{1}{6}}\left(k\pi+\frac{n\pi b_2}{b}\right)+\right.$$

$$\left.\left(\frac{2}{k\pi-\frac{n\pi b_2}{b}}\right)^{\frac{1}{6}}J_{\frac{1}{6}}\left(k\pi-\frac{n\pi b_2}{b}\right)\right] \tag{6-89}$$

令

$$S_v(x)=\frac{1}{2}\Gamma\left(\frac{1}{2}\right)\Gamma\left(v+\frac{1}{2}\right)\left(\frac{2}{x}\right)^v J_v(x) \tag{6-90}$$

于是，式（6-89）可表示为

$$\tilde{B}_k^{\mathrm{A}}(n)=\frac{b_2}{b}\left[S_{\frac{1}{6}}\left(k\pi+\frac{n\pi b_2}{b}\right)+S_{\frac{1}{6}}\left(k\pi-\frac{n\pi b_2}{b}\right)\right] \tag{6-91}$$

同理，有

$$\tilde{B}_k^{\mathrm{B}}(n)=\frac{1}{b_2}S_{\frac{1}{6}}\left[(k+n)\pi\right]+\frac{1}{b_2}S_{\frac{1}{6}}\left[(k-n)\pi\right] \tag{6-92}$$

$$\tilde{B}_k^{\mathrm{C}}(n)=\frac{b_2}{b}\cos\frac{n\pi h}{b}\left[S_{\frac{1}{6}}\left(k\pi+\frac{n\pi b_2}{b}\right)+S_{\frac{1}{6}}\left(k\pi-\frac{n\pi b_2}{b}\right)\right] \tag{6-93}$$

式（6-91）～式（6-93）就是波导 A、B、C 电磁场方程中基函数系列的形式。

6.2.3 色散特性与耦合阻抗

行波管慢波结构中的色散特性与耦合阻抗与其中电磁场的方程息息相关。根据电磁场的方程，就可以推得色散特性与耦合阻抗。

（1）色散特性。

周期结构的色散特性可以用不同的方式表示。一种常用的方法为绘制周期结构的布里渊图，它是自由空间波数 k 与相位常数 β 之间的关系图。此外，还可以使用相速 v_{p} 和频率 f 的关系图表示，这种方法有时被称为直接表示法。

事实上，还可以利用单周期电磁波相移 φ 和频率 f 的关系图来表现色散特性。由于上述参数都可以根据电磁场理论相互转化，因此这些方法表示出的色散特性都是等价的，它们所反映的信息也是完全相同的。

通过 6.2.2 节的场分析，易见色散特性与模式是相关的，不同的模式拥有不同的色散特性。

考虑模式 n 的半周期相移 φ_n 。从波导 C 中的任意一个平面 $z=z_{\mathrm{C}}$ 上到波导 A 中的任意一个平面 $z=z_{\mathrm{A}}$ 上的相移为

$$\varphi_n=\arg\left(R_n^{\mathrm{A}}\mathrm{e}^{-\mathrm{j}k_n^{\mathrm{A}}z_{\mathrm{A}}}\right)+k_0^{\mathrm{C}}\left(z_{\mathrm{C}}+d\right)+2m\pi \tag{6-94}$$

其中，m 为整数，它隐含空间谐波的作用。

对于相速 v_{p}，有

$$v_{\mathrm{p}}=\frac{\omega}{\beta} \tag{6-95}$$

其中，ω 为电磁波角频率。

对于相位常数 β 有

$$\beta_n=\frac{\varphi_n}{\dfrac{p}{2}} \tag{6-96}$$

这样，通过求解式（6-94）就可以得到相速 v_{p} 和相移 φ_n 之间的关系，即交错双栅慢波结构的色散特性。

（2）耦合阻抗。

耦合阻抗与周期结构中的空间谐波有关，第 n 次空间谐波的耦合阻抗定义为

$$k_{cn}=\frac{\left|E_{zmn}\right|^2}{2\beta_n^2P} \tag{6-97}$$

其中，β_n 为第 n 次空间谐波的相位常数，P 为轴线方向的功率流。对于式（6-97）中的电场幅值，应采用平均幅值来计算。

欲得到第 n 次空间谐波的电场幅值在一个周期上的平均值，可以利用每段长度加权的方法来进行计算，即

$$\begin{aligned}p\left|E_{zmn}(x,y)\right|=\sin\frac{\pi x}{a}\Bigg[&\left|A_n^{\mathrm{C}}\right|\cos\left(\frac{n\pi(y-h)}{b}\right)g+\\&\left|G_n^{\mathrm{B}}\right|\cos\left(\frac{n\pi y}{b_2}\right)(p-2g)+\left|R_n^{\mathrm{A}}\right|\cos\left(\frac{n\pi y}{b}\right)g\Bigg]\end{aligned} \tag{6-98}$$

则式（6-97）中的轴向功率流可写为

$$P=\frac{1}{2}\int_S\boldsymbol{E}_y\boldsymbol{H}_x^*\mathrm{d}\boldsymbol{s} \tag{6-99}$$

6.2.4　单周期反射特性

交错双栅慢波结构单周期的反射特性也可以从场分析中得到。这里做一些简略的讨论。

定义波导中电场的通解为

$$E(x,y,z)=\sum_{n=0}^{+\infty}\left(\frac{V_n^+}{C_n}\mathrm{e}^{-\mathrm{j}\beta_n z}+\frac{V_n^-}{C_n}\mathrm{e}^{\mathrm{j}\beta_n z}\right)e_n(x,y) \tag{6-100}$$

其中，V_n^+ 和 V_n^- 分别为沿 z 轴正方向和负方向传播的 n 次谐波的电压幅值，e_n 为电磁波横向形式，C_n 为常数。

这样，通过散射矩阵的定义式可得反射系数 S_{11} 与透射系数 S_{21}：

$$S_{11}=\left.\frac{V_1^-}{V_1^+}\right|_{V_2^+=0}=\sum_{n=0}^{+\infty}\frac{A_n^{\mathrm{C}}}{C_n} \tag{6-101}$$

$$S_{21}=\left.\frac{V_2^-}{V_1^+}\right|_{V_2^+=0}=\sum_{n=0}^{+\infty}\frac{R_n^{\mathrm{A}}}{C_n} \tag{6-102}$$

由于结构对称性，有

$$S_{11}=S_{22} \tag{6-103}$$

$$S_{12}=S_{21} \tag{6-104}$$

用这样的方法计算反射特性有一些困难，主要体现在对系数 C_n 的计算。由于场和散射矩阵都被写成了无穷次谐波叠加的形式，要想准确得到散射矩阵，就需要叠加足够多次的谐波。这样就需要计算多个 C_n 的值。系数 C_n 通常通过模式的波阻抗和功率推导而来。由于不同模式的功率计算具有特殊性，因此计算较复杂。

因此，本节再给出一种较简单的、通过等效电路法计算单周期交错双栅慢波结构反射特性的方法。

图 6-12 所示为单周期交错双栅慢波结构示意及半周期等效电路。在等效电路法中，将直波导的部分视为传输线，将波导阶跃处造成的不连续性视为一个等效电容。

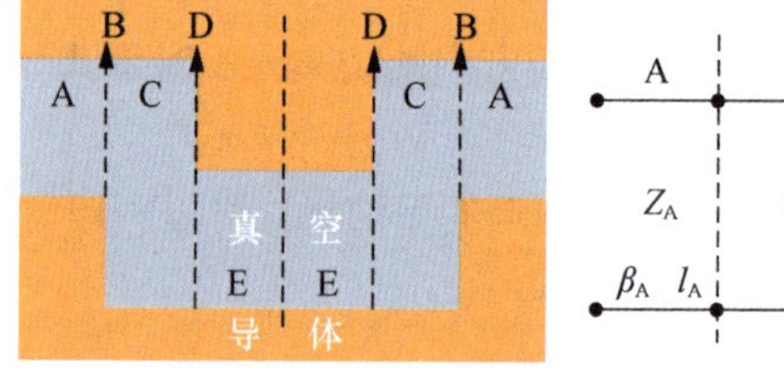

(a) 单周期交错双栅慢波结构示意

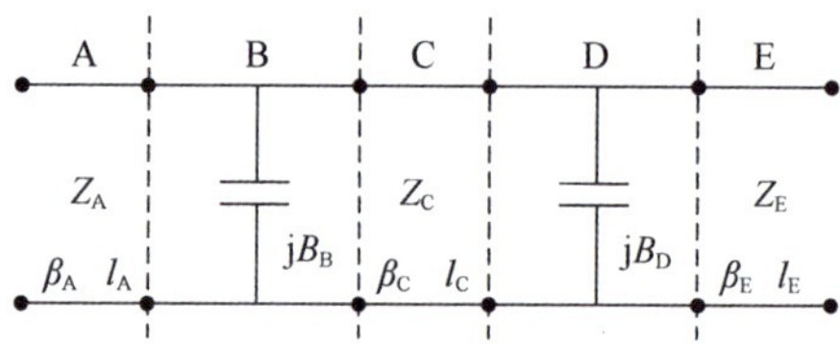

(b) 等效电路

图 6-12　单周期交错双栅慢波结构示意及等效电路

传输线的传输矩阵为

$$\boldsymbol{T}_{\mathrm{t}}=\begin{bmatrix}\cos\beta l & \mathrm{j}Z_0\sin\beta l\\ \mathrm{j}Y_0\sin\beta l & \cos\beta l\end{bmatrix} \tag{6-105}$$

其中，β 为传输线的相位常数，l 为传输线长度，Z_0 为传输线特征阻抗，Y_0 为传输线特征导纳。

电容的传输矩阵为

$$\boldsymbol{T}_{\mathrm{tc}}=\begin{bmatrix}1 & 0\\ \mathrm{j}B & 1\end{bmatrix} \tag{6-106}$$

其中，B 为电容值，它的大小可由式（6-107）决定

$$\frac{B}{Y_0}=\frac{4b_2}{\lambda_g}\ln\left(\csc\frac{\pi b}{2b_2}\right) \tag{6-107}$$

单个周期慢波结构的传输矩阵由各个部分传输矩阵相乘得到，即

$$\boldsymbol{T}=\boldsymbol{ABCDEEDCBA} \tag{6-108}$$

这样，就可以利用散射矩阵和传输矩阵之间的关系，得到单周期交错双栅慢波结构的散射矩阵了。

6.2.5　计算结果与讨论

1. 算法流程

图 6-13 所示为本章主要理论的流程框图。用输入的交错双栅慢波结构的尺寸参数和电磁场的频率来计算电磁场的分布，并通过电磁场分布得到色散特性和耦合阻抗。反射特性可由等效电路给出，等效电路中各个电路元件的量值由结构的尺寸参数和电磁场的频率共同确定。

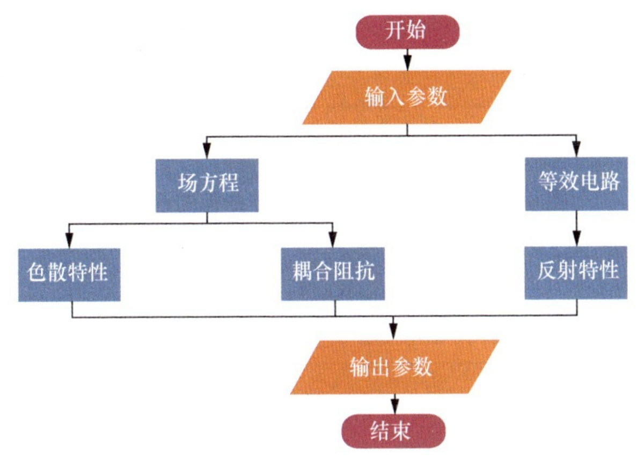

图 6-13　本章主要理论的流程框图

2. 计算结果

为了考察本章理论的准确性，本节利用一个 G 波段交错双栅慢波结构对其进行验证。该交错双栅慢波结构的相关尺寸参数如表 6-1 所示。

表 6-1　G 波段交错双栅慢波结构的尺寸参数

单位：mm

参数	值
w	0.80
p	0.54
h	0.28
g	0.18
b	0.15

图 6-14 所示为该交错双栅慢波结构的色散特性。图中的横坐标为电磁波在该交错双栅慢波结构一个空间周期上的相移，纵坐标为电磁波的频率。图中虚线为仿真得到的色散曲线，实线为使用本章理论计算得到的色散曲线。可见，两者得到的结果十分吻合。由图可见，交错双栅慢波结构的 0 次空间谐波相速与群速方向相反，为返波，负色散；-1 次空间谐波相速与群速方向相同，为前向波，正色散。

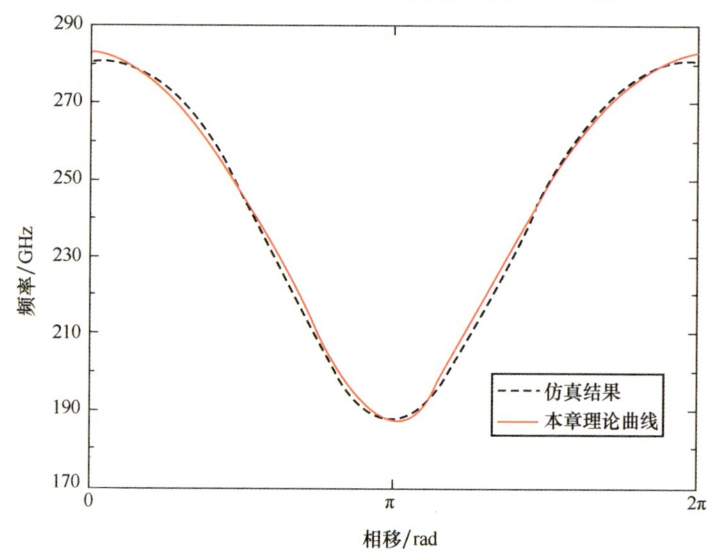

图 6-14　G 波段交错双栅慢波结构的色散特性

图 6-15 所示为该交错双栅慢波结构的归一化相速与频率的关系。横坐标为频率，纵坐标为相速与真空中光速的比值。图中虚线是仿真得到的结果，实线是由本章理论计算得到的结果。可见，两种方法得到的结果十分相近。

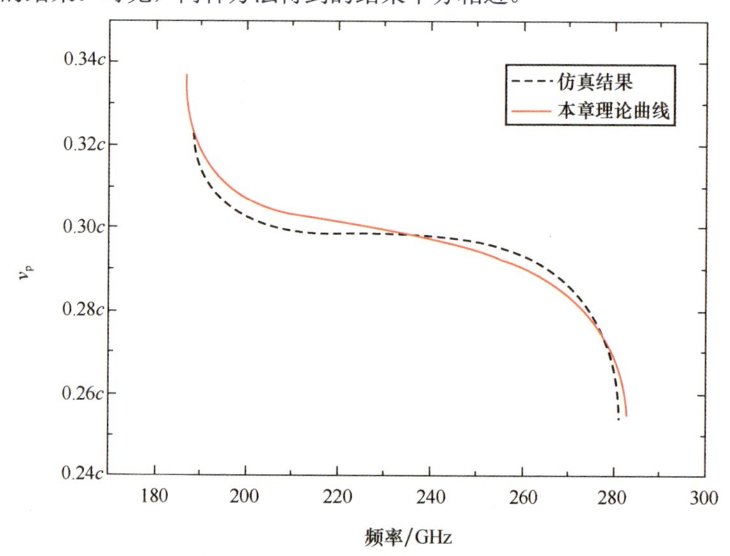

图 6-15　G 波段交错双栅慢波结构的归一化相速与频率的关系

图 6-16 所示为该交错双栅慢波结构的耦合阻抗与频率的关系。横坐标为频率，纵坐标为结构的耦合阻抗。图中虚线是仿真得到的结果，而实线是由本章理论计算得到的结果。可见，两种方法得到的结果基本一致。

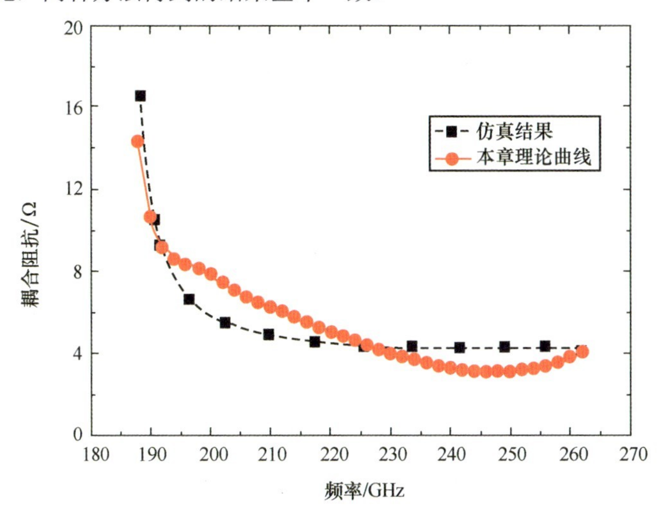

图 6-16　G 波段交错双栅慢波结构的耦合阻抗与频率的关系

图 6-17 所示为该交错双栅慢波结构的单周期的散射参数与频率的关系。由于结构的对称性，有 $S_{11}=S_{22}$、$S_{12}=S_{21}$，因此，图中只展示了 S_{11} 和 S_{21} 两个参数随频率变化的关系。横坐标为频率，单位为 THz；纵坐标为散射参数的值，单位为 dB。实线为本章理论计算所得的结果，虚线为仿真所得的结果。由图可见，在高于 0.21THz 的频段内，两种方法的 S_{21} 曲线几乎重合，而在 0.19～0.21THz，S_{21} 曲线约有 0.2dB 的差距，S_{11} 曲线情况类似。只有在尖峰位置上，两种方法得到的结果有约 2GHz 的频偏和约 6dB 的峰值差异。总体来讲，两种方法得到的结果十分吻合。

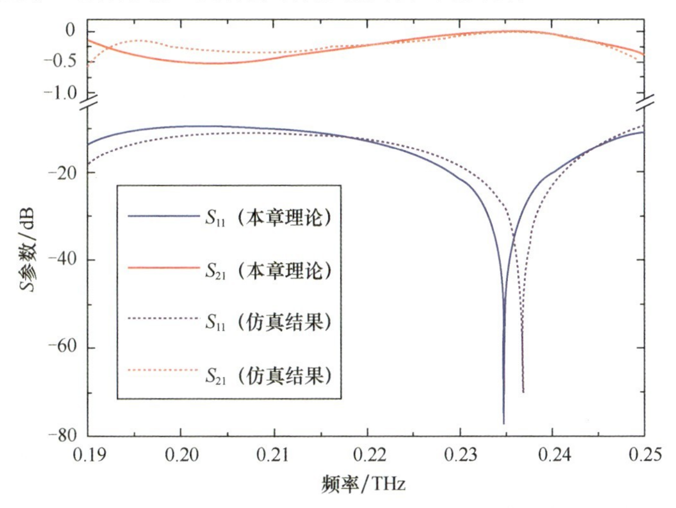

图 6-17　G 波段交错双栅慢波结构的单周期的散射参数与频率的关系

6.3 注波互作用参数计算与仿真

建立并分析电子注和慢波结构中的行波发生相互作用的物理模型，即注波互作用理论，在设计和数值验证行波管的性能中具有举足轻重的作用。该理论就激发方程的复杂性而言，从数学概念上可分为线性理论和非线性理论。也有一种物理概念上的划分叫作小信号理论和大信号理论。在线性理论中，由于将电子注当作流体介质，因而其速度和加速度均是空间位置和时间的单值函数，可以用欧拉变量体系来描述。但是，在非线性理论中，由于所考虑的电子注的速度和加速度不再是空间位置和时间的单值函数，很难再采用欧拉体系来描述这个问题，因而采用了拉格朗日分析方法。这个方法将连续电子注离散为一系列宏粒子，并利用它们各自进入互作用区的时间顺序来标记不同粒子，使每个宏粒子都有自身满足的运动方程，从而可求解这些宏粒子在外力作用下以及宏粒子相互之间作用力支配下的运动规律。

本章的大信号理论主要从拉格朗日分析方法出发，以 E 面单脊加载曲折波导行波管的线路场为作用场，求解每一个粒子的运动状态，包括速度、位置和相位等，并获得线路场和空间电荷场的表达式，建立 E 面单脊加载曲折波导行波管的非线性理论，得到整管的功率和增益等。

6.3.1 电子运动方程

为了计算某个宏粒子的速度以及加速度，假设将 z 和 t_0 作为独立的拉格朗日变量，那么，对在 t_0 时刻进入互作用区的这一宏粒子而言，它到达位置 z 的时间 t 就可以表示为这两个独立变量的函数，即 $t=t\left(z,t_0\right)$。基于以上描述，在 t_0 时刻进入互作用区的粒子的速度和加速度可以表示为

$$v\left(z,t_0\right)=\frac{1}{\left(\dfrac{\mathrm{d}t}{\mathrm{d}z}\right)_{t_0}}=\frac{1}{\dfrac{\partial t}{\partial z}} \tag{6-109}$$

$$a\left(z,t_0\right)=\frac{\mathrm{d}v}{\mathrm{d}t}=-\frac{\dfrac{\partial^2 t}{\partial z^2}}{\left(\dfrac{\partial t}{\partial z}\right)^3} \tag{6-110}$$

已知电子满足运动方程：

$$\frac{\mathrm{d}p}{\mathrm{d}t}=f,\qquad p=\frac{m_0 v}{\sqrt{1-\left(\dfrac{v}{c}\right)^2}} \tag{6-111}$$

其中，f 代表电子受到的合外力，p 为电子动量，m_0 为电子的静止质量。由式(6-109)～式（6-111），可以得到以 z 和 t_0 作为自变量的粒子运动方程：

$$\frac{\partial^2 t}{\partial z^2} = -\eta\left(\frac{\partial t}{\partial z}\right)^3\left[1-\frac{1}{c^2\left(\frac{\partial t}{\partial z}\right)^2}\right]^{\frac{3}{2}} E \tag{6-112}$$

其中，η 表示电子的电荷与质量的比值；E 表示总的纵向场，包括射频场 E_{rf} 和空间电荷场 E_{sc}。

进一步，可以将函数 $t(z,t_0)$ 改写为

$$t(z,t_0) = t_0 + \frac{z}{v_0} + \varDelta(z,t_0) \tag{6-113}$$

其中，$\varDelta$ 表示对宏粒子到达时间 t 的一个微小扰动量，是一个纯交变量。在式（6-113）两端同乘 ω，得到的表达式如下：

$$\omega t(z,t_0) = \omega t_0 + \omega\frac{z}{v_0} + \omega\varDelta(z,t_0) \tag{6-114}$$

为了让公式的形式更简洁，物理意义更清楚，可以将式（6-114）写为

$$\omega t = \omega t_0 + \frac{\xi}{C} + \theta \tag{6-115}$$

其中，$\xi = \frac{C\omega z}{v_0} = C\beta_e z$，$\theta = \omega\varDelta(z,t_0)$。

令 $u(\xi,t_0) = \omega t_0 + \theta$，它表示在以电子注直流速度运动的坐标系中的电子相位。并将其代入式（6-115），可得

$$\omega t = \frac{\xi}{C} + u(\xi,t_0) \tag{6-116}$$

在以电子注直流速度运动的坐标系中的电子运动方程就变为

$$\frac{\partial^2 u}{\partial \xi^2} = -\frac{\eta}{\omega v_0 C^2}\left(1+C\frac{\partial u}{\partial \xi}\right)^3\left[1-\frac{\frac{v_0}{c}}{\left(1+C\frac{\partial u}{\partial \xi}\right)}\right]^{\frac{3}{2}}\left(E_{\text{rf}}+E_{\text{sc}}\right) \tag{6-117}$$

6.3.2　射频场方程

根据波导激励理论，若给定一个交变电流，那么该交变电流在一维的慢波结构中激励的总电场可以表示为

$$E_{\text{rf}}(z) = E_{\text{in}}\mathrm{e}^{-\mathrm{j}\beta_0 z} - \frac{{\beta_0}^2 Z}{2}\int_0^z \tilde{I}(z')\mathrm{e}^{-\mathrm{j}\beta_0(z-z')}\mathrm{d}z' - \frac{{\beta_0}^2 Z}{2}\int_z^L \tilde{I}(z')\mathrm{e}^{\mathrm{j}\beta_0(z-z')}\mathrm{d}z' \tag{6-118}$$

式（6-118）中，第一项表示入射波，第二项表示电流激励的前向波，第三项表示

电流激励的反向波。慢波结构的传播常数为β_0，耦合阻抗是Z。将式（6-118）改写成微分形式：

$$\frac{\mathrm{d}^2 E_{\mathrm{rf}}}{\mathrm{d}z^2}+\beta_0{}^2 E_{\mathrm{rf}}=\mathrm{j}Z\beta_0{}^3\tilde{I}(z) \tag{6-119}$$

其中，$\tilde{I}(z)$可以由电流$I(z,t)$展开为傅里叶级数形式得到。

可以将电子注的电流$I(z,t)$表示为直流分量与各次交变分量的级数形式，如下：

$$I(z,t)=I_0+\mathrm{Re}\left[\sum_{n=1}^{\infty}\tilde{I}_n(z)\mathrm{e}^{\mathrm{j}n\omega t}\right] \tag{6-120}$$

$$\tilde{I}_n(z)=\frac{1}{\pi}\int_0^{2\pi} I(z,t)\mathrm{e}^{-\mathrm{j}n\omega t}\mathrm{d}(\omega t) \tag{6-121}$$

其中，n为第n次谐波分量。

电荷守恒关系可以表示为

$$I(z,t)\mathrm{d}t=I_0\mathrm{d}t_0 \tag{6-122}$$

将式（6-122）代入式（6-121）并推导可得

$$\tilde{I}_n(z)=\frac{I_0}{\pi}\int_0^{2\pi}\mathrm{e}^{-\mathrm{j}n\omega t}\mathrm{d}(\omega t_0)=\frac{I_0\mathrm{e}^{-\mathrm{j}n\beta_e z}}{\pi}\int_0^{2\pi}\mathrm{e}^{-\mathrm{j}nu(\xi,u_0)}\mathrm{d}u_0 \tag{6-123}$$

至此，就可以写出交流电流的第n次谐波分量激励的电场方程：

$$\frac{\mathrm{d}^2 E_{\mathrm{rf}}^{(n)}}{\mathrm{d}z^2}+\beta_0{}^2 E_{\mathrm{rf}}^{(n)}=\mathrm{j}Z\beta_0{}^3\tilde{I}_n(z) \tag{6-124}$$

本书中，只考虑有显著贡献的基本分量，且经过简写后，可以得到

$$\frac{\mathrm{d}^2 E_{\mathrm{rf}}}{\mathrm{d}z^2}+\beta_0{}^2 E_{\mathrm{rf}}=\mathrm{j}Z\beta_0{}^3\tilde{I}(z) \tag{6-125}$$

同时，定义射频电场的慢变电场幅值为

$$E_{\mathrm{rf}}(z)=\frac{E_{\mathrm{rf}}(z)}{2\beta_e U_0 C^2} \tag{6-126}$$

其中，U_0为电子注电压。

由$\xi=\dfrac{C\omega z}{v_{\mathrm{p}}}=C\beta_{\mathrm{e}}z$，可知$\dfrac{\mathrm{d}}{\mathrm{d}z}=C\beta_{\mathrm{e}}\dfrac{\mathrm{d}}{\mathrm{d}\xi}$，并且考虑到

$$\beta_0=\beta_{\mathrm{e}}(1+Cb-\mathrm{j}Cd) \tag{6-127}$$

其中，b为速度参数，d为损耗参数，C为增益参数。

最后，射频场方程可以写为如下形式：

$$C\frac{\mathrm{d}^2 E_{\mathrm{rf}}}{\mathrm{d}\xi^2}-2\mathrm{j}\frac{\mathrm{d}E_{\mathrm{rf}}}{\mathrm{d}\xi}+(b-\mathrm{j}d)(2+Cb-\mathrm{j}Cd)E_{\mathrm{rf}}=\frac{2\mathrm{j}(1+Cb-\mathrm{j}Cd)}{\pi}\int_0^{2\pi}\mathrm{e}^{-\mathrm{j}u(\xi,u_0)}\mathrm{d}u_0 \tag{6-128}$$

6.3.3 空间电荷场方程

采用空间电荷场的一维圆盘模型，根据已有的文献可知，相邻两个电荷圆盘之间的空间电荷场可以表示为

$$E_{sc}=QB\left(\left|z-z_0\right|\right)=\frac{Q}{2\pi\varepsilon_0 r_b^{\ 2}}\exp\left[-\frac{2\left|z-z_0\right|}{r_b}\right]\mathrm{sgn}\left(z-z_0\right) \tag{6-129}$$

其中，Q 表示圆盘电量，r_b 表示电子注半径，B 表示电荷圆盘间的导纳。

假设标记为 t_0 和 t_0' 的两个圆盘到达同一位置 ξ 的时间间隔为

$$t_0'-t_0=\frac{1}{\omega}\left(\omega t_0'-\omega t_0\right)=\frac{1}{\omega}\left[u\left(\xi,t_0'\right)-u\left(\xi,t_0\right)\right] \tag{6-130}$$

由此可以计算出当标记为 t_0 的圆盘到达 ξ 时，t_0' 圆盘的位置为

$$z'-z=\frac{1}{\omega}\left[u\left(\xi,t_0'\right)-u\left(\xi,t_0\right)\right]\frac{v_0}{1+C\left(\dfrac{\partial u\left(\xi,t_0'\right)}{\partial\xi}\right)} \tag{6-131}$$

假设相邻两个圆盘进入高频系统的时间差为 Δt_0，则圆盘所带电量为

$$Q=I_0\Delta t_0=\frac{I_0\Delta u_0}{\omega} \tag{6-132}$$

将式（6-131）和式（6-132）代入式（6-129），并结合式（5-131），空间电荷场的表达式为

$$E_{sc}\left(\xi\right)=\frac{\Delta u_0}{2}\left(\frac{\omega_p^2}{\omega^2C^2}\right)\exp\left[-\frac{2}{\beta_e r_b}\left|\frac{u\left(\xi,t_0'\right)-u\left(\xi,t_0\right)}{1+C\left(\dfrac{\partial u\left(\xi,t_0'\right)}{\partial\xi}\right)}\right|\right]\mathrm{sgn}\left[u\left(\xi,t_0'\right)-u\left(\xi,t_0\right)\right] \tag{6-133}$$

6.4 曲折波导类行波管套装

目前，针对以曲折波导类慢波结构作为高频结构的行波管，已经具备了一套较完整的软件工具，即曲折波导类行波管套装（FWTWT SUITE）。曲折波导类行波管套装可以在设置曲折波导类行波管尺寸参数的基础上，首先利用等效电路的理论快速分析其高频特性，然后运用一维注波互作用非线性理论，快速分析行波管的工作性能。

曲折波导类行波管套装包括 3 个部分：波导类型、加载类型、冷热仿真。其中，冷热仿真这个部分若选择非线性互作用参数计算这个模块，则可以选择 3 种互作用参数计算方式，即给定皮尔斯参数进行非线性互作用参数计算、电路无截断的互作用参

数计算、电路有截断的互作用参数计算。

下面对曲折波导类行波管套装的功能进行比较全面的介绍。

6.4.1 常规曲折波导的参数设置与冷特性分析

首先在主界面的“波导类型”中选择“曲折波导”，然后在“加载类型”中选择脊加载，最后在“冷热仿真”中选择“冷特性”。图 6-18 表示我们选择的高频结构是 E 面脊加载曲折波导，可以看到，在图 6-18 所示界面左边的对应位置设定好慢波结构的情况后，所选择的慢波结构的示意图就显示在右边。

这样就确定了要分析的高频结构。在进行计算之前，还有一个关键的步骤，那就是给定高频结构的参数。这时，单击主界面左下方的“参数设置”按钮，会弹出图 6-19 所示的对话框。

在图 6-19 所示对话框的文本编辑框中，可以进行慢波结构各部分参数的设定，图中文本编辑框中的数值是程序设定的默认值，好处之一是可以给使用者提供书写形式的参考。此外还可以看到，左下方有两个按钮，其中的“复位”按钮是一种快速设定慢波结构参数的方式，这个快速设定方式是嵌入源程序的。无论是用文本编辑框的方式设定结构的参数，还是按“复位”按钮设定，最后都需要先单击“确定”按钮，使图 6-19 所示的对话框自动关闭，回到图 6-18 所示的主界面，再单击主界面下方的“计算”按钮，开始进行计算。

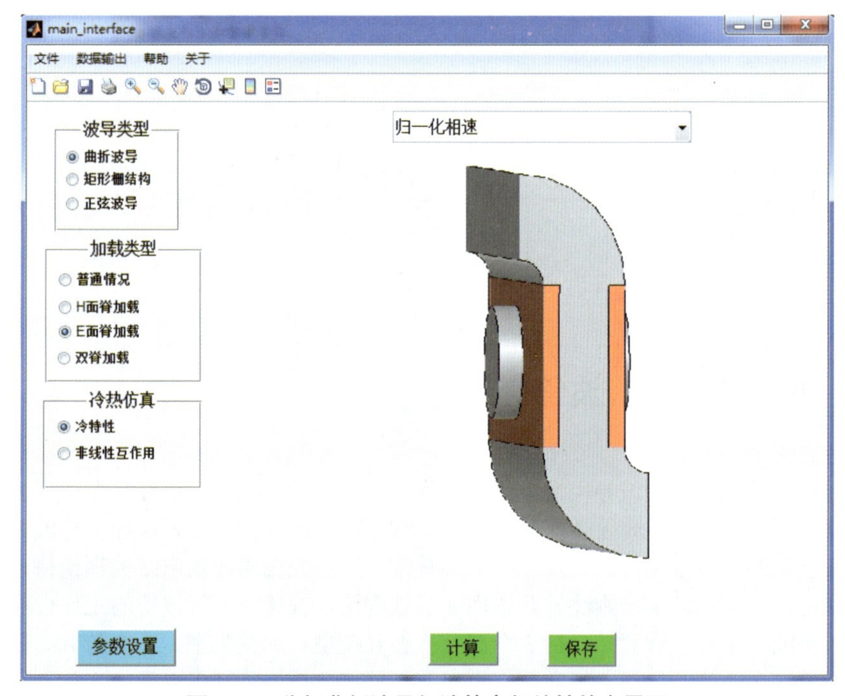

图 6-18 分析曲折波导行波管高频特性的主界面

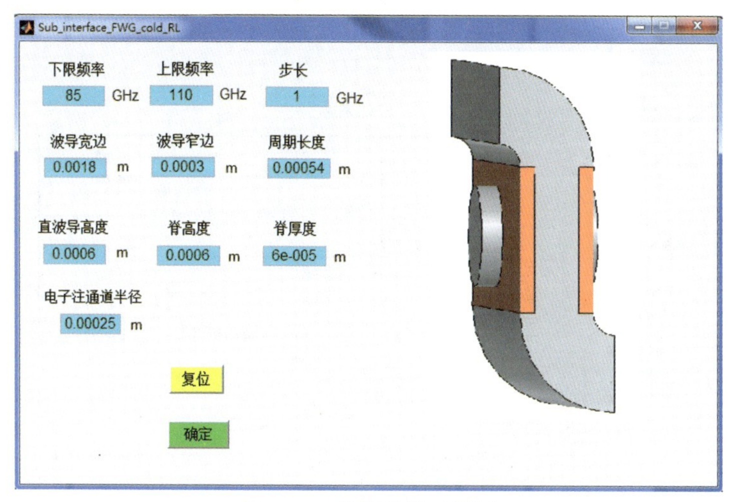

图 6-19　参数设置对话框

由于慢波结构高频特性的计算是基于 6.1 节所建立的等效电路理论而进行的数值求解，运算速度是非常快的，在采用 Intel® Core™ i7-3770、主频为 3.4GHz、内存为 8GB 的个人计算机上，所用的计算时间不到 1s。计算完毕后，主界面上会弹出一个对话框，如图 6-20 所示。单击“OK”按钮，可以看到慢波结构高频特性的计算结果。其一是图 6-21 所示的归一化相速随频率的变化，其二是图 6-22 所示的轴向耦合阻抗随频率的变化。单击界面下方的“保存”按钮，可以将计算结果单独保存下来。事实上，有了慢波结构的色散特性和耦合阻抗，关于结构的其他关系也可以通过换算得出，只不过这里还没有进行全面的总结，这也是后面需要完成的工作。

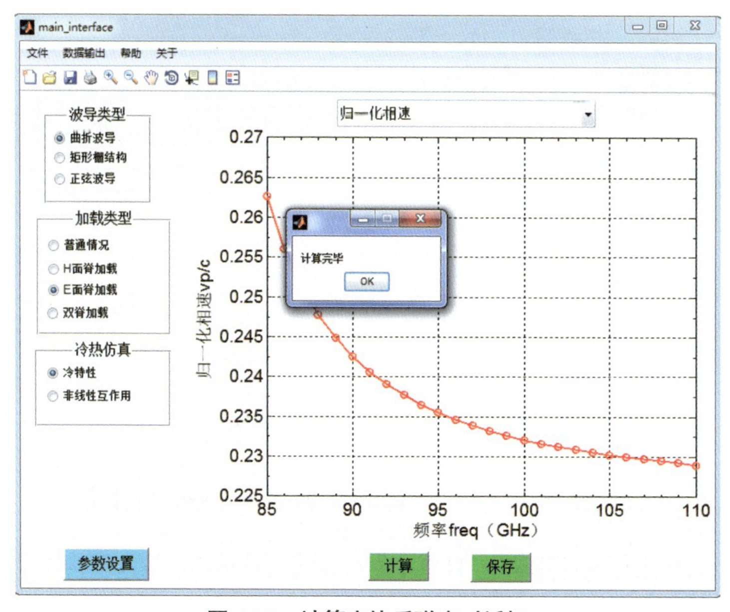

图 6-20　计算完毕后弹出对话框

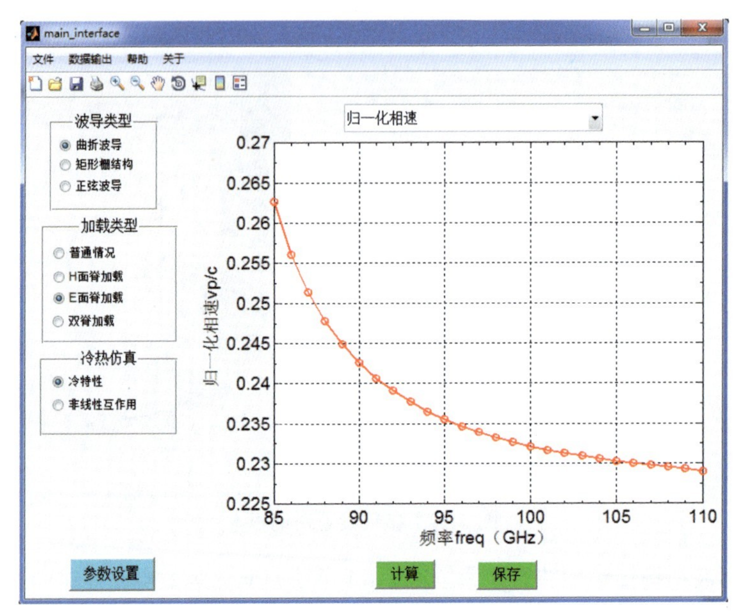

图 6-21 归一化相速随频率的变化

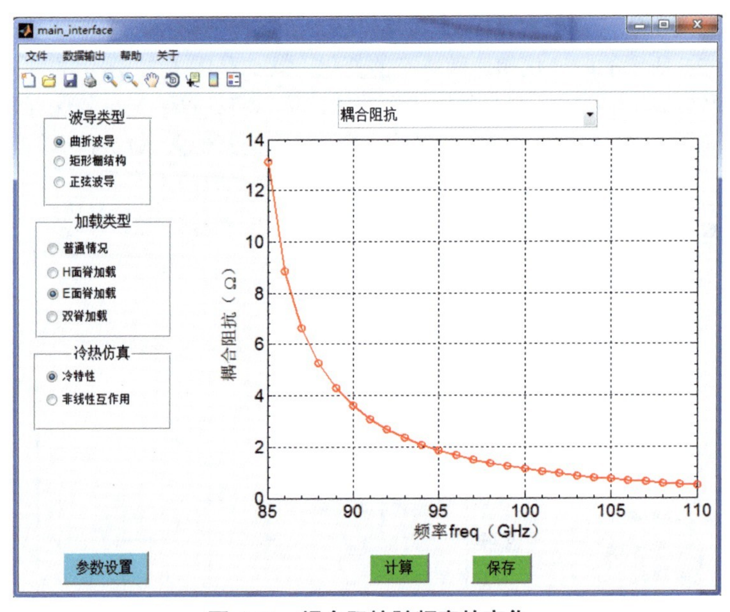

图 6-22 耦合阻抗随频率的变化

6.4.2 E 面脊加载曲折波导行波管的注波互作用参数计算

在曲折波导类行波管套装中，只要作为行波管高频结构的慢波结构的类型被选定，就可以分析该类行波管的工作性能。如图 6-23 所示，界面上设定的高频结构是 E 面脊加载曲折波导，在进行注波互作用参数计算时，根据本章前面的理论推导，将计算类型设定为 3 种情况：

① 给定皮尔斯参数；

② 给定结构（有切断）；

③ 给定结构（无切断）。

为了与实际的情况相符，这里给出的例子是在行波管电路中有切断的情况。选定了高频结构，互作用参数计算主界面上就会显示它的结构示意图，如图 6-23 中的 E 面脊加载曲折波导结构。这里需要注意的是，虽然在互作用参数计算的过程中，会调用结构的高频特性参数以及与高频特性参数相关的物理量，但是程序内部已经设置好了自动调用和计算，所以进行互作用参数计算时，不需要单独计算高频结构的冷特性。

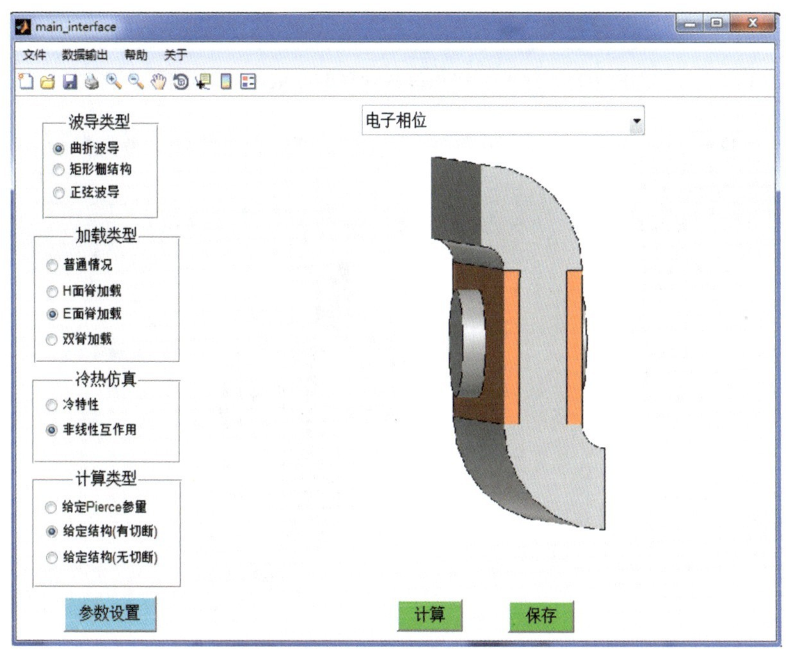

图 6-23　E 面脊加载曲折波导行波管电路的注波互作用设置界面

在选定慢波结构后，单击界面左下方的“参数设置”按钮，出现如图 6-24 所示的对话框。

在图 6-24 所示对话框的文本编辑框中，可以进行互作用参数的设定，图中文本编辑框中的数值是程序设定的默认值。对话框的左下方有两个按钮，其中“复位”按钮是一种快速设定互作用参数的方式，这个快速设定方式也是嵌入源程序的。同样，无论是用文本编辑框的方式设定互作用参数，还是按“复位”按钮设定，最后都需要先单击“确定”按钮，使图 6-24 所示的对话框自动关闭，回到图 6-23 所示的主界面，再单击下方的“计算”按钮，开始进行计算。如图 6-25 所示，在计算的过程中，会弹出一个提示正在计算中的对话框。

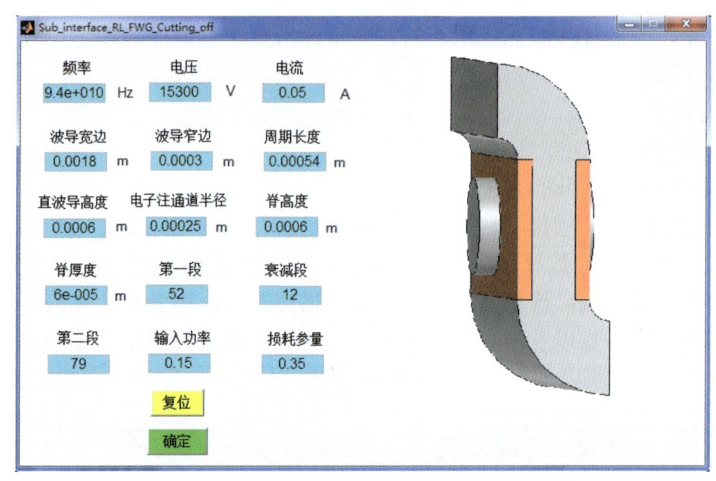

图 6-24　注波互作用参数计算的参数设置对话框

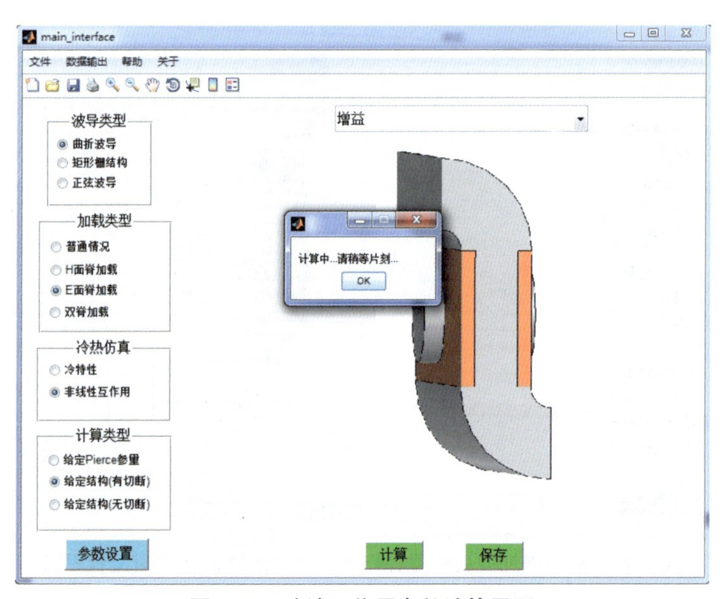

图 6-25　注波互作用参数计算界面

在采用 Intel® Core™ i7-3770、主频为 3.4GHz、内存为 8GB 的个人计算机上，完成一个频点的计算所用的时间大约为 30s，而常用的计算机粒子模拟软件完成一个频点的计算至少需要数十个小时，因此，采用专门针对曲折波导类行波管的分析套装，可大大缩短研制周期，同时也可以较准确地预测管子的性能。

当计算完毕后，在互作用参数计算的主界面上会弹出提示计算完毕的对话框，如图 6-26 所示。单击“OK”按钮，可以看到图 6-27 所示的界面，在这里我们就能查看到所关心的行波管的性能参数。在界面的正上方，设置了一个下拉列表，这个列表包含一维互作计算完成后的 7 种分析结果，分别为电子相位、电场幅值、电场相位、电子速度、功率能量、电子相空间图和增益。当做出分析结果的选择时，主界面上会出现对应的分析结果。当选中下拉列表中的“增益”时，界面上出现的就是曲折波导类行波管套装对 E 面脊加载曲折波导行波管增益的计算结果，如图 6-27 所示。

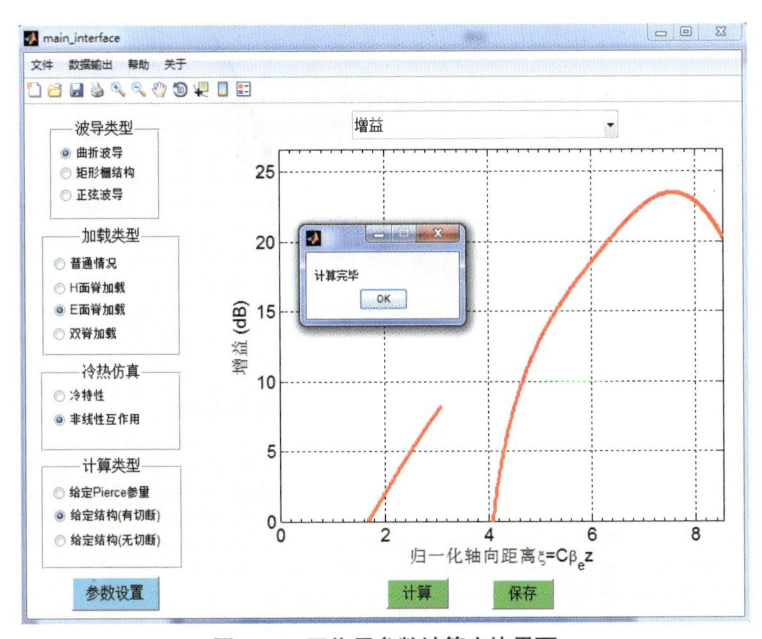

图 6-26　互作用参数计算完毕界面

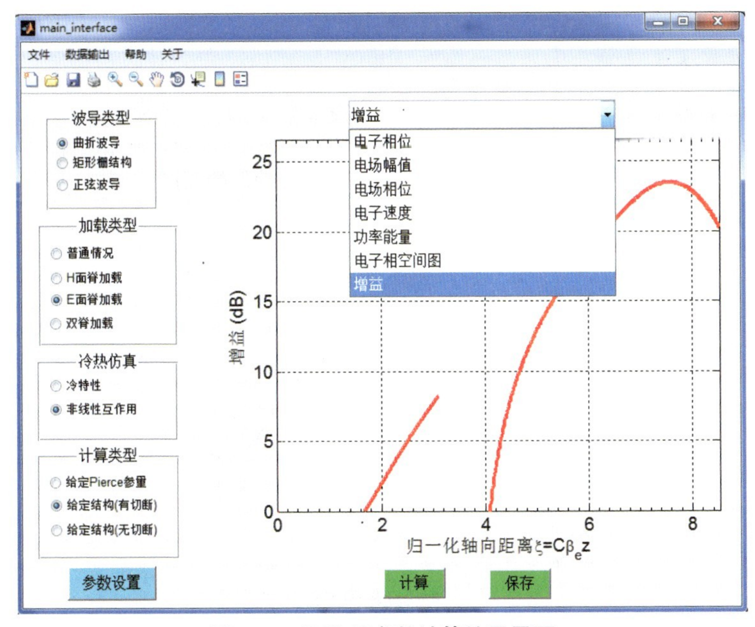

图 6-27　互作用参数计算结果界面

在考虑切断的情况下，图 6-28～图 6-32 所示为采用曲折波导类行波管套装计算的 W 波段 E 面脊加载曲折波导行波管的一维非线性互作用结果。

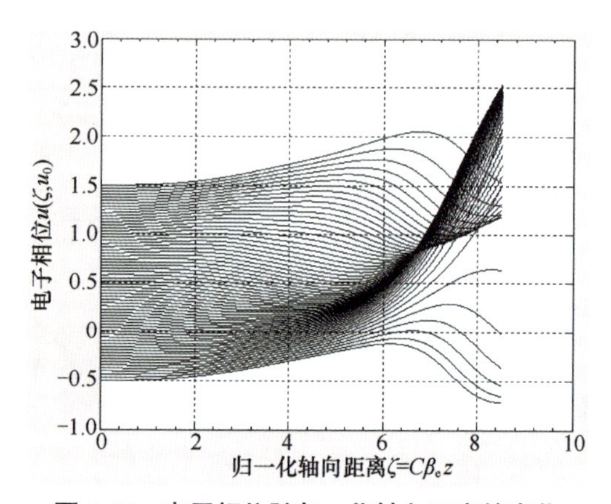

图 6-28　电子相位随归一化轴向距离的变化

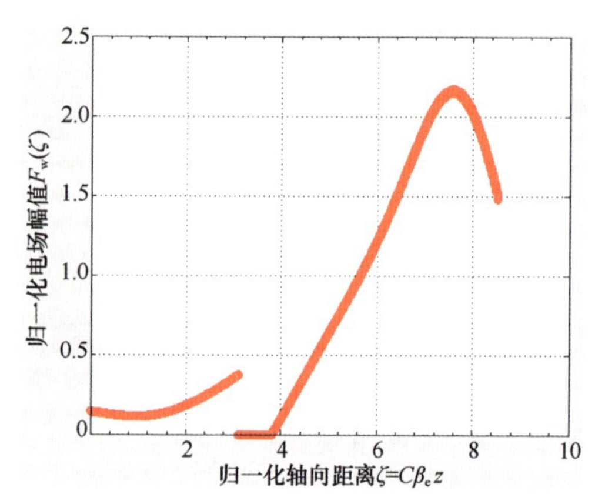

图 6-29　电场幅值随归一化轴向距离的变化

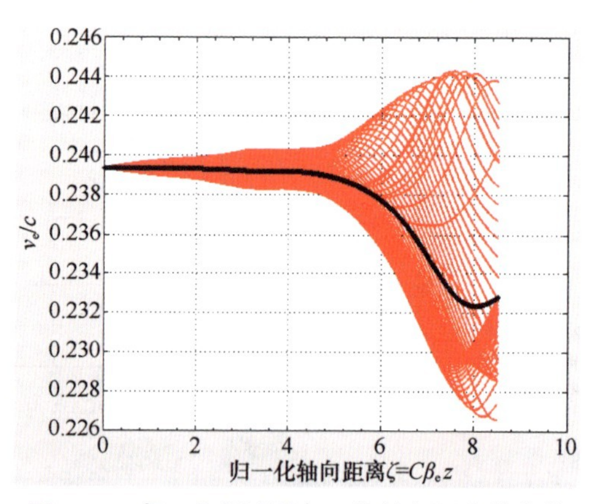

图 6-30　归一化相速随归一化轴向距离的变化

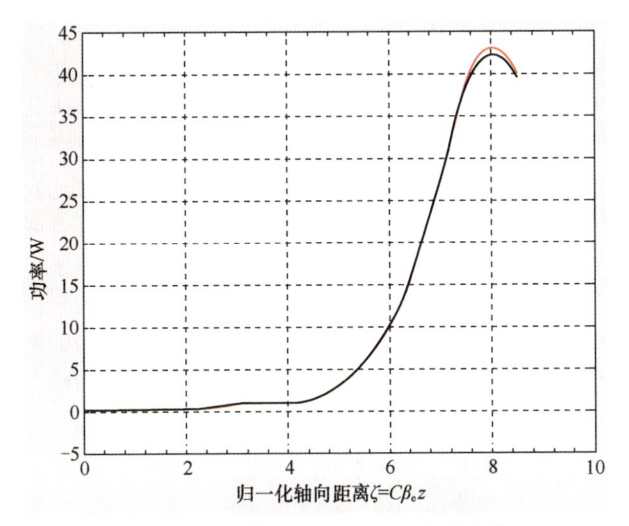

图 6-31　功率随归一化轴向距离的变化

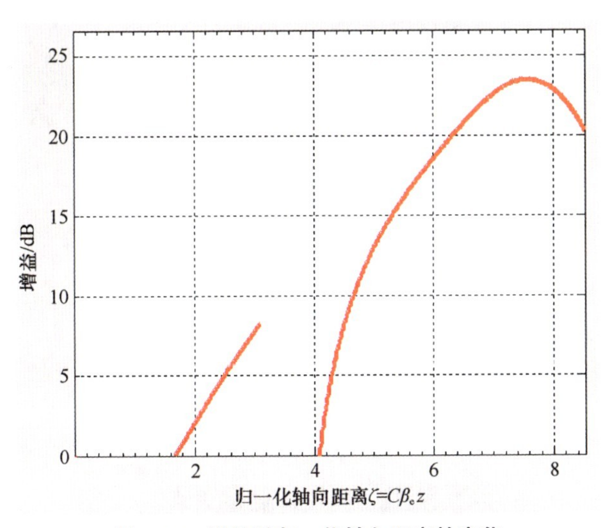

图 6-32　增益随归一化轴向距离的变化

6.5　电子光学系统

电子光学系统主要包括电子枪、聚焦系统和收集极等。其中，电子枪的聚焦多基于皮尔斯电子枪理论，但是在优化建模方面，采用计算机仿真的方法可以得到更精确、更丰富的结果。因此，本节将介绍电子光学系统的仿真模拟。

6.5.1 带状注电子枪的仿真

所有电子枪都基本包括3个功能单元，即阴极、阳极和聚焦极。阴极为发射电子材料，主要用于发射电子以达到设计所需的电流强度。聚焦极形成的等势面如图6-33中区域1所示，等势面一般和阴极表面平行，对电子注有聚束和压缩的作用。阳极和阴极之间存在加速电场，此电场使阴极发射出来的电子加速，以达到设计所需的电子速度。并且阳极必然有一个孔道允许电子穿过以到达后面的漂移管或慢波结构区。因为阳极为金属，等势面平行于金属表面，因此阳极孔的电位对电子注而言具有散焦作用，如图中区域2所示。最后，当电子进入漂移管后其受到的力来自其自身的空间电荷效应，如图中区域3所示。因此电子从阴极发射，经过聚焦极的聚束作用和阴阳极之间电场的加速作用，最终传输到慢波结构中形成设计人员所需的电子注。

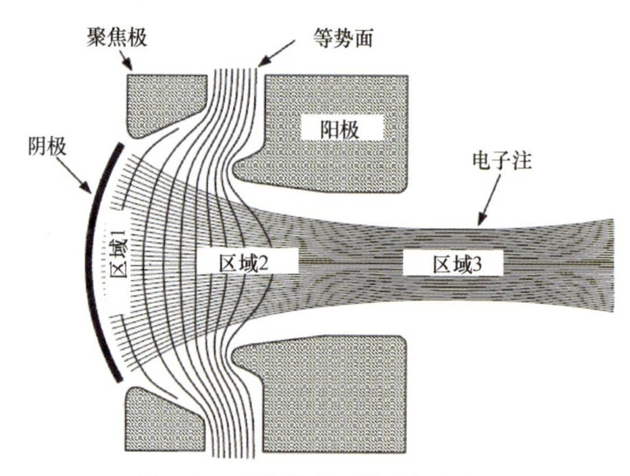

图6-33 皮尔斯电子枪结构示意

图6-34所示为Ka波段带状电子注电子枪剖面。其中，阴极为弧面矩形，聚焦极为椭圆，阳极开口为椭圆。

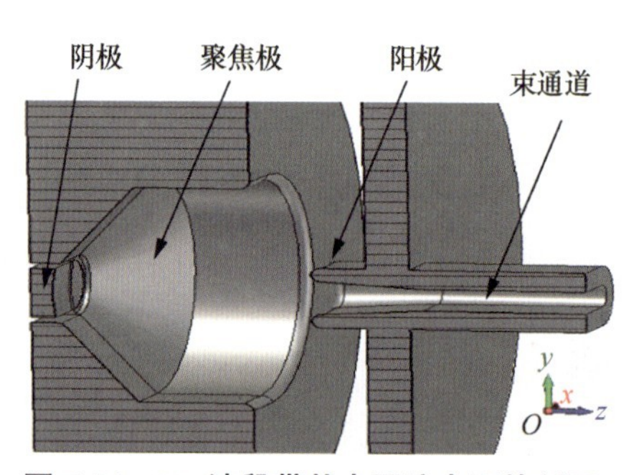

图6-34 Ka波段带状电子注电子枪剖面

图6-35所示为电子枪形成的电子注，其中图6-35（a）所示为电子注窄边示意，图6-35（b）所示为电子注宽边示意。由图可知，电子注100%稳定传输到漂移管，并

没有被聚焦极或阳极截获。其中，漂移管的尺寸和高频结构中电子注通道的尺寸相同，为 4.7mm×1mm。

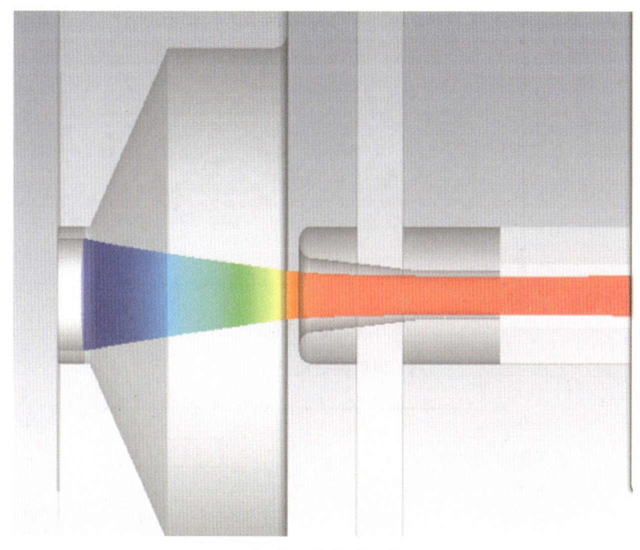

(a) 电子注窄边示意

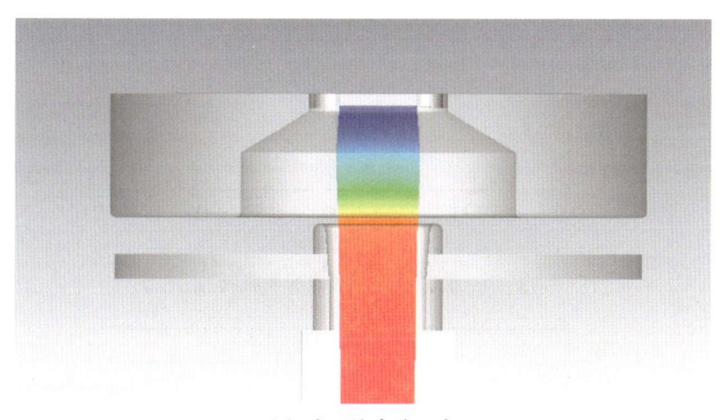

(b) 电子注宽边示意

图 6-35　Ka 波段电子枪形成的电子注

图 6-36 所示为电子注在不同纵向位置的截面，显示了与阴极发射表面的距离 z=0mm、7.5mm、8.0mm、8.5mm 处电子注的截面。由图可知，电子注发射面为矩形，阴极尺寸为 3.2mm×1.8mm。电子注在 z=7.5mm 和 8.0mm 处截面形状近似变成了椭圆，尺寸约为 3.2mm×0.6mm。当电子注传输到 z=8.5mm 处时，电子注边缘开始有鱼尾状出现，此时电子注面临“崩溃”。因此可知，电子经过聚焦极的压缩，在窄边上压缩了近 3 倍。因为输入输出结构的电子注通道尺寸为 4.0mm×0.8mm，因此电子注能够 100% 穿过通道进入漂移管。漂移管尺寸为 4.7mm×1.0mm，因此电子注在漂移管中的填充比约为 40%。

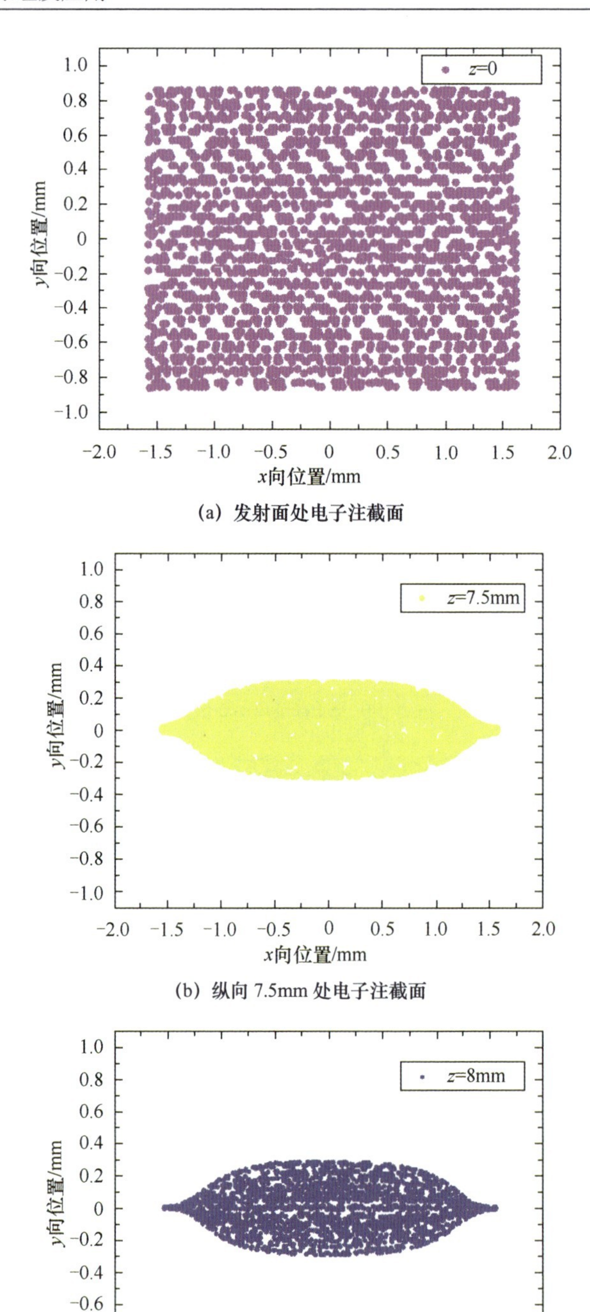

(a) 发射面处电子注截面

(b) 纵向 7.5mm 处电子注截面

(c) 纵向 8mm 处电子注截面

图 6-36　电子注在不同纵向位置的截面

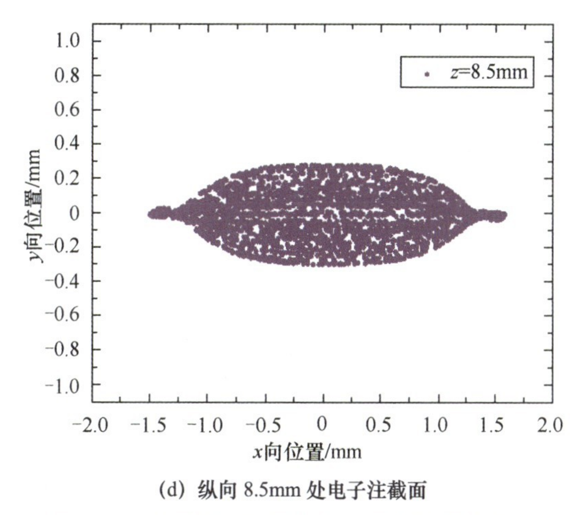

(d) 纵向 8.5mm 处电子注截面

图 6-36　电子注在不同纵向位置的截面（续）

6.5.2　Ka 波段行波管带状电子注聚焦系统

当电子注进入慢波结构时，由于本身空间电荷排斥力及微波信号电磁场力的作用，电子注会发散直至崩溃，到达慢波结构上，从而被截获。这样一方面会降低电子注的流通率及利用效率；另一方面，高能粒子轰击到慢波结构上，会导致慢波结构温度升高、结构变形，从而损坏整个器件。因此在实际中，必须利用外部聚焦磁场对电子注进行聚束，使其能够顺利通过慢波结构与微波信号进行有效互作用。

带状电子注在均匀磁场中会因洛伦兹力效应，产生滑移不稳定性。这种不稳定性可以利用增大磁场能量加以抑制，一般均匀磁场是由螺旋线形成或者永久磁铁组合拼接而成的，因此增大纵向磁场能量会引起螺旋线输入能量的增加或永久磁铁体积的增加，不利于小型化行波管的研究。约翰·布斯克等人研究发现，带状电子注更适合利用周期会切磁场（PCM）进行聚焦。图 6-37 所示为两种典型的带状电子注聚焦系统，其中图 6-37（a）所示为闭合型 PCM 聚焦系统，图 6-37（b）所示为开放型 PCM 聚焦系统。

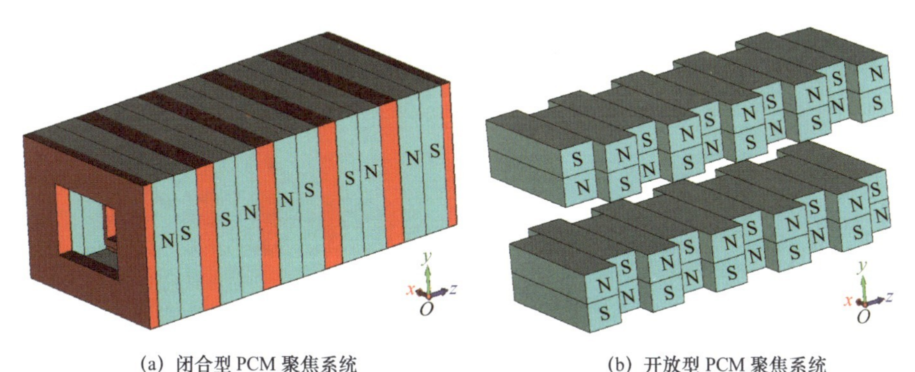

(a) 闭合型 PCM 聚焦系统　　(b) 开放型 PCM 聚焦系统

图 6-37　带状电子注聚焦系统

（1）闭合型 PCM 聚焦系统。

图 6-38 所示为 Ka 波段闭合型 PCM 聚焦系统。磁块为纵向充磁。第一块半极靴贴紧行波管的阳极。第一块磁块设计有一个开口，这个开口用于让输入输出波导顺利导出并连接到微波源或负载。所以，开口的大小取决于输入输出波导的尺寸。设计的 Ka 波段闭合型 PCM 聚焦系统的各个参数标注如图 6-38 所示，优化后的各个参数如表 6-2 所示。

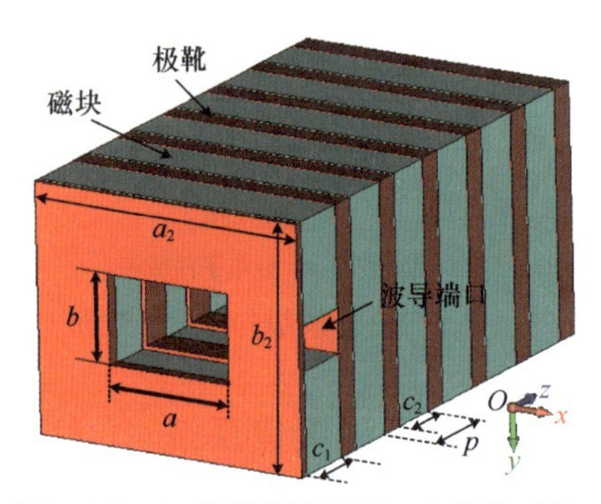

图 6-38　Ka 波段闭合型 PCM 聚焦系统

表 6-2　Ka 波段闭合型 PCM 聚焦系统的优化后参数

参数	设定值
a	15.0mm
b	10.0mm
a_2	33.0mm
b_2	28.0mm
c_1	7.0mm
c_2	5.0mm
p	7.0mm

图 6-39 所示为 6.4 节设计的带状电子注在闭合型 PCM 聚焦系统聚焦下的轨迹。漂移管总长度为 112.7mm。在此系统聚焦下，电子注的流通率为 96%。

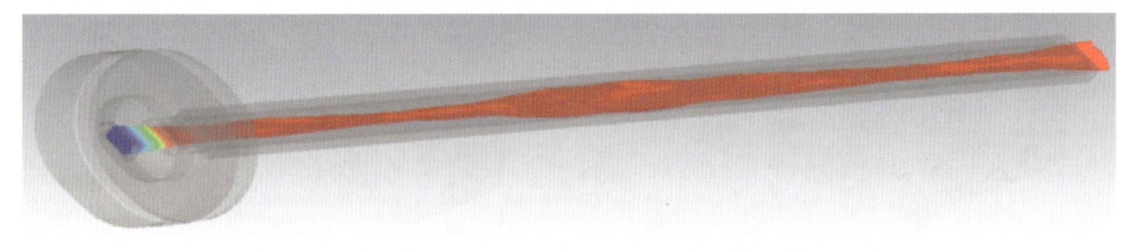

图 6-39　带状电子注在闭合型 PCM 聚焦系统内的轨迹

（2）新型小型化可调开放型 PCM 聚焦系统。

图 6-40 所示为波导中的椭圆带状电子注，这里获得的椭圆带状电子注尺寸为 3.2mm×0.6mm。因此，图中带状电子注尺寸 r_y=1.6mm、r_x=0.3mm。当 PCM 聚焦系统聚焦带状电子注时，它利用磁场的 z 轴方向分量来抵消带状电子注 y 轴方向的空间电荷力，并聚焦带状电子注的窄边，所需的纵向磁感应强度要大于所需的布里渊磁场值。布里渊磁场值由式（6-134）决定：

$$B_{\mathrm{b}} = \sqrt{\sqrt{2}I_0 / \left(4r_x r_y \varepsilon_0 \eta^{3/2} V_0^{1/2}\right)} \tag{6-134}$$

其中，I_0 和 V_0 为电子注的电流和电压，ε_0 为介电常数，η 为荷质比。将电子注电流 0.8A、电压 24.3kV 代入，得到值约为 742Gs。实际情况下，纵向磁场值为布里渊磁场值的 1.5～2 倍。

假定带状电子注 z 轴方向的速度为 v_z，磁场有 y 轴方向的分量为 B_y，则洛伦兹力 $v_z \times B_y$ 将被用来抵消带状电子注 x 轴方向的空间电荷力，以聚焦电子注的宽边。定义 E_x 为带状电子注 x 轴方向的空间电荷力，它的值可由式（6-135）确定：

$$\begin{aligned}\left|E_x(x,y)\right| = \sum_{j=0}^{\infty} \frac{2\cos\left[(2j+1)\pi y\right]}{(2j+1)\pi}\Bigg(&\int_{-r_x}^{x} \mathrm{d}x' \sin\left[(2j+1)\pi y_{\mathrm{b}}(x')\right] \mathrm{e}^{-(2j+1)\pi(x-x')} - \\ &\int_{-r_x}^{x} \mathrm{d}x' \sin\left[(2j+1)\pi y_{\mathrm{b}}(x')\right] \mathrm{e}^{+(2j+1)\pi(x-x')}\Bigg)\end{aligned} \tag{6-135}$$

其中，$y_{\mathrm{b}}(x) = r_y\sqrt{1 - x^2 / r_x^2}$。所有参数对波导宽度 b 进行归一化处理，场值均对 $E_0 = -en_0 b / \varepsilon_0$ 进行归一化处理。

因此，当带状电子注 x 轴方向的空间电荷力的值小于或等于洛伦兹力的值，即满足 $\left|E_x\right| \leqslant \left|v_z \times B_y\right|$ 时，电子注将在 x 轴方向上被聚焦系统有效聚束。

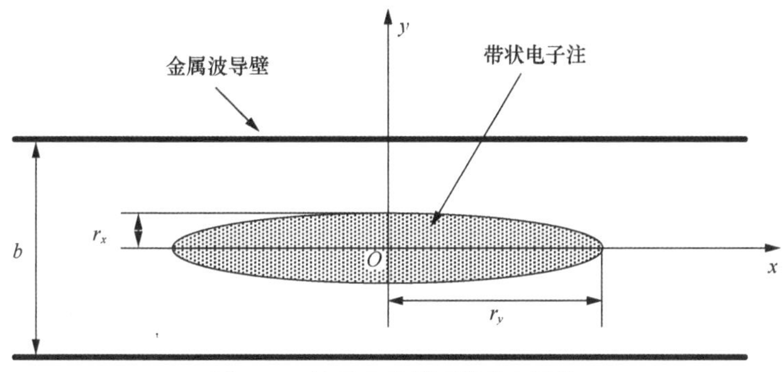

图 6-40　波导中的椭圆带状电子注

图 6-41 所示为 Ka 波段新型小型化可调开放型 PCM 聚焦系统，它与图 6-37 所示的开放型 PCM 聚焦系统是不同的。不同点体现在图 6-37 所示的开放型 PCM 聚焦系统的磁块是相互交错的，没有极靴，通过调节磁块的相对位置来调节磁场的 y 轴方向

分量；而图 6-41 所示的新型 PCM 聚焦系统中所有磁块的位置是不交错的，并且是固定的，但有位置相互交错的极靴，通过调节极靴的位置形成理论中所需要的 y 轴方向磁场分量。由图 6-41 可知，第一个极靴贴近行波管阳极，其余的极靴周期性地相互交错距离 S。实验中 S 的值可以调节。所有的磁块充磁方向为横向（y 轴方向）和传统的开放型 PCM 聚焦系统一致。其中，第一对磁块充磁 0.5T，第二对磁块充磁 0.9T，其余磁块均充磁 1T（1T=10000Gs）。

为了聚焦 6.4 节得到的带状电子注，Ka 波段新型小型化可调开放型 PCM 聚焦系统的尺寸及各个优化参数如图 6-42 及表 6-3 所示。其中，图 6-43（a）所示为磁块尺寸，图 6-42（b）所示为极靴尺寸。

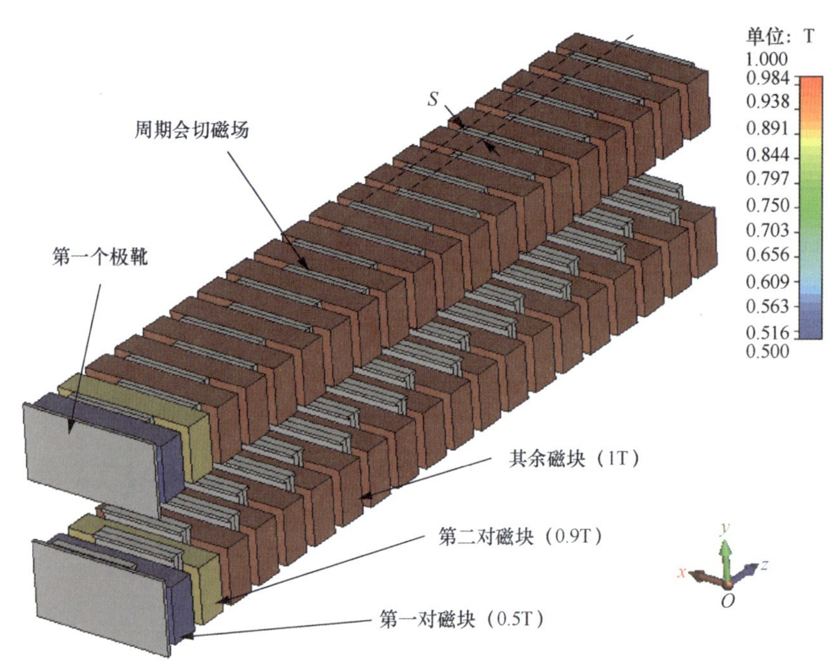

图 6-41　Ka 波段新型小型化可调开放型 PCM 聚焦系统

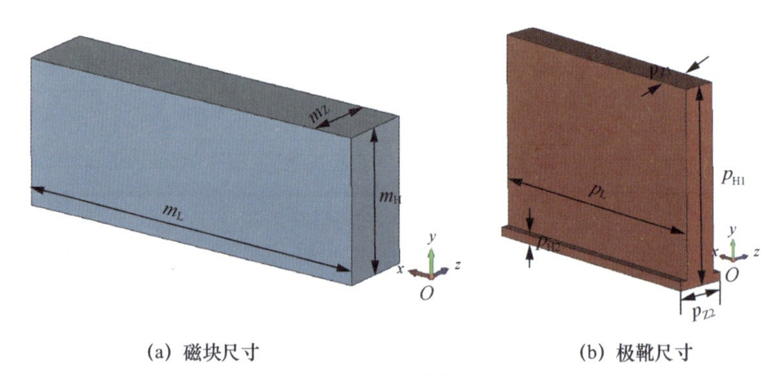

图 6-42　Ka 波段新型小型化可调开放型 PCM 聚焦系统的尺寸

表 6-3　Ka 波段新型小型化可调开放型 PCM 聚焦系统的各个优化参数

参数	设定值
m_L	20.00mm
m_H	7.50mm
m_Z	4.00mm
p_L	12.00mm
p_{H1}	9.00mm
p_{H2}	0.40mm
p_{Z1}	1.60mm
p_{Z2}	0.40mm
S	0.48mm

为了比较提出的新型开放型 PCM 聚焦系统和传统开放型 PCM 聚焦系统的优劣，我们在所有尺寸相同的情况下，计算了两种系统的纵向磁场分布，如图 6-43 所示。由图可知，新型开放型 PCM 聚焦系统的纵向磁场值约为传统开放型 PCM 聚焦系统纵向磁场值的 2 倍。这是因为在充磁条件相同的情况下，磁场值和磁块的体积大小成正比关系。因此，在磁场值需求相同的情况下，新型开放型 PCM 聚焦系统所需的体积要比传统开放型 PCM 聚焦系统的体积小，这在很大程度上有利于聚焦系统及整个器件的小型化。优化后最终磁场的 z 轴方向分量峰值约为 1160G，此值约为根据式（6-134）计算的布里渊磁场值的 1.56 倍，与理论设计值相吻合。

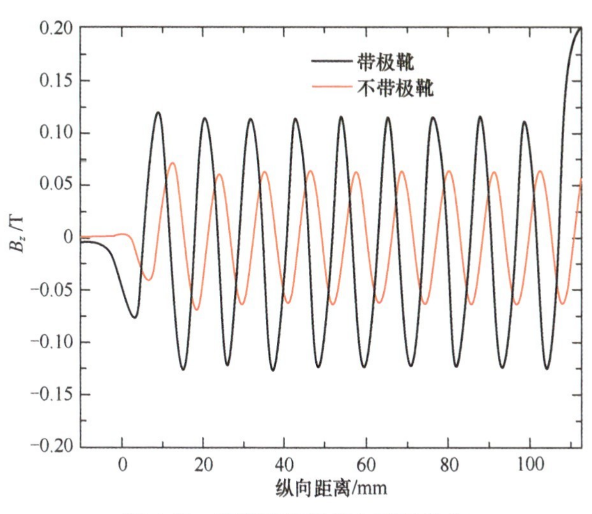

图 6-43　两种系统的纵向磁场分布

在新型开放型 PCM 聚焦系统中，能用来聚焦带状电子注宽边的 y 轴方向磁场分量 B_y 是由聚焦系统周期交错的极靴引起的，交错参数为 S。图 6-44 所示为 B_y 值在不同 S 参数下随 x 位置的变化。其中，理论的 B_y 值根据式（6-134）计算得到，它是聚束上述电子注所需 B_y 磁场的理想值。假如设计的磁场的 B_y 能与理论 B_y 值完全吻合，则电子注在宽边方向上将被完美聚焦，但是由图可知，磁场的 B_y 值与理论值有相同的分布趋势，但并不是完全吻合，这和聚焦系统本身有关。设计的聚焦系统的 B_y 值是利用仿真软件的静磁场求解器仿真得到的。由图可知，聚焦所需的 B_y（x=1.6mm）理论值约为 8Gs。当极靴交错参数 S 从 0.56mm 变化到 0.32mm 时，聚焦系统的 B_y（x=1.6mm）的值从 13.8Gs 变化到 6.2Gs。这说明聚焦系统的 y 轴方向分量 B_y 对 S 的变化非常敏感。

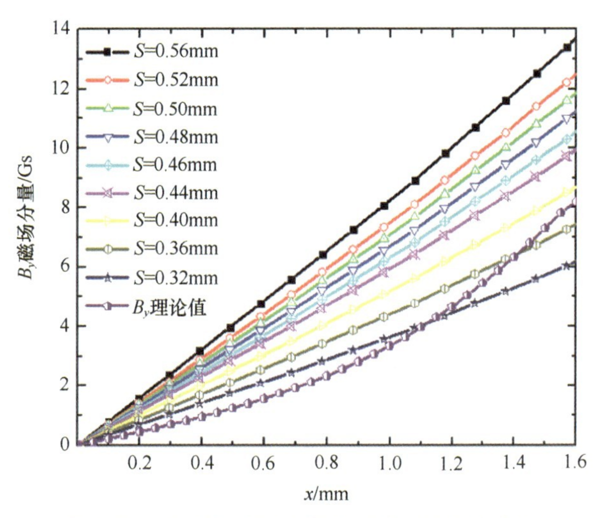

图 6-44　B_y 值在不同 S 参数下随 x 位置的变化

图 6-45 所示为带状电子注流通率随 S 参数值变化的曲线。由图可知，S 值为 0.48mm 时，聚焦系统形成的磁场更接近实际情况下所需的磁场，这使得带状电子注的流通率达到最大值 98.8%。当 S 参数的值从 0.48mm 变化到 0.32mm 时（变化 0.16mm），电子注的流通率从 98.8%迅速下降至 78%。

实际情况下，不可避免地存在加工误差或装配误差，这必然会引起磁场值的变化，从而引起流通率的变化。为了尽可能减小这种不良影响，设计的这种新型 PCM 聚焦系统在实际中所有极靴的位置都是可以随意调整的，从而可以通过调整极靴的位置来减小加工误差或装配误差带来的影响，使得磁场值能够调整到一个最佳状态，电子注流通率能够达到最大值。

在实际情况下，调整 S 参数值的时候，能够有效调整所需要的 y 轴方向磁场分量的值，但是我们希望调整 S 参数的时候不影响其他磁场分量的值，从而保证带状电子注在其他方向上的聚焦不被影响。图 6-46 所示为纵向磁场分量在不同 S 参数值下沿纵向的分布情况。其中，7 条黑色曲线分别为 S=0.50mm、0.48mm、0.46mm、0.44mm、0.40mm、0.36mm 及 0.32mm 时的分布曲线。由图可知，在调整极靴的位置时，磁场的纵向值几乎没有变化。因此在调整极靴位置时，聚焦系统对电子注的窄边的聚焦效果不会有影响。

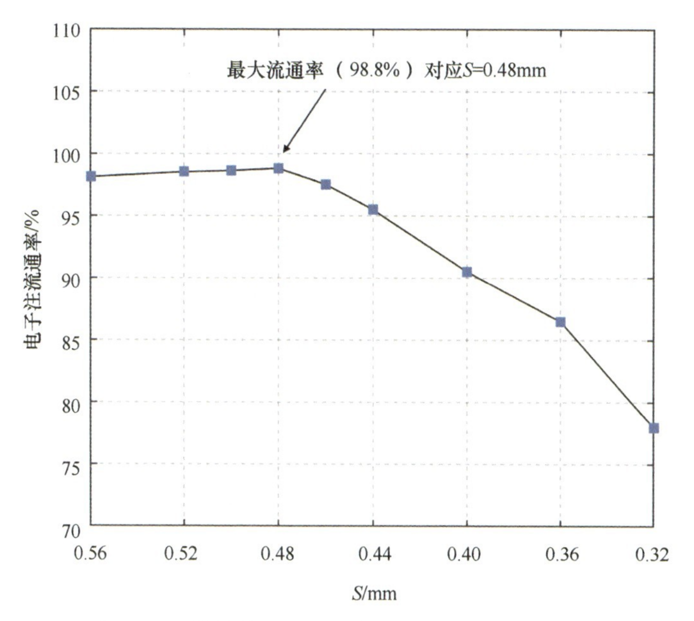

图 6-45　带状电子注流通率随 S 参数变化的曲线

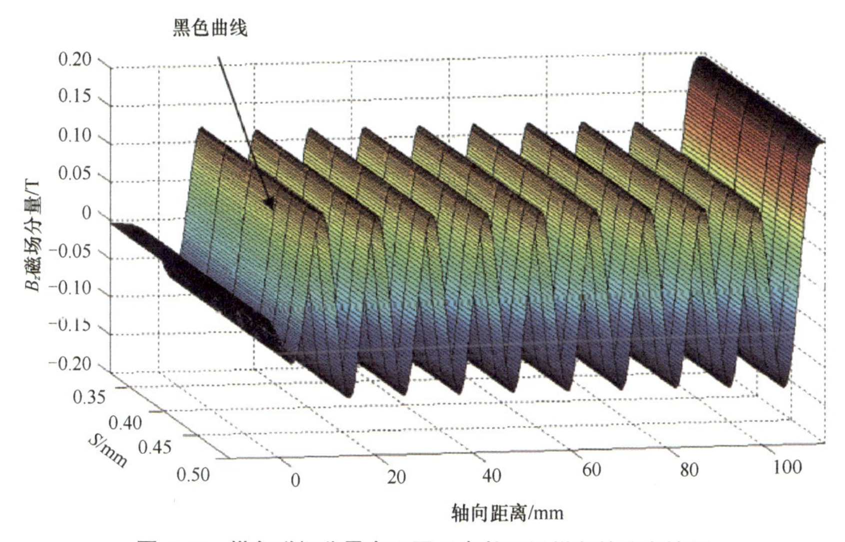

图 6-46　纵向磁场分量在不同 S 参数下沿纵向的分布情况

图 6-47 所示为设计的带状电子注在优化后的新型开放型 PCM 聚焦系统聚束下，在长度为 112.7mm 的漂移管中的分布情况。由图 6-47（a）可以看出，电子注在 yz 截面和 xz 截面均有周期性的波动发生。图 6-47（b）所示为电子注在 z=0mm、80mm、112.7mm 处 xy 截面的分布情况，由图可知，带状电子注在漂移管中传输时，在周期性磁场的作用下，会发生卷曲或扭曲。但是因为设计的行波管的电子注通道的尺寸足够大，为 4.7mm×1mm，所以这种扭曲是允许的。最终获得的电子注流通率大于 98%。

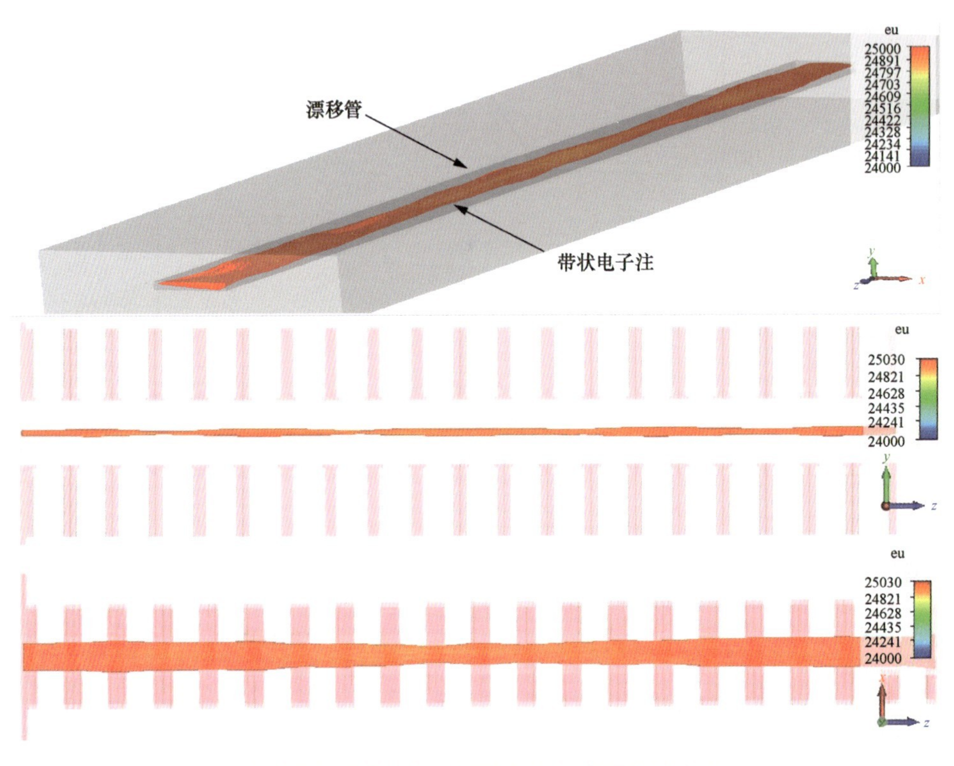

(a) 电子注在漂移管中 yz 截面的分布及 xz 截面的分布情况

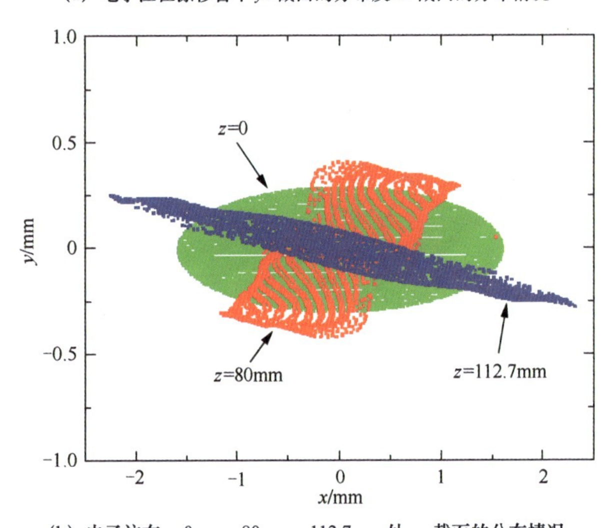

(b) 电子注在 z=0mm、80mm、112.7mm 处 xy 截面的分布情况

图 6-47　带状电子注的分布情况

拓展阅读

[1] HOU Y, GONG Y B, XU J, et al. A novel ridge-vane loaded folded waveguide

slow-wave structure for 0.22THz traveling-wave tube[J]. IEEE Trans. Electron Devices, 2013, 60(3): 1228-1235.

[2] HOU Y, XU J, YIN H R, et al. Equivalent circuit analysis of ridge-loaded folded-waveguide slow-wave structures for millimeter-wave traveling-wave tubes[J]. Progress in Electromagnetics Research, 2012, 129: 215-229.

[3] HOU Y, XU J, WANG S M, et al. Study of high efficiency novel folded waveguide traveling-wave tube with sheet electron beam [J]. Progress in Electromagnetics Research, 2013, 141: 431-441.

[4] 吴万春，梁昌洪. 微波网络及其应用[M]. 北京：国防工业出版社，1980: 180-300.

[5] 廖承恩. 微波技术基础[M]. 西安：西安电子科技大学出版社, 1994: 221-345.

[6] 科林. 微波工程基础[M]. 吕继尧，译. 北京：人民邮电出版社, 1981: 42-300.

第 7 章　基于真空电子学的高频率器件

随着低波段频谱资源的日渐饱和，雷达、通信等电磁系统的工作频率也逐渐由微波段向频率更高的毫米波段、太赫兹波段提升。虽然固态电子器件在微波段相对真空电子器件取得了较显著的优势，但在毫米波以上波段，真空电子器件在功率水平、效率、带宽等方面还是具有显著的竞争力。本章将概述在毫米波段、太赫兹波段的一些优势真空电子器件，如交错双栅慢波结构行波管、新型扩展互作用增强曲折波导行波管、太赫兹绕射辐射器件 Obictron 以及基于准光学谐振腔的太赫兹回旋管等，并对它们的工作机理、实现方法进行简单介绍。

7.1　交错双栅慢波结构行波管

交错双栅慢波结构是一种全金属慢波结构，通常由一对周期性交错的金属栅构成，金属栅的工作频率由深度和宽度决定（见图 7-1），因此，它相对于螺旋线和耦合腔慢波结构更适合工作在毫米波及以上波段，加工通常采用数控铣床。理论设计方面，由于是周期性结构，交错双栅慢波结构的设计方法与传统慢波结构的类似。本节将介绍 Ka 波段交错双栅慢波结构行波管的设计、加工、装配和测试方法，它采用新型开放型 PCM 聚焦系统。

图 7-1　带状电子注交错双栅慢波结构模型

7.1.1　Ka 波段行波管的高频结构

图 7-2 所示是 Ka 波段行波管高频结构的部件，包括渐变输入输出脊波导、交错双栅慢波结构（含 20 个均匀周期慢波结构和前后各 3 个周期渐变结构）、阳极端盖（通孔为阳极电子注通道）和收集极端盖（通孔为收集极电子注通道）、套管（含输入输出

端口定位环)。在装配的过程中，慢波结构会被装入套管中。套管、输入输出端口定位环、阳极/收集极端盖和渐变输入输出脊波导会焊接在一起，形成密闭系统，保证真空环境。高频端口内部矩形波导尺寸为 $w\times(b+h)$，取 4.7mm×2.8mm。窗端口内部为 Ka 波段标准矩形波导，尺寸为 7.112mm×3.556mm。

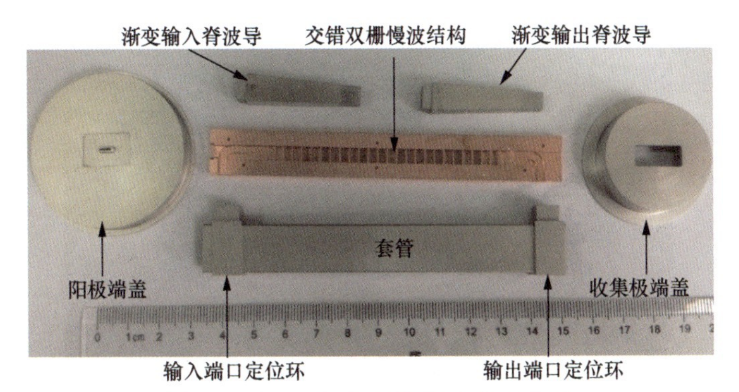

图 7-2　Ka 波段行波管高频结构的部件

图 7-3 所示为新型小型化可调开放型 PCM 聚焦系统，包括滑块、极靴。滑轨上周期性地加工了一系列沟槽，在新型 PCM 聚焦系统内发挥重要作用：有利于固定永久磁铁位置，有利于调节极靴位置。

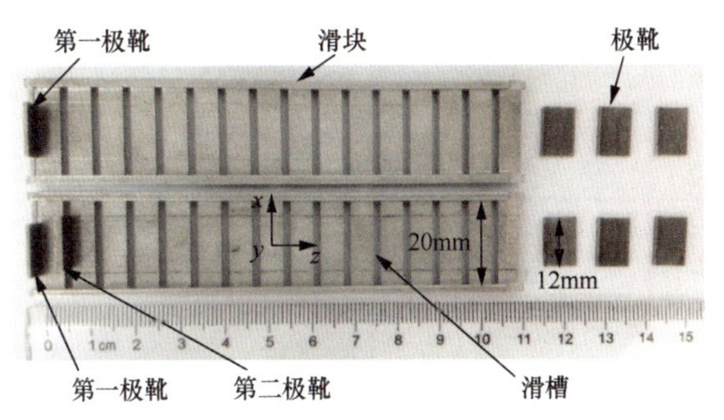

图 7-3　新型小型化可调开放型 PCM 聚焦系统

7.1.2　行波管高频结构传输特性测试

良好的传输特性是行波管能够良好工作的前提与保证，因此在行波管总体装配之前，有必要对行波管高频结构的传输特性进行测试，以确保传输特性满足行波管的工作要求。

在对行波管高频结构的传输特性进行初步测试时，首先将图 7-2 所示的加工好的两半交错双栅慢波结构对接形成完整的慢波结构，然后套入套管中，用以固定及方便后续焊接、封装等工作，利用渐变输入输出脊波导通过标准的波导转换接头，连接高频结构的输入端口或者输出端口与矢量网络分析仪，以便进行驻波及传输特性的测试。

高频结构传输特性初步测试现场如图 7-4 所示。高频结构传输特性的初步测试结果如图 7-5 所示，结果显示端口驻波比在 33～37GHz 频带范围内均小于 1.6，但是其传输特性在整个频带内小于-10dB。因此，虽然端口的反射特性良好，但是系统的传输特性很差，完全达不到行波管对传输特性的要求。必须要解决这个问题，才能进行下一步的工作。

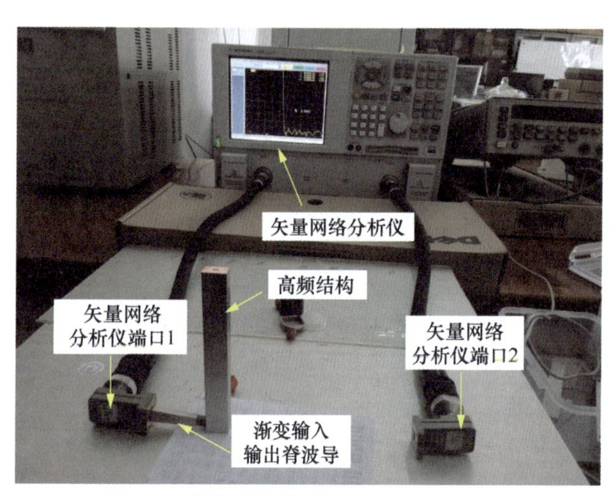

图 7-4　高频结构传输特性初步测试现场

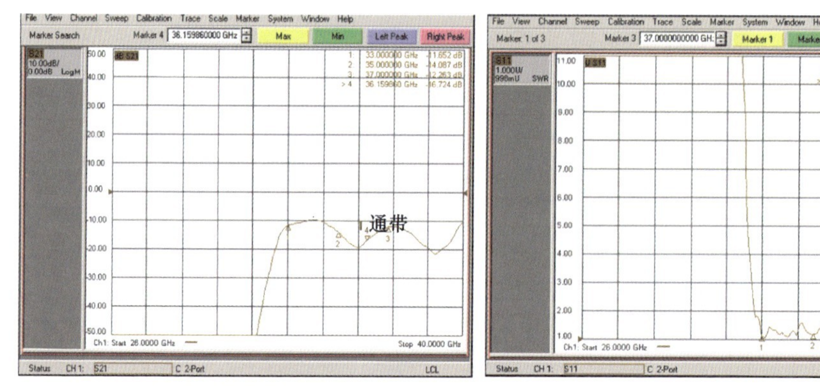

(a) 行波管的传输损耗　　(b) 行波管的端口驻波比

图 7-5　高频结构传输特性的初步测试结果

7.1.3　传输特性问题

当波导内传输电磁波时，波导壁上将感应出高频电流，这种电流称为管壁电流。管壁电流实为传导电流，由于趋肤效应，可以认为管壁电流为面电流。图 7-6 所示为矩形波导内基模 TE_{10} 模式的管壁电流 $\boldsymbol{J}_s$ 及磁感应强度 $\boldsymbol{H}$ 分布。由图可知，管壁电流在两个侧壁上沿 y 轴方向传导分布。

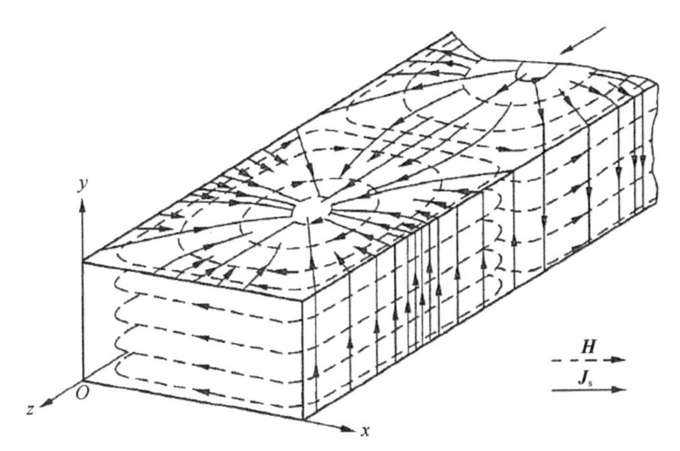

图 7-6　矩形波导内 TE_{10} 模式的管壁电流 J_s 及磁感应强度 H 分布

图 7-7 所示为慢波结构加工剖分示意，波导的宽度和高度分别为 a 和 b。由图可知，当慢波结构以这种方式分上、下两部分加工时，在侧壁上实际已切断了波导的管壁电流的传导。一方面，当管壁电流被切断的时候，微波信号将无法有效地沿纵向传播；另一方面，在装配时，上下两部分慢波结构对接形成的细缝实际上形成了一根天线，以至于微波信号的能量被辐射出去。

因此在行波管的装配、封装过程中，需要将上、下两半慢波结构严密地焊接在一起，形成管壁电流的完整传导回路，从而减小微波信号的传输损耗。实验发现，将慢波结构严密焊接在一起的方法成功地解决了实验中发现的问题。

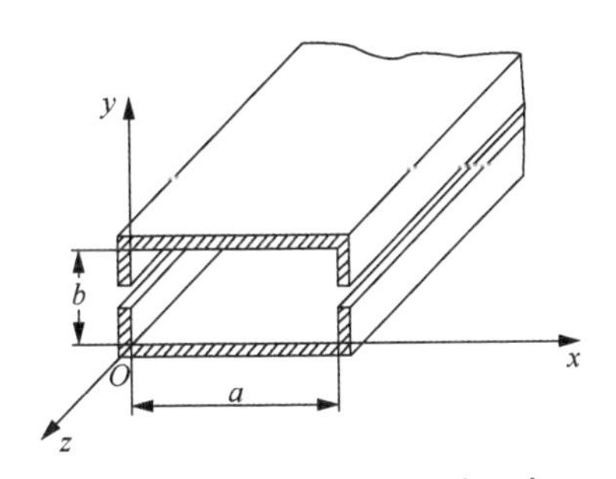

图 7-7　慢波结构加工剖分示意

7.1.4　闭合型 PCM 聚焦系统行波管

图 7-8 所示为闭合型 PCM 聚焦系统行波管，包括钛泵、电子枪、输入输出窗、高频结构、极靴和收集极 6 个部分。其中，钛泵在行波管工作时保证行波管内部的真空环境；电子枪提供行波管工作所需的带状电子注；高频结构提供电子注与电磁波互作用的慢波结构；输入输出窗将 Ka 波段微波信号输入行波管，并将放大的微波信号输

出行波管；闭合型 PCM 聚焦系统极靴用来固定聚焦系统的永久磁铁；收集极用于收集互作用后的电子。

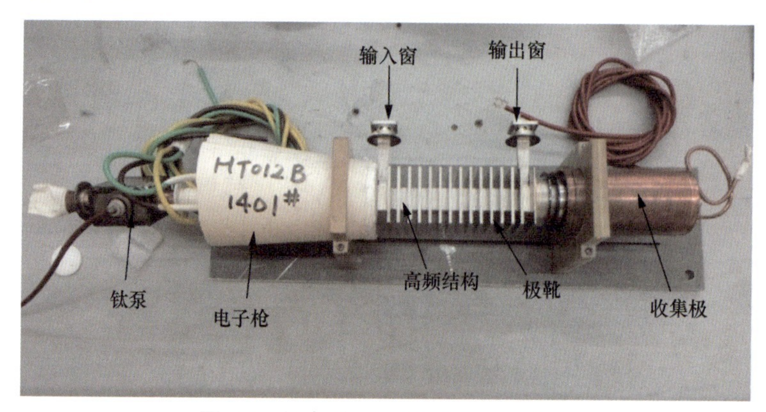

图 7-8　闭合型 PCM 聚焦系统行波管

1. 闭合型 PCM 聚焦系统行波管的传输特性测试

图 7-9 所示为闭合型 PCM 聚焦系统行波管的传输特性测试结果。由图可知，行波管的截止频率约为 32.5GHz，在 33～39GHz 频带内端口驻波比小于 2。并且整个频带内传输损耗较小，约为-2.5dB，最大传输损耗在 34GHz 附近，约为-4.36dB。由此可知，此处行波管传输特性较 7.1.2 节已有了很大的提高。

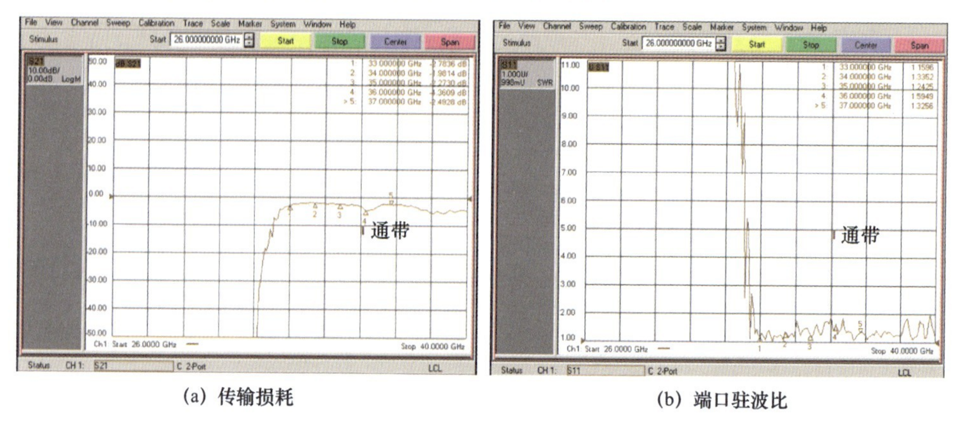

(a) 传输损耗　　(b) 端口驻波比

图 7-9　闭合型 PCM 聚焦系统行波管的传输特性测试结果

2. 闭合型 PCM 聚焦系统行波管的功率测试

图 7-10 所示为闭合型 PCM 聚焦系统行波管功率测试平台。该测试平台由闭合型 PCM 聚焦系统行波管、电源、微波信号源、示波器、功率计、频谱仪和固态功率放大器等组成。其中，电源提供行波管工作所需的电压；微波信号源提供 Ka 波段微波信号；固态功率放大器用来放大 Ka 波段信号，达到行波管输入信号的设计要求，并将放大信号输入行波管；示波器测试带状电子注流通率和检测行波管输出信号；功率计用于测试行波管输入及输出功率；频谱仪用于对输出信号做频谱分析。

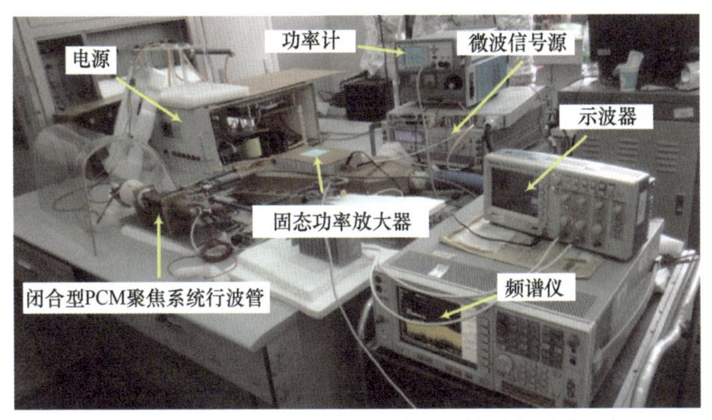

图 7-10　闭合型 PCM 聚焦系统行波管功率测试平台

图 7-11 所示为闭合型 PCM 聚焦系统行波管带状电子注流通率测试结果。测试结果显示，行波管工作在 24.3kV 时，总发射电流为 0.8A，电子注流通率为 78.8%。

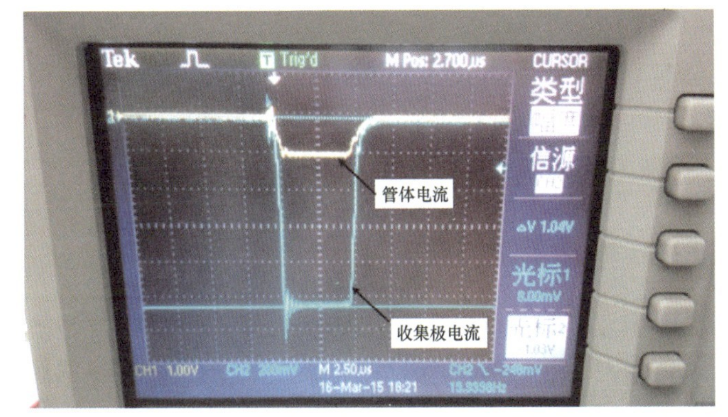

图 7-11　闭合型 PCM 聚焦系统行波管带状电子注流通率测试结果

图 7-12 所示为行波管工作在 35GHz 时的输出信号及输出信号频谱。由图可知，当工作电压为 24.3kV 时，行波管工作稳定，输出信号纯净。

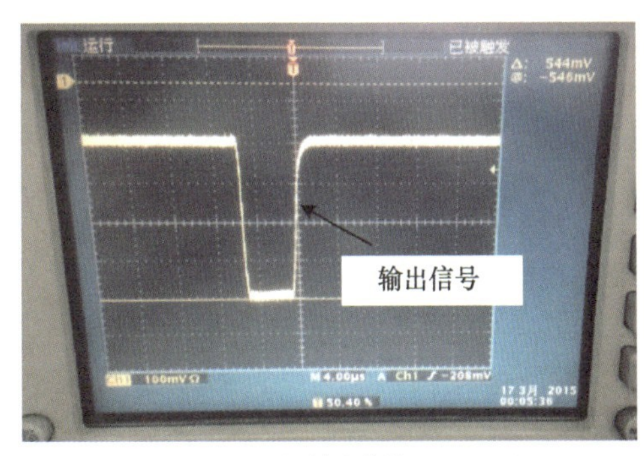

(a) 输出信号

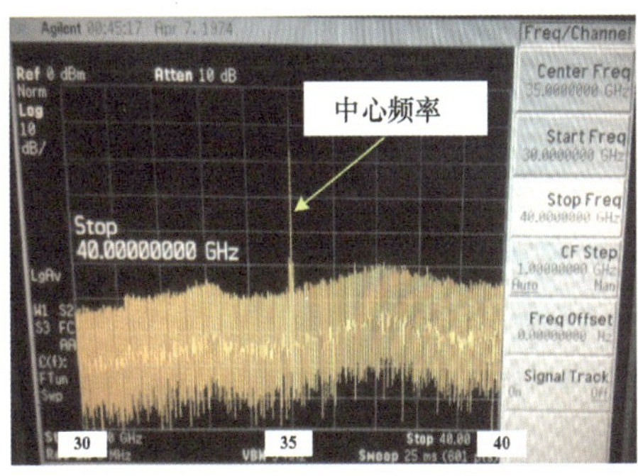

(b) 输出信号频谱

图 7-12　行波管工作在 35GHz 时的输出信号及输出信号频谱

图 7-13 所示为闭合型 PCM 聚焦系统行波管输出功率及增益。行波管在工作电压为 24.3kV、电子注流通率为 78.8%、输入功率为 10W 的情况下，在 33～38.5GHz 频带范围内，输出功率大于 75W，增益大于 8.5dB；当行波管工作在 36GHz 时，最大输出功率大于 100W，增益大于 10dB。

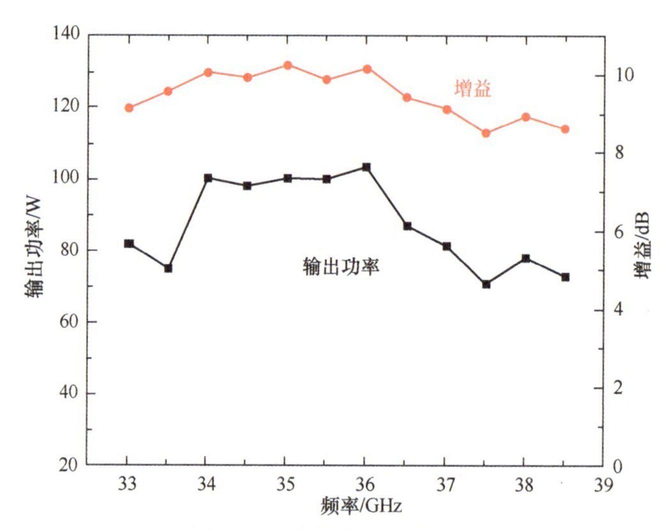

图 7-13　闭合型 PCM 聚焦系统行波管输出功率及增益

7.1.5　新型 PCM 聚焦系统行波管

图 7-14 所示为基于新型小型化可调 PCM 聚焦系统研制的 Ka 波段带状电子注行波管。该行波管主要由电子枪、输入窗、输出窗、慢波结构、PCM 聚焦系统和收集极 6 个部分组成。

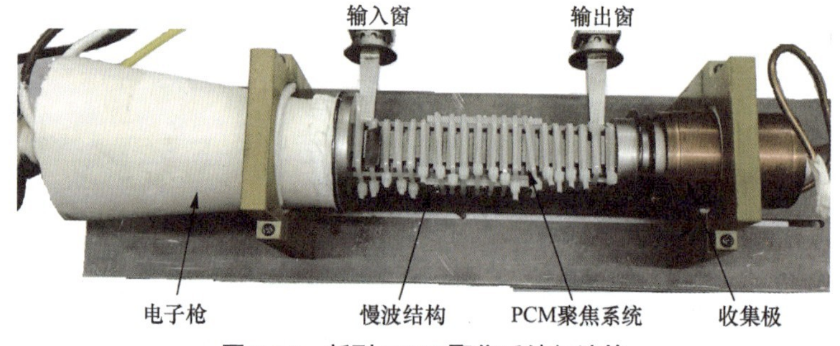

图 7-14　新型 PCM 聚焦系统行波管

1. 新型 PCM 聚焦系统行波管的传输特性测试

图 7-15 所示为用矢量网络分析仪测试所得的新型 PCM 聚焦系统行波管的传输特性。由测试结果可知，在 33～37.5GHz 频带范围内，行波管平均传输损耗大于−1.8dB。并且端口驻波比小于 2。

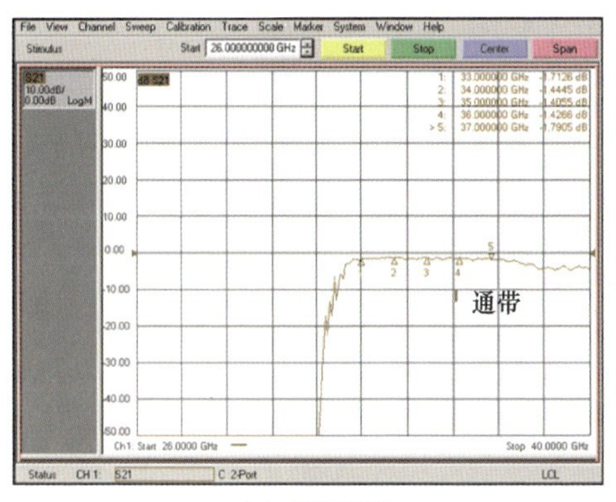

(a) 传输损耗

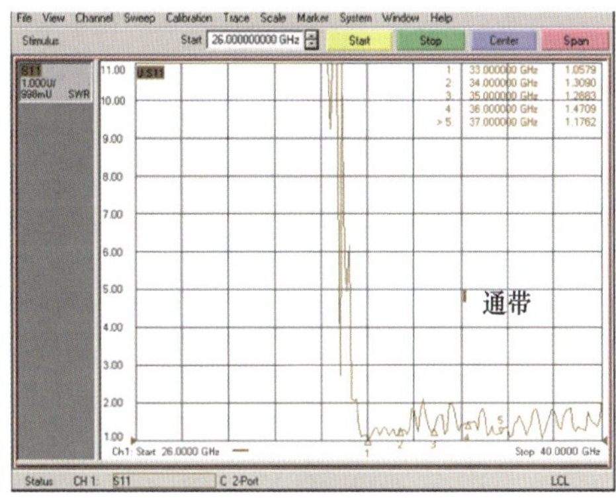

(b) 端口驻波比

图 7-15 用矢量网络分析仪测试所得的新型 PCM 聚焦系统行波管的传输特性

2. 新型 PCM 聚焦系统行波管的功率测试

图 7-16 所示为新型 PCM 聚焦系统行波管功率测试平台，其中包括电源、固态功率放大器、功率计、新型 PCM 聚焦系统行波管、微波信号源，以及频谱仪，图中依次用①～⑥标记。测试平台各个组成部分的功能在 7.1.4 节已有详细介绍。

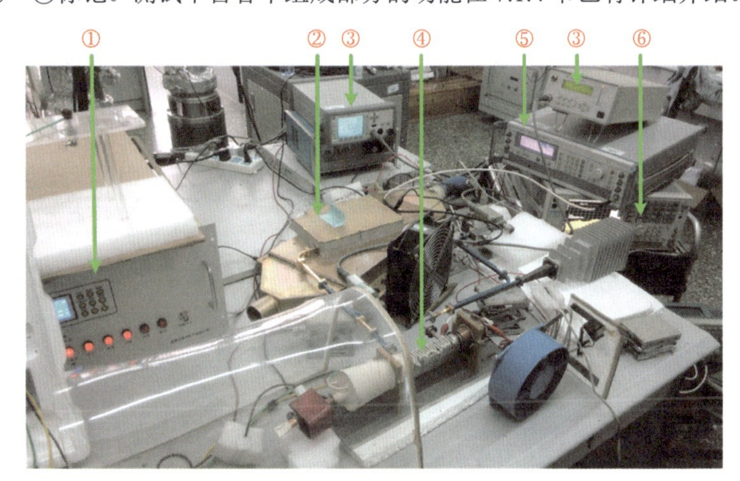

图 7-16 新型 PCM 聚焦系统行波管功率测试平台

图 7-17 所示为工作电压为 24.3kV 时，在新型 PCM 聚焦系统作用下，行波管带状电子注流通率的测试结果。结果显示，行波管总体发射电流约为 800mA，收集极电流约为 744.2mA，流通率大于 93%。

图 7-18 所示为新型 PCM 聚焦系统行波管工作在中心频率 35GHz 时的输出信号及输出信号的频谱。频谱仪设置观测频带为 30～40GHz，分辨率带宽、扫描参数均为仪器默认值（3MHz，25ms，601pts）。由测试结果可知，输出信号稳定，频谱纯净。

图 7-19 所示为新型 PCM 聚焦系统行波管输出功率及增益。由图可知，在 33～37.5GHz 频率范围内，输出功率大于 75W；当行波管工作在 34GHz 时，最大输出功率为 128W，最大增益为 10dB。

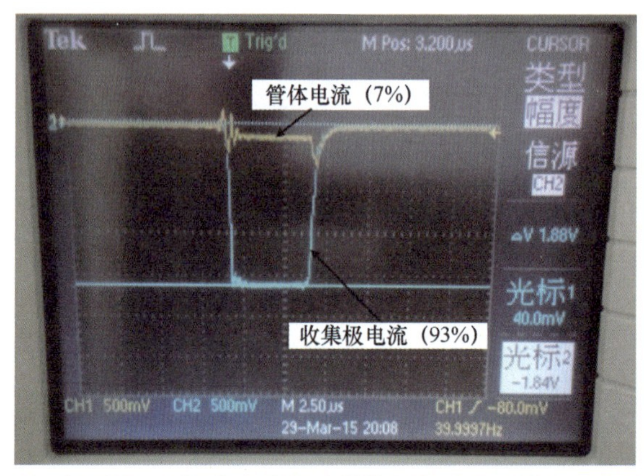

图 7-17　新型 PCM 聚焦系统行波管带状电子注流通率的测试结果

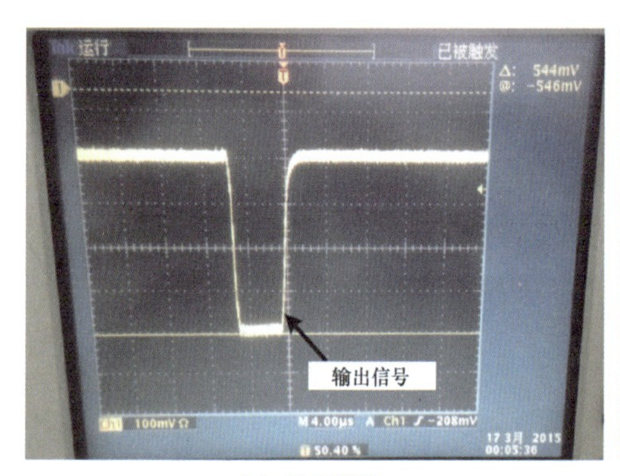

(a) 输出信号

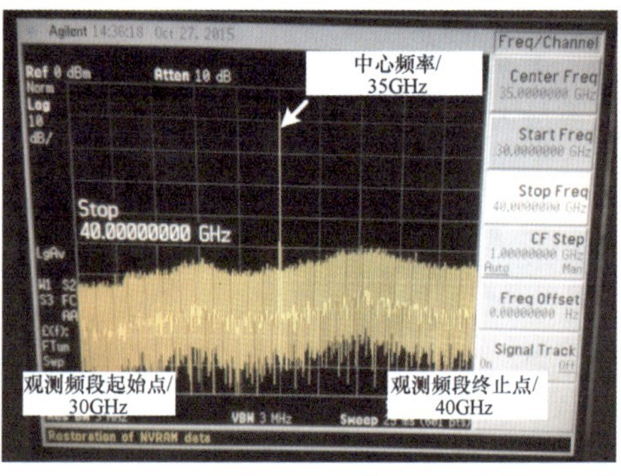

(b) 输出信号频谱

图 7-18　新型 PCM 聚焦系统行波管工作在中心频率 35GHz 时的输出信号及输出信号频谱

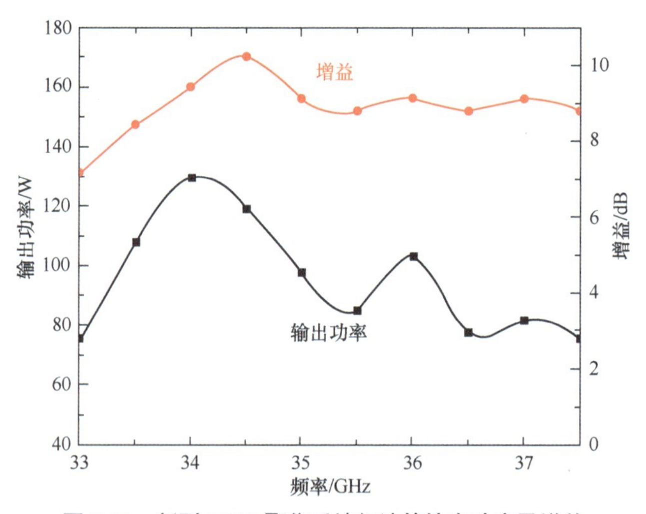

图 7-19　新型 PCM 聚焦系统行波管输出功率及增益

3. 行波管振荡分析

当调节行波管工作电压大于 24.3kV 时，在行波管未连接输入信号的情况下，测试发现有放大的微波信号输出。因此，可以认定此时在行波管内部已经有振荡发生，从而导致有微波信号输出。图 7-20 表示当行波管工作在 25kV 时，用频谱仪捕获的振荡频率为 31.923GHz。从行波管慢波结构的色散特性得知，行波管的低截止频率即 π 点频率为 31.83GHz。因此，升高电压引起的振荡应为 π 模式振荡或返波振荡。

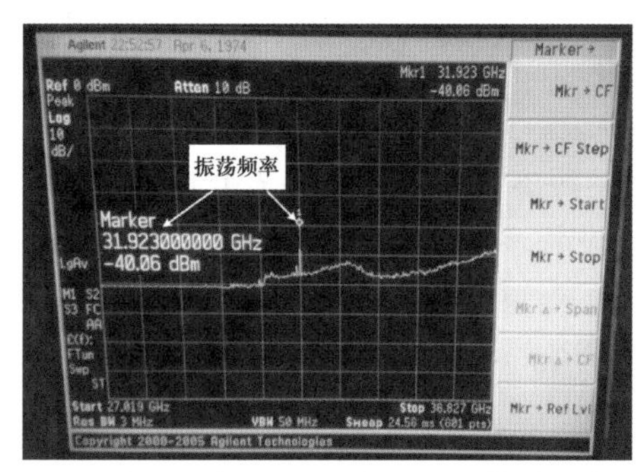

图 7-20　当工作电压为 25kV 时行波管的振荡频率

7.2　新型扩展互作用增强曲折波导行波管

行波管采用慢行电磁波与电子注进行能量交换，其特点是工作频带宽但效率相对较低，而采用驻波与电子进行能量交换的器件，如磁控管、速调管等，则具有相对较高的能量转换效率。为了在提升毫米波段、太赫兹波段曲折波导行波管工作性能的同时有效缩短整个互作用电路的长度，可以在两段慢波电路中加载多个扩展互作用谐振腔，谐振腔可以是均匀分布或者长短槽交错分布结构。

7.2.1　概念与模型

本节所述的扩展互作用增强曲折波导行波管的互作用电路原理如图 7-21 所示：输入输出端均采用曲折线慢波结构，以保证较宽的工作频段，慢波结构的非输入输出端连接匹配负载或衰减器；在两段慢波结构的中间位置，插入两个扩展互作用谐振腔，以提升电路的电子效率；4 段高频电路共用一支电子注。

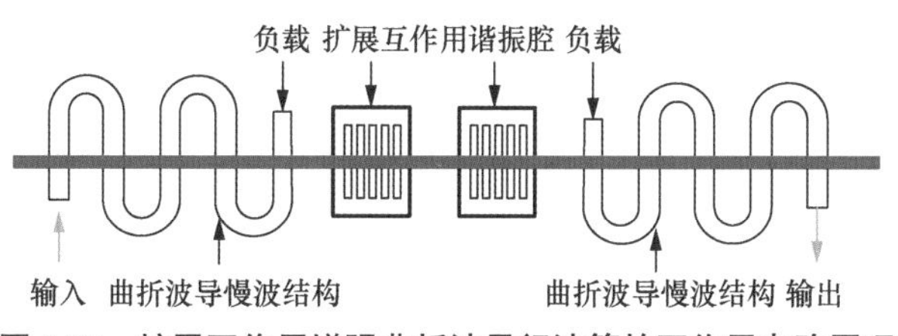

图 7-21　扩展互作用增强曲折波导行波管的互作用电路原理

由于结构具有周期性，在扩展互作用谐振腔中的同一横向场会存在多个不同模式的纵向场，不同纵向场模式的电磁波与电子注的互作用效果不同，其中，2π 模式和 π 模式的纵向场在间隙中的平均场强较大，可以更有效地与电子注进行互作用。由于在长短槽结构的扩展互作用谐振腔中，TE_{10}-π 模式与相邻模式之间的频率间隔较大，可实现有效的模式隔离，降低模式竞争的风险，并且当腔体工作于 π 模式时周期长度较 2π 模式时缩短一半，可更有效缩短整个互作用电路的长度，有利于太赫兹行波管的小型化和集成化。所以，此处选取长短槽结构扩展互作用谐振腔 π 模式作为谐振腔的工作模式。

在扩展互作用谐振腔中，电磁波与电子注之间的同步特性将会直接影响腔体的效率。相邻长短槽之间的距离 p_{cav} 是注波互作用过程中影响同步特性的关键因素，由式（7-1）、式（7-2）决定。其中，v_{p} 和 v_{e} 分别为电磁波的相速和电子注的速度，当电磁波的相速略小于电子注的速度时二者的同步特性最佳；V 为电子注的工作电压，f_0 为腔体的谐振频率；当腔体的工作模式为 π 模式时，式（7-2）中的 m 取值为 1。

$$\frac{v_{\text{e}}}{c}=\sqrt{1-\frac{1}{\left(1+\frac{V}{511\times10^3}\right)^2}} \tag{7-1}$$

$$p_{\text{cav}}=\frac{m}{2}\frac{v_{\text{p}}}{f_0} \tag{7-2}$$

腔体中每个间隙的宽度 d 由式（7-3）决定，其中 β_{e} 为电子注直流传播常数，θ_{d} 为腔体的间隙渡越角，中间腔的间隙渡越角的取值通常为 1.4～1.6。

$$\theta_{\text{d}}=\beta_{\text{e}}\,d \tag{7-3}$$

当腔体工作在 π 模式时，有效特性阻抗$(R/Q)\,M^2$这个物理量可以用来衡量注波互作用的效果。其中，R/Q 和 M 分别为 π 模式的特性阻抗和耦合系数，分别由式（7-4）、式（7-5）得到。其中，ω 为谐振频率的角频率，W_{s} 为整个腔体存储的能量，E_z 为沿着电子注通道方向轴线上纵向电场的场分布。

$$\frac{R}{Q}=\frac{\left(\int_{-\infty}^{+\infty}|E_z|\,\mathrm{d}z\right)^2}{2\omega W_{\text{s}}} \tag{7-4}$$

$$M=\frac{\left|\int_{-\infty}^{+\infty}E_z\mathrm{e}^{\mathrm{j}\beta_{\text{e}}z}\mathrm{d}z\right|}{\int_{-\infty}^{+\infty}|E_z|\,\mathrm{d}z} \tag{7-5}$$

在整个腔体的结构设计中，长槽沿 y 轴方向的长度 w_{l} 与谐振腔中上下耦合腔的宽边尺寸 w_{cav} 一致，短槽沿 y 轴方向的长度为 w_{s}，二者的长度之比 $w_{\text{l}}/w_{\text{s}}$ 为 α。在腔体耦合腔宽边尺寸 w_{cav} 不变的前提下，通过调整 α，可以调整腔体中工作模式与相邻竞争模式之间的频率间隔，有效避免模式竞争。通过分析不同 α 取值时 π 模式的场分布和频率间隔，对 α 的取值进行优化。表 7-1 所示为当 w_{cav} 为 0.74mm，谐振腔中的工作模式为 π 模式时对应的特性阻抗（R/Q）、耦合系数 M 以及有效特性阻抗$(R/Q)\,M^2$ 随 α 的变化规律。通过对不等长槽扩展互作用谐振腔中场分布、相邻模式与竞争模式之间的频率间隔、有效特性阻抗等特性的综合分析，选取 α 为 1.13 的不等长槽扩展互作用谐振腔作为本书所设计的新型扩展互作用谐振腔行波管中的加载腔体。

表 7-1　π 模式的特征参数随 α 的变化规律

α	f-π 模式/GHz	R/Q/Ω	M	$(R/Q)\,M^2$/Ω
1.05	213.57	121.2400	0.7525	68.65
1.09	217.04	209.5040	0.7488	117.47
1.13	220.29	212.0518	0.7418	116.69
1.17	223.10	213.4677	0.7336	114.89
1.20	224.91	214.3700	0.7260	112.99

图 7-22 给出了中间加载的 7 间隙不等长槽谐振腔中 π 模式及其相邻竞争模式的纵向电场 E_z 沿轴向的场分布。可以看出，每个模式具有唯一的轴向电场分布，不同的模式与电子注同步特性差异较大。此外，与相邻的竞争模式相比，π 模式的纵向场分布更加均匀，与电子注的互作用效果更加明显，且相邻竞争模式与工作频带之间的频率相隔较远，能有效避免互作用过程中的模式竞争。图 7-23 所示为工作模式（π 模式）中 E_z 沿 xOy 截面的二维场分布。相邻间隙间的相位差为 π。通过优化谐振腔结构尺寸，使长槽与短槽中的场强最大且长短槽中的场强相差较小，相邻间隙之间的场分布均匀，以保证电磁场与电子注在腔体中实现良好的互作用。

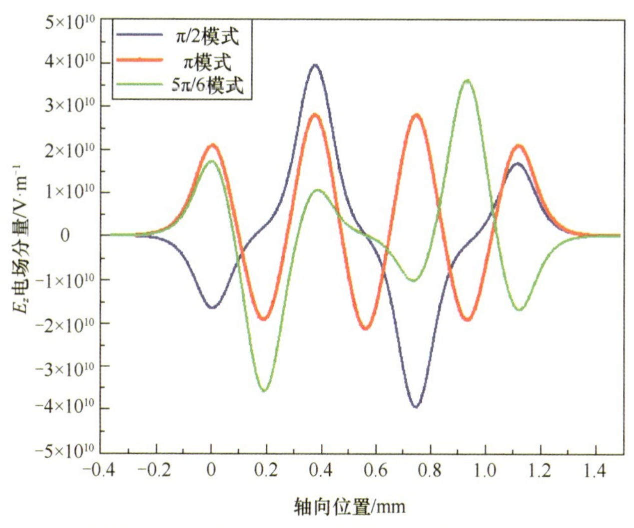

图 7-22　中间加载的 7 间隙不等长槽谐振腔中 π 模式及其相邻竞争模式的纵向电场 E_z 沿轴向的场分布

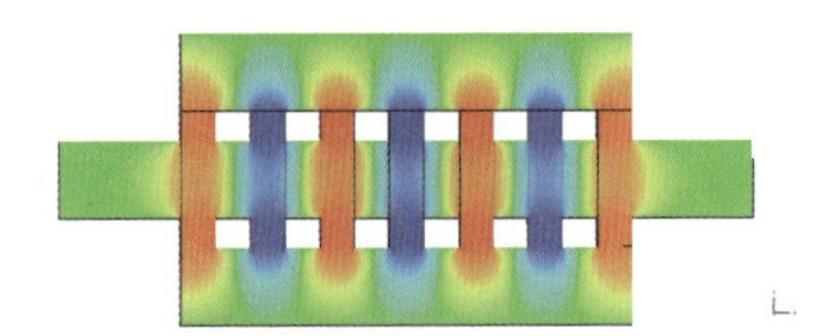

图 7-23 工作模式（π 模式）中 E_z 沿 xOy 截面的二维场分布

现在对前后两段行波电路进行设计、分析。图 7-24 所示为前后两段行波电路中所采用的曲折波导慢波结构的色散特性和互作用阻抗。为了提高曲折波导慢波结构的互作用阻抗，从而提升整个电路的增益，可以将曲折波导慢波结构的工作点选在整个工作频段的低频端（单周期相移接近 π 点）。这里选取前后两段行波电路的中心频率为 217GHz，对应频点处的互作用阻抗约为 5Ω。通过对曲折波导慢波结构的色散特性进行分析，根据电子注的同步条件，初步确定电子注的工作电压为 21kV。同时，利用谐振腔有效特性阻抗大、注波互作用效果明显等特点，可采用处于工作频带高频端的谐振腔对行波电路高频端的工作性能进行补偿，有效提升整个电路的互作用效果。

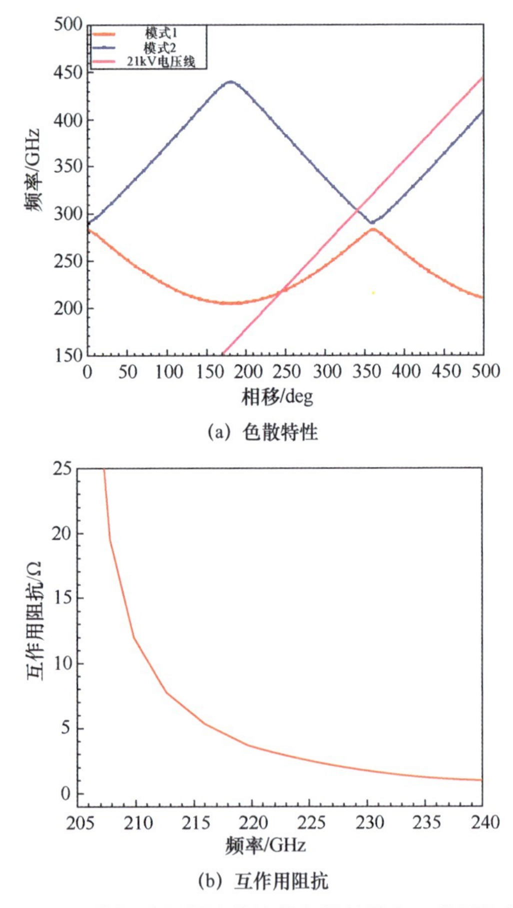

(a) 色散特性

(b) 互作用阻抗

图 7-24 曲折波导慢波结构的色散特性和互作用阻抗

表 7-2 中，a 为曲折波导宽边，b 为曲折波导窄边，h 为曲折波导宽度，p 为周期，r 为电子注通道半径，d_{cav} 为间隙宽度，p_{cav} 为周期，h_{cav} 为腔高度。

表 7-2　互作用电路的结构参数

慢波结构		腔体	
参数	**数值/mm**	**参数**	**数值/mm**
a	0.74	d_{cav}	0.090
b	0.15	p_{cav}	0.185
h	0.35	h_{cav}	0.350
p	0.26	h_u / h_l	0.200
r	0.10	w_{cav}	0.742
		w_{l}	0.742
		w_{s}	0.656

7.2.2　三维粒子模拟

1. 参差调谐

在扩展互作用增强曲折波导行波管中，加载的扩展互作用谐振腔的单位长度增益大，对行波电路的注波互作用有增强效果。但应该注意到，由于扩展互作用谐振腔的工作带宽较窄，只能提供～1/Q 对应的有限频率响应，所以在整个电路的设计过程中，在利用扩展互作用谐振腔单位长度增益大的优势来提高整个电路增益和功率的同时，还需确定合适的谐振频率，保持原有行波电路大带宽的特性。根据速调管的工作原理：调高末前腔频率时，末前腔对工作频率是感性的，会增强输出腔的群聚，有利于电子注的群聚，使输出功率最大。为了使中间的谐振腔在整个工作频带上保持感性，腔体的谐振频率 f_0 应处于工作频带的上端。本节所设计的行波管中，前后两段行波电路的中心频率为 217GHz，期望带宽约为 6GHz，所以在初步设计中采用 220GHz 为腔体的谐振频率。

图 7-25 给出了互作用电路的工作性能与中间腔体的谐振频率之间的关系：当中间 3 个腔体的谐振频率一致时，整个电路工作带宽较小，使行波电路的工作性能恶化。为了保证原有行波器件的带宽特性，可以选择增大 3 个腔体之间的频率间隔。

因此，在互作用电路的设计过程中，为了保证尽可能大的增益和带宽，中间加载的腔体的谐振频率依次向高频端移动。但需要注意：为防止谐振腔跳模工作，相邻腔体的谐振频率不宜相差过大。在增强行波管互作用效果的同时，增大整个电路的工作带宽，在整个互作用电路的设计过程对腔体谐振频率和腔体个数进行进一步的调整，最终在两段行波电路中插入 3 个频率依次增大的 7 间隙谐振腔来进行参差调谐。经过优化设计后得到的各腔体的特征参数如表 7-3 所示。

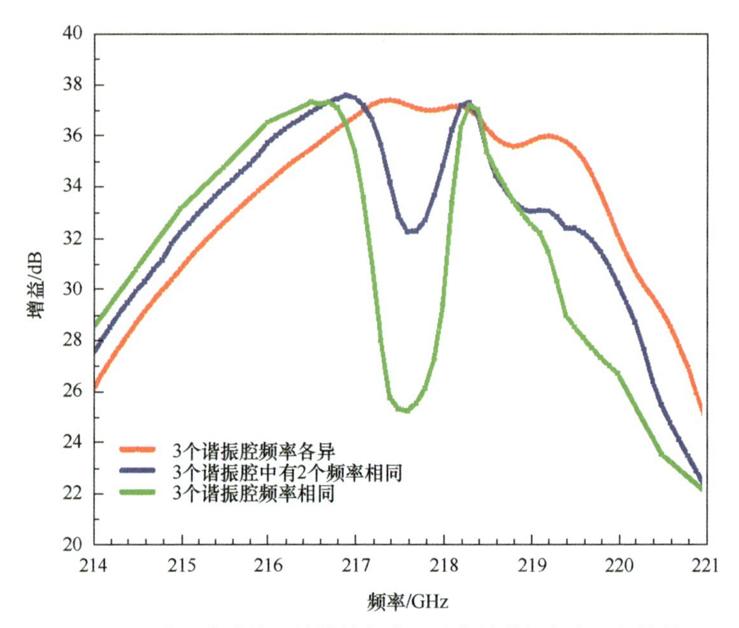

图 7-25　互作用电路的工作性能与中间腔体的谐振频率之间的关系

表 7-3　经过优化设计后得到的各腔体的特征参数

谐振腔数 N	f-π 模式/GHz	R/Q/Ω	M	$(R/Q)\ M^2$ /Ω
1	219.697	212.0700	0.7422	116.8
2	221.039	209.2053	0.7417	115.1
3	221.788	209.3176	0.7416	115.1

2. 注波互作用参数计算

本节所设计的扩展互作用谐振腔加载的曲折波导行波管的互作用电路仿真模型如图 7-26 所示。利用仿真软件对整个电路的注波互作用过程进行模拟分析。注波互作用过程中的电气参数：注电压为 21.02kV，注电流为 80mA。电子注通道的半径为 0.1mm，电子注半径为 0.065mm。输入输出段曲折波导慢波结构的整周期数分别为 30 和 16；整个互作用电路的电路长度仅为 29.57mm，与传统同波段的曲折波导行波管相比，互作用电路长度明显缩短。考虑实际加工过程中可能产生的电路损耗，设置金属材料的电导率 $\sigma=2.2\times10^7$ S/m。

电子注聚焦所需的磁场，可以由布里渊磁场计算公式[式（7-6）]得到，约为 2999Gs。

$$B_{\mathrm{b}}=\frac{1}{r}\left(\frac{2I}{\pi\eta\varepsilon_0 v}\right)^{\frac{1}{2}}=8.3\times10^{-4}\frac{I^{\frac{1}{2}}}{rU^{\frac{1}{4}}} \tag{7-6}$$

其中，r 为电子注半径，η 为电子荷质比，ε_0 为真空介电常数，v 为电子轴向速度，I 为注电流，U 为注电压。结合布里渊磁场和聚焦磁场峰值之间的关系，整个电路在注波互作用过程中的聚焦磁场设置为 5500Gs 的均匀聚焦磁场。

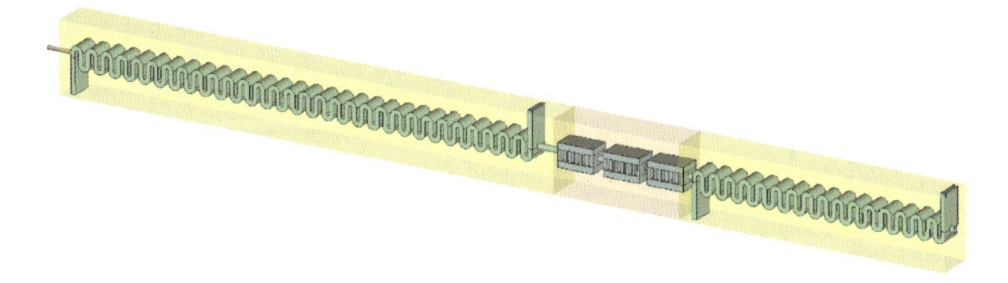

图 7-26　互作用电路仿真模型

图 7-27（a）所示为本节所设计的互作用电路在 217.4GHz 时输出功率与输入功率的变化关系，当输入信号的功率为 12mW 时，输出信号功率达到饱和。在饱和输入功率下，改变激励电子注的频率，得到输出信号的平均输出功率及增益与频率之间的关系，如图 7-27（b）所示。图 7-27（c）给出了在互作用电路中插入谐振腔结构前后，平均输出功率与频率的变化关系，可以看出，腔体结构的引入显著提升了整个互作用电路的工作性能。当输入功率为 12mW 时，输出功率在 217.4GHz 处取得最大值，最大平均输出功率为 65.78W，对应的增益为 37.38dB，电子注效率为 3.9%。整个电路的 3dB 带宽为 3.5GHz（216.1～219.6GHz），216.8～218.5GHz 的输出功率超过 50W，功率达到 50W 量级的宽带达到 1.7GHz。

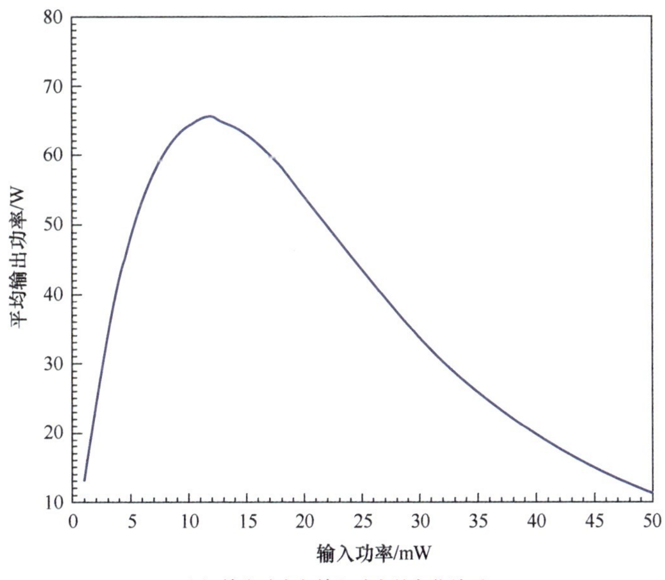

(a) 输出功率与输入功率的变化关系

图 7-27　互作用电路的输出性能

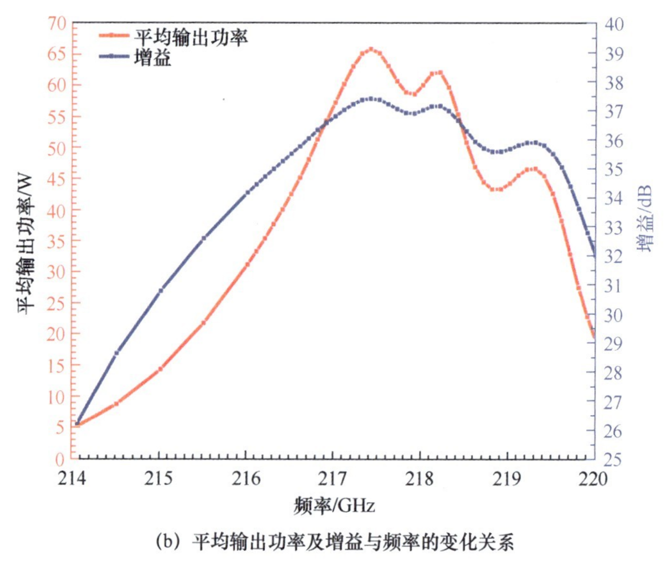

(b) 平均输出功率及增益与频率的变化关系

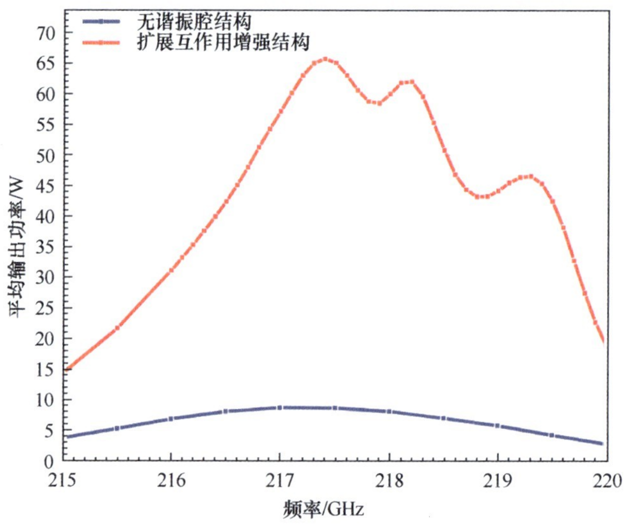

(c) 插入谐振腔前后，平均输出功率与频率的变化关系

图 7-27 互作用电路的输出性能（续）

7.3 太赫兹绕射辐射器件 Obictron

开放式谐振腔与反射光栅振荡器（Orotron-Oscillator with Open Cavity and Reflecting Grating）简称奥罗管（Orotron），是基于史密斯-珀塞尔辐射的准光学谐振器件。本节所研究的 Obictron 是基于奥罗管的改进器件，具有更高的能量转换效率。如图 7-28 所示，电子注通过细缝电子通道，通道两边加上了对称的双光栅，通道的正上方是一

个矩形的匹配槽，研究表明：有该匹配槽时，腔内的稳定场会更加聚集于电子通道，从而使互作用更强，提高器件的效率，上下镜面为柱面镜，也可以为平面镜。柱面镜的腔在 Q 值和储能上有一定优势，但并不会因此明显改变腔内的模式频率和形状。

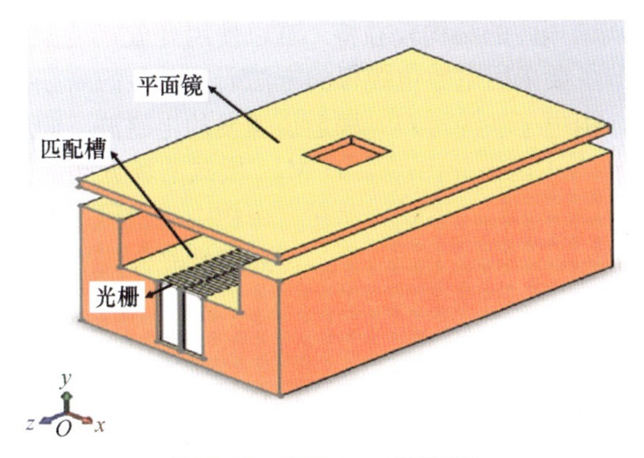

图 7-28　Obictron 谐振腔

为了使 Obictron 内部形成稳定的高频谐振以产生稳定的高频输出，必须满足如下两个基本条件。

（1）在振荡器工作时，所需要的高频场必须在振荡器的内部形成稳定的特定模式的谐振。

（2）通过电子注通道的直流电子注能够与这个稳定振荡模式场进行能量交换，电子将能量交给振荡场。

谐振腔内部的电磁场初始仍然来自史密斯-珀塞尔辐射，最后稳定振荡的场却来自电子注和谐振腔相应模式的互作用。

7.3.1　Obictron 结构

Obictron 中谐振腔截面如图 7-29 所示，可以分为 3 个部分：底部有光栅槽区域、中部匹配槽区域和上部开放槽区域。

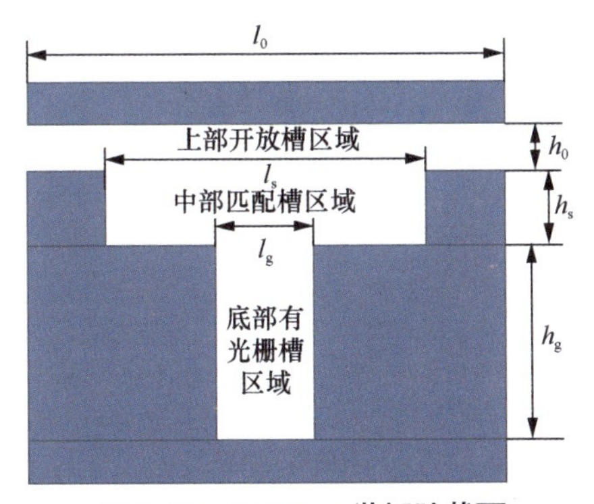

图 7-29　Obictron 谐振腔截面

7.3.2 Obictron 谐振腔高频特性

对 Obictron 而言，开放式谐振腔中形成的高频场和品质因数 Q 值特性是高频特性的重要属性，也是影响器件性能的重要因素，本节主要对这两方面进行模拟研究。因为 Obictron 的开放式谐振腔的结构较独特，难以使用开放式谐振腔理论对其进行精确的解析、研究，本节主要采用电数值模拟的方法研究此腔的高频特性。

在 Obictron 中，由电子注经过双光栅通道激发的电磁波，通过上下镜面的选择性反射聚焦作用，在开放式谐振腔内形成 TEM_{00q} 模式的场分布。在开放式谐振腔内，其谐振场在轴线附近为准 TEM 模式。而在光栅槽中，金属光栅齿将空间周期性地分隔为多个类似于矩形波谐振腔的谐振结构。在周期性光栅结构中与电子注作用的电场方向为纵向。

1. 谐振模式及频率的计算方法

当对 Obictron 谐振腔的谐振频率和模式进行计算时，常用的计算方法为直接对整个腔体进行本征模求解，但 CST 软件的本征模求解器并不能用于计算开放式的谐振腔，若在腔的外部加上匹配的边界，又将极大延长仿真时间，用这种方法求解并不适合。由弗洛凯定理（Floquet Theorem）可知：在周期结构内的场必然是周期性的，因而可以将整个谐振腔分为一个个周期性的小单元，同时将开放边界条件改为距离较远的金属边界条件。结合上述两种方法，可以明显简化模型，提升计算效率。

在软件中建立相应的本征模仿真模型，如图 7-30（a）所示，其中蓝色的为真空，结构的边界都被理想电边界包围，z 轴方向长度为一个周期，x 轴方向为开放边界，在此模型中使用理想电边界替代。利用该模型得到的场分布如图 7-30（b）所示，在开放边界处的场分布几乎为 0，场主要集中在开放式谐振腔的两个镜面中间，这是开放式谐振腔模式分布的特征，因而这个计算结果是有效的。而使用这种方法会出现一些不符合开放式谐振腔模式分布的场，在开放边界处会有较大的场强，这些场应该被剔除，这也是这种方法的缺点之一。

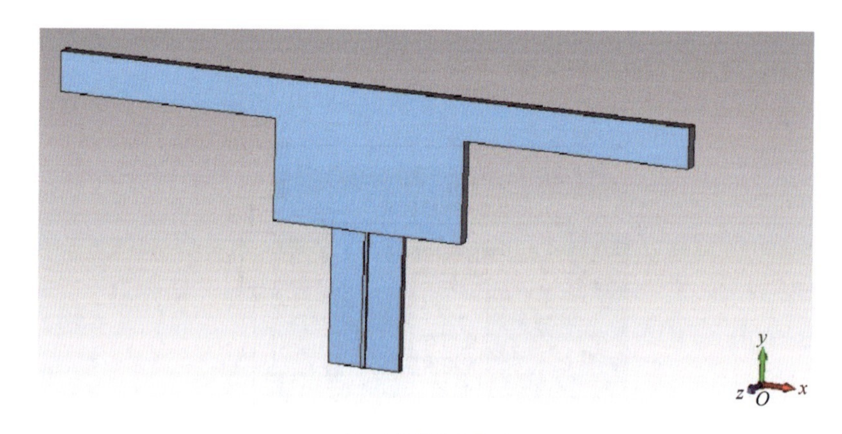

(a) 本征模仿真模型

图 7-30 本征模仿真模型及场分布

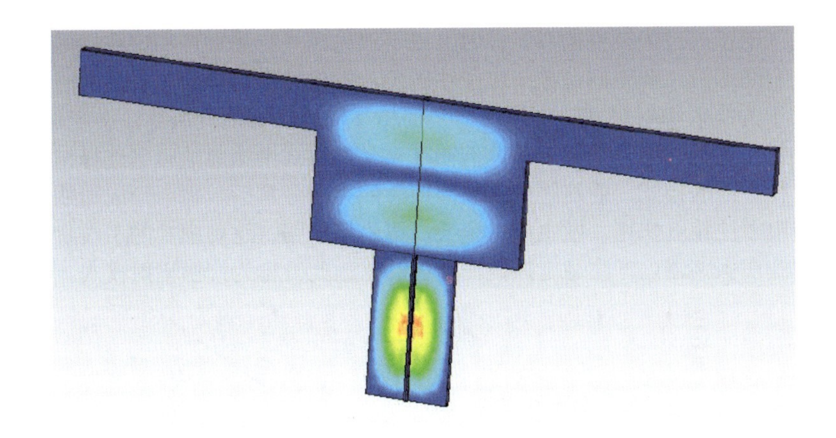

(b) 场分布

图 7-30　本征模仿真模型及场分布（续）

2. 谐振腔固有 Q 值的计算

由于开放式谐振腔的特点，对开放边界的损耗并不好处理，因而仍然采用近似模型估算的方法。对于工作在 340GHz 的模型，可直接计算太赫兹波段的 Q 值，这是因为在太赫兹波段，电磁波频率越高损耗越大，因而在太赫兹波段损耗已经十分明显，难以忽略。

根据 Q 值的定义，有

$$Q = 2\pi f \frac{E_2}{E_1} \tag{7-7}$$

其中，f 为腔的谐振频率，E_2 为腔内存储的能量，E_1 为每秒损耗的能量。腔内存储的能量越多，或者每秒损耗的能量越少，则品质因数 Q 的值越大，即谐振腔的质量越好。

这里采用金属铜包裹整个腔体，是因为仿真软件对金属腔的 Q 值计算是十分简便的，而有开放边界时，计算十分困难。当模型是单个周期时，由于多计算了腔在正前方和正后方，以及两侧部分的损耗，Q 值计算结果偏低，为 1446；当计算两个周期时 Q 值上升至 1600。这是因为储能已经变为以前的两倍，而损耗分为两部分：一部分是腔实际存在的金属损耗，这个损耗因为腔体容量变为以前的两倍，也变成了以前的两倍；另一部分是开放部分多计算的损耗，因为开放部分的面积并没发生明显变化，因而可以看作不变。因此损耗增加得比储能增加得慢，所以 Q 值变大。计算 40 个周期和 50 个周期的情况时，可以发现 Q 值都在 2144 左右，因此可以说明现在的 Q 值已经趋近真实的 Q 值。

7.3.3　光栅色散特性的研究

Obictron 在工作时有两种模式存在，即表面波模式和绕射辐射模式，前者与光栅的色散特性相关，后者与对应的谐振模式相关。如图 7-31 所示，其中浅蓝色为光速线，红色为光栅的色散特性曲线，黑色的电子线与色散特性曲线的交点为表面波模式，而与 2π 处的谐振腔模式的交点为绕射辐射模式。两种工作模式的原理并不相同，对于表面波模式，电子通过周期性的双光栅时，由于双光栅具有周期性和慢波特性，在光栅表面产生空间谐波，此空间谐波与电子注同步，发生能量交换，电子注的能量交给电磁场。对于为绕射辐射模式，电子注与光栅相互作用，如前文所述，会产生史密斯-珀塞尔辐射。这种辐射是非相干的，但在准光学开放式谐振腔的频率选择作用下，可以存在几种不同的模式，而这些模式被周期性的光栅分解后，也会形成周期性的空间谐波，与电子注相互作用，发生能量交换，电磁场增强。这种模式的工作状态是由于绕射辐射波在振荡器内产生稳定振荡而形成的，因此被称为绕射辐射模式。

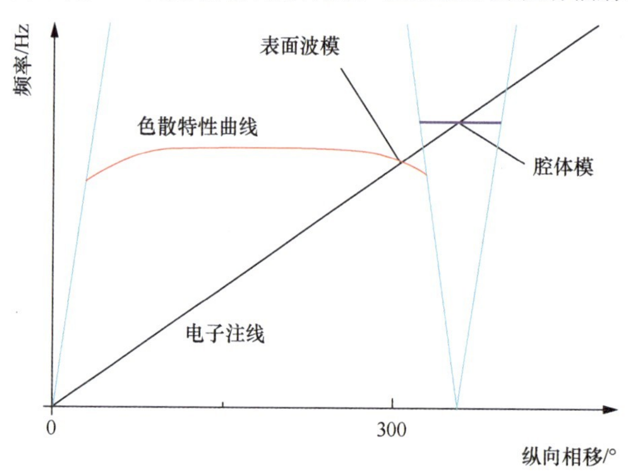

图 7-31　Obictron 的工作模式

下槽的双光栅是 Obictron 的核心结构，双光栅高频结构在很大程度上决定了振荡器性能的优劣。振荡器正常工作的过程中，在开放的谐振腔内建立起特定模式的谐振场，以此实现一定速度的电子注与振荡器内高频场的能量交换。高频场信号最终通过两个镜面的聚焦反射信号由耦合孔耦合进矩形波导，形成连续、稳定的高频信号输出。

现已经有很多对光栅色散特性的研究，但研究的多为封闭光栅，对半开放式光栅并不完全适用。本节采用仿真软件对半开放式光栅进行研究。如图 7-32 所示，表面波的场分布与准光学谐振腔模式的场分布完全不同，在上半腔区几乎完全没有场存在，因而此区域的边界也不会对场产生影响，而场较强的区域（红色）紧贴光栅，正是表面波的特性。

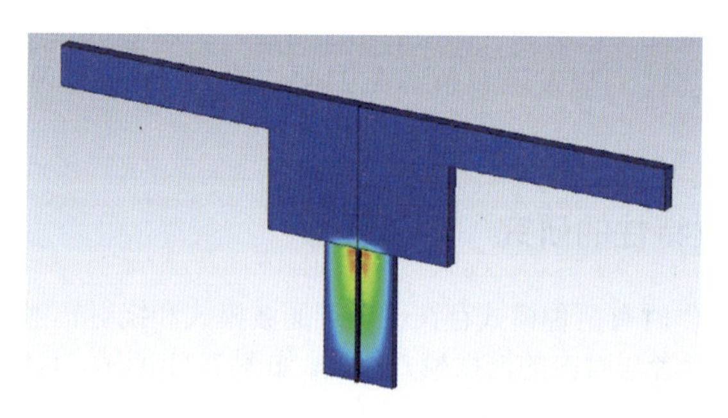

图 7-32　表面波场分布

7.3.4　注波互作用的数值计算

本节根据前面对高频结构的参数计算，确定频率为 340GHz 的振荡器的参数。谐振模式为 TEM_{003} 模式，工作电压约为 2800V。

1. 工作参数的确定

首先需要确定电子注的参数，由奥罗管的原理可知，史密斯-珀塞尔辐射在腔内形成了稳定场。而光栅处的周期性结构将这个场分解为周期场，而电子注与此周期场的一次空间谐波相互作用。因而工作点是 2π 点。可以通过切连科夫辐射同步条件确定电子枪的发射电压和双光栅结构的周期长度：

$$v_0 \cong v_{ph} = \frac{\omega}{k} = cd / \lambda \tag{7-8}$$

由此同步条件可以看出，当电子注与准光学谐振腔内驻波的一次空间谐波同步时，可以通过真空中光速 c、双光栅周期 d 及互作用波长 λ 大致计算出同步所需达到的电子注速度 v_0。

而确定了电子注速度，工作电压就可以求出。考虑相对论，有

$$eU = \frac{m_0 v_0^2}{2}\left[1-\left(\frac{v_0}{c}\right)^2\right] \tag{7-9}$$

其中，电子静质量 $m_0 = 9.109\times10^{31}$ kg，e 为电子电荷量，c 为真空中的光速，U 为发射电压。

2. 340GHz 振荡器参数的计算

确定注电压为 2700V、注电流为 0.02A、电子通道宽度为 0.01mm、高度为 0.44mm 后，计算结果如图 7-33 所示。可以看到矩形波导的输出信号约在 14ns 后趋于稳定，输出功率约为 1.2W，效率为 2%。频谱纯净，只不过主频率为 338GHz，相比设计略偏低，此时表面波频率应为 295GHz，表面波模式竞争很小，在频谱图中的表现不是很明显。

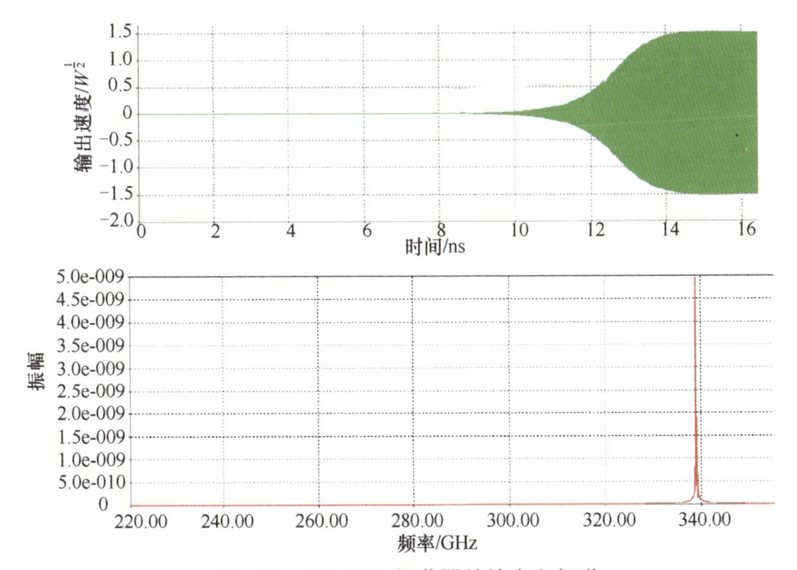

图 7-33　340GHz 振荡器的输出和频谱

图 7-34（a）所示为电子的相空间图，可以看出电子与波已经发生明显互作用，电子的能量有了明显变化，并产生了群聚。从两个场截面[见图 7-34（b）和图 7-34（c）]也可以看出场分布与以前计算的高频结构的场分布完全一样，是稳定的 TEM_{003} 场，上面有两个驻波场，光栅区被光栅分解为周期场。

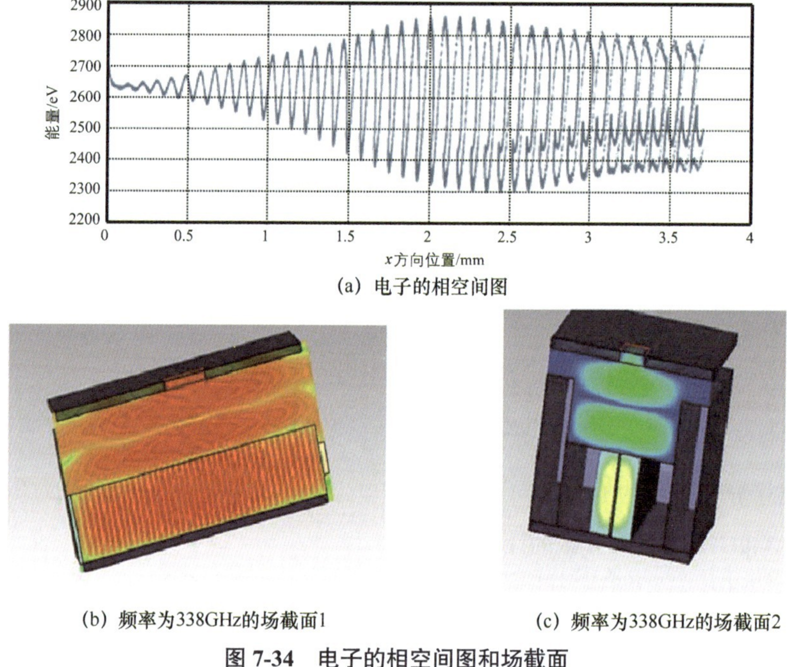

（a）电子的相空间图

（b）频率为338GHz的场截面1

（c）频率为338GHz的场截面2

图 7-34　电子的相空间图和场截面

7.4　基于准光学谐振腔的太赫兹回旋管

回旋管是一种基于自由电子受激辐射原理的快波器件，理论核心是电子回旋脉塞，分析方法有两种：线性理论和非线性理论。二者均从麦克斯韦方程组以及电子运动方程着手研究电子注和电磁波之间的相互作用。本节将通过对准光学开放式谐振腔内的电磁波进行理论分析，针对目标频段计算并设计一个以共焦柱面波导为互作用结构的回旋管振荡器。

7.4.1　任意截面波导回旋管自洽非线性理论

通常电子回旋脉塞的自洽非线性理论的研究建立在单粒子模型之上，即在分析中用部分宏电子替换整个电子注，从而研究电子对电磁波变化的影响，利用单电子的运动方程分别研究在电场影响作用下各个电子的移动轨迹。而相对地，频域稳态自洽非线性理论忽略对注波互作用中电子和高频场的变化过程的分析，重点研究稳定状态下腔体内的注波互作用情况。推导中还有如下假设。

（1）单模分析：当系统换能过程达到稳定后，电子注只和工作模式的空间谐波进行能量交换，因为电子注与工作模式耦合最强，其余模式均被抑制。

（2）忽略空间电荷效应：电子注群聚主要发生在相空间，在实际物理空间中电子注的空间电荷效应影响有限，可以忽略不计。

（3）忽略电子注对电磁场横向分量的影响：小电流情况下直流电子注周围变化的电磁场相比空间中电磁场横向场幅值微不足道，不足以改变其横向场分布。由此可以将电磁场的横向场分布和冷腔场分布近似视为一致，电子注仅对其幅值有所影响。

（4）忽略电磁场的纵向磁场：由于回旋管工作频段很高，所需的外加磁场一般也很大，远大于电磁场自身的纵向磁场，因此可以忽略高频场的纵向磁场。

基于上述设定，任意截面波导的自洽非线性理论推导可以大致分为如下步骤。

（1）计算任意形状波导截面上的横向场分布，采用时谐分布，并将纵向场幅值分布函数设定为待求函数。

（2）考虑宏电子初始分布，将直流电子注作为电场源代入电场的有源波动方程，计算并得到纵向场幅值改变的微分方程。

（3）从相对论电子运动方程着手并结合回旋轨道上的高频场分布，获得电子运动参数演变的微分方程组。

（4）为不同的器件设定与之相符的边界条件，求解稳态下高频场纵向场分布幅值函数。

（5）求解注波互作用过程中的电子效率以及电磁波输出功率的变化。

回旋管振荡器高频结构常采用开放式腔体，腔内场分布满足一定的谐振条件且冷腔场和热腔场的分布十分相近。因此，在计算注波互作用过程中，为简化计算步骤，可近似用冷腔场代替热腔场。

7.4.2　腔体冷腔场表示

对于任意截面波导中的电磁场分布，可引入位函数$\psi_{(q_1,q_2,z)}$表示腔体内场分布，设

$$\psi\left(q_1,q_2,z\right)=\psi\left(q_1,q_2\right)\mathrm{e}^{-\mathrm{j}k_z z} \tag{7-10}$$

且同时满足无源波动方程：

$$\nabla_\perp^2\psi\left(q_1,q_2\right)+k_\mathrm{c}^2\psi\left(q_1,q_2\right)=0 \tag{7-11}$$

其中，$k_\mathrm{c}^2=k^2-k_z^2=\omega^2/c^2-k_z^2$，$k_\mathrm{c}$为截止波数，$\omega$为角频率，$c$为真空中的光速，$k_z$为传播方向波数。

在直角坐标系$\left(x,y,z\right)$中，可以将缓变截面波导的开放式谐振腔中的横向电场和纵向磁场分别表示为以下形式：

$$E_\perp\left(x,y,z,t\right)=E_0\left(t\right)f\left(z\right)\boldsymbol{e}_{mn}\left(x,y\right)\mathrm{e}^{\mathrm{j}\omega t} \tag{7-12}$$

$$H_z\left(x,y,z\right)=k_\mathrm{c}^2\psi_{mn}\left(x,y\right)f\left(z\right) \tag{7-13}$$

$$\boldsymbol{e}_{mn}\left(x,y\right)=\hat{z}\times\nabla_\perp\psi_{mn}\left(x,y\right)=-\frac{\partial\psi_{mn}}{\partial y}\hat{x}+\frac{\partial\psi_{mn}}{\partial x}\hat{y} \tag{7-14}$$

其中，$f(z)$ 是表示纵向场分布的函数，$\boldsymbol{e}_{mn}(x,y)$ 是用于描述 TE_{mn} 模式的横向场分布的特征矢量。

1. 纵向场分布

对于准光学开放式谐振腔，腔体内纵向场幅值分布函数 $f(z)$ 满足波动方程：

$$\frac{\mathrm{d}^2 f(z)}{\mathrm{d}z^2}+k_z^2(z)f(z)=0 \tag{7-15}$$

腔体端口 1 和端口 2 的边界条件为

$$\left.\frac{\mathrm{d}f(z)}{\mathrm{d}z}\right|_{z=z_1}-\mathrm{j}k_z(z_1)f(z_1)=0 \tag{7-16}$$

$$\left.\frac{\mathrm{d}f(z)}{\mathrm{d}z}\right|_{z=z_2}+\mathrm{j}k_z(z_2)f(z_2)=0 \tag{7-17}$$

联立式（7-15）～式（7-17），结合穆勒法以及龙格-库塔法进行迭代，可以得到腔体内纵向场幅值分布函数 $f(z)$ 以及腔体对应的复谐振频率 f_{osc}。

2. 冷腔品质因数

谐振腔的轴向衍射品质因数可以由复谐振频率的实部 Re(f_{osc})与虚部 Im(f_{osc})计算出，表达式为

$$Q_{\mathrm{diff}\parallel}=\frac{\mathrm{Re}(f_{\mathrm{osc}})}{2\mathrm{Im}(f_{\mathrm{osc}})} \tag{7-18}$$

此外，腔体横向品质因数表示为

$$Q_{\mathrm{diff}\perp}=\frac{k_{\perp\mathrm{r}}L_{\perp\mathrm{r}}}{\Lambda} \tag{7-19}$$

其中，k 是横向波数，L 是镜面间距，

$$\lg\Lambda=\begin{cases}-0.0069C_{\mathrm{F}}^2-0.7088C_{\mathrm{F}}+0.5443, & m=0\\ -0.0226C_{\mathrm{F}}^2-0.4439C_{\mathrm{F}}+1.0820, & m=1\\ -0.0363C_{\mathrm{F}}^2-0.1517C_{\mathrm{F}}+1.0075, & m=2\end{cases}$$

其中，C_{F} 为菲涅尔参数，m 为模式数。

总的腔体品质因数为

$$\frac{1}{Q_{\mathrm{total}}}=\frac{1}{Q_{\mathrm{diff}\parallel}}+\frac{1}{Q_{\mathrm{diff}\perp}} \tag{7-20}$$

实际腔体中还存在由金属波导壁引起的欧姆损耗 Q_{Ω}，但由于在应用中该项值远大于其余两个参数值，因此在计算中近似忽略不计。

3. 非线性微分方程组

基于计算得到的冷腔复谐振频率 f_{osc}，结合广义谐波回旋振荡器的注波互作用分

析理论，在弱相对论前提下，单一模式的谐波与电子注之间的相互作用可用以下微分方程组表示：

$$\begin{cases} \dfrac{\mathrm{d}u}{\mathrm{d}\zeta} = 2Ff(\zeta)(1-u)^{\frac{s}{2}}\sin\theta \\ \dfrac{\mathrm{d}\theta}{\mathrm{d}\zeta} = \varDelta - u - sFf(\zeta)(1-u)^{\frac{s}{2}-1}\cos\theta \end{cases} \tag{7-21}$$

$$u = \frac{2}{\beta_{\perp 0}^2}\left(1-\frac{\gamma}{\gamma_0}\right),\quad \zeta = \frac{\pi\beta_{\perp 0}^2}{\beta_{z0}}\frac{z}{\lambda},\quad \theta = s\phi - \omega t_0 + \frac{\pi}{2} \tag{7-22}$$

$$F = \frac{E_0}{B_0}\beta_{\perp 0}^{s-4}\left(\frac{s^{s-1}}{s!2^{s-1}}\right)J_{m\pm s}(k_c R_b) \tag{7-23}$$

$$\varDelta = \frac{2}{\beta_{\perp 0}^2}\left(1-\frac{s\Omega_c}{\omega_{osc}}\right),\quad \Omega_c = \frac{eB_0}{\gamma_0 m_e} \tag{7-24}$$

其中，$\beta_{\perp 0}$ 表示横向归一化速度，E_0 表示外加电场，J 表示贝塞尔函数，ω_{osc} 表示冷腔复谐振角频率，e 表示电子电荷，B_0 表示外加磁感应强度，m_e 表示电子静止质量，ω 表示谐振角频率，R_b 表示电子注半径，γ 表示相对论因子，u 表示电子归一化能量，F 表示场幅值的归一化因子，ζ 表示归一化的纵向坐标，$f(\zeta)$ 表示谐振腔体内电磁波纵向场分布，s 表示电子回旋谐波次数，θ 表示缓变时间尺度条件下电子回旋相角，$\varDelta$ 表示归一化的失谐因子。

通过联立求解上述微分方程组，可以计算得到振荡器输出参数，如横向电子效率 $\eta_\perp$、电子效率 η_e 以及输出功率 P_{out}。

$$\eta_\perp = \langle u(z_{out})\rangle_{\theta_0} = \frac{1}{N}\sum_{j=1}^{N} u_j(z_{out}) \tag{7-25}$$

$$\eta_e = \left\langle \frac{\gamma_j - \gamma_0}{1-\gamma_0} \right\rangle\Bigg|_{\theta_0} = \frac{1}{N}\sum_{J=1}^{N}\frac{\gamma_j - \gamma_0}{1-\gamma_0} = \frac{\gamma_0\beta_{\perp 0}^2}{2(\gamma_0 - 1)}\eta_\perp \tag{7-26}$$

$$P_{out} = \eta_e I_b V_0 = \frac{m_e c^2}{e}\frac{\gamma_0\beta_{\perp 0}^2}{2}\eta_\perp I_b \tag{7-27}$$

其中，I_b 和 V_0 为电子注电流和电压，$\beta_\perp$ 为横向相位常数。

4. 起振电流计算

根据回旋管相关的线性理论，起振电流限定了储能与耗能的平衡点。而根据谐振腔腔体储能 Q_T 的定义可以得到

$$\omega_{osc} U = P_{out} Q_T \tag{7-28}$$

其中，U 表示谐振腔内总储能，可通过分布函数 $f(z)$ 将该参数表示为以下形式：

$$U = \frac{\varepsilon_0}{2}|E_0|^2\int_{z_{in}}^{z_{out}}|f(z)|^2 C_{mn}^2(z)\mathrm{d}z \tag{7-29}$$

$$C_{mn}^2 = \iint_S \boldsymbol{e}_{mn\perp}\cdot\boldsymbol{e}_{mn\perp}\mathrm{d}S = k_c^2\iint_S|\psi_{mn}(x,y)|^2\mathrm{d}S$$

可以计算得到起振电流：

$$I=\frac{4}{\omega W\pi\varepsilon_0}\frac{e}{m_e c^2}\frac{I_b Q_T}{\gamma_0}\beta_{\perp 0}^{2(s-3)}\left(\frac{s^s}{s!2^s}\right)^2\frac{\left|F_{mns}\right|^2}{C_{mn}^2} \tag{7-30}$$

其中

$$F_{mns}\left(x_0,y_0\right)=\left(\mathrm{j}\right)^s\left(\operatorname{sgn} s\right)^s\left[\frac{1}{k_c}\left(\frac{\partial}{\partial x_0}+\mathrm{j}\operatorname{sgn} s\frac{\partial}{\partial y_0}\right)\right]^{|s|}\psi_{mn}\left(x_0,y_0\right) \tag{7-31}$$

$$W=\int_{z_{in}}^{z_{out}}\left|f\left(z\right)\right|^2\mathrm{d}z \tag{7-32}$$

进一步简化得到回旋管振荡器中的起振电流：

$$I_{st}=\frac{m_e\varepsilon_0\omega^3 W}{\pi e}\frac{\mathrm{e}^{2x^2}}{\mu^2\left(\mu x-s\right)}\frac{\gamma_0\beta_{\perp 0}^{2(s-3)}}{Q_T}\left(\frac{s!2^s}{s^s}\right)^2\frac{C_{mn}^2}{\left|F_{mns}\right|^2} \tag{7-33}$$

若在场分布分析中将冷腔场分布近似看作高斯分布，表述如下：

$$f\left(z\right)=\mathrm{e}^{-\left(\frac{2z}{L}\right)^2},-L\leqslant z\leqslant L \tag{7-34}$$

$$W=\int_0^L\left|f\left(z\right)\right|^2\mathrm{d}z=\frac{\sqrt{\pi}}{2\sqrt{2}}L \tag{7-35}$$

由此，可以将归一化电流 I 和起振电流 I_{st} 表达式化简为以下形式：

$$I=\left(\frac{2}{\pi}\right)^{\frac{5}{2}}\frac{e}{m_e\varepsilon_0 c^3}\frac{\lambda}{L}\frac{I_b Q_T}{\gamma_0}\beta_{\perp 0}^{2(s-3)}\left(\frac{s^s}{s!2^s}\right)^2\frac{\left|F_{mns}\right|^2}{C_{mn}^2} \tag{7-36}$$

$$I_{st}=\frac{1}{\sqrt{2}}\pi^{\frac{3}{2}}\frac{\varepsilon_0 m_e c^3}{e}\frac{e^{2x^2}}{\mu^2\left(\mu x-s\right)}\frac{\gamma_0\beta_{\perp 0}^{2(s-3)}}{Q_T}\frac{L}{\lambda}\left(\frac{s!2^s}{s^s}\right)^2\frac{C_{mn}^2}{\left|F_{mns}\right|^2} \tag{7-37}$$

基于现有的研究成果以及实验结果，不难发现在回旋振荡器中一旦某个特定模式的谐波与电子注形成稳定互作用，其他模式将会被抑制，难以在腔体中与电磁波进行能量交换从而引起新的模式起振。充分利用各模式起振电流理论值可以通过设计在一定程度上减少部分模式竞争。

同时由式（7-37）可知，起振电流和腔体品质因数成反比，起振电流小则器件容易起振，但是过小时对应的输出功率将会降低，因此在腔体设计时应考虑并选取恰当的品质因数。

5. 谐波工作模式选择

选择恰当的工作模式能够在一定程度上抑制其他模式起振，从而降低模式竞争激烈程度。选择工作模式时应当考虑尽可能与相邻模式间隔大，与之相近的基波模式也应该尽可能与其他模式分隔开来。工作模式选择不当时将可能引入更具竞争力的低阶模式，从而导致目标谐波模式被抑制，振荡器无法起振抑或是输出无法达到目标频段。

上文已经介绍过，对比传统圆柱波导，准光波导中的工作模式均匀分布，与频率无关。因此选择模式时需要考虑选择一个距离其他模式尽可能远的模式作为工作模式。选择高次谐波模式时还需考虑其是否具有基波，从而引入更加具有竞争性的互作用过程对其造成影响。图 7-35 展示了 TE_{0n} 模式的分布，可以从图上看出，对于 $n=2k$ 的模式 TE_{02k}，对应的基波模式 TE_{0k} 的本征值与之相差不大，从而更容易引起基波与谐波之间的竞争。且由于基波往往比谐波更易起振，基于偶数二次谐波模式所设计的振荡管往往无法成功工作。因此为避免以上问题，选择工作模式时应该尽量选择没有基波的模式，换言之，选择工作模式时应当选择模式数 n 为质数的模式 TE^{s}_{0n} 作为 s 阶谐波回旋管的工作模式，从而避免来自低阶模式的模式竞争。

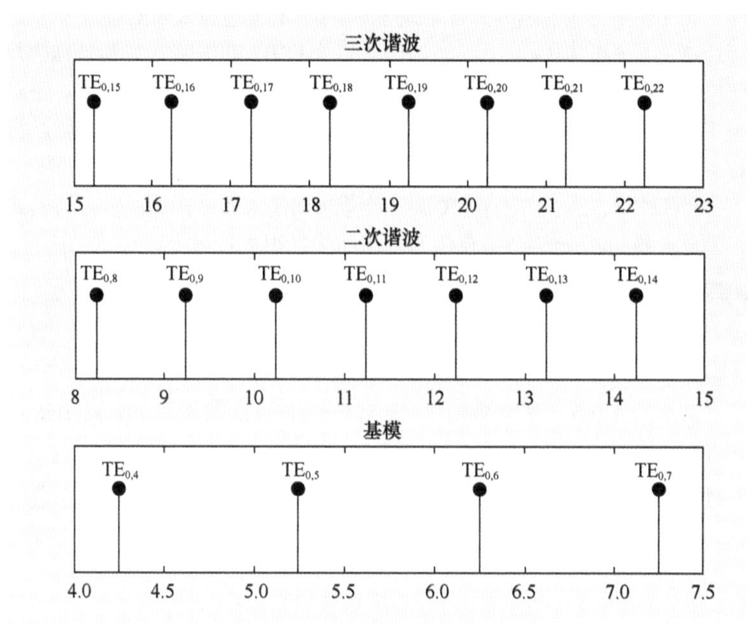

图 7-35　共焦柱面波导模式本征值

6. 谐振腔冷腔分析

本节采用共焦柱面波导作为振荡器谐振腔腔体，结构如图 7-36 所示。

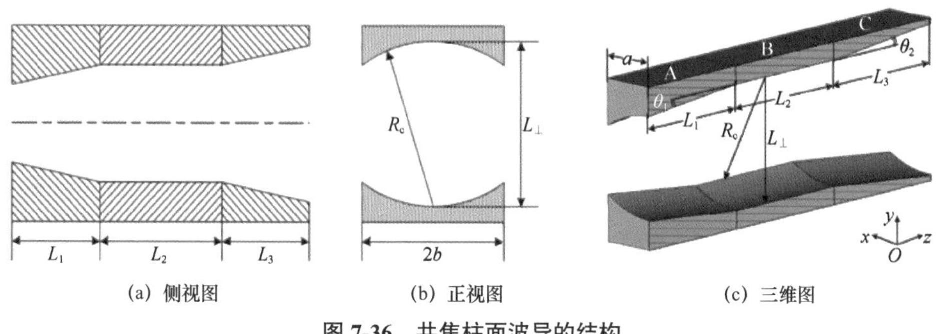

(a) 侧视图　(b) 正视图　(c) 三维图

图 7-36　共焦柱面波导的结构

和传统圆柱形波导腔体一致，共焦柱面波导同样采用 3 段式分布结构，两侧开放：上渐变段 L_1 靠近电子枪，可以通过控制 θ_1 防止高频场反向进入电子枪；下渐变段 L_3 作为输出端，保证电磁场能够从腔体中辐射至自由空间；中间的均匀段 L_2 作为振荡器的核心部分，主要进行电磁场与电子注之间的注波互作用过程，该部分也是对腔体品质因数影响最大的部分。

根据电子回旋脉塞理论，电子的回旋频率受回旋管的工作频率影响极大。电子回旋频率可以表示为 $f_e \cong 28sB_0/\gamma$ ，其中 s 代表选择模式对应的谐波次数， B_0 代表外加静态磁场值， $\gamma = 1/\sqrt{1-(v/c)^2}$ 是相对论因子。一般而言，如果选择电子回旋基波（ $s=1$ ）作为工作模式，该器件往往会因为外加磁场的限制而无法达到太高的频段抑或是通过脉冲磁场短时间达成高频段的振荡输出，如工作频点为1THz 的振荡管需要外加磁场 38.5T，远超过目前技术所能达到的磁场范围。除了增强磁场以升高电子回旋频率，还可以通过采用高次谐波工作模式大幅减少对外界磁场的需求，选择 s 阶谐波工作模式可以将磁场减小至原来的 $1/s$ ，更有效地减少对磁场的需求，从而使回旋管振荡器系统小型化成为可能。与此同时，选择高次谐波作为工作模式就应当考虑到模式数会激增，相应的模式竞争也会越发激烈。因此，选择准光学谐振腔作为工作结构能很大程度上避免这一困扰。

7. 谐振腔结构参数设计

为了使回旋管工作在频点500GHz 并降低振荡器对外界磁场的要求，增大其功率容量，选择 $TE_{0,11}$ 二次谐波模式作为回旋振荡器的工作模式，可以计算得出准光波导均匀段的曲率半径 $R_c = 3.4mm$ ，在该数值下 $TE_{0,11}$ 模式的截止频率为 495.98GHz，近似满足设计指标。此时准光学谐振腔中的工作模式 $TE_{0,11}$ 以及竞争模式 $TE_{0,5}$ 、 $TE_{0,6}$ 、 $TE_{0,10}$ 、 $TE_{0,12}$ 在其对应的截止频率 f_{mn} 附近的衍射损耗率与镜面宽度之间的关系如图 7-37 所示。

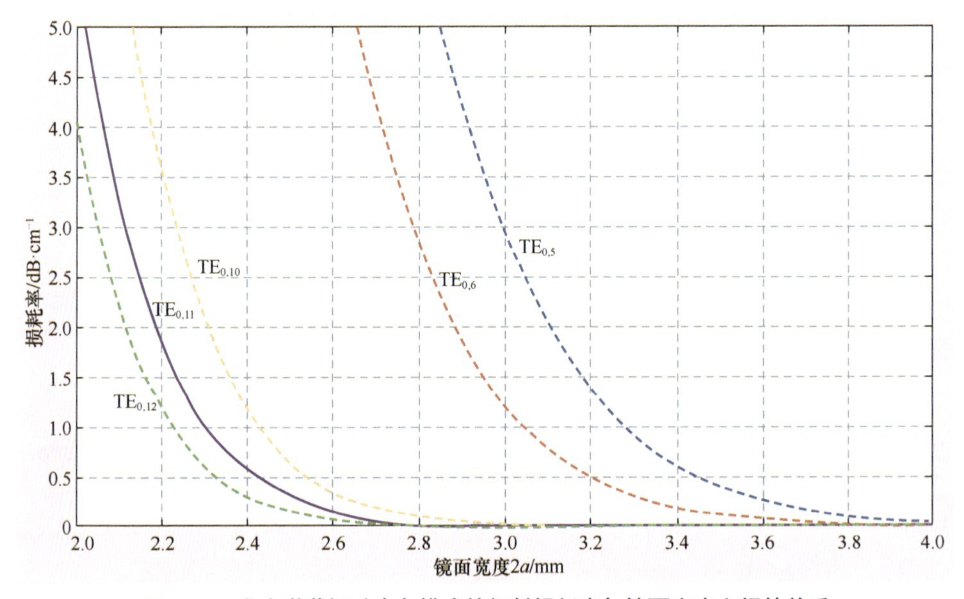

图 7-37　准光学谐振腔内各模式的衍射损耗率与镜面宽度之间的关系

对于高次谐波准光学谐振腔，鉴于选择了 $s=2$ 的二次谐波模式作为工作模式，腔体内可能存在的模式的数量将大大增多，模式竞争也将毫无争议地越发激烈。选择一个恰当的镜面宽度能够很好地抑制（甚至一定程度上避免）谐波与对应的基波之间的模式竞争。正如上文所述，TE_{0n} 模式对应的横向场集中在共焦柱面波导中有限的范围内，且 n 越大，对应的集中范围越小，相应的适用镜面宽度也越小。由此，可以通过选择恰当的镜面宽度保留工作模式，增大竞争模式的衍射损耗率，从而使竞争模式无法在谐振腔内正常传输。

图 7-38 展示了潜在的竞争模式 $TE_{1,5}$ 和 $TE_{0,6}$ 及 $TE_{0,11}$ 的电场分布情况，可以看到曲率半径 $R_c=3.4$mm 时横向场基本都集中在镜面宽度 $2a=4$mm 处，且 $TE_{1,5}$ 模式已经不能完全显示，因此选择镜面宽度 $2a=3.4$mm 时，竞争模式的衍射损耗率只会更大，更不利于竞争模式在腔体中传输。

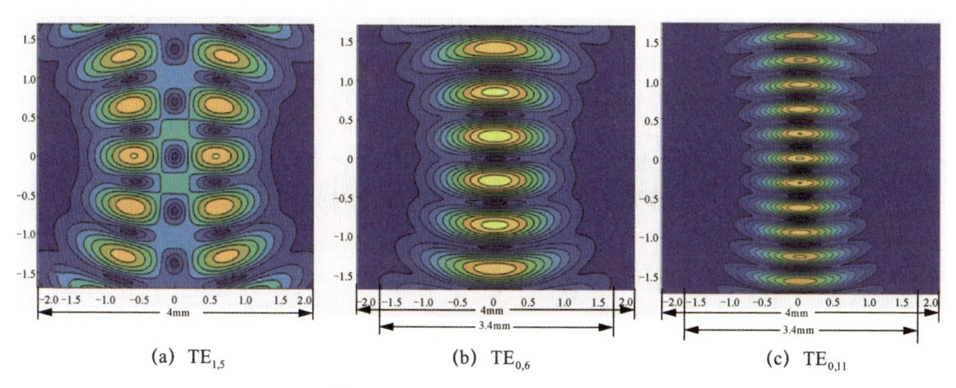

(a) $TE_{1,5}$　　(b) $TE_{0,6}$　　(c) $TE_{0,11}$

图 7-38　竞争模式的电场分布

图 7-39 显示了腔体品质因数 Q 的定量计算结果，在选定的镜面宽度下，模式 $TE_{0,11}$ 的品质因数已经达到稳定值，因此该镜面宽度取值是合理的。

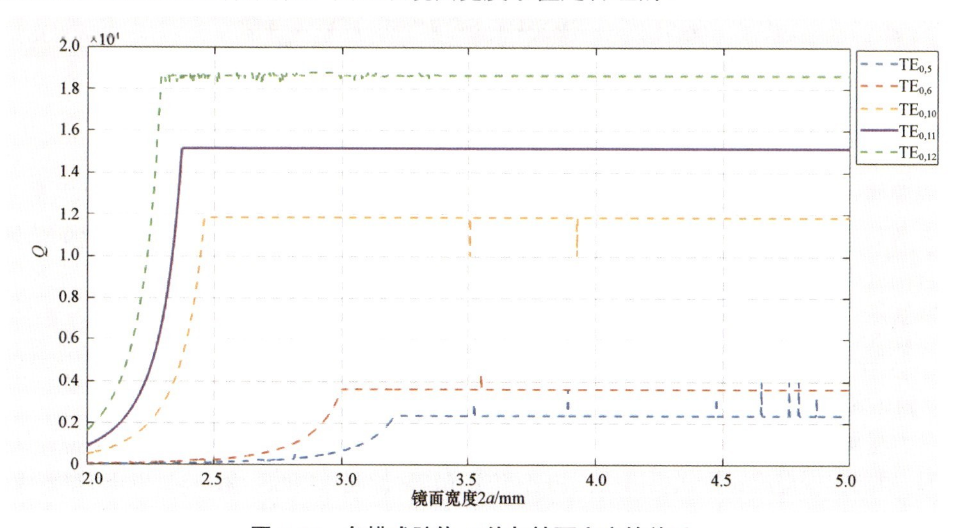

图 7-39　各模式腔体 Q 值与镜面宽度的关系

在此基础上分别确定准光学谐振腔的其他结构参数，基于上述设计参数，联立求解式（7-15）～式（7-17），从而能够解出在设计好的共焦柱面波导中，冷腔谐振频率 $f_{osc}=496.09\text{GHz}$，冷腔场幅值分布以及相位分布如图 7-40 所示。

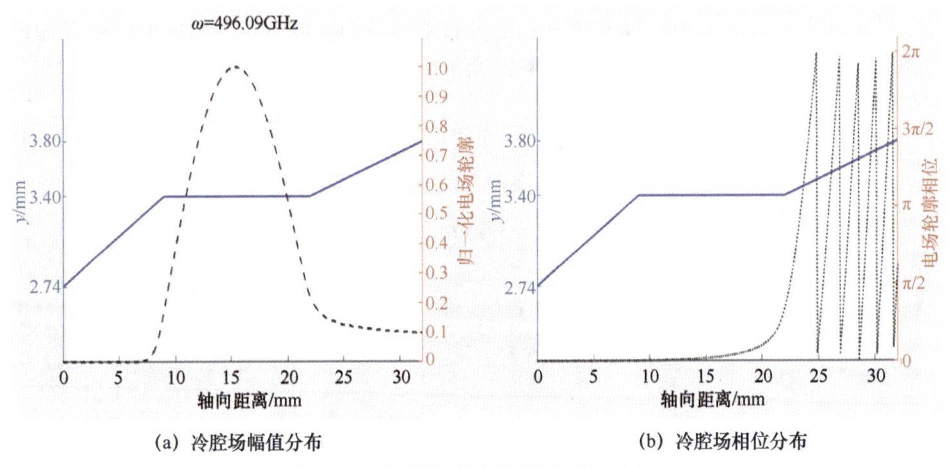

(a) 冷腔场幅值分布　　(b) 冷腔场相位分布

图 7-40　冷腔场幅值分布以及相位分布

7.4.3　准光学谐振腔工作参数设计

在回旋管设计中，注波耦合系数 G_{mn} 常用于衡量不同模式的电磁波与电子注的互作用强度。基于现有理论并结合准光学谐振腔内场分布函数，注波耦合系数的计算表达式可以表示为

$$\begin{cases} G_{mn}=\dfrac{\dfrac{1}{2\pi}\displaystyle\int_0^{2\pi}\left|\dfrac{1}{k}\left(\dfrac{\partial}{\partial X}+\mathrm{i}\dfrac{\partial}{\partial Y}\right)\psi_{mn}\left(X,Y\right)\right|^2\mathrm{d}\psi}{\displaystyle\iint_{S_\perp}\left|\psi_{mn}\left(x,y\right)\right|^2\mathrm{d}x\mathrm{d}y} \\ X=R_\mathrm{b}\cos\varphi, Y=R_\mathrm{b}\sin\varphi \end{cases} \tag{7-38}$$

根据式（7-38）可以得出注波耦合系数 G_{mn} 和电子注半径 R_b 之间的关系，绘制成曲线，如图 7-41 所示。为了使目标模式 $TE_{0,11}$ 能够成功起振，选择该模式注波耦合系数最大点对应的电子注半径值，并确保其余模式在该半径条件下与电子注之间的耦合强度均低于工作模式的。同时考虑到工程应用，设计时还应适度考虑电子注半径的取值是否合理。由图 7-41 易知，我们选择电子注半径 $R_b=1.1\text{mm}$。而此时环形电子注的位置及 $TE_{0,11}$ 模式电场分布如图 7-42 所示，设置的环形电子注能够很好地覆盖 $TE_{0,11}$ 模式横向场强度最大的部分，从而实现电子注和电磁场之间的能量交换。

给定工作条件：电子注电压 $V_b=40\text{kV}$，电子注电流 $I_b=5\text{A}$，横纵速度比 $\alpha=1.5$ 时，根据起振电流计算式可以绘制出各个模式对应的起振电流与磁场之间的关系曲线，从而选择合适的磁场值实现抑制竞争模式、仅目标模式起振。

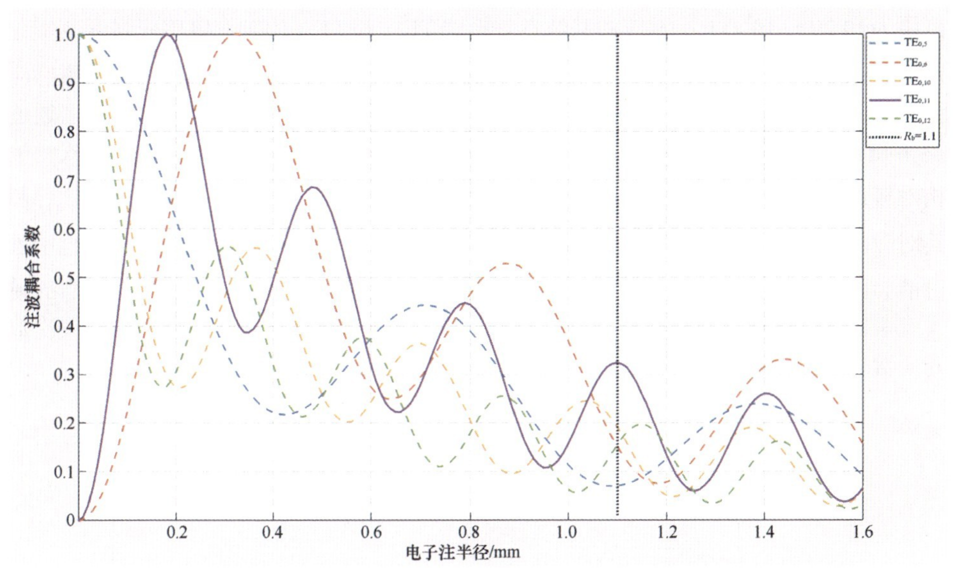

图 7-41　不同模式注波耦合系数与电子注半径的关系

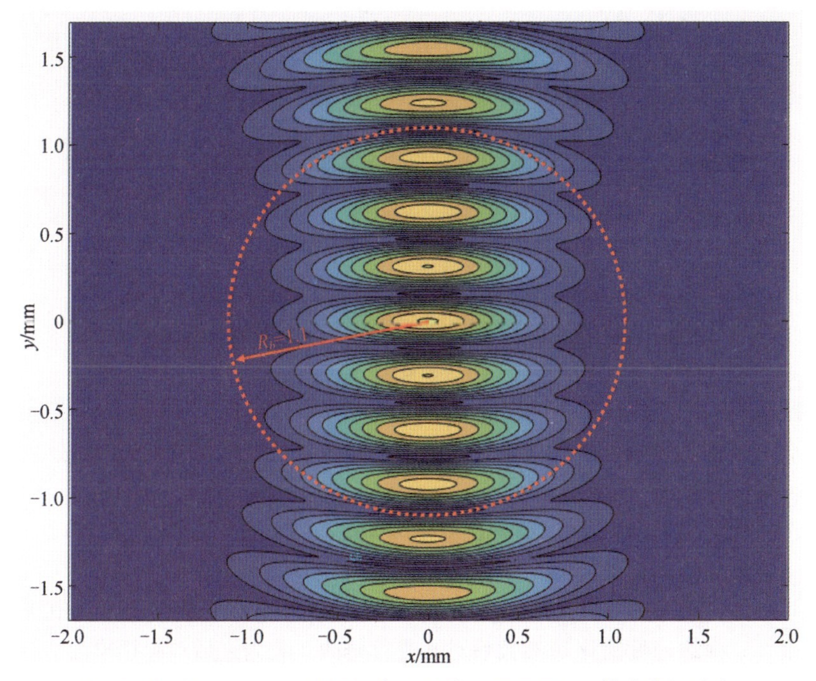

图 7-42　$R_b = 1.1\text{mm}$ 时环形电子注的位置及 $TE_{0,11}$ 模式电场分布

根据图 7-43 可知，对 $TE_{0,11}^2$ 模式而言，工作磁感应强度范围是 9.45 ～ 9.56T，而潜在竞争模式 $TE_{0,10}^2$ 的工作磁感应强度范围是 8.73 ～ 8.92T，$TE_{0,12}^2$ 的工作磁感应强度

范围为10.29～10.41T；对应的基波竞争模式$TE_{0,5}^{1}$和$TE_{0,6}^{1}$的工作磁感应强度范围分别是8.6～8.71T和10.41～10.62T。可以发现，与基波相比，二次谐波的工作磁感应强度范围均更小，这也从侧面印证了谐波工作模式的起振条件更加苛刻。此外，通过图7-43我们还发现$TE_{0,11}^{2}$模式距离其他4种模式都相对较远，起振时面对的模式竞争相对较弱。而二次谐波模式$TE_{0,10}^{2}$和其对应的基波模式$TE_{0,5}^{1}$、二次谐波模式$TE_{0,12}^{2}$和其对应的基波模式$TE_{0,6}^{1}$两两工作磁感应强度范围之间均有交集，因此在设计过程中很可能会因为基波与电子注之间注波耦合强度更高而抑制谐波起振抑或是产生激烈的模式竞争，从而削弱回旋振荡器的输出功率，更证明工作模式应当尽可能选择谐波次数为质数的电场模式。

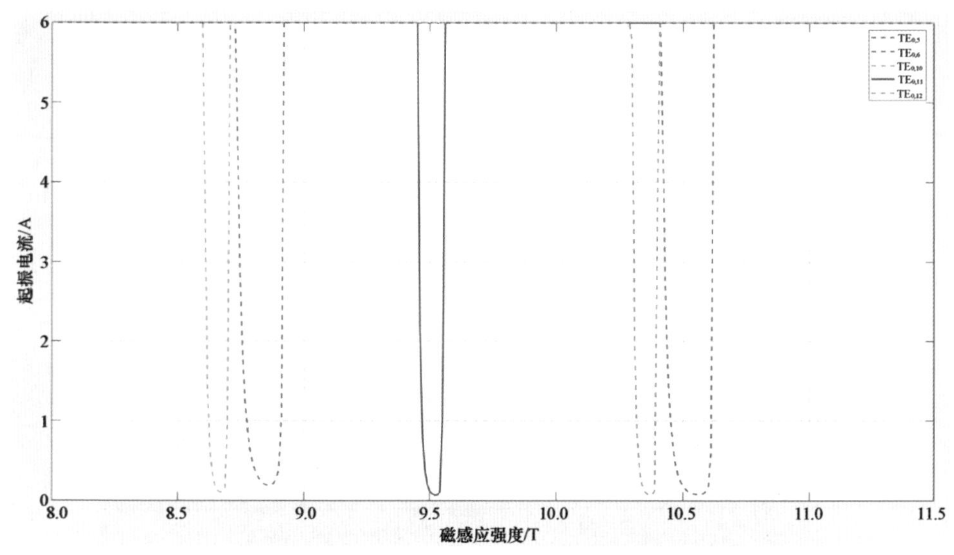

图7-43　谐振腔内各模式起振电流与磁感应强度的关系

可以利用基于非线性理论的注波互作用分析程序，根据上述结构参数及工作参数设计二次谐波回旋振荡器。为使设计达到最佳效果，在$TE_{0,11}^{2}$模式工作磁感应强度范围内对磁场进行扫参，从而确定最高电子效率以及最大输出功率的磁场值。计算结果：注电压、注电流、注半径、横纵速度比分别为40kV、5A、1.1mm和1.5，当$B_0 = 9.45T$时，电子效率和输出功率均最大，分别为13.58%及27.17kW。

除此之外，通过扫参寻找最优设计参数配置时，不建议在确定电子注电压V_b、电子注电流I_b、横纵速度比α等参数后对其进行修改，因为之后对起振电流的计算、分析均基于上述参数。修改以上参数后，对应的工作磁感应强度范围也会因此改变，从而可能无法匹配。如果确实需要修改，应该在修改后的基础上重新计算起振电流。建议在起振电流所对应的工作磁感应强度范围内进行扫参，观察最佳的磁场值，从而实现理论参数优化。

拓展阅读

[1] SHI X B, WANG Z L, TANG X F, et al. Study on wideband sheet beam traveling wave tube based on staggered doublevane slow wave structure[J]. IEEE Transactions on Plasma Science, 2014, 42(12): 3996-4003.

[2] SHI X B, WANG Z L, TANG T, et al. Theoretical and experimental research on a novel small tunable PCM system in staggered double vane TWT[J]. IEEE Transactions on Electron Devices, 2015, 62(12): 1-7.

[3] SHI N J, ZHANG C Q, TIAN H W, et al. Simulation design of G-band FWG TWT amplifier enhanced by π-mode extended in teraction[J]. IEEE Transactions on Electron Devices, 2022, 69(8): 4604-4610.

[4] SHI N J, ZHANG C Q, WANG S M, et al. A novel scheme for gain and power enhancement of THz TWTs by extended interaction cavities[J]. IEEE Transactions on Electron Devices, 2020, 67(2): 667-672.

[5] GUO J Y, DONG Y, LIU X Z, et al. A 0.34 THz quasi-optical resonant cavity-based Klystron amplifier[J]. IEEE Transactions on Electron Devices, 2023,70(6): 2846-2851.

[6] LEI Y L, WANG S M, GONG Y B. Study of a 500GHz second harmonic gyrotron oscillator with confocal cavity[C] // 2022 International Applied Computational Electromagnetics Society Symposium (ACES-China). Xuzhou: ACES, 2022: 1-3.

第 8 章　基于真空电子学的高功率微波技术

高功率微波（High Power Microwave，HPM）是指瞬时功率大于 100MW 的相干电磁辐射。高功率微波技术的研究最初起源于核爆电磁辐射，20 世纪 60 年代，美国在约翰斯顿岛上的核试验，使得距离爆炸中心约 1300km 的夏威夷岛上出现防盗铃误响、路灯故障、短波通信中断、雷达故障、电子程序混乱、无线控制设备停机、警报失灵等电磁辐射效应。显然，在信息时代，对电子设备构成巨大威胁的电磁脉冲具有非常重要的应用价值。

同期，约翰·查尔斯·马丁将高压马克斯发生器（Marx Generator）和布鲁姆林传输线（Blumlein Transmission Line）结合在一起，产生了百纳秒级的高电压输出，从而开始了脉冲功率技术的研究。其后，真空电子技术和脉冲功率技术相结合，利用高电压脉冲激发场发射电子，进而产生相对论电子注，电子注和真空电子器件互作用产生高功率微波辐射，这就揭开了高功率微波发展的序幕。

在相关需求的推动下，高功率微波技术得到了快速发展，输出功率在 30 多年内提高了约 100 倍。到 20 世纪末，多个实验室都已能够实现吉瓦量级的输出。比如，苏联研制的多波切连科夫发生器，在 X 波段实现了 15GW、100ns 的输出。美国菲利普斯研究基地研制的高功率微波器件之一——磁绝缘线振荡器（Magnetically Insulated Line Oscillator，MILO）已经能够在 1.2GHz 下，产生 200ns、2GW 的输出。

现在，高功率微波技术已成为最重要、应用最广泛的科学技术领域之一，主要应用包括各式雷达、定向能应用、医用加速器、科学加速器、工业加热/萃取、等离子体加热等方面。

高功率微波利用相对论电子注驱动真空电子器件产生超大功率辐射，故而常规的行波管、返波管和速调管都有与其对应的器件：相对论行波管（Relativistic Traveling-Wave Tube，RTWT）、相对论返波振荡器（Relativistic backward-wave oscillator，RBWO）、相对论速调管（Relativistic Klystron）等。本章主要介绍相对论返波振荡器、相对论速调管放大器。

8.1　相对论返波振荡器

常规真空电子器件中，返波管由于输出功率低、体积大等原因已经被固态器件替代。然而相对论返波振荡器像是为高功率微波装备量身打造一般，具有结构简单、输出功率高、体积小等优势，一直是高功率微波的研究热点，也是发展较快的一类器件。

2008 年，俄罗斯科学院大电流所公布了微波功率约为 4.3GW，转换效率约为 31%

的实验结果；2016 年，罗斯托夫（Rostov）等人对一个 Ka 波段相对论返波振荡器的中频率和相位稳定性进行研究，获得了最高功率约为 500MW 的输出。

在我国，电子科技大学在 1992 年完成了 X 波段相对论返波振荡器的实验工作，在 450kV、1.8kA 的电子注条件下获得约 98MW 的输出，对应的转换效率约为 10%。2011 年，中国工程物理研究院提出了一种 X 波段相对论返波振荡器，采用超导磁体，在 1MV、20kA 电子注的驱动下，获得功率约为 5.2GW、频率约为 8.25GHz 的微波辐射，并有约 30Hz 的重复频率。2015 年，国防科技大学在低磁场下获得了微波功率为 2GW，脉宽约为 116ns，转换效率约为 28%，重复频率约为 30Hz 的结果。2022 年，西北核技术研究院成功研制速调型相对论返波振荡器，通过缩短石墨阴极长度，抑制等离子体崩溃，在 C 波段获得功率约为 6.5GW、转换效率约为 36%的输出及功率约为 4.4GW、转换效率约为 47%的输出。

本节将介绍采用矩形栅慢波结构的毫米波相对论返波振荡器的研究方法。图 8-1 所示为矩形栅慢波结构，其中矩形槽的周期是 p，槽深为 h，槽宽为 d，整个波导的宽度为 w，波导的高度为 b。

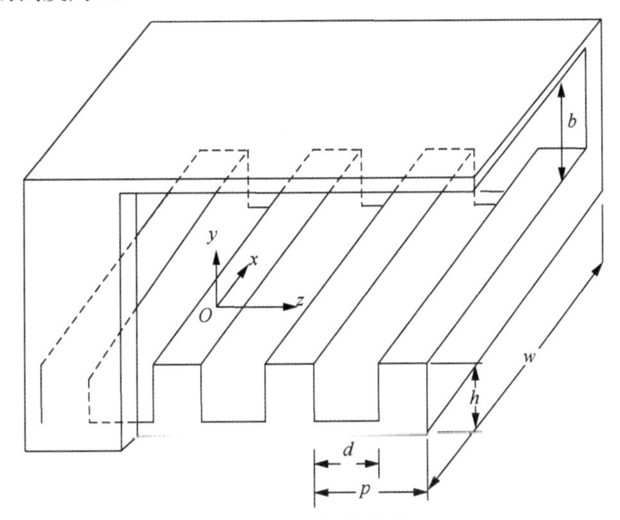

图 8-1　矩形栅慢波结构

该结构中只能传输 TE_x 模式，$E_x = 0$，参考相关文献得到色散方程：

$$\sum_{n'=-\infty}^{+\infty} A_{n'} X_{n,n'} = A_n Y_n \tag{8-1}$$

$$X_{n,n'} = \frac{2F_{n'}(0)}{s} \sum_{m=0}^{+\infty} \frac{G_m'(0) R\left(-k_{n'}^{\mathrm{I}}, k_m^{\mathrm{II}}, d\right) R\left(k_n^{\mathrm{I}}, k_m^{\mathrm{II}}, d\right)}{\left(h^{\mathrm{II}}\right)^2 G_m(0)\left(1+\delta_{m0}\right)} \tag{8-2}$$

$$Y_n = \frac{F_n'(0)\, p}{(h^{\mathrm{I}})^2} \tag{8-3}$$

$$R\left(k_n^{\mathrm{I}}, k_m^{\mathrm{II}}, s\right) = \int_0^d \cos(k_m^{\mathrm{II}} z) \exp(\mathrm{j}\, k_n^{\mathrm{I}} z) \mathrm{d}z \tag{8-4}$$

其中，

$$G'_m(x)=\begin{cases}-k_x^{\mathrm{II}}\sin\left[k_x^{\mathrm{II}}(x+h)\right] & \left(k_x^{\mathrm{II}}\right)^2>0\\ t_x^{\mathrm{II}}\sinh\left[t_x^{\mathrm{II}}(x+h)\right] & \left(k_x^{\mathrm{II}}\right)^2<0\end{cases}$$

$$G_m(x)=\begin{cases}\cos\left[k_x^{\mathrm{II}}(x+h)\right] & \left(k_x^{\mathrm{II}}\right)^2>0\\ \cosh\left[t_x^{\mathrm{II}}(x+h)\right] & \left(k_x^{\mathrm{II}}\right)^2<0\end{cases}$$

$$F'_m(x)=\begin{cases}k_x^{\mathrm{I}}\sin\left[k_x^{\mathrm{I}}(b-x)\right] & \left(k_x^{\mathrm{I}}\right)^2>0\\ -t_x^{\mathrm{I}}\sinh\left[t_x^{\mathrm{I}}(b-x)\right] & \left(k_x^{\mathrm{I}}\right)^2<0\end{cases}$$

k_x^{I}、k_x^{II} 分别为电子注通道和栅区的波数：

$$\left(k_x^{\mathrm{I}}\right)^2=k_0^2-\left(k_{yl}^{\mathrm{I}}\right)^2-\left(k_n^{\mathrm{I}}\right)^2=\left(h^{\mathrm{I}}\right)^2-\left(k_n^{\mathrm{I}}\right)^2=-\left(t_x^{\mathrm{I}}\right)^2$$

$$\left(k_x^{\mathrm{II}}\right)^2=k_0^2-\left(k_z^{\mathrm{II}}\right)^2-\left(k_{yl}\right)^2=\left(h^{\mathrm{II}}\right)^2-\left(k_z^{\mathrm{II}}\right)^2=-\left(t_x^{\mathrm{II}}\right)^2$$

基于该色散方程，我们来分析周期 $p=3\text{mm}$、槽深 $h=1.2\text{mm}$、槽宽 $d=2.1\text{mm}$、波导宽 $w=20\text{mm}$、波导高 $b=2.7\text{mm}$ 的慢波结构。采用 MATLAB 程序，并且每次调节一个参数，观测该参数对色散的影响。图 8-2 所示为不同的槽深 h 对色散的影响，由图可知，槽越浅，高频段频率越高。注意到 h=0 时，图中的结果就是矩形波导的色散曲线。图 8-3 所示为不同的周期 p 对色散的影响。图中，$k_z=2\pi/p$，表示沿 z 向的波数。

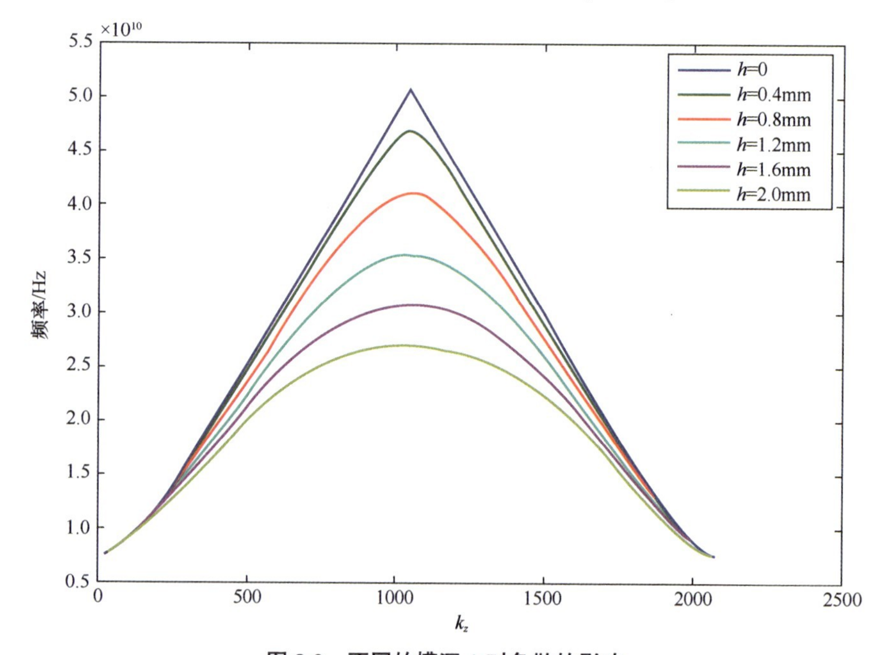

图 8-2　不同的槽深 h 对色散的影响

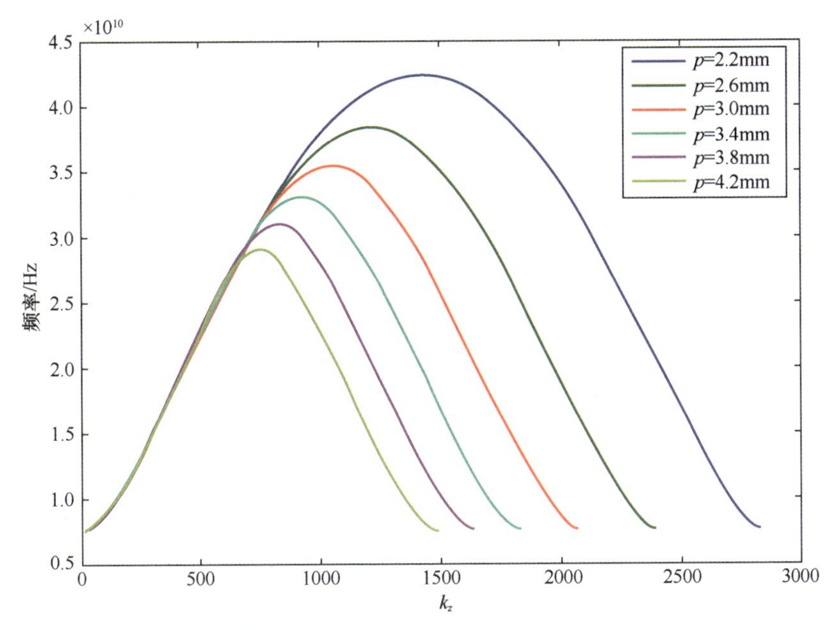

图 8-3　不同的周期 *p* 对色散的影响

粒子模拟也可以利用得到的场分布获得仿真结果，将该结果与理论计算结果进行对比，如图 8-4 所示。由图可知，低频段的仿真结果和理论计算结果基本一致，但高频段的仿真结果比理论计算结果略高。

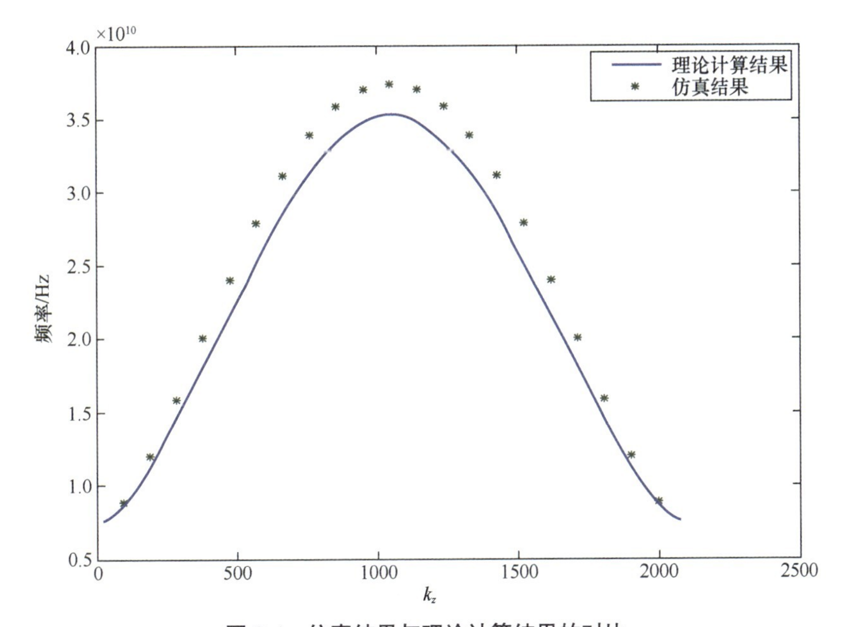

图 8-4　仿真结果与理论计算结果的对比

图 8-5 所示为粒子模拟结构。输入电子注电压 $V_b = 220\text{kV}$，电流 $I_b = 2000\text{A}$，电子注厚度 $D_b = 0.8\text{mm}$，引导磁场的磁感应强度 $B_z = 1.4\text{T}$，得到的结果如图 8-6、图 8-7 所示，由图可知，输出功率约为 40MW，输出频率约为 31.467GHz。

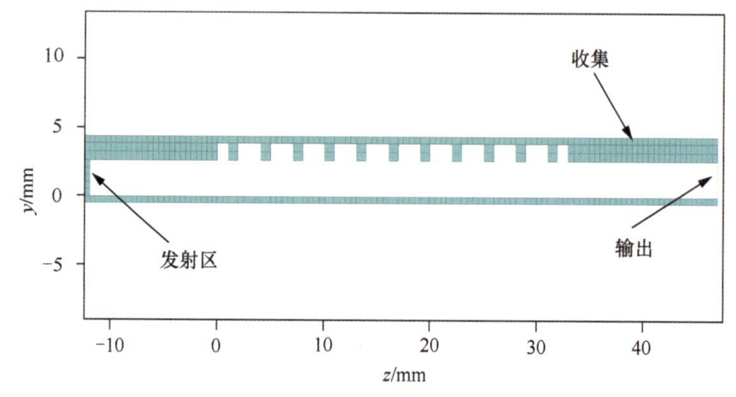

图 8-5　粒子模拟结构

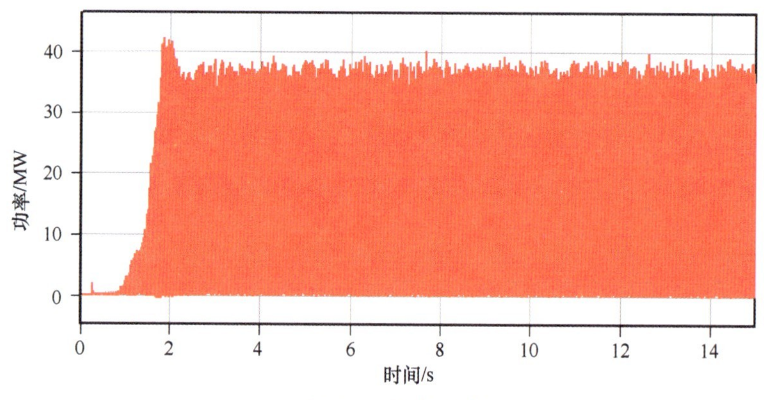

图 8-6　输出功率

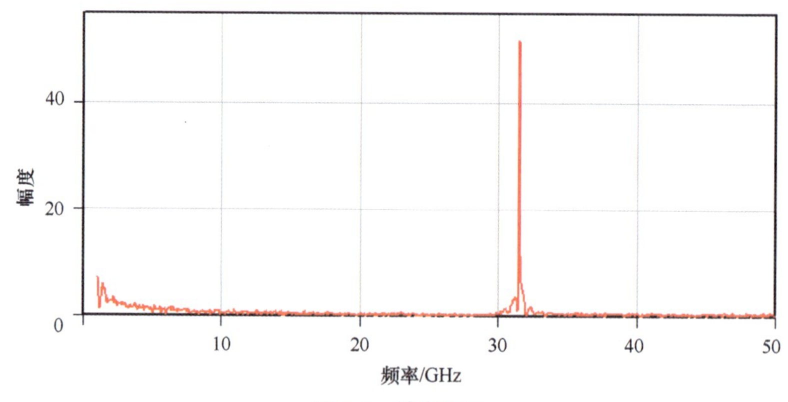

图 8-7　输出频率

实际加工中会增加预群聚段，并在输出位置增加天线将电磁波辐射出去。相对论返波振荡器的截面和实物分别如图 8-8 和图 8-9 所示。

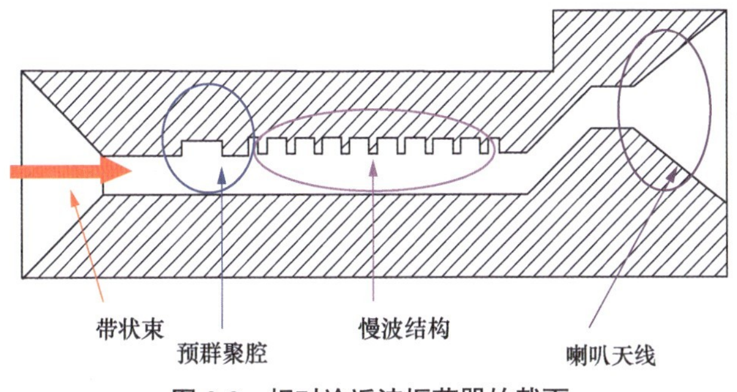

图 8-8　相对论返波振荡器的截面

图 8-9　相对论返波振荡器实物

常用的电容储能脉冲高压源一般有 3 种：Tesla 变压器、Marx 发生器和脉冲变压器。Marx 发生器输出电压高，但是体积庞大，并且不适合用于重复频率运行。脉冲变压器重复频率好、效率高，但是次级电容会成为附加负载，次级电感影响输出前沿，也限制了其应用。故而这里选择 Tesla 变压器。Tesla 变压器是一种广泛应用于高功率脉冲技术研究的升压结构，由尼古拉·特斯拉于 19 世纪作为专利提出。由于脉冲功率技术的需要，各个国家都研发了不同的 Tesla 变压器。其中以俄罗斯的 SINUS 系列较著名，电压输出从 200kV 到 2.5MV，电流从 2kA 到 20kA，其中 SINUS-120 的重复频率更是高达 1000 次。基于 Tesla 变压器，各个国家都开展了对脉冲功率技术、高功率微波、脉冲雷达等的研究。

Tesla 变压器的结构如图 8-10 所示，主要包括外筒、外磁心、初级线圈、次级线圈、支撑结构、内磁心等。Tesla 变压器的电路结构如图 8-11 所示。先由电源 V_1 对初级电容 C_1 充电，充电完成后，开关 J_1 切换，初级电容 C_1 对变压器 T_1 的初级线圈放电，初级线圈和次级线圈耦合，在次级线圈、次级电容 C_2 上产生高电压。当次级电容上电压达到所需电压时，击穿气体火花开关，二极管放电，即可以在二极管上产生高压脉冲信号。此处 L_1、 R_1 和 L_2、 R_2 分别为初级线圈和次级线圈的电感、电阻。

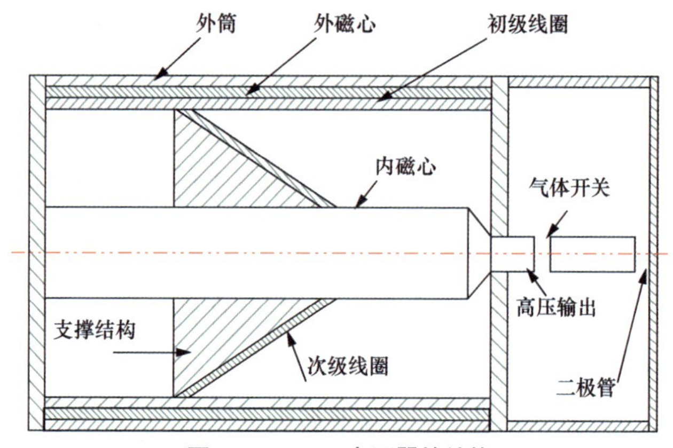

图 8-10 Tesla 变压器的结构

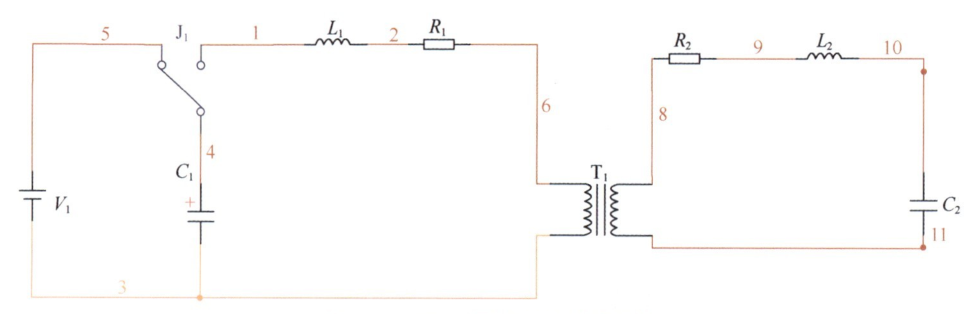

图 8-11 Tesla 变压器的电路结构

简单来说，Tesla 变压器可以被看作两个谐振频率一致的 LC 回路的振荡，电路方程为

$$\frac{1}{C_1}\int I_1 \mathrm{d}t + L_1\frac{\mathrm{d}I_1}{\mathrm{d}t} = M\frac{\mathrm{d}I_2}{\mathrm{d}t} \tag{8-5}$$

$$\frac{1}{C_2}\int I_2 \mathrm{d}t + L_2\frac{\mathrm{d}I_2}{\mathrm{d}t} = M\frac{\mathrm{d}I_1}{\mathrm{d}t} \tag{8-6}$$

其中，I_1、I_2 分别为回路 1、2 中的电流，M 为电感耦合系数。可将式（8-5）和式（8-6）改写为

$$\omega_1^2 I_1 + \frac{\mathrm{d}^2 I_1}{\mathrm{d}t^2} = \frac{M}{L_1}\frac{\mathrm{d}^2 I_2}{\mathrm{d}t^2} \tag{8-7}$$

$$\omega_2^2 I_2 + \frac{\mathrm{d}^2 I_2}{\mathrm{d}t^2} = \frac{M}{L_2}\frac{\mathrm{d}^2 I_1}{\mathrm{d}t^2} \tag{8-8}$$

其中，$\omega_1 = \dfrac{1}{\sqrt{C_1 L_1}}$ 是回路 1 的振荡频率，$\omega_2 = \dfrac{1}{\sqrt{C_2 L_2}}$ 是回路 2 的振荡频率。

将上述方程改为算子式，得到

$$\omega_1^2 I_1 + D^2 I_1 = \frac{M}{L_1} D^2 I_2 \tag{8-9}$$

$$\omega_2^2 I_2 + D^2 I_2 = \frac{M}{L_2} D^2 I_1 \tag{8-10}$$

其中，D^2 表示对时间的二阶微分。

合并式（8-9）和式（8-10），得到

$$\frac{I_1}{I_2} = \frac{\frac{M}{L_1} D^2}{\omega_1^2 + D^2} = \frac{\omega_2^2 + D^2}{\frac{M}{L_2} D^2} \tag{8-11}$$

即得到

$$\left(1 - \frac{M^2}{L_1 L_2}\right) D^4 + \left(\omega_1^2 + \omega_2^2\right) D^2 + \omega_1^2 \omega_2^2 = 0 \tag{8-12}$$

该方程为 4 阶方程，求解得

$$D^2 = \frac{-\left(\omega_1^2 + \omega_2^2\right) \pm \sqrt{(\omega_1^2 + \omega_2^2)^2 - 4\left(1 - K^2\right)\omega_1^2 \omega_2^2}}{2\left(1 - K^2\right)} \tag{8-13}$$

其中，$K^2 = \frac{M^2}{L_1 L_2}$。

此时，注意到 4 阶方程的解中，4 个解全部为虚数。由于 D 为对时间的算子，解为虚数，因此它表示振荡的频率。可见在这两个回路中，存在两个电压振荡波，高频电压振荡波（U_a）叠加在低频电压振荡波（U_b）上。令 ω_a、ω_b 为振荡频率，则初级电容上的电压为

$$U_1 = U_a \cos(\omega_a t) + U_b \cos(\omega_b t) \tag{8-14}$$

其中，$\omega_{a,b}^2 = \frac{\left(\omega_1^2 + \omega_2^2\right) \pm \sqrt{(\omega_1^2 + \omega_2^2)^2 - 4\left(1 - K^2\right)\omega_1^2 \omega_2^2}}{2\left(1 - K^2\right)}$。

通过分析可知，若 $\omega_a > \omega_b$，则 $\omega_a > \omega_1 > \omega_2 > \omega_b$，可以得到回路 1 中的电流：

$$I_1 = C\frac{\mathrm{d}U}{\mathrm{d}t} = -C_1 U_a \omega_a \sin(\omega_a t) - C_1 U_b \omega_b \sin(\omega_b t) \tag{8-15}$$

令回路 2 中的电流为

$$I_2 = -C_2 B_a \omega_a \sin(\omega_a t) - C_2 B_b \omega_b \sin(\omega_b t) \tag{8-16}$$

其中，B_a、B_b 均为待定系数。

将式（8-15）与式（8-16）代入式（8-7），可得

$$\begin{aligned}&\left(\omega_a^2 - \omega_1^2\right) C_1 U_a \omega_a \sin(\omega_a t) + \left(\omega_b^2 - \omega_1^2\right) C_1 U_b \omega_b \sin(\omega_b t) \\ &= \frac{M}{L_1} C_2 B_a \omega_a^3 \sin(\omega_a t) + \frac{M}{L_1} C_2 B_b \omega_b^3 \sin(\omega_b t)\end{aligned} \tag{8-17}$$

故而，得到

$$\left(\omega_{a}^{2}-\omega_{1}^{2}\right)C_{1}U_{a}\omega_{a}\sin(\omega_{a}t)=\frac{M}{L_{1}}C_{2}B_{a}\omega_{a}^{3}\sin(\omega_{a}t) \tag{8-18}$$

即

$$B_{a}=\frac{L_{1}C_{1}}{MC_{2}}U_{a}\left(1-\frac{\omega_{1}^{2}}{\omega_{a}^{2}}\right) \tag{8-19}$$

同理：

$$B_{b}=\frac{L_{1}C_{1}}{MC_{2}}U_{b}\left(1-\frac{\omega_{1}^{2}}{\omega_{b}^{2}}\right) \tag{8-20}$$

将回路 2 中的电流写为

$$I_{2}=-\frac{L_{1}}{M}C_{1}U_{a}\left(1-\frac{\omega_{1}^{2}}{\omega_{a}^{2}}\right)\omega_{a}\sin(\omega_{a}t)-\frac{L_{1}}{M}C_{1}U_{b}\left(1-\frac{\omega_{1}^{2}}{\omega_{b}^{2}}\right)\omega_{b}\sin(\omega_{b}t) \tag{8-21}$$

将次级电容上的电压写为

$$U_{2}=\frac{L_{1}C_{1}}{MC_{2}}U_{a}\left(1-\frac{\omega_{1}^{2}}{\omega_{a}^{2}}\right)\cos(\omega_{a}t)+\frac{L_{1}C_{1}}{MC_{2}}U_{b}\left(1-\frac{\omega_{1}^{2}}{\omega_{b}^{2}}\right)\cos(\omega_{b}t) \tag{8-22}$$

将得到的电压、电流结果结合初始条件：

$$U_{1}\big|_{t=0}=U_{a}+U_{b}=U_{0} \tag{8-23}$$

$$I_{1}\big|_{t=0}=0 \tag{8-24}$$

$$I_{2}\big|_{t=0}=0 \tag{8-25}$$

$$U_{2}\big|_{t=0}=\frac{L_{1}C_{1}}{MC_{2}}U_{a}\left(1-\frac{\omega_{1}^{2}}{\omega_{a}^{2}}\right)+\frac{L_{1}C_{1}}{MC_{2}}U_{b}\left(1-\frac{\omega_{1}^{2}}{\omega_{b}^{2}}\right)=0 \tag{8-26}$$

即得到

$$\frac{L_{1}C_{1}}{MC_{2}}U_{a}\left(1-\frac{\omega_{1}^{2}}{\omega_{a}^{2}}\right)+\frac{L_{1}C_{1}}{MC_{2}}\left(U_{0}-U_{a}\right)\left(1-\frac{\omega_{1}^{2}}{\omega_{b}^{2}}\right)=0 \tag{8-27}$$

即

$$U_{a}=\frac{\dfrac{\omega_{1}^{2}}{\omega_{b}^{2}}-1}{\dfrac{\omega_{1}^{2}}{\omega_{b}^{2}}-\dfrac{\omega_{1}^{2}}{\omega_{a}^{2}}}U_{0}=\frac{\omega_{1}^{2}\omega_{a}^{2}-\omega_{b}^{2}\omega_{a}^{2}}{\omega_{1}^{2}\omega_{a}^{2}-\omega_{1}^{2}\omega_{b}^{2}}U_{0}>0 \tag{8-28}$$

$$U_{b}=U_{0}-U_{a}=\frac{-\omega_{1}^{2}\omega_{b}^{2}-\omega_{b}^{2}\omega_{a}^{2}}{\omega_{1}^{2}\omega_{a}^{2}-\omega_{1}^{2}\omega_{b}^{2}}U_{0}>0 \tag{8-29}$$

频率低的振幅等于频率高的振幅。可将次级电容上的电压重新改写为

$$\begin{aligned}U_{2}&=\left|\frac{L_{1}C_{1}}{MC_{2}}U_{a}\left(1-\frac{\omega_{1}^{2}}{\omega_{a}^{2}}\right)\right|\cos(\omega_{a}t)-\left|\frac{L_{1}C_{1}}{MC_{2}}U_{b}\left(\frac{\omega_{1}^{2}}{\omega_{b}^{2}}-1\right)\right|\cos(\omega_{b}t)\\&=A\cos(\omega_{a}t)-A\cos(\omega_{b}t)\end{aligned} \tag{8-30}$$

其中，A 为幅值系数。

由于两个电压波的振荡频率不同，且 $\omega_a > \omega_b$，所以次级电容上电压取最大值时要求：

$$\begin{aligned} &\omega_b t = 2n\pi - \pi, \omega_a t = 2m\pi \qquad m>n, U_2>0 \\ &\omega_b t = 2n\pi, \omega_a t = 2m\pi + \pi \qquad m\geqslant n, U_2<0 \end{aligned} \tag{8-31}$$

其中，m、n 都为自然数。

当电压波在两个回路中振荡时，为了避免击穿和衰减，振荡次数越少越好。所以，n 取 1，就可以得到次级电容上电压取最大值的条件：

$$\frac{\pi}{\omega_b} = \frac{2m\pi}{\omega_a}，即 \omega_a = 2m\omega_b \qquad U_2>0 \tag{8-32}$$

$$\frac{2\pi}{\omega_b} = \frac{2m\pi+\pi}{\omega_a}，即 \omega_a = \left(m+\frac{1}{2}\right)\omega_b \qquad U_2<0 \tag{8-33}$$

式（8-30）又可以改写为

$$\begin{aligned} U_2 &= A\cos(\omega_a t) - A\cos(\omega_b t) \\ &= A\cos\left(\frac{\omega_a+\omega_b}{2}t + \frac{\omega_a-\omega_b}{2}t\right) - A\cos\left(\frac{\omega_a+\omega_b}{2}t - \frac{\omega_a-\omega_b}{2}t\right) \\ &= -2A\sin\left(\frac{\omega_a+\omega_b}{2}t\right)\sin\left(\frac{\omega_a-\omega_b}{2}t\right) \end{aligned} \tag{8-34}$$

要取最大值，则要求

$$\frac{n\pi - \dfrac{\pi}{2}}{\dfrac{\omega_a-\omega_b}{2}} = \frac{m\pi + \dfrac{\pi}{2}}{\dfrac{\omega_a+\omega_b}{2}} \tag{8-35}$$

即

$$\frac{\omega_a+\omega_b}{\omega_a-\omega_b} = \frac{2m+1}{2n-1} 或 (m+n)\omega_b = (m-n+1)\omega_a \tag{8-36}$$

当 n=1 时，可以将式（8-36）写作

$$\frac{\omega_a+\omega_b}{\omega_a-\omega_b} = 2m+1 或 (m+1)\omega_b = m\omega_a \tag{8-37}$$

重新来看次级电容上的电压，可知最大可能电压为

$$\begin{aligned} U_2 &= \left|\frac{L_1C_1}{MC_2}U_a\left(1-\frac{\omega_1^2}{\omega_a^2}\right)\right| + \left|\frac{L_1C_1}{MC_2}U_b\left(1-\frac{\omega_1^2}{\omega_b^2}\right)\right| \\ &= \sqrt{\frac{L_2}{L_1}}\frac{2K}{F}U_0 \end{aligned} \tag{8-38}$$

其中，$\omega_{a,b}^2 = \omega_1^2\dfrac{(T+1)\pm\sqrt{(T+1)^2-4\left(1-K^2\right)T}}{2\left(1-K^2\right)T}$，$T = \dfrac{\omega_1^2}{\omega_2^2}$，故而 $F = \sqrt{(T+1)^2-4\left(1-K^2\right)T}$。

根据电压计算能量转换效率：

$$\eta = \frac{\frac{1}{2}C_2U_2^2}{\frac{1}{2}C_1U_0^2} = \frac{4K^2T}{(T+1)^2 - 4\left(1-K^2\right)T} \tag{8-39}$$

由图 8-12 可见，只有 T=1 时，能量全部输出至次级电容，并且和 K 无关。T=1 时振荡频率为

$$\omega_{a,b}^2 = \frac{\omega_1^2}{1 \mp K} \tag{8-40}$$

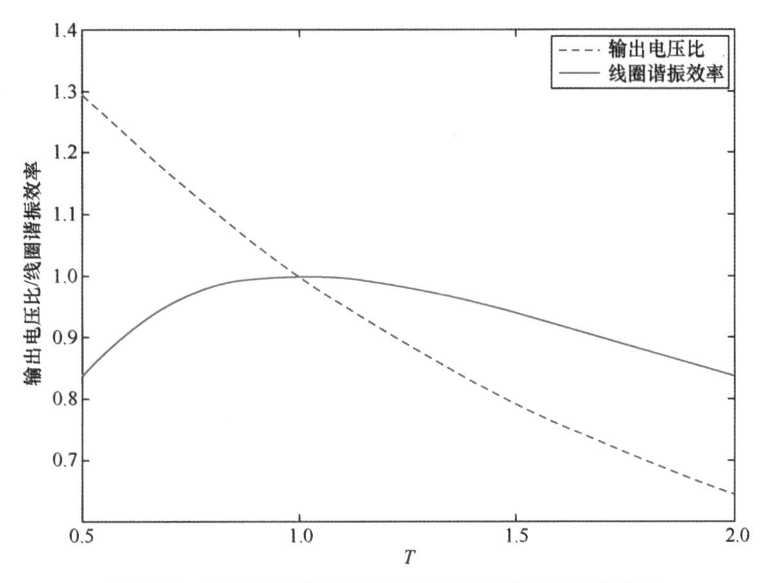

图 8-12　输出电压比和效率与线圈谐振频率比 *T* 的关系

此 Tesla 变压器初级充电 5kV，变压后输出电压为 196kV，阻抗匹配情况下，电流为 2.4kA。该变压器也应用了 Blumlein 传输线。Blumlein 传输线采用一种双传输线结构，能够使用较短的传输线获得较宽的脉宽，输出脉宽约 21ns。该变压器的最高工作重复频率为 150Hz。

将高压输出脉冲接到阴极上，在阴极和阳极之间产生高电场，实现爆炸发射。由于采用矩形栅慢波结构，故而设计刀口状阴极，如图 8-13 所示。

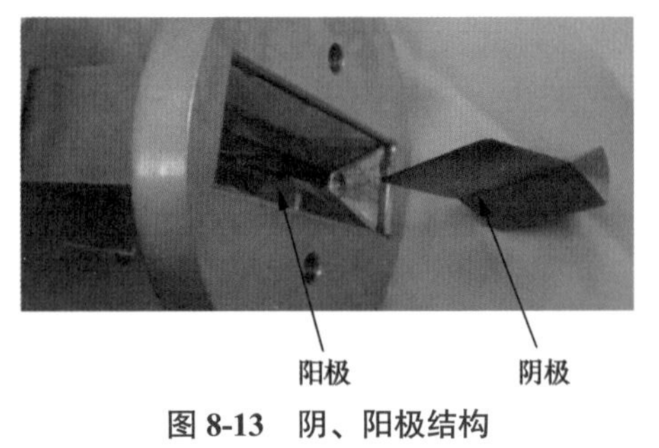

图 8-13　阴、阳极结构

若要电子枪产生的相对论电子注稳定传输，需要聚焦系统，必须满足以下条件。

（1）磁感应强度足够大，根据研究需求，至少需要达到 2.0T。

（2）轴向磁场均匀区足够长，为了满足今后的实验需求，采用 30cm。

（3）磁场持续时间足够长。

由于电子注信号脉冲时间约为 20ns，故采用大于 20 μs 的脉冲电源即可。这里，对磁感应强度的要求即对脉冲放电电流大小的要求。综合考虑脉冲电流大小和脉冲时间，螺线管电源采用图 8-14 所示电路。

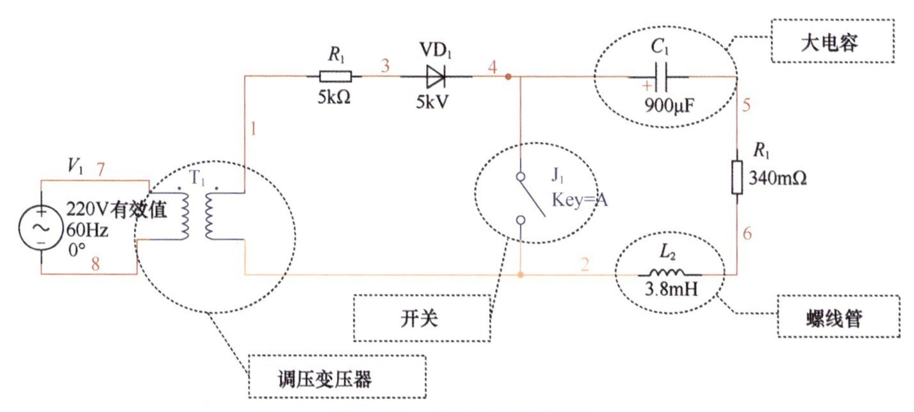

图 8-14　螺线管电源电路

由交流 220V 经过调压变压器 T_1。将电压升为 2kV，对电容量为 900μF、耐受电压为 5kV 的电容器 C_1 充电。充电电路上增加了二极管 VD_1 和限流电阻 R_2。电容器 C_1 充电完成后，触发器引导真空开关 J_1 击穿，则电容器 C_1 对螺线管放电。放电电压、电流波形分别如图 8-15、图 8-16 所示。

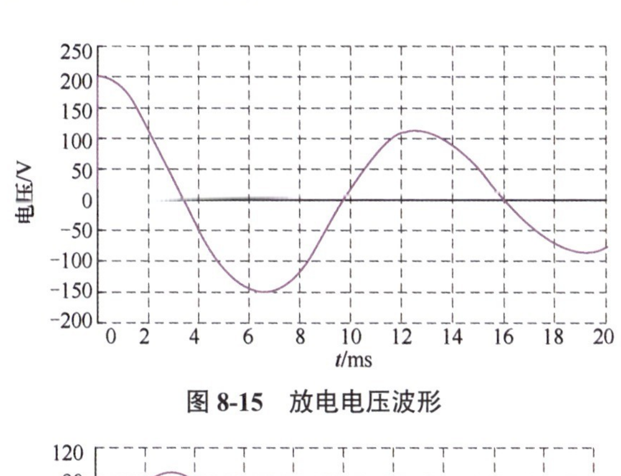

图 8-15　放电电压波形

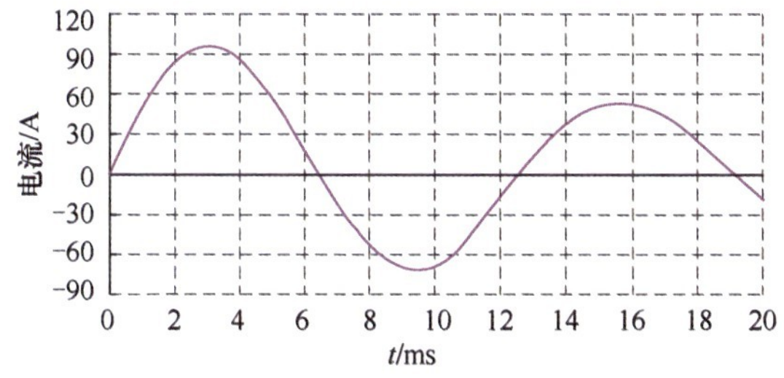

图 8-16　放电电流波形

螺线管的参数：螺线管长度$l = 35\text{cm}$，导线截面面积为$(0.45 \times 0.25)\text{cm}^2$，内导体截面面积为$(0.4 \times 0.2)\text{cm}^2$，线圈匝数$N = N_1 \times N_2 = 78匝 \times 5层$，螺线管内半径$r_i = 4.4\text{cm}$，外半径$r_o = 5.98\text{cm}$。由于电子注扩散段不需要很强的磁场，而在电子注的输入段需要强磁场聚焦，故而在靠近电子枪的一段增加了19匝线圈。最后测量得到螺线管电阻$R_1 = 0.34\Omega$，电感$L_2 = 3.8\text{mH}$。

根据《微波电子管磁路设计手册》（国防工业出版社，1984年出版），可得到磁场分布和电流的关系：

$$H_z = 0.2\pi n_1 n_2 I\left[\left(\frac{l}{2}+z\right)\ln\frac{r_o+\sqrt{r_o^2+\left(\frac{l}{2}+z\right)^2}}{r_i+\sqrt{r_i^2+\left(\frac{l}{2}+z\right)^2}}+\left(\frac{l}{2}-z\right)\ln\frac{r_o+\sqrt{r_o^2+\left(\frac{l}{2}-z\right)^2}}{r_i+\sqrt{r_i^2+\left(\frac{l}{2}-z\right)^2}}\right] \tag{8-41}$$

采用MATLAB计算所得的磁场分布如图8-17中实线所示。采用3A恒流源，用高斯计测量所得的磁场分布如图中星号所示，实验结果和理论结果符合良好。同时根据充电电压，能够调节放电电流，也就是调节获得的磁感应强度。当充电电压达到4.5kV时，获得的电流约为2kA，得到的磁感应强度大于2.5T，满足磁感应强度要求。

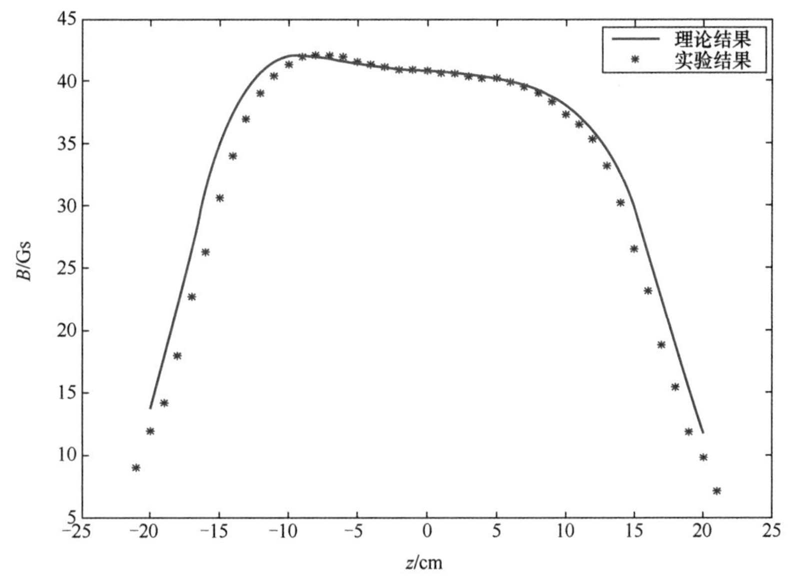

图8-17　螺线管磁场分布

仿真和实验也证明该刀口状阴极能够产生满足需求的带状电子注。

电磁波从相对论返波振荡器中产生后，可以通过天线辐射出去，由于矩形栅输出的电磁波模式为TE_{10}，所以可以采用喇叭天线（见图8-18）直接辐射输出，对该喇叭天线进行仿真得到天线增益约为23dB。

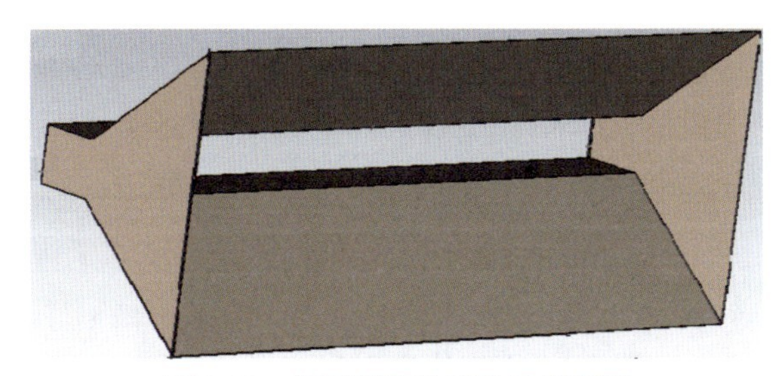

图 8-18 矩形截面的喇叭天线模型

辐射出来的电磁波经衰减后，采用检波器测量其功率，采用色散线测量工作频率，色散线是利用电磁波在波导中传输速度和频率关系实现工作频率测量的传输线，测量得到

$$f = \frac{f_c}{\sqrt{1-\left(\frac{L}{cT}\right)^2}} = 36.6\text{GHz} \tag{8-42}$$

其中，f 为工作频率，f_c 是 8mm 波导的截止频率，L=29.347mm 为色散线的长度，T=120ns 为色散线上的延迟时间，c 是光速。

功率检测器连接衰减器、定向耦合器和接收天线等。功率检测器电压为 152mV，对应功率为 2.5mW，衰减为 41dB，定向耦合器衰减为 40dB，因此接收功率 $p_r = 310\text{kW}$，这个值高于 8mm 标准波导的功率容量 $p_c = 125\text{kW}$。之所以如此，是因为脉冲很短时击穿场得到改善。

计算得到辐射功率：

$$P = \frac{p_r(4\pi r)^2}{G_r G_t \lambda^2} = 40\text{MW} \tag{8-43}$$

其中，$G_r = 20\text{dB}$，$G_t = 23.4\text{dB}$，分别为接收天线和发射天线的增益；两个天线的距离 $r = 1.08\text{m}$；λ 是波长。

相对论返波振荡器的效率 $\eta = P / UI = 17.1\%$。

8.2 相对论速调管放大器

相对论速调管放大器（Relativity Klystron Amplifier，RKA）也是一类发展较成熟的器件，最早由美国的摩西 • 弗里德曼和维克托等人于 20 世纪 80 年代提出。在 1987 年，NRL 研制出了工作在 L 波段的相对论速调管放大器，结构如图 8-19 所示，该速调管放大器由重入式输入腔、重入式中间腔和重入式输出腔等组成。向设计的速调管放大器中注入功率为 3GW 的强流相对论电子注，在输出腔中可获得功率约为 1.8GW，脉宽范围为 30～50ns 的微波信号。该研究还表明，在微波输出功率降至 500MW 时，脉宽能扩展到 140ns。

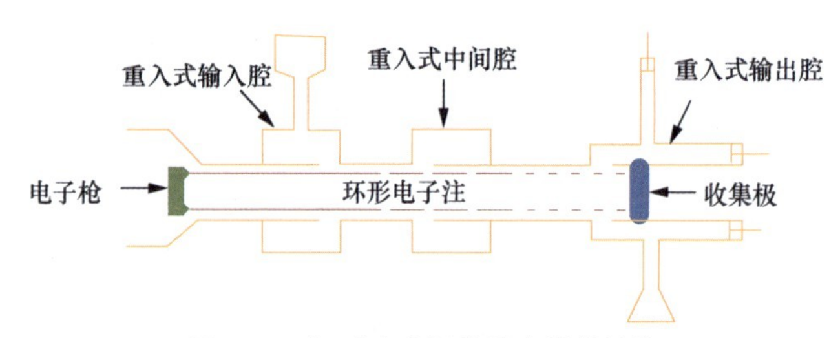

图 8-19 相对论速调管放大器的结构

我国的速调管放大器研究最初是由中国科学院高能物理研究所于 1956 年开始的，到了 20 世纪 80 年代，中国科学院电子学研究所进行了对工作在多个微波波段的大功率速调管放大器的长期研究。研究人员已成功设计出了在 S 波段中用于直线感应加速器的速调管放大器，输出微波瞬时功率为 15MW。目前，相对论速调管放大器研究主要集中在 L、S、X 等波段，如表 8-1 所示。然而随着毫米波科学与技术的发展，需要相对论速调管放大器往 Ka 波段甚至更高频段发展。

表 8-1 我国相对论速调管放大器的部分实验研究数据

波段	时间/年	电压/kV	电流/kA	输出功率/MW	脉宽/ns	效率/%	增益/dB
L	1998	500	4.5	536	50	21	30.0
	2002	446	3.0	381	200	28	34.0
	2004	750	8.6	2100	15	33	40.0
S	2007	600	6.2	1000	22	27	33.0
	2012	505	6.5	700	30	22	30.0
	2019	850	7.6	1730	110	27	51.0
X	2015	580	6.9	1100	105	27	42.6
	2019	720	9.3	2200	120	33	50.0

在同轴相对论速调管中，强流相对论电子注（Intense Current Relativity Electron Beam，IREB）在同轴漂移管中传输，它的空间电荷效应是影响相对论速调管放大器工作性能的基本因素之一，与电子注在传统的空心圆柱漂移管中传输存在差别。因此，分别对强流相对论电子注在同轴漂移管和空心圆柱漂移管中的传输过程进行分析，并对其空间电荷限制流与注波转换率进行比较。对同轴谐振腔进行小信号理论的一维模型简化，研究并推导电子注经过同轴谐振腔时的负载电导。对常用的双间隙与三间隙谐振腔在工作模式下的电子注负载电导进行数值分析，可加深对同轴相对论速调管放大器中注波互作用的理解，为后续设计器件参数提供理论指导。

8.2.1 电子注在同轴与空心圆柱漂移管中的空间电荷限制流

同轴和空心圆柱漂移管模型如图 8-20 所示。设定纵向引导磁感应强度无穷大，在漂移管中传输的电子注形状为环形，内半径为 r_{b0}、外半径为 r_{b1}，r_1 是同轴漂移管的内导体半径，同轴和空心圆柱漂移管的外导体半径为 r_2，为了保证漂移管的内外导体表面电势为 0，设定其同时接地。

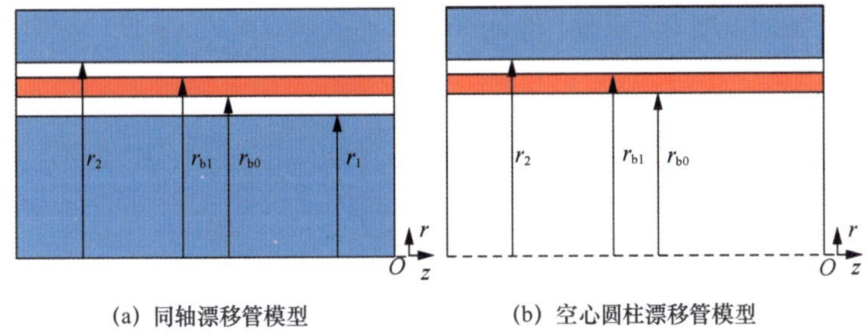

(a) 同轴漂移管模型　　(b) 空心圆柱漂移管模型

图 8-20　同轴和空心圆柱漂移管模型

设电子注的电流为I_0，电压为V_0，真空介电常数为ε_0，电子注的空间电荷密度为ρ_1，同轴漂移管的内导体外表面的感应电荷面密度为σ_0，将同轴漂移管结构分为漂移管内半径至电子注内半径、电子注内半径至电子注外半径、电子注外半径至漂移管外半径 3 个区域，根据高斯定律和边界条件可以求得同轴漂移管各区域的电势分布如下：

$$\varphi_1(r)=\frac{r_1\sigma_0}{\varepsilon_0}\ln\frac{r_1}{r}, r_1<r\leqslant r_{b0} \tag{8-44}$$

$$\begin{aligned}\varphi_2(r)=&-\frac{\rho_1}{4\varepsilon_0}r^2-\frac{-\rho_1 r_{b0}^2+2\sigma_0 r_1}{2\varepsilon_0}\ln r+\frac{\rho_1\left(r_{b1}^2-r_{b0}^2\right)+2\sigma_0 r_1}{2\varepsilon_0}\ln\frac{r_2}{r_{b1}}+\\&\frac{\rho_1}{4\varepsilon_0}r_{b1}^2-\frac{-\rho_1 r_{b0}^2+2\sigma_0 r_1}{2\varepsilon_0}\ln r_{b1}, r_{b0}<r<r_{b1}\end{aligned} \tag{8-45}$$

$$\varphi_3(r)=\frac{\rho_0\left(r_{b1}^2-r_{b0}^2\right)+2\sigma_0 r_1}{2\varepsilon_0}\ln\frac{r_2}{r}, r_{b1}\leqslant r<r_2 \tag{8-46}$$

当$\varphi_1(r_{b0})=\varphi_2(r_{b0})$时，势函数在$r=r_{b0}$处连续，联立式（8-44）与式（8-45）可求得$\sigma_0$与$\rho_1$之间的关系表达式：

$$\sigma_0=\frac{\dfrac{\rho_1\left(r_{b1}^2-r_{b0}^2\right)}{4}-\dfrac{\rho_1 r_{b0}^2}{2}\ln\dfrac{r_{b1}}{r_{b0}}+\dfrac{\rho_1\left(r_{b1}^2-r_{b0}^2\right)}{2}\ln\dfrac{r_2}{r_{b1}}}{r_1\ln\dfrac{r_1}{r_2}} \tag{8-47}$$

注入漂移管的电子注能量包含两部分，一部分为电子注势能，另一部分为电子注动能，依据能量守恒定律，可推出其关系式：

$$(\gamma_0-1)m_0c^2+\left|e\varphi_2(r)\right|=(\gamma_{inj}-1)m_0c^2 \tag{8-48}$$

其中，γ_0为电子的等效相对论因子，m_0为单个电子的质量，e为单个电子的带电荷量，c为光在真空中的速度，γ_{inj}为电子注进入漂移管时所携带的能量。电子在受到空间电荷场作用之后的速度为

$$v_0=c\left(1-\frac{1}{\gamma_0}\right)^{\frac{1}{2}}=c\left[1-\left(\gamma_{inj}-\frac{\left|e\varphi(r)\right|}{m_0c^2}\right)^{-2}\right]^{\frac{1}{2}} \tag{8-49}$$

假设电子注的厚度为无限薄，即 $r_{b1}-r_{b0}\ll r_{b0}$，此时对式（8-47）求极限，可将其简化为

$$\sigma_0=-\frac{I_0\ln\dfrac{r_2}{r_{b1}}}{2\pi v_0 r_1\ln\dfrac{r_2}{r_1}} \tag{8-50}$$

电子的势能 PE 为

$$\mathrm{PE}=\left|e\varphi\left(r_{b1}\right)\right|=\frac{\left|eI_0\right|}{2\pi\varepsilon_0 v_0}\left(\frac{1}{\ln\dfrac{r_{b1}}{r_1}}+\frac{1}{\ln\dfrac{r_2}{r_{b1}}}\right)^{-1} \tag{8-51}$$

在 $r=r_{b1}$ 处，由式（8-48）和式（8-51）可得到如下关系式：

$$\frac{\left|e\varphi\left(r_{b1}\right)\right|}{m_0c^2}\left[1-\left(\gamma_{inj}-\frac{\left|e\varphi\left(r_{b1}\right)\right|}{m_0c^2}\right)^{-2}\right]^{\frac{1}{2}}=\frac{e}{2\pi\varepsilon_0 m_0c^3}I_0\left(\frac{1}{\ln\dfrac{r_{b1}}{r_1}}+\frac{1}{\ln\dfrac{r_2}{r_{b1}}}\right)^{-1} \tag{8-52}$$

当 γ_{inj} 和同轴漂移管内外半径不变时，可将式（8-52）左边看作 $\left|e\varphi\left(r_{b1}\right)\right|/\left(m_0c^2\right)$ 的函数，对其求导并令其导数为 0，求得当 $\left|e\varphi\left(r_{b1}\right)\right|/\left(m_0c^2\right)=\gamma_{inj}-\gamma_{inj}^{\frac{1}{3}}$ 时，式（8-52）的左边有极大值 $\left(\gamma_{inj}^{\frac{2}{3}}-1\right)^{\frac{3}{2}}$，求得同轴漂移管中的空间电荷限制流表达式为

$$I_{scl}=\frac{2\pi\varepsilon_0 m_0c^3}{e}\left(\frac{1}{\ln\dfrac{r_{b1}}{r_1}+\ln\dfrac{r_2}{r_{b1}}}\right)\left(\gamma_{inj}^{\frac{2}{3}}-1\right)^{\frac{3}{2}} \tag{8-53}$$

而在空心圆柱漂移管中，无限薄的环形电子注的空间电荷限制流为

$$I_{scl}=\frac{2\pi\varepsilon_0 m_0c^3}{e}\left(\ln\frac{r_2}{r_{b1}}\right)^{-1}\left(\gamma_{inj}^{\frac{2}{3}}-1\right)^{\frac{3}{2}} \tag{8-54}$$

空心圆柱漂移管中环形电子注的势能为

$$\mathrm{PE}=\left|e\varphi\left(r_{b1}\right)\right|=\frac{\left|eI_0\right|}{2\pi\varepsilon_0 v_0}\ln\frac{r_2}{r_{b1}} \tag{8-55}$$

当同轴漂移管与空心圆柱漂移管的外半径相等且电子注内/外半径也相等时，在同轴漂移管外半径为 4mm、电子注内/外半径为 2mm、外导体半径为 32mm 的情况下，电子注在两种漂移管中的空间电荷限制流 I_{scl} 随电子注电压 v_0 的变化如图 8-21 所示。由图 8-21 可知，相同电子注电压下，电子注在同轴漂移管中的空间电荷限制流大于在

空心圆柱漂移管中的空间电荷限制流。这也就意味着相同条件下，电子注在同轴漂移管中可以携带更多电流，增大注入功率。由式（8-51）和式（8-55）可知，同轴漂移管中电子注的势能远小于空心圆柱漂移管中电子注的势能；而在注波转换中，只有电子注的动能能够转化为微波能量，因而同轴结构输出腔的提取效率也将高于空心圆柱结构输出腔的。

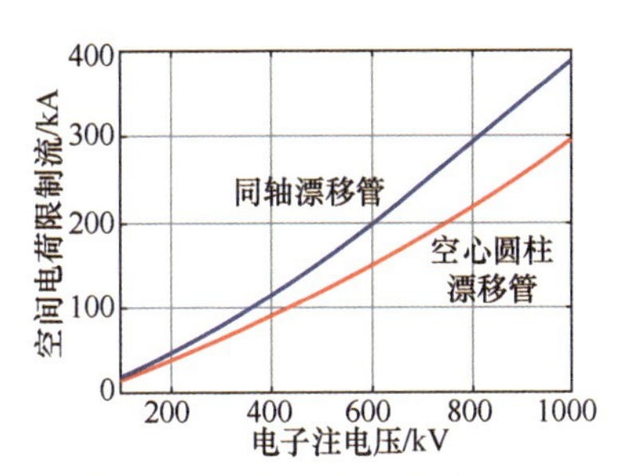

图 8-21　电子注在两种漂移管中的空间电荷限制流 I_{scl} 随电子注电压 v_0 的变化

8.2.2　电子注在同轴与圆柱漂移管中的注波转化效率

由式（8-49）可进一步推出电子注在穿过同轴漂移管时会造成电子反射的最低能量：

$$\gamma_{\min}^{\frac{2}{3}}=\left(\frac{I_{\text{peak}}}{8.5\text{kA}\cdot\left(\dfrac{1}{\ln\left(\dfrac{r_{b1}}{r_1}\right)}+\dfrac{1}{\ln\left(\dfrac{r_2}{r_{b1}}\right)}\right)}\right)^{\frac{2}{3}}+1 \tag{8-56}$$

而空心圆柱漂移管中电子反射最低能量：

$$\gamma_{\min}^{\frac{2}{3}}=\left(\frac{I_{\text{peak}}}{8.5\text{kA}}\ln\frac{r_2}{r_{b1}}\right)^{\frac{2}{3}}+1 \tag{8-57}$$

其中，I_{peak} 为电子注的直流电流和射频电流的峰值。

在经历过注波互作用后，被调制的电子注中的能量最终转化为微波能量的效率：

$$\eta_0=\frac{m_0c^2I_1}{2eV_0I_0}k\left(\gamma_{\text{inj}}-\gamma_{\min}\right) \tag{8-58}$$

其中，I_1 为调制电流，k 为提取效率。比较式（8-56）和式（8-57）可以看出，相同条件下，在同轴漂移管中，造成电子反射所需的能量最小值要小于在空心圆柱漂移管中的能量最小值。这也就意味着在同轴漂移管中，电子注中的电子发生反射前能有更多的动量转化为微波能量，从而提升整管的注波转化效率。

8.2.3 电子注与同轴谐振腔体间隙的负载电导

当电子注经过同轴漂移管传输到谐振腔时，将与谐振腔的间隙高频场产生互作用，注波互作用造成的能量交换效果将直接影响速调管的整体性能。间隙的电子注负载电导是反映谐振腔中注波能量交换的重要物理量，因此电子注在谐振腔间隙的负载电导具有重要研究意义。本节将对其进行理论推导，并介绍常用双间隙与三间隙谐振腔的工作模式下不同轴向场分布与电子注负载电导的关系。

谐振腔间隙中的驻波场表达式：

$$E_z(z,t)=E_z(z)\mathrm{e}^{\mathrm{j}\omega t}=E_{\mathrm{m}}f(z)\mathrm{e}^{\mathrm{j}\omega t} \tag{8-59}$$

其中，E_{m} 为谐振腔间隙处的最大射频电场，$f(z)$ 为驻波场的归一化分布函数，ω 为射频电场变化的角频率。

$f(z)$ 可表示为傅里叶积分形式：

$$f(z)=\int_{-\infty}^{\infty}g(\beta)\mathrm{e}^{-\mathrm{j}\beta z}\mathrm{d}\beta \tag{8-60}$$

将式（8-60）代入式（8-59），则有

$$E_z(z,t)=E_{\mathrm{m}}\mathrm{e}^{\mathrm{j}\omega t}\int_{-\infty}^{\infty}g(\beta)\mathrm{e}^{-\mathrm{j}\beta z}\mathrm{d}\beta \tag{8-61}$$

其中

$$g(\beta)=\frac{1}{2\pi}\int_{-\infty}^{\infty}f(z)\mathrm{e}^{\mathrm{j}\beta z}\mathrm{d}z \tag{8-62}$$

式（8-61）表明，高频场可以由一系列相移常数为 β 、相对幅度为 $g(\beta)$ 的平面波组成。为了简化分析，建立同轴谐振腔小信号理论模型，对电子注经过谐振腔模型时做如下 5 点基本假设。

（1）忽略电子注在谐振腔间隙处的密度调制，只考虑速度调制。

（2）小信号情况下，电子注电压远大于间隙的调制电压。

（3）不考虑空间电荷效应和相对论效应。

（4）只考虑轴向电场与电子注的相互作用。

（5）进入谐振腔前，所有电子的速度相同，没有发生散射。

基于以上假设，假定在 $t=0$ 时一个电子进入谐振腔间隙，此时谐振腔间隙处高频场的相位为 ϕ_1，若电子以速度 v_1 沿轴向运动，则此时的电子轴向相位常数 $\beta_1=\omega/v_1$，因此求得 $\beta_1 z=\omega z/v_1=\omega t_1$，$z$ 为电子的轴向位移，v_1 为电子沿轴向的速度，t_1 为电子的轴向位移时间。将上述参数代入式（8-61），可得此时的驻波场表达式为

$$E_z(z,\phi_1)=E_{\mathrm{m}}\mathrm{e}^{\mathrm{j}\phi_1}\int_{-\infty}^{+\infty}g(\beta)\mathrm{e}^{\mathrm{j}(\beta_1-\beta)z}\mathrm{d}\beta \tag{8-63}$$

根据电压的定义，对电场进行沿线积分，可以求得对电子作用的电压为

$$V(\beta_1,\phi_1)=-\int_{-\infty}^{+\infty}E_z(z,\phi_1)\mathrm{d}z=-E_{\mathrm{m}}\mathrm{e}^{\mathrm{j}\phi_1}\int_{-\infty}^{+\infty}\int_{-\infty}^{+\infty}g(\beta)\mathrm{e}^{\mathrm{j}(\beta_1-\beta)z}\mathrm{d}z\mathrm{d}\beta \tag{8-64}$$

电子注的耦合系数表达式为

$$M=\frac{|V(\beta_1,\phi_1)|}{2E_{\mathrm{m}}g_{\mathrm{w}}}=\frac{\pi}{g_{\mathrm{w}}}|g(\beta_1)| \tag{8-65}$$

其中，g_w 为谐振腔间隙宽度。

利用耦合系数来描述电子所受到的加速电压振幅与谐振腔间隙上实际电压振幅之比。通过反傅里叶变换可得

$$M = \frac{1}{g_w}\int_{-\infty}^{+\infty} f(z)\mathrm{e}^{\mathrm{j}\beta_1 z}\mathrm{d}z \tag{8-66}$$

任意间隙的电子注归一化负载电导与耦合系数的关系为

$$\frac{G_e}{G_0} = -\frac{1}{4}\beta_e M\frac{\partial M}{\partial \beta_e} \tag{8-67}$$

其中，G_e 为电子注归一化负载电导，G_0 为理想电导。

当间隙的电子注负载电导小于 0 时，电子注把动能转换给间隙的高频场；当间隙的电子注负载电导大于 0 时，电子注从间隙的高频场中获得能量。电子注负载电导在一定合理条件下可以从理论上判断本征模能量的得失，为器件工作模式的选择提供指导。将式（8-66）代入式（8-67），即可得到驻波场分布函数 $f(z)$ 与电子注归一化负载电导的关系。然而在实际中，不同间隙的谐振腔的工作模式对应的场分布函数均不相同，当不能直接给出 $f(z)$ 的解析式时，通常用分段多项式拟合法求解电子注与场的互作用关系，并最终求得间隙渡越角 θ 与电子注归一化负载电导的关系。

下面通过具体分析常用的双间隙与三间隙谐振腔的轴向场分布模式与电子注负载电导的关系，进一步说明如何在确定的工作模式下选择合适的间隙渡越角 θ。

已有文献对相对论条件下谐振腔轴向场分布模式的负载电导做出了推导，表达式为

$$\frac{G_e}{G_0} = \frac{F(\theta)}{\gamma(\gamma+1)} \tag{8-68}$$

其中，$F(\theta)$ 为电子注通过同轴谐振腔的能量交换系数，$\gamma = \frac{1+eV_0}{m_0c^2}$。对工作模式为本征模式 TM_{01} 的 n 间隙谐振腔来说，会有 n 个不同的轴向电场分布模式。这些模式均有可能在电子注进入谐振腔间隙时与其发生作用，因此多间隙结构极易产生自激振荡现象。在设计相对论调速管时应该避免自激振荡的产生，这就需要选择合适的间隙渡越角。双间隙谐振腔有两个间隙，对于工作模式为 TM_{01} 模式的双间隙谐振腔，存在 0 模式和 π 模式两个电场分布模式，已有文献分别对双间隙中两个模式的 $F(\theta)$ 做出推导，表达式分别为

$$F_2(\theta)_{0\text{模式}} = \frac{2-2\cos(2\theta)-2\theta\sin(2\theta)}{\theta^2} \tag{8-69}$$

$$F_2(\theta)_{\pi\text{模式}} = \frac{6-8\cos\theta+2\cos(2\theta)-4\theta\sin\theta+2\theta\sin(2\theta)}{\theta^2} \tag{8-70}$$

当设定电子注电压为 500kV 时，双间隙谐振腔的电子注负载电导随间隙渡越角变化的曲线如图 8-22 所示。在图中可以看到，任意一个模式的电子注负载电导正负区间随间隙渡越角的增大而交替出现。对放大器来说，当所有模式的电子注负载电导都大于 0 时，才能实现在所选工作模式下的能量放大而不产生自激振荡。

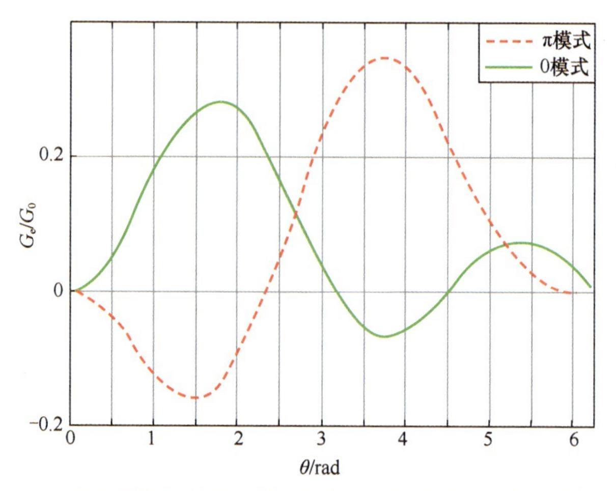

图 8-22　双间隙谐振腔的电子注负载电导随间隙渡越角变化的曲线

统计双间隙的 0 模式和 π 模式在间隙渡越角 θ 各范围中对应的电子注负载电导值，如表 8-2 所示。可知，当 θ 为 2.4～3.1rad 和 4.5～6.0rad 时，对应的区域可以作为双间隙谐振腔的放大区，所对应的谐振腔间隙宽度能够实现电子注从间隙高频场中获得能量。

表 8-2　双间隙谐振腔中的电子注负载电导特性

参数	范围 1	范围 2	范围 3	范围 4
θ /rad	0～2.3	2.4～3.1	3.2～4.4	4.5～6.0
G_e/G_0 的极值	-0.16	—	-0.07	—
模式状态	杂模振荡	放大	杂模振荡	放大
主要模式	0 模式	—	π 模式	—

工作模式为 TM_{01} 模式的三间隙谐振腔的轴向电场模式有 0 模式、π / 2 模式和 π 模式，已有文献对三间隙中 3 个模式的 $F(\theta)$ 做出推导，表达式分别为

$$F_3(\theta)_{0模式} = \frac{2-2\cos(3\theta)-3\theta\sin(3\theta)}{\theta^2} \tag{8-71}$$

$$F_3(\theta)_{\frac{\pi}{2}模式} = \frac{4-4\cos\theta-\theta\sin\theta-4\theta\sin(2\theta)+3\theta\sin(3\theta)}{\theta^2} \tag{8-72}$$

$$F_3(\theta)_{\pi模式} = \frac{10-16\cos\theta+8\cos(2\theta)-2\cos(3\theta)}{\theta^2} - \frac{8\theta\sin\theta-8\theta\sin(2\theta)+3\theta\sin(3\theta)}{\theta^2} \tag{8-73}$$

利用式（8-71）、式（8-72）和式（8-73）可得，当设定电子注电压为 500kV 时，轴向电场对应的电子注负载电导曲线如图 8-23 所示。

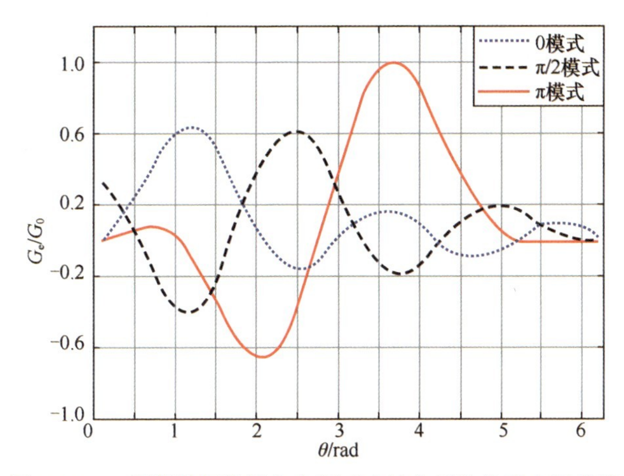

图 8-23　三间隙谐振腔轴向电场对应的电子注负载电导曲线

可知，与双间隙谐振腔相比，三间隙谐振腔的放大区要小很多。在设计三间隙谐振腔时，可以选择范围 1 与范围 3 的 θ 值来设计谐振腔结构参数，使其达到最合适的注波互作用效率。

8.3　其他类型的高功率微波器件

还有一些高功率微波特有的器件，如虚阴极振荡器、磁绝缘线振荡器、感应输出管等，也在不同的领域有着重要应用。

8.3.1　虚阴极振荡器

虚阴极振荡器是一类结构较简单、研究较早的高功率微波器件，结构如图 8-24 所示，和反射速调管结构相似。电子从阴极发射出来，穿过栅网状阳极后仍然具有一定的动能，继续向前运动，动能转换为势能，电子速度降低，在 $z=d$ 处对应电势 $\phi=-V_0$，势能最大，电子再次反向，穿过阳极。连续电子注如此往复运动，能量无法转换为电磁波。然而，当电子往复运动频率和谐振腔的频率发生谐振时，特定频率的噪声可产生非线性的能量转换，激励起高功率的微波辐射。虚阴极振荡器的缺点是效率低，谐振频率稳定性差。

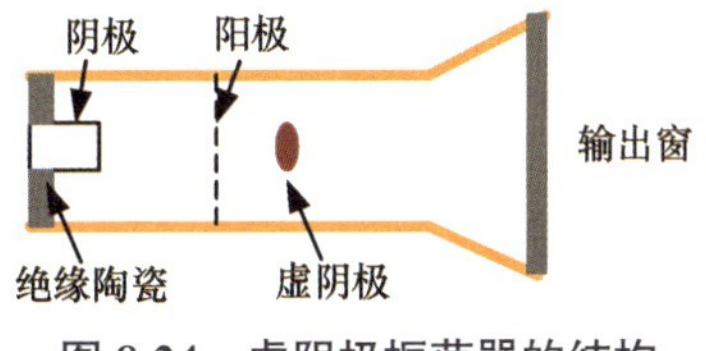

图 8-24　虚阴极振荡器的结构

8.3.2 磁绝缘线振荡器

磁绝缘线振荡器是高功率微波器件之一，它由于固有的自绝缘磁场特性而备受关注，结构如图 8-25 所示。磁绝缘线振荡器利用工作时内部产生的磁场，可以使设备结构紧凑，质量小；阳极和阴极之间的自绝缘磁场保证其在千兆瓦级功率下不会产生电气击穿。磁绝缘线振荡器由慢波结构、扼流圈腔、提取腔和负载区等组成。慢波结构是电子注与波相互作用发生的区域。扼流圈腔的作用是防止产生的射频波返回到输入电源。提取腔有助于提取存储的射频能量。慢波结构中的信号以射频波的形式输出到同轴传输线。慢波结构的叶片和抽吸叶片内部半径的差异提供了与同轴传输线相匹配的间隙电场机制。负载受限磁绝缘线振荡器中的负载区由束流转储盘、负载长度（束流转储内阴极的一部分）和同轴传输线内部导体等组成。反射器为负载电流提供返回路径，并对射频波进行强反射。

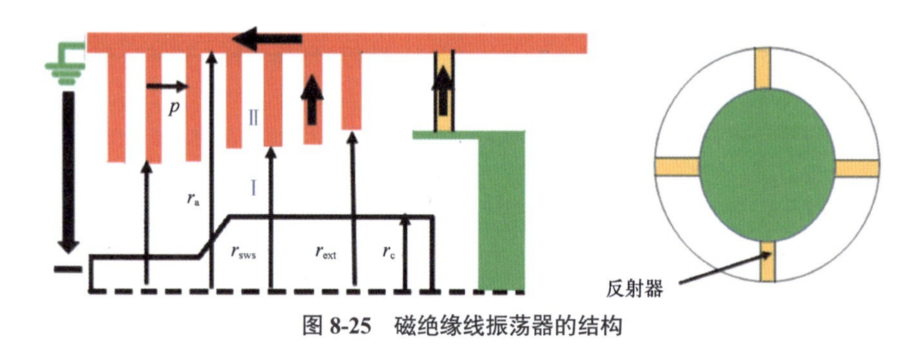

图 8-25　磁绝缘线振荡器的结构

L 波段磁绝缘线振荡器已经得到了广泛的研究，研究人员在仿真研究和实验中尝试了各种设计以提高效率，例如阶梯阴极、内向发射、逐渐减少阳极叶片和提取腔等，以及在磁绝缘线振荡器的负载区引入虚阴极振荡器以适当利用负载电流等。相关文献提出了一种 X 波段磁绝缘线振荡器，采用独立阴极，高功率微波的输出功率约为 6.9GW，频率约为 9.26GHz，施加 706kV 电压时，电流约为 48.4kA，转换效率约为 21.6%。

对于给定的谐振频率（f_r），利用方程可以计算出慢波结构内半径（r_{sws}）、阳极内半径（r_a）、阴极内半径（r_c）、提取腔半径（r_{ext}）和周期（p）等。

8.3.3 感应输出管

自被提出以来，感应输出管（Inductive Output Tube，IOT）已经成为一种出色的微波源，尽管与竞争放大器（如速调管）相比，它的增益中等，输出功率也较低。感应输出管的优势包括线性运行、成本更低、体积更小、在 Sub-GHz 频率下效率更高、工作寿命超过 40000h。这使得它成为许多应用场景的合适选择。传统的感应输出管使用有栅阴极调制系统，并且可以工作在包括特高频（Ultra-high Frequency，UHF）的广泛频率范围内。然而，栅极调制感应输出管的工作频率被限制在 1.3GHz，连续波输出功率为几百千瓦。这些限制是由栅极区击穿的风险和栅极中的散热而施加的。为了改善感应输出管的功率处理效果，有文献提出了输出功率在兆瓦范围内的无栅设计。

无栅感应输出管的局部示意如图 8-26 所示。阴极到漂移区的距离 $d_T = 27\text{mm}$，漂移隧道长度 L_T =60mm，空腔间隙长度 g_c =27mm，调制阳极施加开关电压以控制注流。在这里，一个矩形脉冲被用作调制信号。因此，与通常作为 AB 类放大器运行的传统有栅感应输出管相比，无栅感应输出管的工作原理与 D 类放大器相似。电子注穿过空腔间隙产生电压，从而允许功率从电子注转移到谐振腔。在此之后，电子注进入收集极。

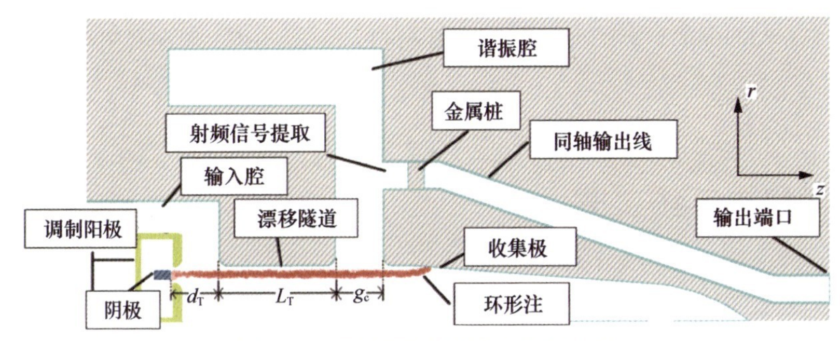

图 8-26　无栅感应输出管的局部示意

拓展阅读

[1] SHI X B, WANG Z L, TANG T, et al. Theoretical and experimental research on a novel small tunable PCM system in staggered double vane TWT[J]. IEEE Transactions on Electron Devices, 2015, 62(12): 4258-4264.

[2] SHI X B, WANG Z L, TANG X F, et al. Study on wideband sheet beam traveling wave tube based on staggered double vane slow wave structure[J]. IEEE Transactions on Plasma Science, 2014, 42(12): 3996-4003.

[3] NADEEM M K, WANG S, ALI B, et al. Study of high-power gridless inductive output tube with L-shaped cavity[J/OL]. IEEE Transactions on Electron Devices, 2024. (2024-4-18)[2024-12-1].

[4] DWIVEDI S, JAIN P K. Design expressions for the magnetically insulated line oscillator[J]. IEEE Transactions on Plasma Science, 2013,41(5): 1549-1556.

[5] 电子管设计手册编辑委员会. 微波电子管磁路设计手册[M]. 北京: 国防工业出版社, 1984: 275-278.

第 9 章　先进制造工艺在真空电子学领域的应用

由于需要同时实现对电子注和电磁波的精确操控，这使得真空电子器件通常具有复杂的结构，大大增加了器件的加工与装配难度。此外，真空电子学的从业人员数量相对较少，这也在很大程度上限制了其发展。不过，近年来，随着先进制造技术的快速发展，先进制造工艺在真空电子学领域的应用得到了初步发展，积累了不少有益的经验。本章将介绍微机电系统（Microelectromechanical System，MEMS）工艺、激光烧蚀（Laser Ablation）、离子束刻蚀（Ion Beam Etching，IBE）等在真空电子学领域的应用。

9.1　微机电系统工艺

硅微机械工艺是制作微传感器、微执行器和芯片的主流技术，是近年来随着集成电路工艺发展起来的一种高精度加工技术。它是将离子束、电子束、分子束、激光束和化学刻蚀等用于微电子加工的技术，目前越来越多地用于微机电系统的加工中，例如溅射、蒸镀、等离子体刻蚀、化学气体沉积、外延、扩散、腐蚀、光刻等。在以硅为基础的微机电系统工艺中，主要的步骤包括腐蚀、键合、光刻、氧化、扩散、溅射等。本节将基于紫外-光刻电镀注塑（Ultraviolet-Lithography, Galvanoplasty, Abformung，UV-LIGA）工艺，设计一种制备平面慢波结构的新型微机电系统工艺流程。

传统的微带平面慢波结构制备工艺一般是通过掩模版和磁控溅射工艺，在石英介质基板上制作出一层特定图案的金属薄层（厚度小于 10μm）。但金属层较薄会导致一系列的问题。为了解决金属层薄的问题，本节提出一种厚度为 200μm 的金属带状线平面慢波结构。使用微机电系统光刻工艺制备这种较厚的悬置型带状线的工艺核心主要有如下两方面。

（1）通过电镀的方式，生长出较厚的金属层。由于磁控溅射受限于镀膜时间和厚度不一致的限制，很难制作大于 10μm 的金属层，因此只能采用 UV-LIGA 微细加工技术，制备高深宽比带状线。

（2）通过牺牲层（Sacrificial Layer）来制备悬空带状线。为了避免介质电荷积累和耦合阻抗增大，金属带状线并不像微带线一样含有介质基板，仅通过较小的介质块（或衰减器）支撑带状线，因而处于悬空状态。这就需要使用牺牲层技术。

使用微机电系统工艺制备带状线平面慢波结构的流程如图 9-1 所示，具体步骤详解如下。

（1）准备硅片（浅蓝色部分），并使用去离子水（Deionized Water）将其彻底清洗干净。

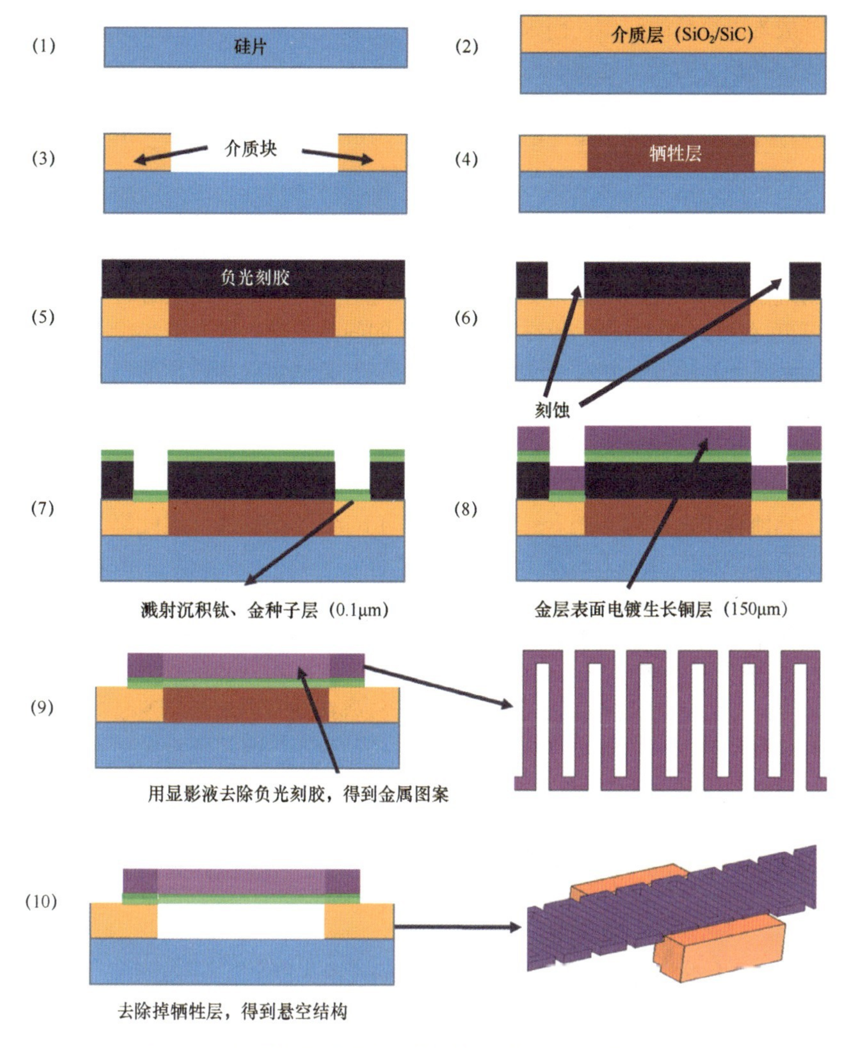

图 9-1　使用微机电系统工艺制备带状线平面慢波结构的流程

（2）通过干氧（或湿氧）氧化制备出介质层（黄色区域），并进行表面抛光，确保平整性。

（3）制作包含介质块版图特征信息的掩模版，通过深反应离子刻蚀干刻法去除中心介质层。制作出分布两侧的介质块。

（4）首先，在硅片上涂覆正光刻胶，并通过离心和烘焙制作出牺牲层。然后，通过掩模版遮挡住中心牺牲层部分。经曝光后，非中心区域的正光刻胶被裂解，通过显影液（Developer）溶解掉该部分正光刻胶，留下中心区域牺牲层（红色部分），并抛光整个表面，使牺牲层和介质层保持平齐。

（5）在整个硅片表面涂覆负光刻胶（深蓝色部分），离心甩匀，烘干备用。

（6）制作和带状线图案相同的掩模版，经紫外光曝光后，暴露的负光刻胶内部分子重组，形成难以溶解的胶体。而未被曝光的负光刻胶则被显影液溶解清洗，从而形成和带状线图案相反的凹凸起伏状胶体。

（7）在硅片表面进行磁控溅射或使用热沉积法，分别制作出钛（镉）、金两层薄膜（浅绿和深绿色部分），为种子层（Seed Layer），厚度为 50～100nm。其中，钛与介质和金属都有较好的结合性，金层是为后续电镀铜层做准备。

（8）此时，整个硅片都已覆盖了金层，使用电极夹住硅片，将其浸泡在铜电解液中，进行电镀长铜。这就是步骤（5）中使用负光刻胶而非正光刻胶的原因，否则无法在硅片上出现金属层，无法确保每处金层都能通电进行电镀。通过电镀时间来控制生长铜层的厚度（100～200μm），最终在负光刻胶的间隙生长出包含带状线图案的金属曲折线（紫色部分）。同时，由于部分种子层导通，在某些负光刻胶顶部也会生长出部分铜层。通过抛光工艺，使整个硅片表面的金属层和负光刻胶层的高度保持一致。

（9）使用显影液去除负光刻胶，得到所需金属图案。

（10）使用显影液去除牺牲层胶体，最终得到悬空的带状线平面慢波结构。

上述工艺流程中，步骤（5）～（9）为 UV-LIGA 工艺路线，因此整个流程可被看作一种复合式微机电系统工艺方法。该方法可在硅片上一次制备多个慢波结构，提高了效率和结构尺寸一致性，降低了表面粗糙度。该工艺中用到的钛或镉种子层，和介质有较好的结合性，但往往电导率较低，约为 2×10^{6} S/m，会产生较大的插入损耗。

图 9-2 所示为含有厚度为 100nm 的钛种子层慢波结构及其传输特性模拟仿真，30～36GHz 的 S_{21} 从−5dB 逐渐减小至−15dB，若频率继续升高则会迅速衰减。因此，可通过后续的工艺实践，探索种子层厚度对损耗的影响。同时，也可探索通过抛光的方式去除掉带状线底部的种子层。

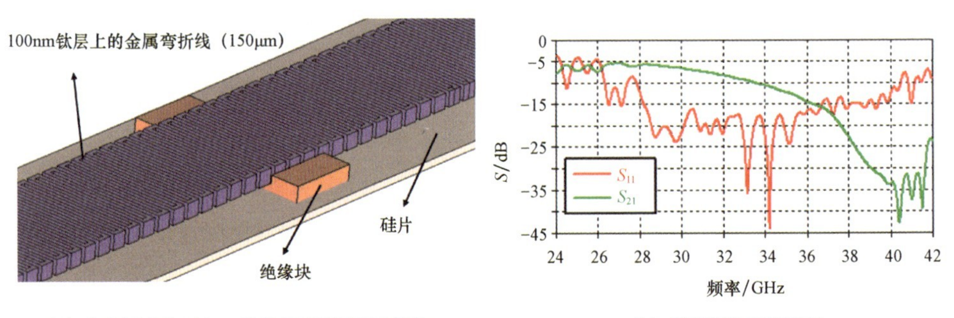

（a）含有厚度为 100nm 的钛种子层的慢波结构　　（b）传输特性模拟仿真

图 9-2　含有厚度为 100nm 的钛种子层的慢波结构及其传输特性模拟仿真

9.2　激光烧蚀

激光烧蚀是电感耦合等离子体质谱联用仪器中用来分析固体样品的一种方式，在制备薄层金属、介质结构中具有加工周期短、成本低等优势，相关的慢波结构包括各类微带慢波结构、带状线慢波结构以及槽线慢波结构等。本节将以悬置双微带曲折线慢波结构和角度对数带状线慢波结构为例，分别介绍薄金属层、厚金属层慢波结构的加工和冷测的实验，讨论分析加工方案对慢波结构的传输特性的影响，以及加工方案的改进策略。

9.2.1　悬置双微带曲折线慢波结构的加工

悬置双微带曲折线慢波结构的加工模型（见图 9-3）分为两部分，分别为双微带曲折线和金属管体。

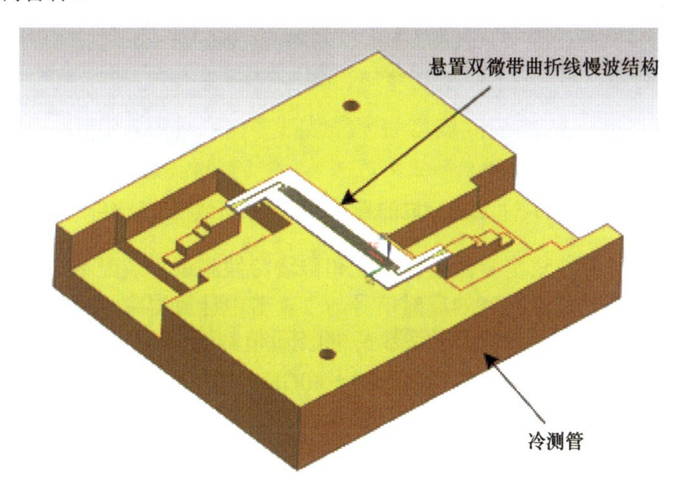

图 9-3　悬置双微带曲折线慢波结构的加工模型

悬置双微带曲折线慢波结构的制备步骤如下。

（1）对直径为 20mm、厚度为 0.2mm 的氧化铝陶瓷片进行清洗处理，如图 9-4（a）所示。

（2）对氧化铝陶瓷片进行磁控溅射双面镀膜，镀层是厚度为 500nm 的钛层和厚度为 1μm 的铜层，如图 9-4（b）所示。

（3）对镀膜后的氧化铝陶瓷进行电镀处理，表面电镀厚度为 10μm 的铜层，如图 9-4（c）所示。

(a) 清洗处理后

(b) 磁控溅射钛层、铜层后

(c) 电镀铜层后

图 9-4　氧化铝陶瓷片

（4）对表面的铜层进行激光烧蚀，形成两面对称的微带曲折线。

（5）将氧化铝陶瓷切割成相应的形状。

最终加工完成的悬置双微带曲折线慢波结构如图 9-5 所示，分为悬置双微带曲折线的上层结构和下层结构，可以看出激光加工的一致性较好，两层微带曲折线完全对称。

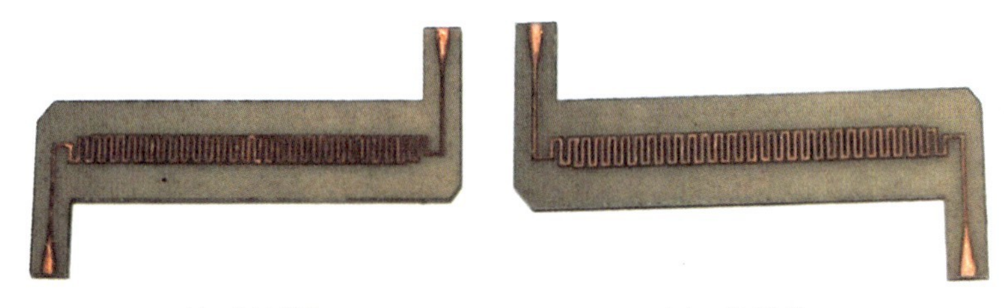

(a) 上层结构　　　　(b) 下层结构

图 9-5　加工完成的悬置双微带曲折线慢波结构

对加工完成的慢波结构零件进行装配和传输特性测试，装配示意和传输特性测试结果如图 9-6 所示。测量得到的反射信号与 2.4 节中计算得到的反射信号具有较好的匹配度，在 30～40GHz 频带内反射系数 S_{11} 的测量值都低于-10dB。但是传输系数 S_{21} 的测试结果并不理想，测试得到的 S_{21} 在 30～40GHz 频带内小于-18dB，远远低于计算的 S_{21} 的值（-7dB），插入损耗过大。

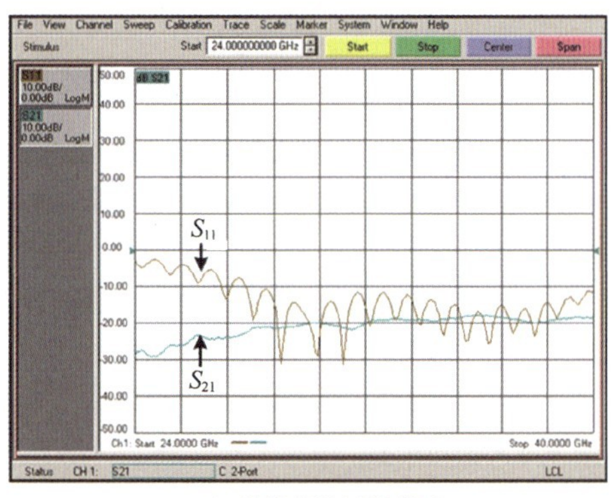

(a) 装配示意　　　　(b) 传输特性测试结果

图 9-6　悬置双微带曲折线慢波结构的装配示意和传输特性测试结果

深入分析加工实验过程后，对实验传输损耗过高的原因做出了以下猜想。传输损耗过高的一个原因是微带曲折线的导体损耗过高：在加工过程中，曲折线金属层实际由两层金属构成，即 500nm 的钛层和 10μm 的铜层，两层金属的低电导率对传输特性有显著影响，计算中需要考虑到。另一个原因是铜层氧化产生介质损耗：在激光加工的过程中，激光烧蚀产生大量的热，加速了铜层边缘的氧化，如图 9-7 所示，氧化铜对传输特性也造成了巨大的影响。通过烧氢等方法，可以在一定程度上改进传输特性。

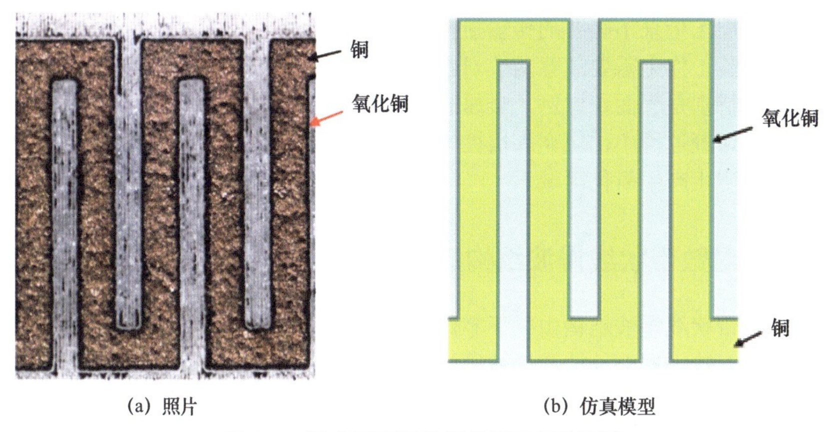

(a) 照片　　(b) 仿真模型

图 9-7　激光处理后的微带铜层氧化区域

为了验证以上猜想，对仿真模型进行了一定的修正，将整体金属层改为两层金属，并在金属层边缘加入了一定厚度的氧化铜层，如图 9-7（b）所示。钛的电导率为 2.38×10^6 S/m。在室温下，氧化铜是一种介电材料，它的相对介电常数和损耗角正切分别为 18.1 和 0.1。修正后的慢波结构传输损耗计算结果如图 9-8 所示，可以看出，在原结构基础上加入钛层后，传输损耗增大了约 5dB。尽管钛层的厚度是铜层厚度的 1/20，但它对传输损耗有着明显的影响。在加入钛层的基础上，在计算模型中分别考虑了厚度为 0.5μm 和 1μm 的氧化铜层两种情况来研究氧化铜对传输损耗的影响。计算结果显示，加入氧化铜层后计算的传输损耗升高到 20dB 左右，并且随着氧化铜层厚度的增加而增大。增加了氧化铜层之后，实验损耗和计算损耗非常接近，具有一定的相似性。通过对传输模型的修正计算和结果对比，验证了实验传输损耗是由钛层的导体损耗和氧化铜的介质损耗造成的。

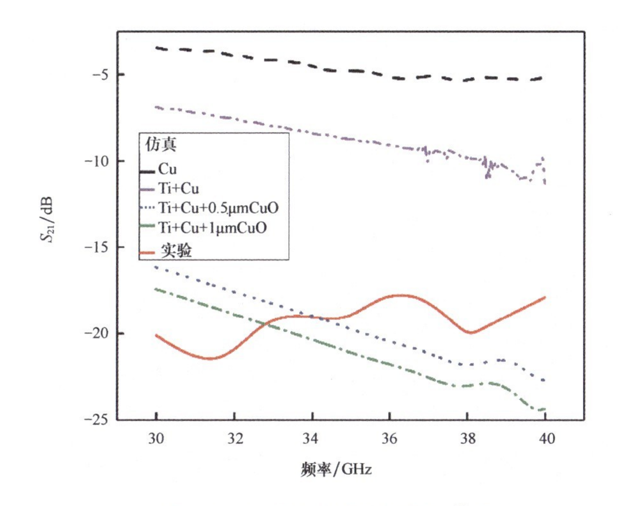

图 9-8　修正后的传输损耗计算结果

为了避免加工带来不必要的传输损耗，采用激光烧蚀或切割的工艺加工慢波结构时，在加工实验工作中需要注意两个问题：一方面，尽量减小低电导率金属材料在加工中的比例，特别是表面积比例，金属的趋肤效应可以降低这部分金属的损耗；另一方面，在激光切割过程中，应充入惰性气体对加工结构进行保护，在加工完成之后及时进行清洗，防止产生氧化区域。

9.2.2 角度对数带状线慢波结构的加工

角度对数带状线慢波结构由以下零件组成：金属角度对数带状线、介质支撑杆以及带脊波导输入输出耦合结构和慢波结构通道的管壳。各零件的材料性质具有不同的明显特征，因此采用分体加工、组装焊接的工艺流程。

加工的主要流程由以下 3 个环节构成。

（1）角度对数带状线的制备。

（2）介质支撑杆的局部金属化以及切割成型。

（3）脊波导和慢波结构通道的行波管外壳的机械加工。

其中，难度较大的是角度对数带状线、介质支撑杆的制备以及两种零件的焊接工作。

根据真空电子器件的工艺要求，角度对数带状线需要采用多道高温焊接以及高温排气等工艺手段，带状线的材料选择将会影响整个慢波结构的稳定性、可靠性和工作性能。综合考虑后，选定硬度高、熔点高、不易变形的钼铼合金作为原材料。角度对数带状线的尺寸较小且为平面结构，因此一些常用的螺旋线等慢波结构的加工方式不适用于带状线慢波结构。鉴于角度对数带状线慢波结构的平面性质，制定了激光加工带状线的加工方案，激光切割的方式能够实现角度对数带状线慢波结构的精准加工，有效控制加工误差。

角度对数带状线的制备过程包括如下步骤。

（1）前处理：对厚度为 0.1mm 的钼铼合金片进行清洁、整平处理，保证材料的平整度。

（2）激光加工：采用皮秒激光在厚度为 0.1mm 的合金片上切割、烧蚀出角度对数带状线形状，如图 9-9 所示。

图 9-9 加工过程中的角度对数带状线慢波结构

（3）剥离处理：将切割后的合金片和完整的带状线放入无水乙醇溶液中，使用超声清洗机进行剥离和初步的清洗。

（4）深度清洗：激光切割后的带状线表面和边缘有很多毛刺和凸起，会严重影响慢波结构的传输特性。为了消除毛刺和凸起造成的传输损耗，需要对角度对数带状线进行酸洗。

（5）表面溅射处理：对清洗后的角度对数带状线进行磁控溅射，在带状线表面形成厚度为 10～20μm 的铜层，用来改善慢波结构的传输特性，降低金属损耗，如图 9-10 所示。

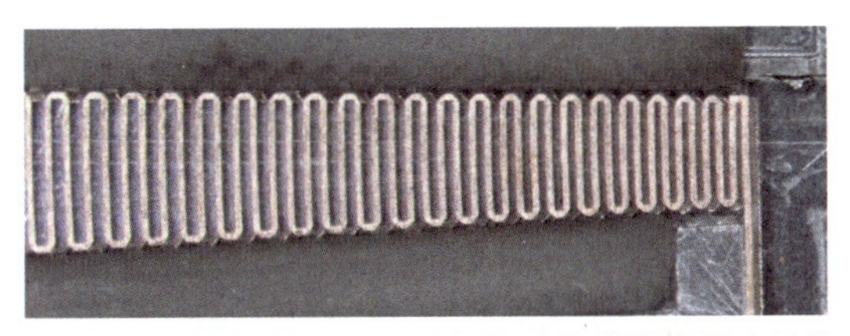

图 9-10　表面溅射处理后的角度对数带状线慢波结构

为了对角度对数带状线进行有效支撑，介质支撑杆需要与带状线紧密地焊接在一起。带状线慢波结构的结构特性决定了带状线与介质支撑杆的接触方式为多点离散接触，每个点的接触面积很小，因此介质支撑杆的制备在一定程度上决定了带状线与支撑杆的焊接质量。经过多次加工和焊接实验后，确定了介质支撑杆的制备工艺方案。由于角度对数带状线尺寸过小且容易变形，常规的焊料涂敷、点焊等工艺都无法用于支撑杆与金属曲折线的焊接。为了实现介质支撑杆和金属慢波线的焊接，制定了陶瓷金属化的工艺来实现介质支撑杆上的多金属焊料点。

介质支撑杆的制备工艺流程包括如下步骤。

（1）采用丝网印刷工艺，在直径为 20mm 的氧化铝陶瓷圆片上涂上一层厚度为 2～4μm 的钼锰层，作为金属基层。

（2）对氧化铝陶瓷圆片进行电镀处理，在其表面形成厚度为 5～8μm 的银层，作为焊料层。

（3）使用激光对焊料层进行烧灼，形成一些离散的片状焊点。

（4）使用激光对氧化铝陶瓷圆片进行切割，切割出厚度为 2mm 的介质支撑杆。

（5）清洗介质支撑杆，去除加工过程中金属焊料表面形成的氧化层。

最后，加工完成的具有银焊点的介质支撑杆如图 9-11 所示。

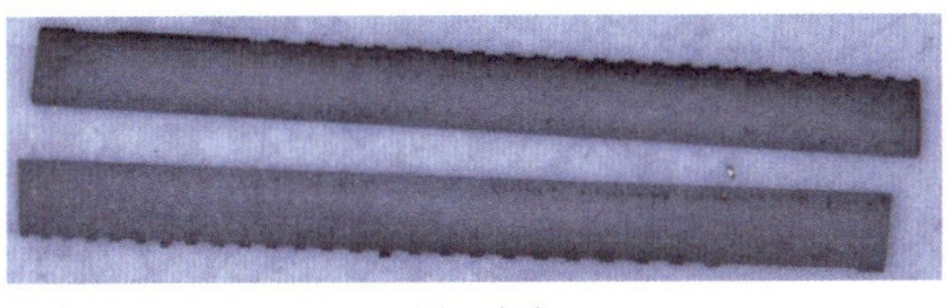

(a) 正面

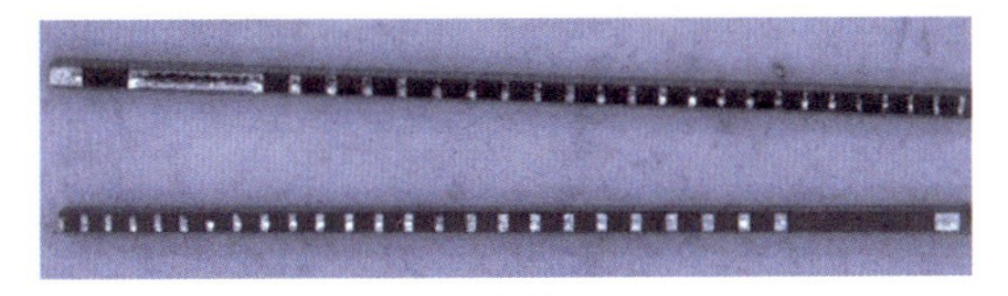

(b) 焊料面

图 9-11　具有银焊点的介质支撑杆

角度对数带状线和介质支撑杆的焊接工艺流程如下：首先，对角度对数带状线与介质支撑杆使用银焊料，在 750℃的真空炉中进行焊接。接下来，使用点焊机和银铜焊料片对角度对数带状线慢波结构与管壳上脊波导之间进行焊接。管壳的上下两部分、输入输出窗及法兰的焊接通过在管壳焊料槽内填装银铜焊料丝，并在 750℃的真空炉中加热完成。

焊接完成后，慢波结构组件如图 9-12 所示，焊接效果良好，组件的焊接效果良好，金属焊点与慢波线的焊接强度满足需求，然而，在带状线慢波结构的过渡段部分出现了轻微变形，需在后续的传输特性测试中进一步检测和评估。

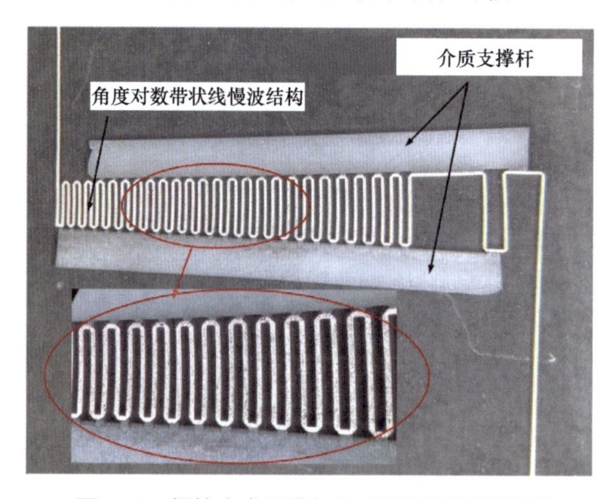

图 9-12　焊接完成后的角度对数带状线慢波结构

在完成角度对数带状线慢波结构的焊接后，对慢波结构的传输特性进行测试，将实验结果和仿真结果相比，以确保慢波结构的传输特性满足设计要求，并确保后续整管实验的可靠性和真实性。

将完成焊接后的慢波结构接入测试系统，测试系统由 16～40GHz 频段的矢量网络分析仪、同轴转波段的转接头和待测慢波结构等组成，如图 9-13 所示。

图 9-13　测试系统

测试结果如图 9-14 和图 9-15 所示，分别为输入、输出端口的电压驻波比（Voltage Standing Wave Ratio，VSWR）及慢波结构的传输损耗。在 Ka 波段全频带（26.5～40GHz）内，端口的电压驻波比基本小于 2，传输损耗小于 2.5dB。

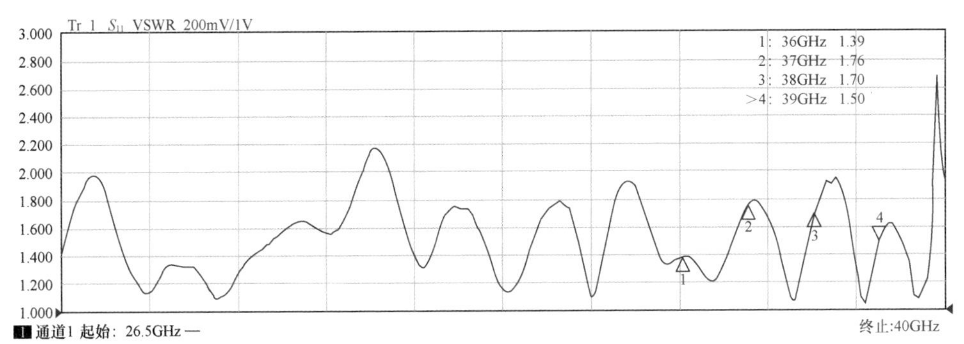

通道1	扫描类型	起始频率	终止频率	扫描点数	中频带宽（Hz）	扫描时间（s）	端口1,2功率（dBm）
	线性扫描	26.5GHz	40GHz	201	1000	0.198971	−5.0,−5.0

(a) 输入端口的电压驻波比

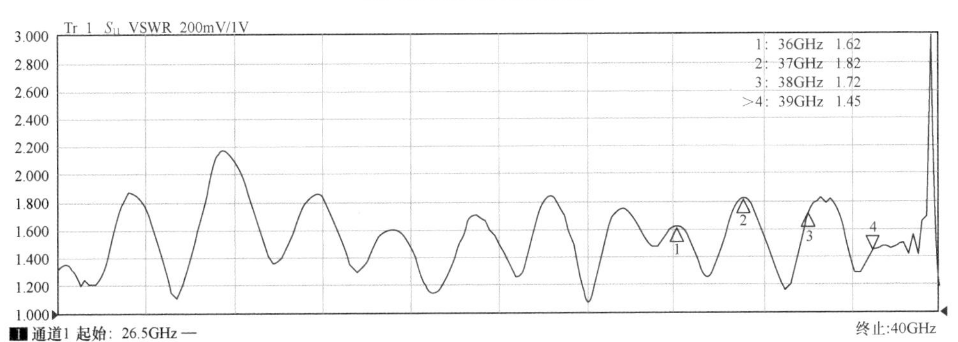

通道1	扫描类型	起始频率	终止频率	扫描点数	中频带宽（Hz）	扫描时间（s）	端口1,2功率（dBm）
	线性扫描	26.5GHz	40GHz	201	1000	0.198971	−5.0,−5.0

(b) 输出端口的电压驻波比

图 9-14　输入、输出端口的电压驻波比

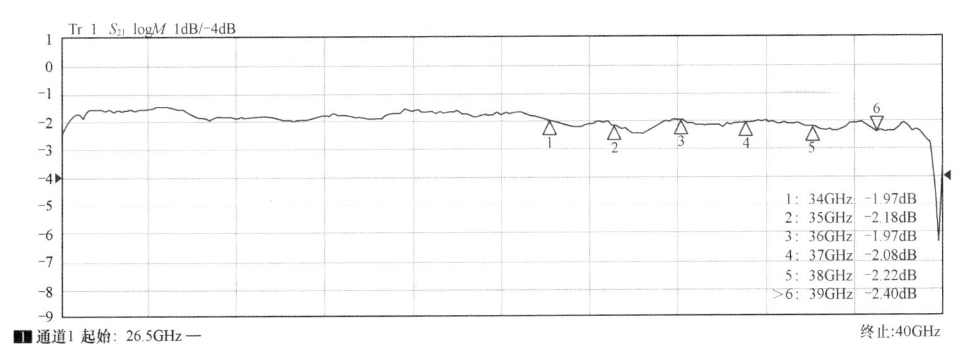

通道1	扫描类型	起始频率	终止频率	扫描点数	中频带宽（Hz）	扫描时间（s）	端口1,2功率（dBm）
	线性扫描	26.5GHz	40GHz	201	1000	0.198971	−5.0,−5.0

图 9-15　慢波结构的传输损耗

慢波结构传输特性实验结果与仿真结果的对比如图 9-16 所示。图 9-16（a）所示为结构传输特性实验结果与仿真结果对比，实验结果在低频端比仿真结果大 0.5dB 左右，在高频端两者的差距较小，总体趋势两者基本吻合。两者的误差在允许范围内，不会对整管的热测实验造成影响。

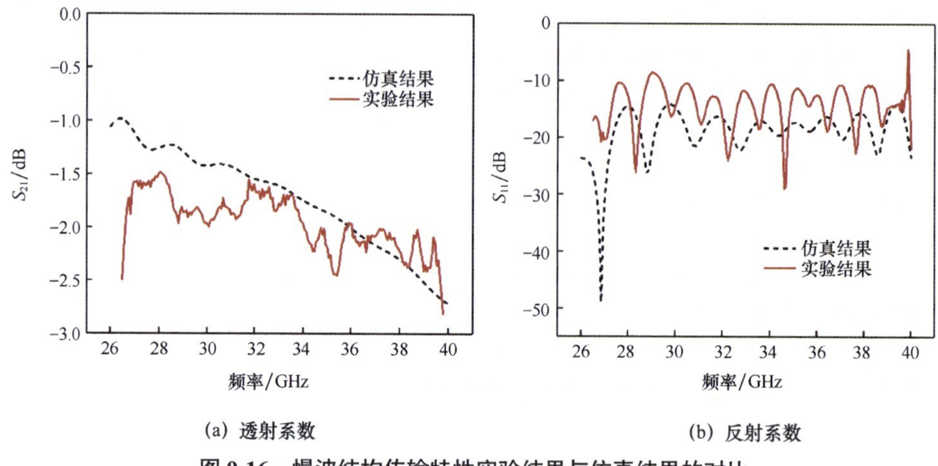

(a) 透射系数　　(b) 反射系数

图 9-16　慢波结构传输特性实验结果与仿真结果的对比

如图 9-16（b）所示为实验结果与仿真结果对比，在 26～40GHz 的频率内，实验结果与仿真结果趋势一致，但实验结果总体低于-10dB，仿真结果低于-15dB，两者相差-5dB。

实验结果与仿真结果存在差异的主要原因：机械加工的尺寸偏差、表面粗糙度和加工产生的毛刺都会对传输特性造成不良的影响，增大反射和损耗；为了提高焊接可靠性（减小漏气的概率），对壳体进行了镀镍处理，但是镍层会增加高频微波信号的衰减，增大整体的插入损耗；焊接过程中慢波线仍然存在轻微变形，结构变形导致整体结构的不连续性增加，反射增大。

9.3　离子束刻蚀

离子束刻蚀是利用高能离子束对待加工件进行轰击，使表面原子逐层脱落而得到所需图案的方法，加工线宽可达到亚微米量级，并且对材料没有选择性，对金属和介质均可以加工。本节将以共形微带慢波结构为例，介绍离子束刻蚀的步骤和效果。

采用离子束刻蚀工艺加工共形微带慢波结构的过程如下。

（1）将正常厚度的硅片研磨到所需的 80μm 厚度。常规硅片的厚度一般都为 500μm，离子束刻蚀的可控深度无法达到 500μm，因此需对硅片进行减薄处理，以保证加工出来的结构具有可控的精度。

（2）使用低温焊料将硅片焊接并固定在金属支撑片上。由于共形微带结构的厚度和形状无法保证整个结构的自持性，因此需要将硅片与金属支撑片继续焊接并固定，保证整个结构在加工完成的后续处理时不会变形损坏。

（3）通过等离子体化学气相沉积在硅片的表面沉积厚度为 1μm 的铜层，如图 9-17（a）所示。设计好光刻掩模并将其覆盖在硅片表面，采用离子束刻蚀工艺对整个结构进行处理，将表面的铜层刻蚀成相应的形状，同时去除掉除金属曲折线覆盖部分以外的硅介质。经过离子束刻蚀处理后的共形微带曲折线如图 9-17（b）所示，其中曲折线的形状清晰可见，加工效果良好。

（4）电镀，使硅层表面的铜层厚度达到 10μm。电镀后的铜层如图 9-17（c）所示，可以看出，铜层整体较完整，但是部分区域有一些缺陷。

(a) 完成等离子体化学气相沉积后的硅片

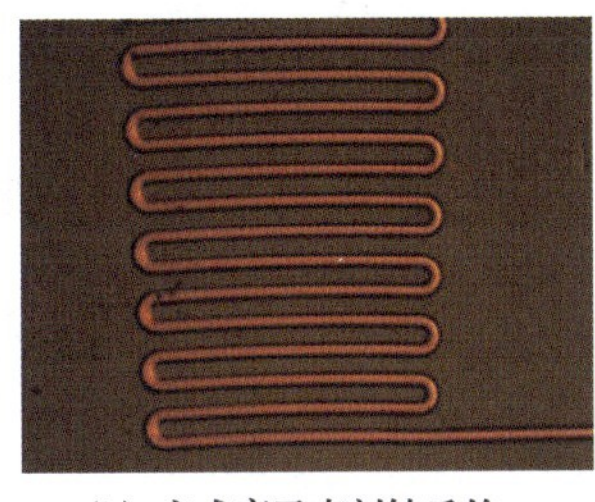

(b) 完成离子束刻蚀后的共形微带曲折线

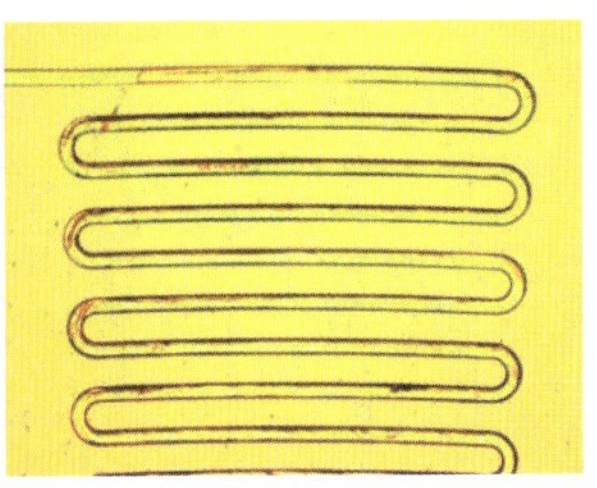

(c) 电镀后的铜层

图 9-17　加工过程中的慢波结构

完成所有加工流程后的共形微带慢波结构如图 9-18 所示，可以看出，表面电镀的铜层的形状达到了设计要求。但是，铜层下面的硅介质层的形状仍然有很多瑕疵，在一些边缘和弯曲的地方硅介质没有完全被刻蚀掉。

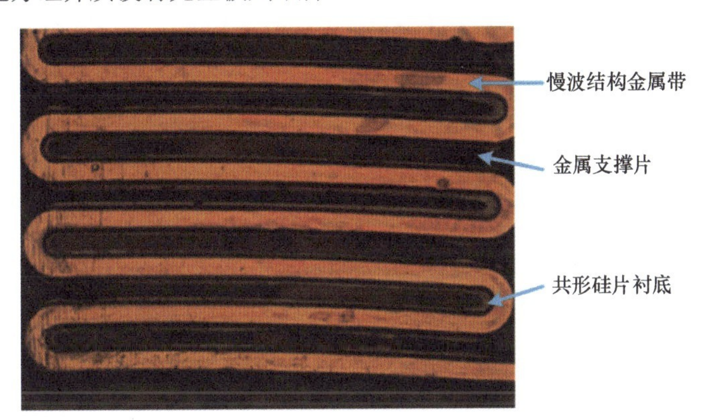

图 9-18　共形微带慢波结构

金属支撑片在与硅片焊接的表面仍然有很多焊料残留，如图 9-19 所示。这些焊料存在金属支撑片表面，无法去除干净。而过度的去除工艺会对共形微带慢波结构的焊接情况产生影响，破坏慢波结构与金属支撑片的连接，所以后续加工中应针对残留焊料进行相应的处理。

采用离子束刻蚀技术加工完成的共形微带慢波结构仍然存在很多的问题，还无法真正用到行波管当中。首先是硅介质的问题，在对工艺的探索过程中，由于单晶硅介质基片价格高昂且难以获取，实验中使用的是常规硅基片，是一种半导体材料，会对电磁波的传输产生不良影响，在传输测试中没有考虑电磁波的传输。其次是硅片与金属支撑片的焊接问题，目前采用的银焊料是一种低温焊料，无法满足焊接排气等高温工艺要求，因此无法在行波管装配测试中使用。

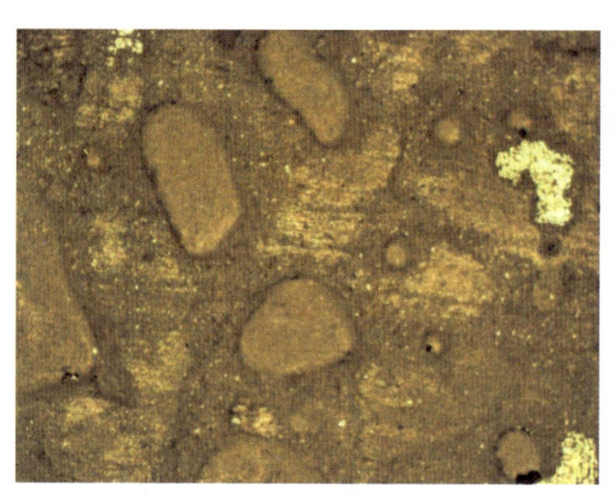

图 9-19　金属支撑片表面残留的银焊料

拓展阅读

[1] WANG H X, WANG S M, WANG Z L, et al. Dielectric-supported staggered dual meander-line slow wave structure for an E-band TWT [J].IEEE Transactions on Electron Devices, 2021, 68(1): 369-375.

[2] WANG H X, WANG S M, WANG Z L, et al. Study of an attenuator supporting meander-line slow wave structure for Ka-band TWT [J]. Electronics, 2021,10(19): 2372, 1-10.

[3] WANG H X, XU D, WANG Z L, et al. Investigation of angular log-periodic folded groove waveguide slow-wave structure for low voltage Ka-band TWT [J]. AIP Advances, 2020, 10(3): 035030, 1-7.

[4] HE T L, WANG S M, WANG Z L, et al. Electron-optical system for dual radial sheet beams for Ka-band cascaded angular log-periodic strip-line traveling wave tube[J]. AIP Advances, 2021, 11(3): 035325.

[5] HE T L, LI X Y, WANG Z L, et al. Design and cold test of dual beam azimuthal supported angular logperiodic strip-line slow wave structure [J]. Journal of Infrared Millimeter and Terahertz Waves, 2020, 41(7): 785-795.

第 10 章　新材料在真空电子学领域的应用

传统真空电子器件中包含多种功能材料，如钼、无氧铜等电磁波导行材料，氧化铍等电磁衰减材料，氧化铝、氮化硼等绝缘支撑材料，金刚石等窗片材料，碳纳米管以及钛银铜等贵金属材料。近年来，超构材料、光子晶体、纳米材料等新型电磁材料得到了大量关注和快速发展，而这些新材料与真空电子器件相结合，也展现出了真空电子器件的新性能。

10.1　超构材料

超构材料（Metamaterial）是一类具有亚波长特征结构并表现出自然材料所不具备的异常电磁特性的人工材料的总称，通常可以由周期性排列的谐振单元构成（见图 10-1）。根据材料所表现出的介电常数和磁导率的不同，超构材料又分为单负材料（具有负介电常数或负磁导率）、左手材料或双负材料（DNM，介电常数和磁导率均为负）、近零或超高折射率材料、复合左右手材料等。超构材料的概念由苏联科学家韦谢拉戈（V. G. Veselago）提出，同时他从理论上预测了左手材料具有 3 个主要的异常电磁特性：负折射率、反向多普勒效应和反向切连科夫辐射。

图 10-1　几种具有代表性的超构材料结构

由于超构材料中存在周期结构，因此可以传输慢电磁波。根据切连科夫辐射原理可知，当电子运动速度大于超构材料中的电磁波相速时，将在电子运动的反方向激发出相干电磁辐射，即反向切连科夫辐射。由于反向切连科夫辐射在高功率器件、粒子物理和光学等领域具有极其重要的应用，国内外学者围绕超构材料中的反向切连科夫辐射开展了大量的理论和实验工作。

电子科技大学段兆云教授在美国麻省理工学院陈敏教授团队工作的基础上，研究了在各向异性双负材料中的切连科夫辐射理论，并首次在实验中观测到了反向切连科夫辐射。图 10-2（a）所示为他们用来构建超构材料的平板型互补电开口环谐振器（Complementary Electric Split-Ring Resonator，CeSRR），将多个平板型互补电开口环谐振器单元沿 z 轴方向周期性排列并固定在矩形波导中间位置且与矩形波导中波传播方向一致，即构成一种全金属超构材料，如图 10-2（b）所示。

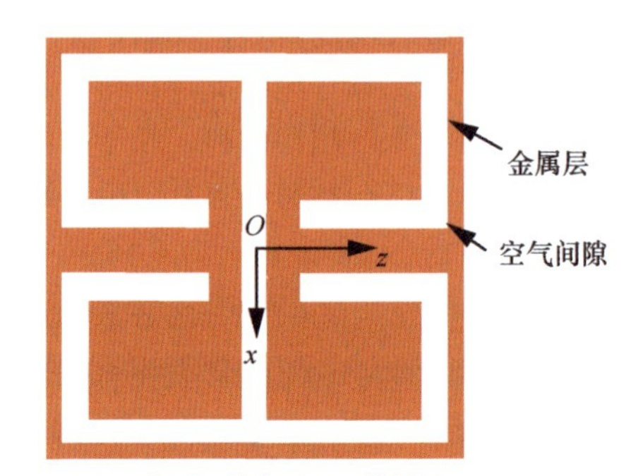

(a) 平板型互补电开口环谐振器

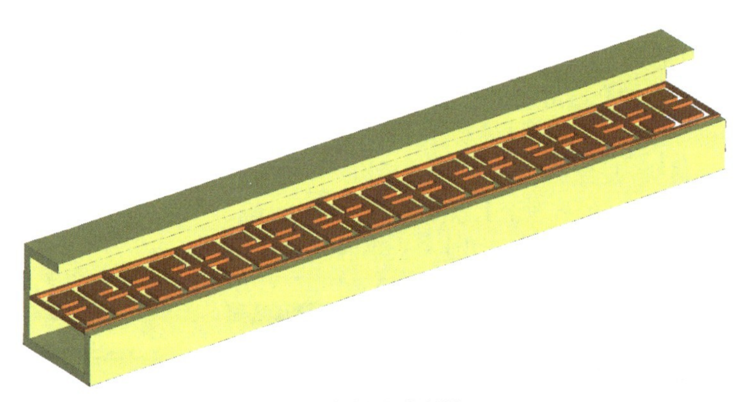

(b) 全金属超构材料

图 10-2　平板型互补电开口环谐振器及全金属超构材料

双负材料是一种复合材料，为了表征它的特性，需要提取它的一些等效参数，如介电常数（Dielectric Constant）、磁导率（Permeability）、折射率（Refractive Index）、特性阻抗（Characteristic Impedance）等。但是由于它的不均匀性，我们不能直接得到它的这些参数。为此，需要通过一些间接的方法来测量这些参数。

折射率和特性阻抗是材料的基本特性，因此，首先需要确定这两个参数。史密斯（Smith）介绍了一种参数提取方法：首先通过材料的传输和反射系数来逆推它的折射率和特性阻抗，然后通过介电常数和磁导率与二者之间的关系来确定这两个参数。求出以上参数之后，就可以确定一种材料的基本特性了。下面简单介绍一下这种方法。首先，使电磁波入射有限厚度的一维平板复合材料，利用仿真软件求得该材料的 S 参数。

折射率 n 和 S 参数之间的关系为

$$\cos\left(nk_0l\right)=\frac{1-S_{11}+S_{21}^2}{2S_{21}} \tag{10-1}$$

其中，k_0 为入射波在自由空间中的波数，l 为波传播方向上介质板的厚度。

特性阻抗 z 和 S 参数之间的关系为

$$z=\pm\sqrt{\frac{\left(1+S_{11}\right)^2-S_{21}^2}{\left(1-S_{11}\right)^2-S_{21}^2}} \tag{10-2}$$

其次，对于无源媒质，在实际操作中必须满足一些必要的条件，即 $\mathrm{Im}(n)>0$，$\mathrm{Re}(z)>0$，只有满足了这些基本条件，求得的结果才是唯一的。最后，利用已经求得的 n 和 z，可以求得该复合材料的介电常数和磁导率。

超构材料的介电常数和磁导率均为张量，介电常数具有以下形式：

$$\boldsymbol{\varepsilon}=\varepsilon_0\boldsymbol{\varepsilon}_{\mathrm{eff}}=\varepsilon_0\begin{bmatrix}\varepsilon_{xx} & 0 & 0\\ 0 & 0 & 0\\ 0 & 0 & \varepsilon_{zz}\end{bmatrix} \tag{10-3}$$

其中，ε_0 为真空介电常数；$\boldsymbol{\varepsilon}_{\mathrm{eff}}$ 为有效介电常数；ε_{xx} 和 ε_{zz} 分别为 x 轴和 z 轴方向的相对介电常数，可以由基于 S 参数的参数提取法获得。

方波导的有效磁导率可以利用德鲁德（Drude）模型得到，磁导率形式如下：

$$\mu=\mu_0\mu_{\mathrm{eff}}=\mu_0\left(1-\frac{\omega_{\mathrm{c}}^2}{\omega}\right) \tag{10-4}$$

其中，μ_0 为真空磁导率，ω_{c} 和 ω 分别为示空方波导的基模 TM_{11} 模式的截止角频率和超构材料的工作角频率。

各向异性双负材料中的波矢量和坡印亭矢量并不是严格反向平行的，在这种情形下的相速和群速、频谱密度和总的辐射功率完全不同于那些在各向同性双负材料中的。

10.2　光子晶体

光子晶体的概念近十年来在信息技术、材料科学等领域引起了人们越来越多的关注。而光子晶体的发展可能会实现对光子的控制，这将引发信息世界的另一场革命，对今后人们日常生活的影响不可估量。将光子晶体引入微波领域，实现对一定频率电磁波的控制，也会为这一领域带来更多的发展。

光子晶体是一种折射率呈周期性变化的电磁介质。根据电磁场理论可知，在介电常数呈周期性分布的介质中，电磁场满足麦克斯韦方程组。通过对周期场中方程的求解，发现该方程只有在某些特定的频率下才有解，而在某些频率下无解，即在这种周期性的介电结构中某些频率的电磁波是被禁止传播的。我们称这些被禁止的频率区间为“光子带隙”，而将具有光子带隙的周期性材料称为光子晶体。光子带隙的工作波长与光子晶体的晶格常数是同一数量级的。

10.2.1 光子晶体加载慢波结构的设计

图 10-3 所示为典型的光子晶体加载慢波结构。z 轴为电子注通道方向，也是慢波结构周期性方向；y 轴上划分了 3 层结构，分别为光子晶体层、慢波结构层和电子注通道层，这里光子晶体代替了传统慢波结构中的金属波导壁。

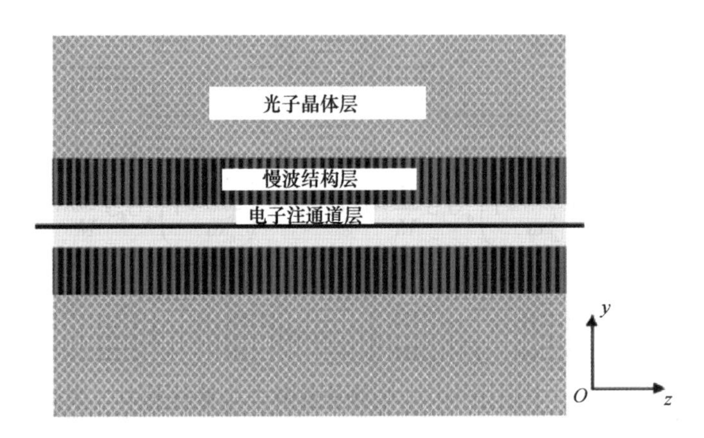

图 10-3 典型的光子晶体加载慢波结构

由于光子晶体在结构中起到屏蔽电磁波的作用，因此在设计这样一个 3 层结构时，必须满足：需要的工作模式不仅能存在于慢波结构中，还必须处于光子晶体禁带内；而同样在慢波结构中存在的非期望模式，必须处于光子晶体通带中。

3 层结构中，慢波结构用于获取所需慢波结构的系数与带宽。虽然我们只希望光子晶体层起到屏蔽电磁波的作用，但实际加载后它会对慢波结构的各个参数都有一定影响。考虑用矩形栅作为系统的慢波结构，一般使用截面长度 x 轴方向上半驻波数量为 1 的空间模式作为工作模式。由于缺陷的尺寸是由电子注通道及慢波结构的尺寸决定的，因此光子晶体慢波结构的某些尺寸是不能随意调整的。

10.2.2 光子晶体矩形栅慢波结构的设计

如果将二维光子晶体按非截面排列方式加载到矩形栅上，如图 10-4（a）所示，这时光子晶体中主要以 TE 模式工作。由于 TE 模式在纵向上没有电场或者电场很弱，不利于电子注与慢波结构交换能量，因此本节主要讨论截面排列光子晶体加载矩形栅的结构设计，如图 10-4（b）所示，相应的工作模式为 TM 模式。

为使光子晶体矩形栅慢波结构能够单模工作在最低模式下，可以将慢波结构层中的期望工作模式设置到光子晶体禁带中，且处于光子晶体填充矩形波导 TM 模式的最低工作频带之下，这样，期望工作模式的电磁波将被束缚在电子注通道中。考虑是光子晶体截面排列的矩形波导 TM 模式，只需保证期望工作模式处于 TM_{11} 模式的最低截止频率之下即可。

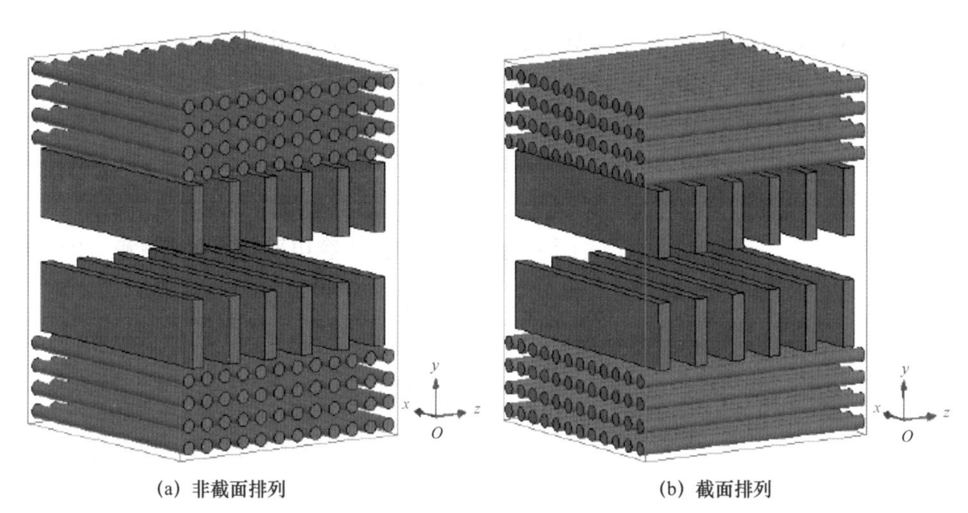

(a) 非截面排列　　(b) 截面排列

图 10-4　光子晶体加载矩形栅的两种方式

当利用光子晶体第一禁带工作时，第二禁带也可能处于光子晶体波导 TM_{11} 模式的最低截止频率之下，那么处于第二禁带的电磁波也可能被束缚在慢波结构层中。因此，在设计中必须满足：期望工作模式的频带处于光子晶体第一禁带，光子晶体波导 TM_{11} 模式通带处于光子晶体第一禁带之上、第二禁带之下。

将光子晶体加载到矩形栅上代替其周围的金属壁，可以得到光子晶体矩形栅慢波结构（见图 10-5）。利用计算机仿真，我们得到加载光子晶体前后矩形栅的色散曲线对比（见图 10-6）。不难发现，相对同尺寸的矩形栅慢波结构而言，光子晶体矩形栅慢波结构的相速较小，色散较弱，这就意味着光子晶体矩形栅慢波结构有较低的工作电压。光子晶体矩形栅的最低通带是 58.46～66.28GHz，被完全包含在光子晶体第一禁带（0～69GHz），而光子晶体波导的 TM_{11} 模式的通带处于光子晶体第一禁带和第二禁带之间，满足设计的要求。而光子晶体矩形栅慢波结构的耦合阻抗稍小于矩形栅慢波结构的。

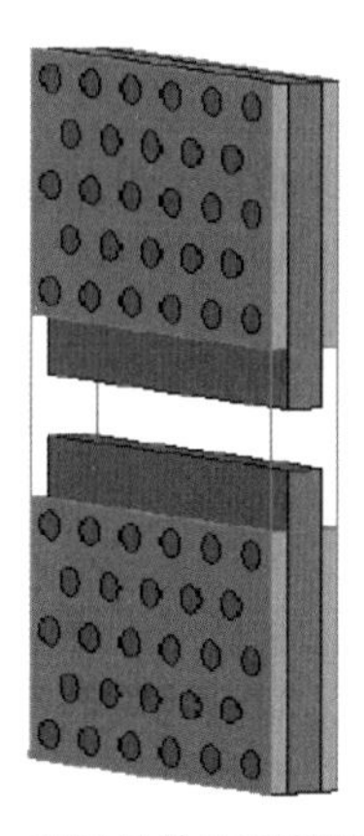

图 10-5　光子晶体矩形栅慢波结构

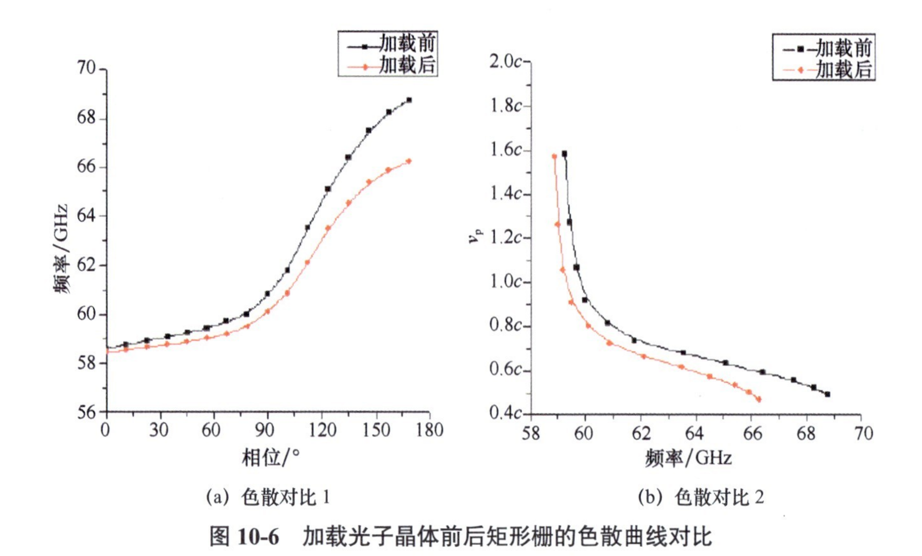

(a) 色散对比 1　　　(b) 色散对比 2

图 10-6　加载光子晶体前后矩形栅的色散曲线对比

10.3　纳米材料

纳米材料是指在三维空间中至少有一个维度的尺度处于纳米量级（1～100nm）的材料或由它们作为基本单元构成的材料，该尺度相当于 10～1000 个原子紧密排列在一起的尺度。纳米材料具有表面效应、小尺寸效应和宏观量子隧道效应等，如果将宏观物体细分成纳米颗粒，它将显示出许多奇异的特性，即它在光学、热学、电学、磁学、力学以及化学等方面的性质和大块固体时相比将会有显著的不同。截至本书成稿之日，纳米材料主要包括纳米磁性材料、纳米陶瓷材料、纳米金属材料、纳米纤维等，应用领域非常广泛。以石墨烯、碳纳米管（线）、氧化锌纳米线为代表的高电子发射材料，也受到了真空电子器件研究人员的关注。

10.3.1　石墨烯

石墨烯是由单层碳原子组成的六角蜂窝状二维晶体，是其他石墨材料的基本组成部分。如图 10-7 所示，富勒烯是由石墨烯上的一部分弯曲构成足球状晶体；碳纳米管的主体部分可以看作由一部分石墨烯片层卷曲而成，两端各由半个富勒烯封口；而石墨是由多层石墨烯层叠而成。截至本书成稿之日，石墨烯的研究涵盖了电学、力学、热学、化学、量子力学、生物兼容等方面，主要应用包括纳米场效应管、超级电容器、纳米电子器件、透明导电材料、场发射材料、生物兼容材料及高灵敏度传感器等。

石墨烯材料具有良好的电导率、化学稳定性和尖端效应，因适合作为场发射冷阴极而成为研究的热点。目前，关于石墨烯纳米结构材料冷阴极的研究主要集中在以下两个方面。

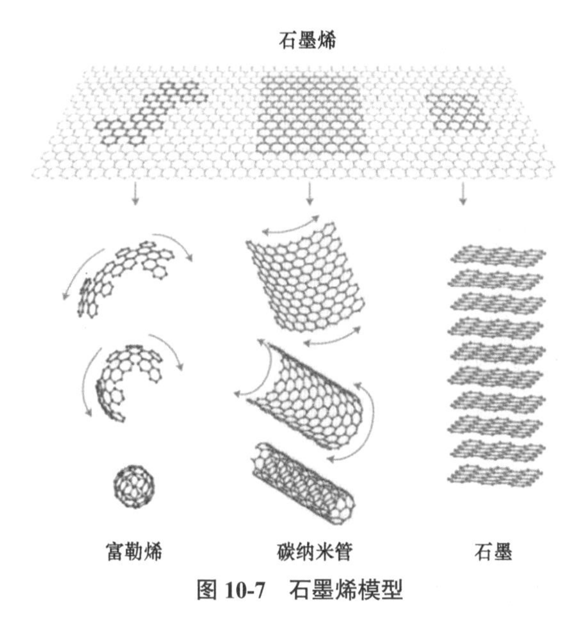

图 10-7　石墨烯模型

（1）降低场发射开启场，满足场发射平面显示器对发射电流密度为 1mA/cm^2 时的电场要求。

（2）提高场发射的电流密度和总发射电流，满足微波真空电子器件和其他器件的需要。

石墨烯的制备方法包括机械剥裂法、化学氧化法、热化学气相沉积法和等离子体化学气相沉积法等。

图 10-8 所示为电泳沉积后的石墨烯阴极的高分辨微观扫描电镜图。可以看出，石墨烯阴极表面有大量的石墨烯边缘，这些石墨烯边缘的厚度约为 1nm。这些石墨烯发射体有很高的场增强因子，可以在外加电场下产生很强的尖端效应，有利于场发射。

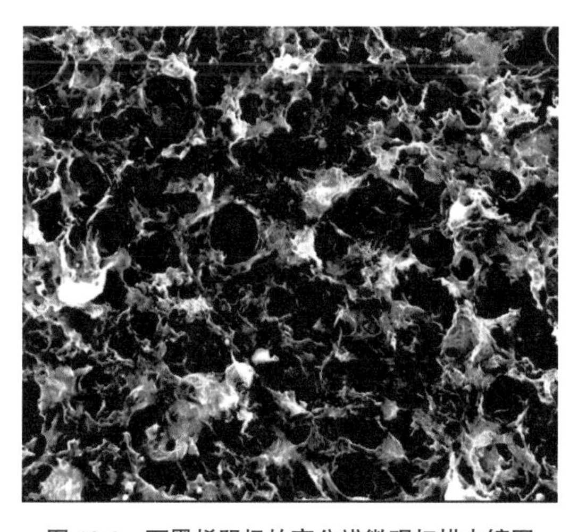

图 10-8　石墨烯阴极的高分辨微观扫描电镜图

石墨烯阴极测试示意如图 10-9 所示，测试在高真空场发射平台进行，采用平行二极管电极结构。将石墨烯阴极固定在测试阴极表面，阳极和阴极的间距为 400μm，测试时的真空度保持在 1×10^{-4} Pa 以下。直流电压源的电压范围为 0～5000V，得到的电流数据从外接电流表输送到计算机进行观测。

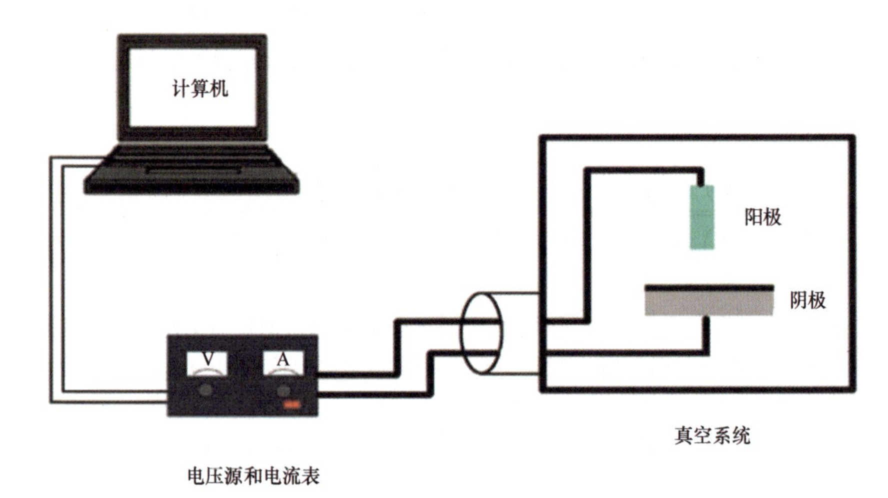

图 10-9　石墨烯阴极测试示意

电泳沉积后的石墨烯阴极场发射测试结果如图 10-10 所示，这种石墨烯阴极的开启电场为 4.4V/μm，阈值电场为 9V/μm。这种电泳沉积法制备的石墨烯阴极成本低廉、制作方法简单，能适用于目前的工业生产。通过在石墨烯阴极表面涂覆碘化铯、稀土氧化物等低逸出功材料，可以进一步提升石墨烯阴极的发射电流和稳定性，以满足不同需要。

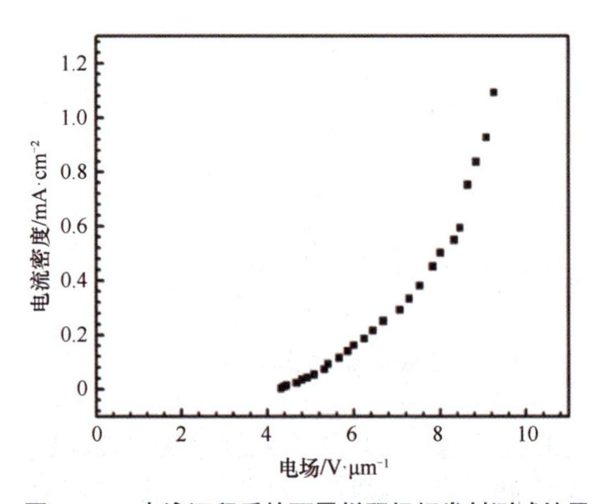

图 10-10　电泳沉积后的石墨烯阴极场发射测试结果

与电泳沉积石墨烯相比，采用丝网印刷方法制备的石墨烯阴极具有更好的发射电流和稳定性。为了制备石墨烯阴极，一种丝网印刷方法的具体实验过程如下。

（1）如图 10-11（a）所示，在硅衬底上印刷一层厚度约为 50μm 的银浆过渡层。

（2）将印刷银浆后的硅衬底放置在 100PPI 尼龙丝网下并固定，如图 10-11（b）所示。

（3）将石墨烯浆料涂覆在丝网的表面，进行按压印刷，如图 10-11（c）所示。

（4）石墨烯在印刷过程中的压力向下渗透，石墨烯会部分深入银浆过渡层，如图 10-11（d）所示。

（5）采用快速热处理对样品进行退火，在不同温度下退火 2min 后迅速取出。

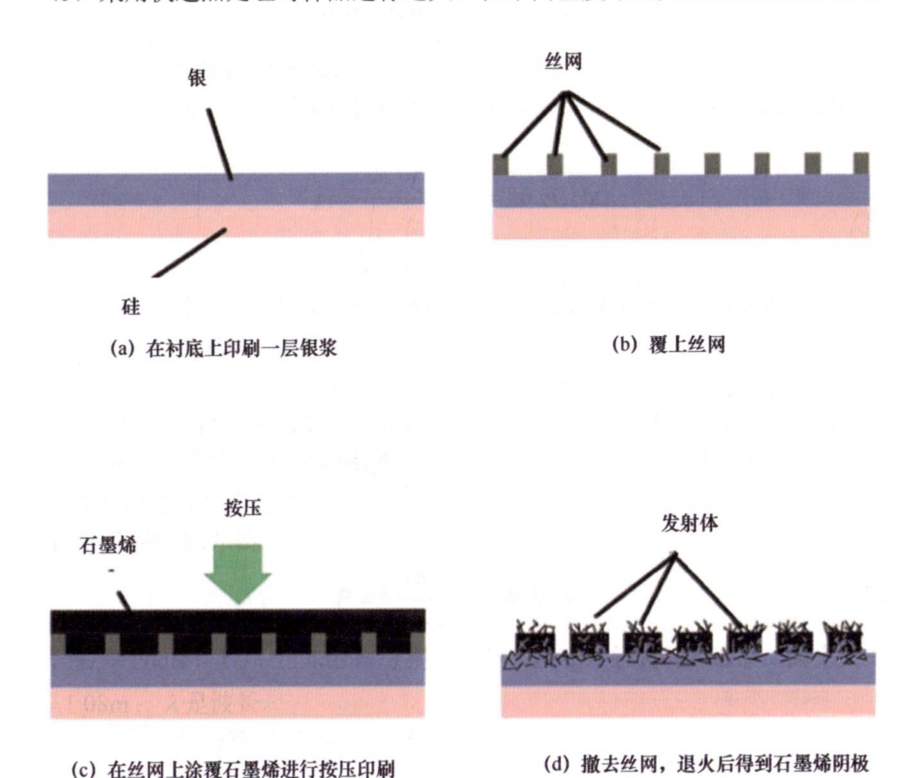

图 10-11　丝网印刷过渡层制备石墨烯阴极流程

图 10-12 所示为过渡层石墨烯阴极的扫描电镜图，可以看出丝网印刷的石墨烯阴极形成均匀的场发射阵列，并且石墨烯的底部嵌入了银过渡层，与衬底形成了良好的接触，从断面可以看出清晰的石墨烯-银-硅的分界面，且石墨烯部分嵌入银过渡层，有利于降低石墨烯阴极与衬底之间的接触电阻，提高阴极的场发射性能。

图 10-13 所示为对不同退火温度过渡层石墨烯阴极的场发射测试结果，并与电泳石墨烯阴极（ED）的场发射性能进行了对比。可以看到，随着退火温度的升高，过渡层石墨烯阴极的银浆中的有机物逐渐分解，使得开启场阈值逐渐降低，最低可以到 2V/μm 以下，远低于电泳石墨烯阴极的开启场（4.4V/μm）。

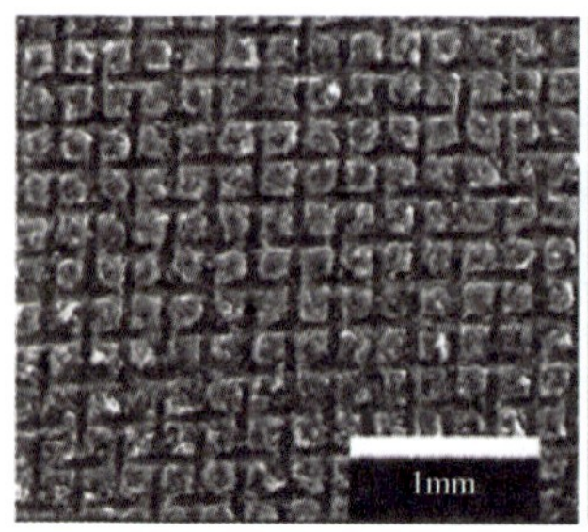

(a) 低分辨率阴极表面形貌

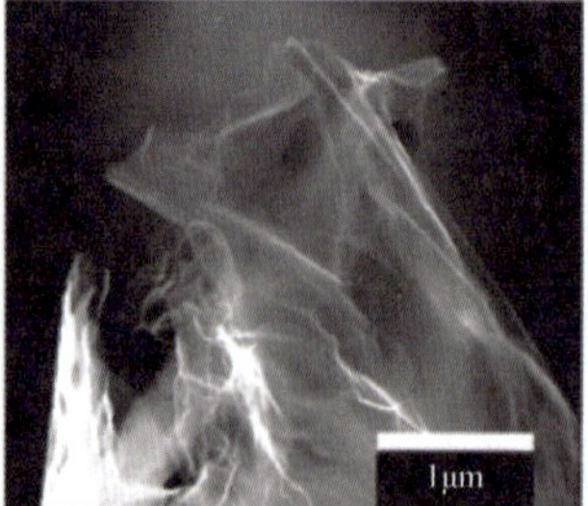

(b) 高分辨率阴极表面形貌

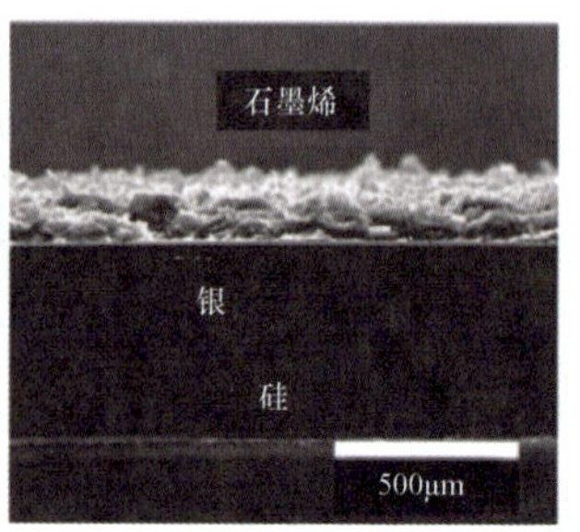

(c) 高分辨率阴极断面形貌

图 10-12 过渡层石墨烯阴极的扫描电镜图

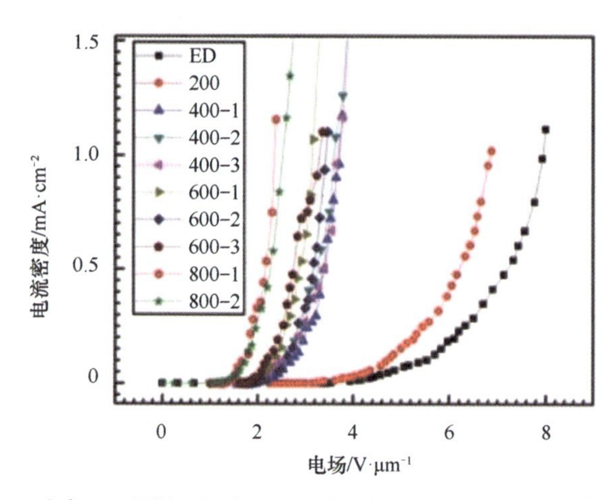

图 10-13 过渡层石墨烯阴极在不同退火温度下的场发射电流密度测试结果

10.3.2 碳纳米管

与石墨烯相比，碳纳米管的比表面积较小，但是有良好的整体管状结构，可以有效地避免因为团聚而导致的表面积的减小。同时，碳纳米管也有很好的电导率，细长的结构可以充当很好的导电通道。剑桥大学的 Milne 小组采用电子束光刻的方法制备了定向分离的均匀碳纳米管阵列，最大发射电流可以达到 30mA，最大电流密度达到 $3A/cm^2$，并且在二极管阴极结构的微波振荡器中得到应用。另外，通过热化学气相沉积生长定向的碳纳米管薄膜也可以得到安每平方厘米（A/cm^2）量级发射电流密度。

等离子体化学气相沉积法被广泛应用于生长碳纳米管，通过催化剂的调整可以很好地控制碳纳米管的生长。这里简单介绍采用 5000W、2.45GHz 的微波等离子体化学气相沉积系统制备碳纳米管的实验步骤。

（1）在 n 型掺杂的硅片上采用磁控溅射沉积厚度为 20nm 的金属镍作为催化剂。

（2）将硅片放入沉积系统，为了提高等离子体在样品表面的强度，将硅片放在一个直径为 25mm、高度为 40mm 的铜柱上，如图 10-14 所示。

（3）抽真空后通入 200sccm 的 H^2 作为保护气体。将气压升至 500Pa，通入功率为 500W 的微波对硅片进行加热。

（4）当硅片被加热至 950℃左右时，通入 100sccm 的 CH_4 气体作为碳源，调节反应气压至 1000Pa。

（5）调节不同的反应功率进行碳纳米管生长。

（6）生长结束后，关闭 CH_4 气体，在 H^2 的保护下进行冷却。

（7）将温度降至室温后取出样品。

碳纳米管的生长温度一般在 700～850℃，更高的温度会导致碳纳米管表面缺陷增多。在具有缺陷的碳纳米管基底上制备石墨烯是另一种降低石墨烯阴极工作电场的有效途径，类似的多级场增强结构还有钨针尖或硅针尖、碳纤维、氧化锌纳米线等。图 10-15 所示为采用 2000W 微波等离子体化学气相沉积系统制备的石墨烯-碳纳米管结构。可以看出，石墨烯已经完全覆盖碳纳米管的表面，这些石墨烯呈分离状态，其中一部分还与碳纳米管垂直。这种在碳纳米管上生长的石墨烯结构有极大的比表面积和发射边缘，同时碳纳米管可以充当石墨烯之间的导电通道，使其可以成为很好的多级场增强阴极。

图 10-14　微波等离子体化学气相沉积系统制备碳纳米管

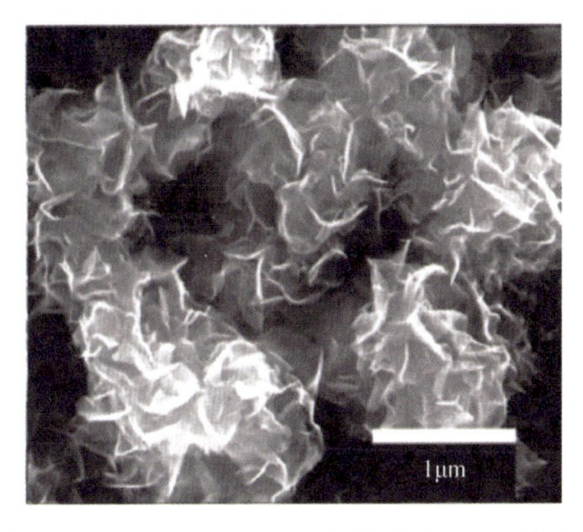

图 10-15　采用 2000W 微波等离子体化学气相沉积系统制备的石墨烯-碳纳米管结构

场发射测试在高真空场发射平台进行，采用平行电极结构进行测试。将石墨烯-碳纳米管样品固定在测试阴极表面，采用直径为 2mm 的金属圆柱作为阳极，阳极和阴极的间距为 400μm，测试时的真空度保持在 1×10^{-4} Pa 以下。为了方便研究，实验同样定义当阴极发射电流密度为 10μA/ cm^2 时的电场为开启场，发射电流密度为 1mA/ cm^2 时的电场为阈值场。

石墨烯-碳纳米管阴极的场发射电流密度测试结果如图 10-16 所示。为了对比生长石墨烯后的场发射效果，实验同样测试了没有进行石墨烯生长的碳纳米管。从结果上看，碳纳米管的开启场和阈值场分别为 2.1V/μm 和 3.2V/μm；而在表面生长石墨烯后的阴极开启场下降为 0.6V/μm，阈值场下降为 1.6V/μm。取石墨烯和碳纳米管的表面功函数 ϕ=5eV，根据图 10-16 中的测试结果计算碳纳米管的场增强因子为 3670，而生长石墨烯后的多级场增强因子为 7710。

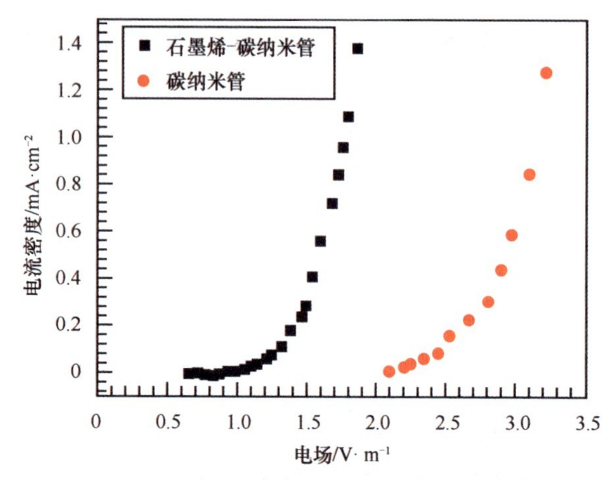

图 10-16　石墨烯-碳纳米管阴极的场发射电流密度测试结果

拓展阅读

[1] VESELAGO V G. The electrodynamics of substances with simultaneously negative values of ε and μ[J]. Soviet Physics Uspekhi, 1968, 10(4): 509-514.

[2] PENDRY J B, HOLDEN A J, STEWART W J, et al. Extremely low frequency plasmons in metallic mesostructures[J]. Physical Review Letters, 1996, 76(25): 4773-4776.

[3] PENDRY J B, HOLDEN A J, ROBBINS D J, et al. Magnetism from conductors and enhanced nonlinear phenomena[J]. IEEE Transactions on Microwave Theory and Techniques, 1999, 47 (11): 2075-2084.

[4] TANG X F, DUAN Z Y, SHI X B, et al. Sheet electron beam transport in a metamaterial-loaded waveguide under the uniform magnetic focusing[J]. IEEE Transactions on Electron Devices, 2016, 63(5): 2132-2138.

[5] DUAN Z Y, TANG X F, WANG Z L, et al. Observation of the reversed Cherenkov radiation[J]. Nature Communications, 2017, 8: 14901-1-7.

[6] VOROBEV V V, TYUKHTIN A V. Nondivergent Cherenkov radiation in a wire metamaterial[J]. Physical Review Letters, 2012, 108(18): 184801-1-4.

[7] GINIS V, DANCKAERT J, VERETENNICOFF I, et al. Controlling Cherenkov radiation with transformation-optical metamaterials[J]. Physical Review Letters, 2014, 113(16): 167402-1-5.

[8] LIM Y D, HU L X, XIA X, et al. Field emission properties of SiO_2-wrapped CNT field emitter[J]. Nanotechnology, 2018, 29(1): 15202.

第11章　真空电子学中的新机制：束–等离子体系统

本章将介绍一种基于新物理机制的真空电子太赫兹源方案——束-等离子体系统。其中，“束”指带电粒子束；“等离子体”是一种带有大量相等正负电荷、在运动中呈现出集体行为的物质，是气体进一步电离的产物，也被称作物质的“第四态”。以图 11-1 所示的束-等离子体系统为例，它的互作用区由一束高能电子以及一个被电子注贯穿的等离子体组成。束-等离子体系统中的等离子体可以由独立的等离子体源产生（通过辉光放电、弧光放电、介质阻挡放电等机制），也可以由电子注直接击穿中性气体产生。在常温常压下，气体密度通常约为$10^{25}\,\mathrm{m}^{-3}$，而适合产生 0.1～10THz 辐射的等离子体密度范围为$10^{20}\sim10^{24}\,\mathrm{m}^{-3}$，所以此类器件通常需要工作在真空度较低的环境中。

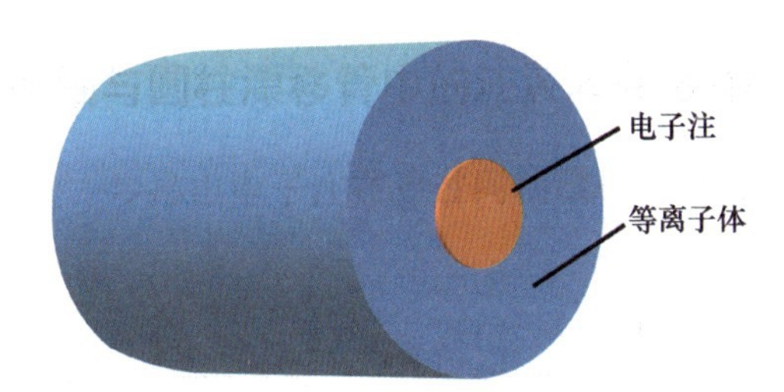

图 11-1　束-等离子体系统示意

与传统的基于真空电子学的太赫兹源相比，束-等离子体系统具有以下特点。

（1）**无须外加磁场**。电子注能够在等离子体通道中实现自聚焦传输，因此无须外加磁场，实现成本较低。

（2）**辐射频率可调谐**。束-等离子体系统的辐射频率取决于等离子体的固有振荡频率，即“等离子体频率”，表达式为$f_{\mathrm{p}}=\sqrt{e^2n_{\mathrm{p}}/\varepsilon_0m_0}/2\pi$，其中$e$为单位电荷量，$n_{\mathrm{p}}$为等离子体密度，$\varepsilon_0$为真空介电常数，$m_0$为电子质量。可知，等离子体的固有振荡频率与等离子体密度的$\frac{1}{2}$次方成正比。在一些机制下，仅通过调节等离子体密度就能够将辐射频率提升至太赫兹波段。

（3）**功率容量大**。等离子体在系统中具有中和电子注空间电荷场的能力，有助于束流突破空间电荷极限电流，从而实现更高的功率。而且由于等离子体本身处于高度电离的状态，不存在被打坏或击穿的问题，因此可以承受强流电子注与高功率辐射。

基于这些特点，束-等离子体系统有望成为一种高功率、小型化、低成本的太赫兹源。

11.1 束-等离子体系统的理论

束-等离子体系统的辐射理论是研究束-等离子体太赫兹源的基础。本节将介绍束-等离子体系统的基本线性理论方法，通过这种方法可以得到系统的色散特性，从而了解系统内电磁与静电模式的特性，而更复杂的非线性理论通常也需要以线性理论为基础。

束-等离子体系统的理论研究可以采用等离子体物理中的常规方法，而且从广义上来讲，带电粒子束（如电子注）可以被看作一种非中性的"等离子体"，当电荷密度足够大时，带电粒子束内部空间电荷的振荡也是以集体相互作用为主导的，因此从数学上可以采用等离子体物理的理论方法进行处理。现将这些理论方法的特点总结如下。

（1）**单粒子理论**。求解单个带电粒子在等离子体内部电磁场中的运动。由于束-等离子体系统涉及大量带电粒子体系的集体相互作用，单粒子理论仅局限于研究某些特殊问题，如电子在离子聚焦机制下的传输轨迹、电子感应加速器（Betatron）振荡等。

（2）**流体理论**。基于流体运动方程、连续性方程与麦克斯韦方程组，不再跟踪单个带电粒子的轨迹，而将整个系统看作多个流体组分（带电粒子束、等离子体电子、等离子体离子等）的叠加，通过耦合麦克斯韦方程组，形成一个自洽的体系。与真实情况相比，流体模型实现的是一种统计上的平均，例如空间中某一点的流速其实是此处大量粒子的平均速度，但这套模型已经足以处理绝大多数的束-等离子体相互作用问题。

（3）**动理学理论**。基于弗拉索夫方程（Vlasov Equation）与麦克斯韦方程组，特点是利用相空间（位置-速度）分布来描述等离子体的状态。与流体理论相比，动理学理论可以进一步研究速度分布（如尾部隆起的麦克斯韦分布）带来的影响，缺点是增加的相空间维度导致了更大的计算难度。

（4）**质点网格（Particle in Cell，PIC）法**。一种计算机模拟方法，特点是采用大量"宏粒子"逼近真实的等离子体分布，在此基础上计算大量粒子与空间电磁场的相互作用，以及粒子碰撞电离等效应。质点网格法是非常接近实验的方法，但是为了精确模拟束-等离子体系统中的等离子体波，需要在模拟中采用精细的网格以及大量不同组分的宏粒子，因此计算量通常较大。目前，适用于研究束-等离子体系统的软件有 VSim、EPOCH、OOPIC 等。

11.1.1 色散方程

对于研究束-等离子体系统的色散特性，常用的方法是在流体理论基础上采用线性化近似。为了使本节的理论更加直观明了且兼具一定的实用性，这里我们考虑二维笛卡儿坐标系(x,y)下的系统，电子注与等离子体的分布均匀，束流及等离子体流的定向运动速度沿 x 轴方向，并约定用下标 i 指代不同的流体组分（束电子、等离子体电子、等离子体离子等），以区别于虚数单位 j。为了便于讨论物理机制，这里忽略粒子碰撞以及温度的影响，这些效应在辐射机制中不起决定性作用。通过在目前的理论框架上进行修正，不难将理论进一步推广至更高维的情况以及更复杂的位形。

首先，不同的流体组分在自恰与外加电磁场作用下的运动方程为

$$\left(\frac{\partial}{\partial t}+\boldsymbol{v}_i\cdot\nabla\right)\gamma_i\boldsymbol{v}_i=\frac{q_i}{m_i}\left(\boldsymbol{E}+\boldsymbol{v}_i\times\boldsymbol{B}\right) \tag{11-1}$$

其中，$\boldsymbol{v}_i$ 为流速，$\gamma_i=\sqrt{1-\left|v_i\right|^2/c^2}$ 为相对论因子，q_i 为粒子电荷，m_i 为粒子静止质量，$\boldsymbol{E}$ 、$\boldsymbol{B}$ 分别为电场强度与磁感应强度。

需要注意的是，式（11-1）处理的并非单个粒子的运动，而是由大量粒子体组成的一种连续性流体的运动。空间坐标代表实验室坐标系下的任意位置，而非粒子的位置。$\mathrm{d}/\mathrm{d}t=\partial/\partial t+\boldsymbol{v}_i\cdot\nabla$ 为随体导数，表示任意空间位置处流体微元内部物理量随时间的变化。

在流体描述下，电子注与等离子体的运动需要满足流体的连续性方程：

$$\frac{\partial n_i}{\partial t}+\nabla\cdot\left(n_i\boldsymbol{v}_i\right)=0 \tag{11-2}$$

其中，n_i 为粒子的数密度。

式（11-2）的含义是流入一个流体微元的粒子数应当与该微元内粒子数的增量相等，即粒子不会凭空消失，也不会凭空产生。

电子注与等离子体通过电场力和磁场力相互作用，因此需要遵循麦克斯韦方程组，包括等离子体波与辐射场在内的各个模式均需要满足由麦克斯韦方程组决定的波动方程：

$$\nabla^2\boldsymbol{E}-\frac{1}{c^2}\frac{\partial^2\boldsymbol{E}}{\partial t^2}=\nabla\left(\sum_i\frac{q_in_i}{\varepsilon_0}\right)+\frac{\partial}{\partial t}\sum_i\frac{q_in_i\boldsymbol{v}_i}{\varepsilon_0c^2} \tag{11-3}$$

其中，c 为真空中的光速，ε_0 为真空介电常数。

线性理论的基本思路是将系统中的任意参数分解为一个 0 阶平衡量与一个振幅很小的一阶扰动量，即

$$\psi=\psi_0+\psi_1 \tag{11-4}$$

其中，$\psi_1\propto\exp\left(\mathrm{j}\boldsymbol{k}\cdot\boldsymbol{r}-\mathrm{j}\omega t\right)$，且 $\left|\psi_1\right|\ll\psi_0$ 。

这意味着线性理论会首先假定系统维持在一个平衡态，然后将系统中的各个波动模式考虑为平衡态附近的微小扰动。从傅里叶变换的角度来看，任何一个实际的扰动都是由一系列单色谐波叠加而成，而二阶及更高阶的扰动则由两个或更多一阶扰动的乘积形成，在 $\left|\psi_1\right|\ll\psi_0$ 的假设下可以忽略不计。在线性化近似下，可以通过麦克斯韦方程组中的法拉第定律得到电场与磁场的关系：

$$B_{z1}=\frac{k_x}{\omega}E_{y1}-\frac{k_y}{\omega}E_{x1} \tag{11-5}$$

系统中各个振荡模式的特性由色散特性 $D\left(\boldsymbol{k},\omega\right)=0$ 决定。色散特性可以通过结合式（11-1）～式（11-5）得到，它描述的是系统的本征属性，仅取决于系统参数和结构，而与扰动的大小无关。在求解色散特性时，通常取频率与波数中的一个为变量，其他作为自变量且为常数，选取方式取决于具体问题属性，但根据以往经验，不同的求解方式不会导致结果的本质差异（系统的不稳定性不会因为自变量的不同

而遗漏，波的相速也不会因此而改变）。如果考虑以频率作为因变量，色散方程的解为复数，如 $\omega=\omega_{\mathrm{r}}+\mathrm{j}\omega_i$，且 $\omega_i>0$，将其代入式（11-4）可以发现，小扰动振幅 $|\psi_1|$ 将随时间而增大，而实频率 ω_{r} 与波数决定了模式的相速。$\omega_i>0$ 反映了系统的正反馈过程（也被称为不稳定性），ω_i 定义为不稳定性的增长率。这种现象在自然界中是相对罕见的，类似于平静湖面上的细小涟漪最终演变为数十米的巨浪。但在受电磁力支配的等离子体中，蕴藏着丰富的不稳定机制。如果等离子体中增长的是电磁波，那么这种不稳定性称为“电磁不稳定性”，它是束-等离子体系统中一类重要的辐射机制。另外，需要注意的是，振荡因子 $\exp\left(\mathrm{j}\boldsymbol{k}\cdot\boldsymbol{r}-\mathrm{j}\omega t\right)$ 也可写成共轭形式 $\exp\left(\mathrm{j}\omega t-\mathrm{j}\boldsymbol{k}\cdot\boldsymbol{r}\right)$，这并不会影响色散特性解的实部（频率、波长、相速），但是此时不稳定性的条件将会变为 $\omega_i<0$。

在式（11-4）的线性化近似下，由式（11-1）、式（11-2）、式（11-5）可以得到

$$v_{ix1}=C_i\left[\left(\omega-k_x v_{ix0}+\mathrm{j}\frac{\omega_{Bi}k_y v_{ix0}}{\omega}\right)E_{x1}+\mathrm{j}\omega_{Bi}\left(1-\frac{k_x v_{ix0}}{\omega}\right)E_{y1}\right] \tag{11-6}$$

$$v_{iy1}=C_i\left[\left(\frac{\gamma_{i0}^2 k_y v_{ix0}\left(\omega-k_x v_{ix0}\right)}{\omega}-\mathrm{j}\omega_{Bi}\right)E_{x1}+\frac{{\gamma_{i0}}^2\left(\omega-k_x v_{ix0}\right)^2}{\omega}E_{y1}\right] \tag{11-7}$$

其中，$C_i=\dfrac{\mathrm{j}\omega_{\mathrm{p}i}^2\varepsilon_0/\left(\gamma_{i0}q_i n_{i0}\right)}{\left(\omega-k_x v_{ix0}\right)^2\gamma_{i0}^2-\omega_{Bi}^2}$，$\omega_{Bi}=\sqrt{q_i B_{z0}/\left(\gamma_{i0}m_e\right)}$ 为粒子在静态磁场中的回旋角频率，$\omega_{\mathrm{p}i}=\sqrt{{q_i}^2 n_{i0}/\left(\varepsilon_0 m_e\right)}$ 为等离子体（角）频率。这里引入了一个垂直于等离子体平面沿 z 轴方向的 0 阶磁场 B_{z0}，代表 x-y 平面束流产生的沿 z 轴方向的自磁场，相当于垂直圆形电子注纵向截面的角向自磁场。由于束-等离子体系统能够在无外磁场条件下传输自由电子，因此无须引入纵向磁场。由式（11-2）、式（11-4）可以得到

$$n_{i1}=\frac{k_x n_{i0}}{\omega-k_x v_{ix0}}v_{ix1}+\frac{k_y n_{i0}}{\omega-k_x v_{ix0}}v_{iy1} \tag{11-8}$$

将式（11-6）、式（11-7）、式（11-8）代入波动方程[式（11-3）]的源项中，可以将 x 轴、y 轴两个方向的波动方程化为如下形式：

$$\left[\left(\frac{\omega^2}{c^2}-k_x^2-k_y^2\right)\boldsymbol{I}+\sum_i\frac{\omega_{\mathrm{p}i}^2/\gamma_{i0}}{\gamma_{i0}^2\left(\omega-k_x v_{ix0}\right)^2-\omega_{Bi}^2}\boldsymbol{T}\right]\begin{bmatrix}E_{x1}\\E_{y1}\end{bmatrix}=0 \tag{11-9}$$

其中，

$$\boldsymbol{I}=\begin{bmatrix}1&0\\0&1\end{bmatrix}$$

$$\boldsymbol{T}=\begin{bmatrix}\varepsilon_{11}&\varepsilon_{12}\\\varepsilon_{21}&\varepsilon_{22}\end{bmatrix}$$

$$
\begin{cases}
\varepsilon_{11}=\dfrac{k_x^2c^2-\omega^2}{c^2}+\dfrac{\gamma_{i0}^2k_y^2v_{ix0}\left(k_xc^2-\omega v_{ix0}\right)}{\omega c^2}-\mathrm{j}\dfrac{\omega_{Bi}k_xk_y}{\omega}\\
\varepsilon_{12}=\dfrac{\gamma_{i0}^2k_y\left(\omega-k_xv_{ix0}\right)\left(k_xc^2-\omega v_{ix0}\right)}{\omega c^2}+\mathrm{j}\dfrac{\omega_{Bi}}{\omega c^2}\left(k_x^2c^2-\omega^2\right)\\
\varepsilon_{21}=k_xk_y+\gamma_{i0}^2k_yv_{ix0}\left(\dfrac{k_y^2}{\omega}-\dfrac{\omega-k_xv_{ix0}}{c^2}\right)+\mathrm{j}\dfrac{\omega_{Bi}\left(\omega^2-k_y^2c^2\right)}{\omega c^2}\\
\varepsilon_{22}=\gamma_{i0}^2\left(\omega-k_xv_{ix0}\right)\left(\dfrac{k_y^2}{\omega}-\dfrac{\omega-k_xv_{ix0}}{c^2}\right)+\mathrm{j}\dfrac{\omega_{Bi}k_xk_y}{\omega}
\end{cases}
$$

显然，式（11-9）有非平凡解的条件为

$$
D\left(\omega,k_x,k_y\right)=\det\left[\left(\frac{\omega^2}{c^2}-k_x^2-k_y^2\right)\boldsymbol{I}+\sum_i\frac{\omega_{\mathrm{p}i}^2/\gamma_{i0}}{\gamma_{i0}^2\left(\omega-k_xv_{ix0}\right)^2-\omega_{Bi}^2}\boldsymbol{T}\right]=0 \quad (11\text{-}10)
$$

式（11-10）即束-等离子体系统的色散特性。通过在式（11-10）求和项内引入更多的流体组分，可以将色散特性推广到多注、多等离子体流的情况。反之，如果在式（11-10）中去除一些组分（如考虑离子不动），并且只考虑纵方向的传播模式，则可以大幅降低理论复杂性，以便提取各种模式的色散特性。

11.1.2 静电模式与电磁模式

为了便于理解束-等离子体系统的静电模式与电磁模式，本节讨论一种较简单的情况：电子注密度足够低，以至于束流自磁场小于扰动量的级别，可以忽略不计。此时 $\omega_{Bi}\approx 0$，同时，截断 y 轴方向的传播模式，只考虑沿纵向传播的波，式（11-10）可以转化为

$$
\det\begin{bmatrix}\left(\dfrac{\omega^2}{c^2}-k_x^2\right)\left(1-\displaystyle\sum_i\frac{\omega_{\mathrm{p}i}^2}{\gamma_{i0}^3\left(\omega-k_xv_{ix0}\right)^2}\right) & 0\\ 0 & {k_x}^2-\dfrac{\omega^2}{c^2}+\displaystyle\sum_i\frac{\omega_{\mathrm{p}i}^2}{\gamma_{i0}c^2}\end{bmatrix}=0 \quad (11\text{-}11)
$$

显然，色散特性由行列式的非 0 对角元素决定。左上角元素与右下角元素为 0 时都有色散特性的解，也就是束-等离子体系统的本征模。可以发现，在无磁场条件下，两个非 0 对角元代表的模式是相互正交而不耦合的。由式（11-11）可以看出，左上角元素与纵向场（x 轴方向）关联，所以它为 0 时的解代表纵波的色散。这种纵波本质上是由纵向电荷分离导致的等离子体波，空间电荷波也属于这一范畴。等离子体波不是辐射，因为 $\nabla\times\boldsymbol{E}=\mathrm{j}\boldsymbol{k}\times\boldsymbol{E}=0$，即这里的电场是无旋场，由空间电荷扰动产生。在等离子体物理中，“等离子体波”是一个更广泛的概念，而在本书中这个名词特指由电子注驱动的纵向静电波。

在纵波色散中，第一个因子为$\frac{\omega^2}{c^2}-k_x^2$，代表以光速传播的模式，显然无法与电子注直接相互作用。实际导致等离子体波产生的是第二个因子。由于离子质量远大于电子质量，在一个离子振荡周期内可认为是静止不动的，与离子有关的项可以忽略。这样，静电模式的色散特性可以表示为

$$1-\frac{\omega_{\mathrm{pb}}^2}{\gamma_{\mathrm{b0}}^3\left(\omega-k_x v_{ix0}\right)^2}-\frac{\omega_{\mathrm{pp}}^2}{\left(\omega-k_x v_{\mathrm{p}x0}\right)^2}=0 \tag{11-12}$$

其中，下标 b、p 分别指代电子注以及等离子体电子。此处还考虑了一个实际的因素，即实验室参考系下等离子体运动不具有相对论性，所以$\gamma_{\mathrm{p0}}\approx 1$。图 11-2 展示了由式（11-12）决定的色散特性，其中点线代表色散特性的数值解，灰色虚线代表等离子体振荡频率$\omega=\omega_{\mathrm{pp}}$，黄色虚线代表电子注模$\omega=k_x v_{ix0}$，这里$\omega_{\mathrm{pb}}\ll\omega_{\mathrm{pp}}$。可以发现，在电子注模与等离子体振荡模拟的交点附近，色散特性的解出现了虚部，且增长率的最大值对应二者的交点位置。这意味着，当电子注模与等离子体振荡模式同步时，电子注可以把能量交给等离子体振荡，从而形成增长的等离子体波。这种机制称为“双流不稳定性”，是束-等离子体系统导致太赫兹辐射的基础。

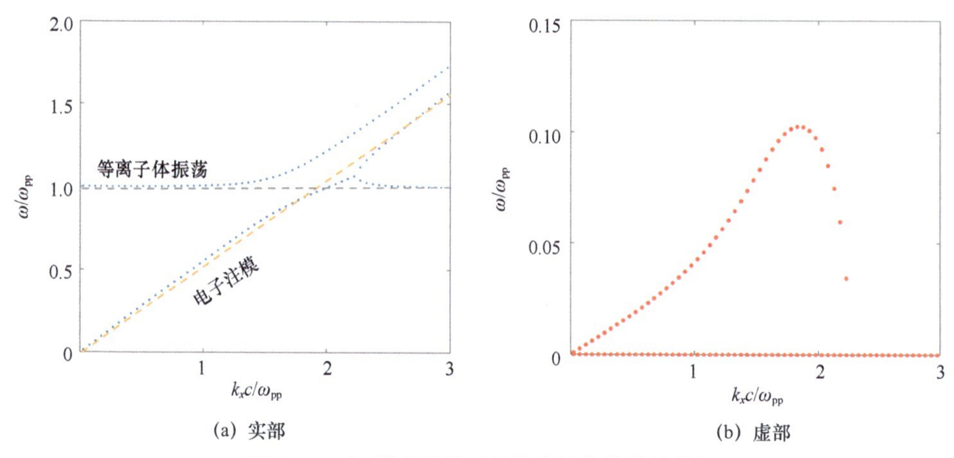

图 11-2　束-等离子体系统静电波色散特性的解

接下来，分析式（11-11）中右下角元素对应的模式，它与横向（y 轴方向）的电场相关联，而我们已经限定了模式沿 x 轴方向传播，因此这个元素为 0 的解对应着电磁波（横波）的色散。在上述假定条件下，可以近似得到

$$\omega^2-k_x^2c^2=\omega_{\mathrm{pp}}^2+\frac{\omega_{\mathrm{pb}}^2}{\gamma_{\mathrm{b0}}} \tag{11-13}$$

图 11-3 中的点线展示了式（11-13）的数值解。可以发现，电磁模式的频率高于等离子体频率，降低到等离子体频率以下时会被截止。如果从外界输入一个低频的电

磁波，它将在等离子体边界处被反射。这个色散特性只有实部解，因此它本身是稳定的。电磁模式的相速大于真空中的光速，如图中绿色虚线所示，因此它是一种快波，不能直接由电子注模激发。只有当式（11-11）中为 0 的元素（耦合项）不可忽略时，电磁波能够通过与静电波耦合的方式获得能量，从而产生辐射。因此，束流自磁场在激发电磁不稳定性中的作用也就不言而喻了。

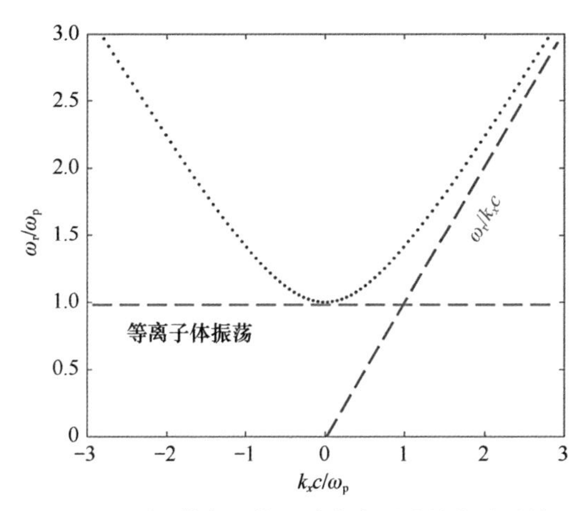

图 11-3　束-等离子体系统中电磁波的色散特性

上述讨论中没有涉及 k_y，但需要说明的是，在真实情况下纯纵向等离子体波并不存在，这是因为双流不稳定性通常会与带有 k_y 的横向模式（丝状不稳定性）耦合，从而形成倾斜的传播模式。尽管这种横向模式也属于电磁不稳定性的范畴，但它并不是导致辐射的直接原因，这是因为它只负责形成振荡频率为 0 的横向场分布。从这个角度讲，纵向等离子体波与辐射模式的线性耦合只可能在磁场的作用下完成。

11.1.3　平衡条件

事实上，上述线性理论必须建立在恰当的平衡条件基础上，即在式（11-1）中令 $\boldsymbol{E}_0+\boldsymbol{v}_i\times\boldsymbol{B}_0=0$。平衡条件虽然不妨碍线性理论的推导，却是决定系统参数的关键依据。在无外加磁场的束-等离子体系统中，有两种典型的平衡态，即离子聚焦平衡态和束-等离子体回流平衡态，下面介绍这两种平衡态。

1. 离子聚焦平衡态

在离子聚焦平衡态，电子注的密度达到或超过了等离子体密度（$n_{b0}\geqslant n_{p0}$），电子注的电场力将排开其路径上的所有等离子体电子，形成一个离子通道，如图 11-4 所示。被排开的等离子体电子主要堆积在离子通道边界，形成一个回流鞘层，对电子注自磁场起屏蔽的作用。而在大于离子通道边界半径的位置，等离子体呈电中性。在柱坐标系下，从高斯定律出发，考虑离子通道边界处的电场降为 0，可以直接得到离子通道半径 r_{p0} 满足的关系：

$$n_{\mathrm{p0}}\ r_{\mathrm{p0}}^{2}=n_{\mathrm{b0}}\ r_{\mathrm{b0}}^{2} \tag{11-14}$$

对于系统中任意半径 r 处的一个束电子，离子通道对它的静电作用力为

$$\boldsymbol{F}_{i0}=-\frac{e^{2}n_{\mathrm{p0}}r_{\mathrm{b}}^{2}}{2\varepsilon_{0}r}\boldsymbol{e}_{\mathrm{r}} \tag{11-15}$$

电子注对它的静电作用力为

$$\boldsymbol{F}_{\mathrm{b0}}=\frac{e^{2}n_{\mathrm{b0}}r_{\mathrm{b}}^{2}}{2\varepsilon_{0}r}\boldsymbol{e}_{\mathrm{r}} \tag{11-16}$$

电子注电流在该处产生的角向自磁场为

$$\boldsymbol{B}_{\mathrm{b0}}=-\frac{e\mu_{0}n_{\mathrm{b0}}v_{0}r}{2}\boldsymbol{e}_{\varphi} \tag{11-17}$$

其中，$\boldsymbol{e}_{\mathrm{r}}$ 为径向单位矢量，$\boldsymbol{e}_{\varphi}$ 为角向单位矢量。

如果该电子受力平衡，则需要满足如下条件：

$$\boldsymbol{F}_{i0}+\boldsymbol{F}_{\mathrm{b0}}-e\boldsymbol{v}_{\mathrm{b0}}\times\boldsymbol{B}_{\mathrm{b0}}=0 \tag{11-18}$$

由式（11-18）得到平衡条件：

$$n_{\mathrm{b0}}=\gamma_{\mathrm{b0}}^{2}n_{\mathrm{p0}} \tag{11-19}$$

当系统恰好满足式（11-19）时，电子注既不会散焦也不会聚焦，处于一种理论上的平衡态。当式（11-19）中的等号变为小于号时，电子注会出现自聚焦，也就是离子聚焦机制，这个不等式也称作布德克尔自聚焦条件。而当式（11-19）中的等号变为大于号时，电子注则会散焦。在实际中，电子注在等离子体中不可能一直聚焦或者散焦，而是在平衡位置附近来回振荡。在线性理论下，这种振荡最初的振幅显然需要远小于电子注的初始半径。11.2.1 节将介绍这种平衡态下的电磁不稳定性机制。

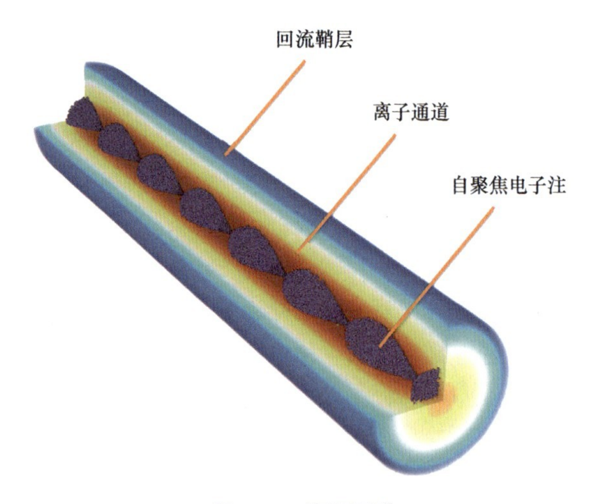

图 11-4　离子通道

2. 束-等离子体回流平衡态

在束-等离子体回流平衡态，电子注的密度远小于等离子体密度（$n_{b0} \ll n_{p0}$），此时的电子注电场力较弱。等离子体电子刚被电子注推开后，就会先在离子回复力的作用下返回原来的位置，然后在平衡位置附近形成等离子体振荡，振荡频率为等离子体频率 $\omega_p = \sqrt{e^2 n_p / (\varepsilon_0 m_0)}$。此时，被横向排开的等离子体电子会在电子注自磁场的作用下形成一个与束流方向相反的等离子体回流，形成机制与离子通道回流鞘层的形成机制一样。此时的回流将与电子注发生对流相互作用，同时也会起到屏蔽电子注自磁场的作用。当电子注半径大于等离子体趋肤深度（$\approx c/\omega_p$）时，这种磁场屏蔽是足够彻底的，如果假定电子注入射时既不散焦也不聚焦且等离子体密度均匀，则电子注的包络仅受到等离子体振荡的扰动而不受任何静场的作用，因此其半径的 0 阶量保持不变。显然，此时的平衡条件为

$$n_{b0} v_{b0} = -n_{p0} v_{p0} \tag{11-20}$$

从理论上讲，这种平衡态下是不存在线性电磁不稳定性辐射机制的。在电子注半径小于等离子体趋肤深度时，自磁场不能被彻底屏蔽，而电子注包络的振幅也是相对强烈的，此时电子注与等离子体波的共振将导致一种非线性的辐射机制，相关内容将在 11.2.2 节进行介绍。

对于 $n_{b0} < n_{p0}$ 但二者相差不超过一个量级的情况，粒子模拟研究表明，系统可以同时具有上述两种平衡态的特点。此时，离子聚焦机制仍然存在，但通道中还存在大量未被电子注排开的剩余电子，这些剩余电子可以在纵向呈现出密度波动，与电子注进一步相互作用。随着电子注的聚焦，在高密度聚焦点处，等离子体电子仍然可以被完全排空。因此，这种情况下的束-等离子体系统行为更加复杂，难以用简单的线性理论进行描述。

11.2　束-等离子体系统的辐射机制

束-等离子体系统中存在着丰富的电磁辐射机制，本节将对几种典型的辐射机制进行介绍。

11.2.1　离子聚焦机制下的电磁不稳定性

截至本书成稿之日，质点网格模拟已经证实：由电子注驱动的等离子体离子通道呈现出中心密度高、边界密度低的密度分布，类似于高斯分布。本节将对径向高斯分布角向均匀的圆柱形束-等离子体系统的色散特性与电磁不稳定性进行研究。

在柱坐标系下可以证明，式（11-19）中的平衡条件在高斯分布下仍然成立。假定电子注沿 z 轴方向以速度 $\boldsymbol{v}_{b0}$ 注入等离子体，当离子通道建立起来之后，离子的密度

分布为$n_{p0}\exp\left(-r^2/r_b^2\right)$，其中$n_{p0}$为中心轴线上的离子密度，$r_b$为高斯分布的特征半径。假设电子注在离子通道中达到平衡之后的密度分布为$n_{b0}\exp\left(-r^2/r_b^2\right)$，其中 n_{b0}为中心轴线上的电子密度。在离子聚焦机制下，束电子将取代等离子体电子，因此在色散推导中仅需考虑电子注的影响。而线性阶段不稳定性发展的时间尺度往往在一个离子振荡周期以内，所以离子的运动也是可以忽略的。

将束-等离子体系统中所有的振荡都考虑成线性的小扰动，且只考虑纵向的传播模式，即所有的扰动都满足$\exp\left(\mathrm{j}\omega t-\mathrm{j}k_z z\right)$的形式。这样，电子注的密度可以写作

$$n_b = n_{b0}\exp(-r^2/r_b^2)+n_{b1}\exp\left(\mathrm{j}\omega t-\mathrm{j}k_z z\right) \tag{11-21}$$

电子注的速度为

$$\boldsymbol{v}_b = v_{b0}\boldsymbol{e}_z + v_{r1}\exp\left(\mathrm{j}\omega t-\mathrm{j}k_z z\right)\boldsymbol{e}_r + v_{z1} \tag{11-22}$$

其中，下标“0”代表平衡量，下标“1”代表扰动量，并且扰动量远小于平衡量。

如果系统中一些小振幅的谐波能够增长起来，则意味着系统在相应的频率下是不稳定的，存在着能量的转换。

当电子注出现振荡时，会引起空间中的电磁场扰动，而电磁场又可以反作用于电子注，使其运动进一步发生改变。二者的相互作用也正是系统激发电磁辐射的方式。在无界的系统中，电磁波是横波，因此具有横向的电磁场分量，而电子注中电子的纵向振荡会产生静电波，带有纵向的电场分量。这样，柱坐标系内的电磁场扰动形式为

$$\begin{cases}\boldsymbol{E}_1 = E_{r1}\exp\left[\mathrm{j}\left(\omega t-k_z z\right)\right]\boldsymbol{e}_r + E_{z1}\exp\left[\mathrm{j}\left(\omega t-k_z z\right)\right]\boldsymbol{e}_z\\ \boldsymbol{B}_1 = \dfrac{k_z}{\omega}E_{r1}\exp\left[\mathrm{j}\left(\omega t-k_z z\right)\right]\boldsymbol{e}_\varphi\end{cases} \tag{11-23}$$

并且假定E_{r1}、E_{z1}在r_b的径向尺度下具有很小的变化率，可以将其看作常数。根据式（11-1）、式（11-22）、式（11-23）可以得到

$$\begin{cases}v_{r1} = C_b\left(\dfrac{\gamma_{b0}^2(\omega-k_z v_0)^2}{\omega}E_{r1}+\mathrm{j}\omega_{Bb}E_{z1}\right)\\ v_{z1} = C_b\left(-\mathrm{j}\dfrac{\omega_{Bb}\left(\omega-k_z v_{b0}\right)}{\omega}E_{r1}+\left(\omega-k_z v_{b0}\right)E_{z1}\right)\end{cases} \tag{11-24}$$

其中，$C_b=\dfrac{\mathrm{j}\omega_{pb}^2\varepsilon_0/\left(\gamma_{b0}q_b n_{b0}\right)}{\left(\omega-k_z v_{b0}\right)^2\gamma_{i0}{}^2-\omega_{Bb}^2}$，$\omega_{Bb}=\sqrt{q_b B_{b0}/\left(\gamma_{b0}m_e\right)}$为电子回旋频率，$\omega_{pb}=\gamma_0^{-1/2}\omega_{p0}$为束-等离子体频率，$\omega_{p0}$为背景等离子体频率。

电子的速度扰动与密度扰动会引起电流的扰动，从麦克斯韦方程组的角度来看，这个电流扰动就是激发电磁波的源。将扰动电流保留到一阶小量，可以得到

$$\begin{cases}J_{1r} = -\rho_0 v_{r1}\\ J_{1z} = -\rho_0 v_{z1}+\rho_1 v_0\end{cases} \tag{11-25}$$

其中，$-\rho_0 = -en_{b0}\exp(-r^2/r_b^2)$ 为电子注处于平衡态时的电荷密度，ρ_1 为电子注的扰动电荷密度。

将式（11-25）代入连续性方程[式（11-2）]，可以得到

$$\rho_1 = \mathrm{j}\frac{\left(\frac{2r^2}{r_b^2}-1\right)\rho_0 v_{r1}}{r\left(\omega - kv_{b0}\right)} + \frac{k_z \rho_0 v_{z1}}{\omega - k_z v_{b0}} \tag{11-26}$$

将式（11-24）、式（11-26）代入波动方程[式（11-3）]中，最终可以得到系统的色散特性：

$$\begin{aligned}&\left(\omega^2 - k_z^2 c^2 - \omega_{pb}^2\right)\left[(\omega - k_z v_{b0})^2 - \frac{\omega_{Bb}^2 + \omega_{pb}^2}{\gamma_0^2}\right]\left(\omega - k_z v_{b0}\right) + \\ &\frac{\omega_{pb}^2 \omega_{Bb}}{\gamma_{b0}^2}\left[\frac{v_{b0}\left(\omega^2 - k_z{}^2 c^2\right)}{r\omega}\left(1 - 2\frac{r^2}{r_b^2}\right) - \left(\frac{k_z c^2}{r\omega} + \omega_{Bb}\right)\left(\omega - k_z v_{b0}\right)\right] = 0\end{aligned} \tag{11-27}$$

可以证明，如果忽略电子注径向密度分布，取 $r_b \to +\infty$，则式（11-27）可以表示均匀系统的色散特性。为了便于数值求解，对式（11-27）进行如下归一化处理：

$\bar{\omega} = \omega / \omega_{p0}$　　归一化频率

$\bar{k} = k_z c / \omega_{p0}$　　归一化波数

$\beta_0 = v_{b0} / c$　　归一化电子速度

$\beta_{c0} = c / (r\omega)$　　归一化光速

$\bar{\omega}_{B0} = \omega_{B0} / \omega_{p0}$　　归一化电子回旋角频率

$\bar{r} = r / r_b$　　归一化电子注半径

$\mu = c / v_p = \mathrm{Re}(\bar{k} / \bar{\omega})$　　归一化折射系数

$\chi = -\mathrm{Im}(\bar{k} / \bar{\omega})$　　归一化衰减系数

其中，v_p 为波的相速，以频率为自变量，则 μ 对应色散特性解的实部，χ 对应色散特性解的虚部。这样，式（11-27）可以写为

$$\begin{aligned}&\left(\bar{\omega}^2 - \bar{k}^2 - \frac{1}{\gamma_{b0}}\right)\left((\bar{\omega} - \bar{k}\beta_0)^2 - \frac{\bar{\omega}_{B0}^2 + \gamma_0}{\gamma_{b0}^4}\right)\left(\bar{\omega} - \bar{k}\beta_0\right) + \\ &\frac{\bar{\omega}_{B0}}{\gamma_{b0}^4}\left[\beta_0 \beta_{c0}\left(\bar{\omega}^2 - \bar{k}^2\right)\left(1 - 2\bar{r}^2\right) - \left(\bar{k}\beta_{c0} + \frac{\bar{\omega}_{B0}}{\gamma_{b0}}\right)\left(\bar{\omega} - \bar{k}\beta_0\right)\right] = 0\end{aligned} \tag{11-28}$$

式（11-28）中第一项的 3 个因子分别代表系统中存在的 3 种模式，它们从左到右依次为：电磁波、空间电荷波以及电子注模。其中，电磁波的电磁场方向与电子注方向垂直，因此是横波；空间电荷波起源于电子注的纵向振荡，但在自磁场的作用下，电子振荡会发生偏转从而产生横向分量，因此它不是纯的纵波；电子注模代表与电子注同步的高频谐波，可由电子注的周期调制产生。式（11-28）中的第二项代表耦合项，

由自磁场以及自磁场的梯度引起，这一项的作用是将横向与纵向的电子振荡关联起来，使不同模式之间可以产生能量交换。此外，模式之间的耦合还需要满足同步条件和共振条件，即两种模式达到同样的相速和频率。下面通过数值方法求解式（11-28）的色散特性。

首先在 $\gamma_0 = 3$ 、$n_{b0} = 1\times10^{20}\,\text{m}^{-3}$ 、$r_b = 4\times10^{-3}\,\text{m}$ 、$\bar{r} = 0.1$（靠近电子注中心位置处）的参数条件下，对色散方程求解。结果如图 11-5 所示，其中实部解对应图 11-5（a），虚部解对应图 11-5（b）。图中红色的实线和虚线分别代表前向电磁波与反向电磁波，蓝色的实线和虚线分别代表快空间电荷波与慢空间电荷波，黑色实线代表电子注模。由图 11-5（a）可知，在 $0.6<\bar{\omega}<1.5$ 的范围内，前向电磁波与快空间电荷波的相速达到同步，出现了耦合。此时，这两种模式带有大小相等、符号相反的衰减因子，如图 11-5（b）所示，这意味着快空间电荷波与前向电磁波之间可以交换能量，电磁不稳定性能够在此处激发。而图 11-5（b）中 $\bar{\omega}<0.6$ 的区域则代表电磁波的截止区，此处电磁波将被等离子体吸收。

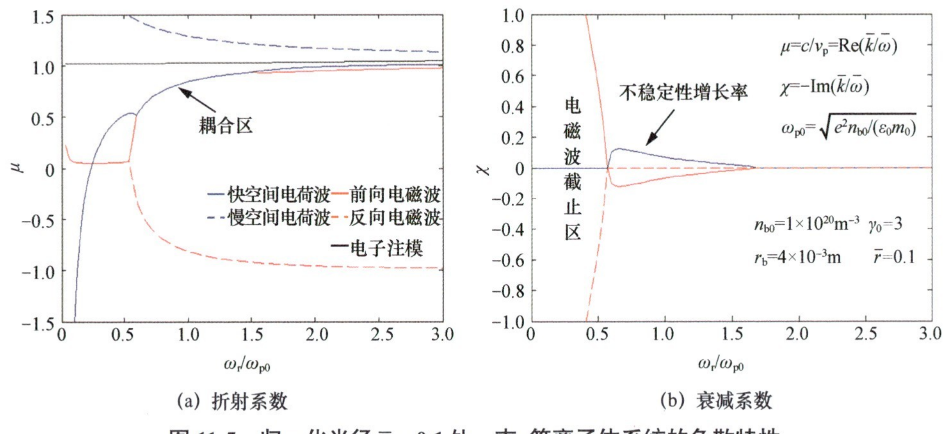

(a) 折射系数　　(b) 衰减系数

图 11-5　归一化半径 $\bar{r} = 0.1$ 处，束-等离子体系统的色散特性

在归一化半径 $\bar{r} = 0.9$ 处，系统色散特性的解如图 11-6 所示，其中实部解对应图 11-6（a），虚部解对应图 11-6（b）。图中红色的实线和虚线分别代表前向电磁波与反向电磁波，蓝色的实线和虚线分别代表快空间电荷波与慢空间电荷波，黑色实线代表电子注模。可以发现，前向电磁波的相速始终大于快空间电荷波的相速，因而无法满足激发电磁不稳定性的条件，故二者只能相对独立地传播。而在 $\bar{\omega}<0.4$ 的低频范围内，有一种束流不稳定性出现，它由慢空间电荷波与电子注模的耦合产生。当这两种模式耦合时，电子注会出现纵向的空间调制，从而形成空间电荷波。在这个过程中，电子注会先把能量交给高频的电子注模，然后通过模式耦合，把能量交给慢空间电荷波。虽然这种不稳定性并不会直接导致电磁辐射的激发，但它能够实现电子注与空间电荷波之间的能量转换，是激发空间电荷波的主要原因。而事实上，系统激发电磁辐射必须依靠这种不稳定性，否则空间电荷波不可能凭空产生，而电子注也不可能直接与电磁波相互作用，因为电磁波在等离子体中的相速大于真空中的光速。

采用同样的计算方法，可以解出其他归一化半径下的色散特性，进而得到不稳定性随半径和频率的分布，如图 11-7 所示。图中 ω_{p0} 为 $n_{b0}=1\times10^{20}\,m^{-3}$ 时在电子注中心处的取值，灰色区域代表电磁波的截止区，蓝色区域代表快空间电荷波与前向电磁波的耦合区（电磁不稳定区），红色区域代表慢空间电荷波与电子注模的耦合区（束流不稳定区），空白区域为稳定区域。由图 11-7 可知，快空间电荷波与电磁波的耦合出现在 $\bar{r}<0.3$ 的区域内。在此区域内，自磁场很小，因此耦合项主要由自磁场的梯度提供。而在 $\bar{r}>0.8$ 的区域内，系统将会出现慢空间电荷波与电子注模的耦合，此处电子注会把能量交给慢空间电荷波，使电子的纵向振荡增强。这里需要指出的是，快空间电荷波与慢空间电荷波本质上是由电子纵向振荡引起的一对等振幅的波，二者可以同时产生、同时衰减。因此，当电子随着聚焦运动到达系统中心区域时，就会以激发快空间电荷波的形式与前向电磁波耦合，这样就能够把能量交给电磁波，并产生辐射。

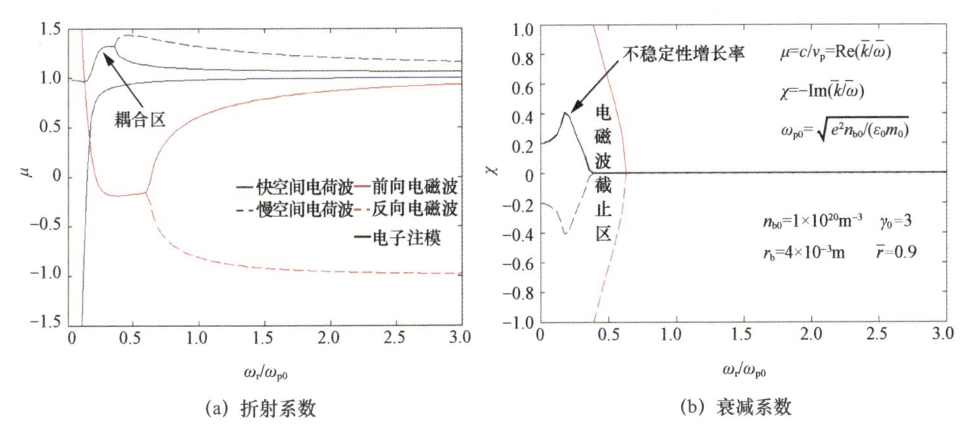

(a) 折射系数　　(b) 衰减系数

图 11-6　归一化半径 $\bar{r}=0.9$ 处，束-等离子体系统的色散 特性

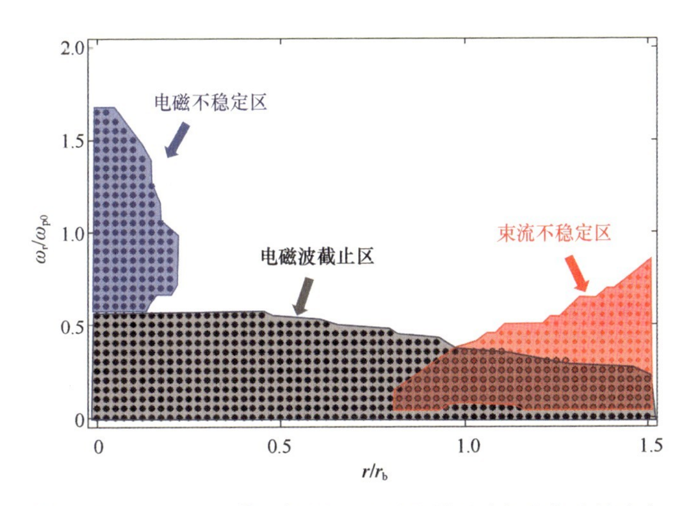

图 11-7　$n_{b0}=1\times10^{20}\,m^{-3}$ 时电磁不稳定性随半径和频率的分布

最后，在电子注中心附近，通过计算系统在不同电子密度条件下的色散特性，可以得到电磁不稳定性随密度和频率的分布，如图 11-8 所示。图中 ω_{p0} 为 $n_{b0}=1\times10^{20}\,\mathrm{m}^{-3}$ 时的等离子体频率（$\omega_{p0}/2\pi=0.09\mathrm{THz}$），灰色区域代表电磁波截止区，蓝色区域代表前向电磁波与快空间电荷波的耦合区（电磁不稳定区），空白区域代表电磁稳定区域。由图 11-8 可知，在任意密度下，电磁不稳定性总是出现在等离子体频率附近。随着电子密度的增大，辐射频率以及频谱展宽都会呈现出增长的趋势。当等离子体密度增大到 $n_{b0}=1\times10^{22}\,\mathrm{m}^{-3}$ 时，辐射频率可以达到 1THz。

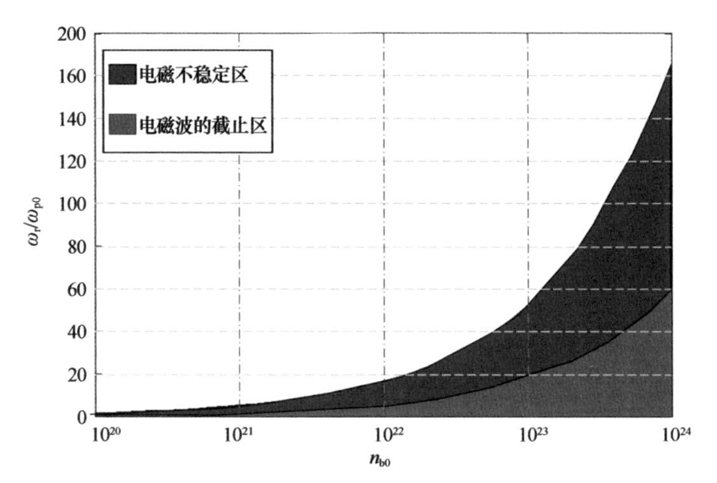

图 11-8　$\bar{r}=0$ 处电磁不稳定性随密度和频率的分布

11.2.2　束-等离子体尾场共振辐射

考虑将一个小半径的低密度电子注注入高密度（$n_{b0}\ll n_{p0}$）的等离子体中，在这种情况下，电子注的空间电荷力很小，不能驱动形成离子通道。等离子体电子刚被电子注推开后，将在离子回复力的作用下以等离子体振荡频率来回振荡。在沿着电子注穿过等离子体的路径上，由于等离子体振荡激发的相速与电子注波前速度一致，因此这种等离子体振荡就如同一个由电子注驱动的静电波。这种静电波称为“等离子体尾场”，它的相速等于电子注速度 v_{b0}，群速为 0。对于一个脉宽远大于等离子体振荡周期（电子注脉宽 $\tau_b\gg1/\omega_p$）的长脉冲电子注，电子注前端建立的等离子体尾场振荡将保留在等离子体内部，并与后面注入的电子注发生同步的相互作用。这一作用的结果是将电子注调制成一串以等离子体波长 $\lambda_p=2\pi v_{b0}/\omega_p$ 为周期的短脉冲束团，这个过程称为“自调制”。自调制过程是一个正反馈过程，当等离子体尾场调制电子注时，电子注会携带高频的电子注模，而高频电子注模又能够进一步增强等离子体尾场，二者相速的同步是这种正反馈相互作用的基础。本节将以一项质点网格模拟研究为例，介绍这种情况下束-等离子体系统的太赫兹辐射机制。

模拟采用质点网格软件 VSim 建立二维的仿真模型，将 3cm×5cm 的模拟空间划分为 1000 个×500 个单元网格。电子注由空间的左侧入射，初始能量为 1MeV，

密度 $n_{b0} = 1\times10^{18}\,m^{-3}$。电子注由宏粒子模型描述，每个单元网格中填充 50 个宏粒子。背景等离子体密度 $n_{p0} = 1\times10^{22}\,m^{-3}$，该等离子体是均匀非磁化冷等离子体。为了更好地抑制噪声，等离子体的电子和离子均采用流体模型。在电子注形状方面，考虑电子注的脉宽（$\tau_b \cong 235ps$）远大于等离子体振荡周期 $T_p \cong 1.1ps$，电子注的初始横向尺寸（$\sigma_x = 0.1mm$）小于空间电荷波长（$\lambda_p = 2\pi c/\omega_p = 0.33mm$），并且电子注的上升时间很短，目前的模拟中将电子注的前端设置成一个"锋锐"的边缘。这些物理模型上的设置能够有效抑制束-等离子体中的其他不稳定性与自调制的模式竞争。其中，最具竞争性的模式是软管（Hosing）不稳定性，它由非对称的电磁场引起，最终使电子注弯曲。为了抑制这种模式，模拟中考虑了一个包含大量高频成分的上升沿，从而在电子注刚注入等离子体时就能激发对称的等离子体尾场。还有一种破坏电子注自调制的横向模式是丝状不稳定性，它由电子注与等离子体电子回流的对流运动产生。因此，模拟中考虑电子注的横向尺寸小于等离子体波长，这样等离子体回流电流主要分布在束包络以外，不会导致丝状不稳性的产生。而对于一些常见的纵向不稳定性，如双流不稳定性，在目前模拟中的参数设置下也不可能成为主导的模式。这是由于电子注具有相对论效应，电子纵向调制会比横向调制慢得多。而等离子体离子（Ar^+）的响应时间 $T_i = 0.302ns$，小于电子注的脉宽 $\tau_b \cong 235ps$，因此电子与离子之间的双流不稳定性也会被抑制。在上述的物理模型设置下，自调制以及在此基础上的太赫兹辐射才有可能出现。

图 11-9 展示了电子注驱动太赫兹辐射的物理过程。此时电子注前端约 $\frac{1}{3}$ 的部分已经穿过了等离子体区域，并通过与等离子体的相互作用留下了足够强的等离子体尾场，而正在等离子体中传输的电子注将与等离子体尾场相互作用实现自调制。由图可知，电子注的传输过程可以划分为 3 个阶段：自调制线性阶段、自调制非线性阶段以及崩溃阶段，分别对应图 11-9（a）～图 11-9（c）。自调制线性阶段出现在电子注源附近。在该区域中，传输距离的限制使电子注不能有效地与等离子体尾场充分相互作用。因此与初始的束半径相比，束包络的扰动较弱。此时，电子注电流在 y 轴方向会产生一个自磁场，由于等离子体回流的屏蔽效应，自磁场会在电子注外迅速衰减。随着电子注传输距离的延长，由于自调制的正反馈机制，电子注与等离子体的初始线性扰动将同步增长。当扰动足够大时，自调制将进入非线性阶段，如图 11-9（b）所示。在这个阶段，电子注包络出现了非线性、大振幅的扰动，并在 z 轴方向出现周期群聚。此时，电子注周围出现了交变磁场。显然，这个交变磁场是由电子注驱动的电磁辐射。该辐射具有很好的相干性，波长接近束团尺寸。当电子注继续传输时，就会到达图 11-9（c）所示的崩溃阶段。在崩溃阶段，随着电子注传输距离的延长，之前已经群聚的束团开始逐渐散焦。这种效应会抑制自调制的进一步发展，最终导致电子注的崩溃。

图 11-10 展示了辐射频谱。频谱中第一个峰出现在背景等离子体频率 0.9THz 附近，而在等离子体频率的倍频处还出现了一系列的峰值，它们分别对应辐射的高次谐波。由此可知，系统的辐射与背景等离子体电子的振荡有着密切的关系。

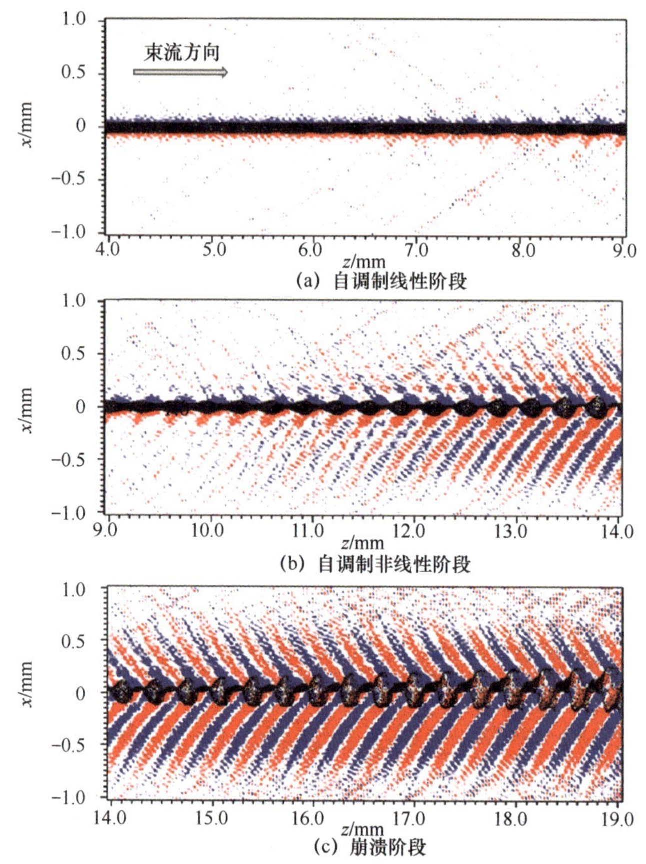

图 11-9 电子注驱动太赫兹辐射的物理过程（黑色代表电子注，红色和蓝色分别代表沿 y 轴正方向和负方向的磁场）

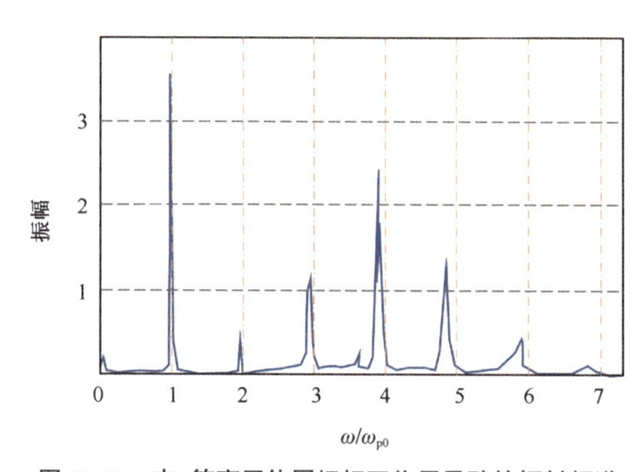

图 11-10 束-等离子体尾场相互作用导致的辐射频谱

下面给出这种太赫兹辐射的理论解释。在辐射激发的物理过程中，电子注携带的高频电子注模不仅是激发等离子体振荡的能量源，还是激发太赫兹辐射的源。这里的高频电子注模是由电子注自调制形成的与电子注同步的高频分量，它的电场在空间中呈现出周期性，对其做傅里叶级数展开可以得到

$$E_{\mathrm{b}}\left(x, v_{\mathrm{b}}t-z\right)=\sum_{m}E_{\mathrm{b}m}\mathrm{e}^{\mathrm{j}mk_{\mathrm{p}}\left(v_{\mathrm{b}}t-z\right)} \tag{11-29}$$

其中，m 为电子注模的阶数，$E_{\mathrm{b}m}$ 为电子注模第 m 次谐波的大小，$k_{\mathrm{p}}=2\pi/\lambda_{\mathrm{p}}$ 为等离子体尾场的波数，v_{b} 为电子注的纵向速度。当自调制电子注在等离子体中传输时，如果任意一个电子注团恰与它前面的电子注团留下的等离子体尾场满足相位匹配，即两个束团之间的相位差恰好等于 $2\pi n$（n 为整数），就可以使等离子体尾场共振增强。由于自调制形成电子注团之间的间距都为 λ_{p}，最终只有波长为 λ_{p}/n 的等离子体尾场可能得到增长。这样，等离子体尾场就会携带大量的高次谐波。在实验室坐标系下，可以将等离子体电子的振荡看作一系列带有固有频率 $\omega=nk_{\mathrm{p}}v_{\mathrm{b}}$ 的谐振子的叠加。此时，在电子注通过的路径上，等离子体电子对电子注模的响应满足方程：

$$\frac{\mathrm{d}^2}{\mathrm{d}t^2}x_n+\gamma\frac{\mathrm{d}}{\mathrm{d}t}x_n+\left(nk_{\mathrm{p}}v_{\mathrm{b}}\right)^2x_n=-\frac{e}{m_0}E_{\mathrm{b}}\left(x, v_{\mathrm{b}}t-z\right) \tag{11-30}$$

其中，x_n 为第 n 阶谐振子的横向振幅，$\gamma=e^2\omega^2/6\pi\varepsilon_0m_0c^3$ 为辐射阻尼，e 为电子电荷量的绝对值，ε_0 为真空介电常数，m_0 为电子静质量，c 为真空中的光速。

式（11-30）等号左边的一阶微分项由辐射对等离子体振子的阻尼作用引起，零阶项由背景等离子体电子的固有振荡引起；等号右边为电子注模的电场分量，从方程上来看，它对等离子体电子的运动起到了泵浦的作用，能够在等离子体固有振荡的基础之上引起等离子体的受激振荡。将式（11-29）代入式（11-30）后，通过傅里叶变换可以解出

$$x_n\left(\omega\right)=\sum_{m}\frac{2\pi\delta\left(\omega-mk_{\mathrm{p}}v_{\mathrm{b}}\right)e}{m_0\left(\omega^2-n^2k_{\mathrm{p}}^2v_{\mathrm{b}}^2-\mathrm{j}\omega\gamma\right)}E_{\mathrm{b}m} \tag{11-31}$$

其中，δ 为冲激函数。

将式（11-31）代入公式 $P=-\sum_{n}en_{\mathrm{p}}x_n$，并对所有阶的极化强度求和后，可以得到由第 m 阶电子注模引起的极化强度：

$$P_m\left(\omega\right)=\varepsilon_0\chi E_{\mathrm{b}m}=-\sum_{n}\frac{2\pi\delta\left(\omega-mk_{\mathrm{p}}v_{\mathrm{b}}\right)\omega_{\mathrm{p}}^2}{\omega^2-n^2k_{\mathrm{p}}^2v_{\mathrm{b}}^2-\mathrm{j}\omega\gamma}\varepsilon_0E_{\mathrm{b}m} \tag{11-32}$$

其中，χ 为与第 m 阶电子注模对应的极化率。最终，等离子体对电子注模的响应将体现在相对介电常数 $\varepsilon_{\mathrm{r}}=1+\chi=\varepsilon_{\mathrm{R}}-\mathrm{j}\varepsilon_{\mathrm{I}}$ 中，其中

$$\begin{cases}\varepsilon_{\mathrm{R}}=1+\sum\limits_{n}\dfrac{2\pi\omega_{\mathrm{p}}^2\left(n^2k_{\mathrm{p}}^2v_{\mathrm{b}}^2-\omega^2\right)\delta\left(\omega-mk_{\mathrm{p}}v_{\mathrm{b}}\right)}{\left(n^2k_{\mathrm{p}}^2v_{\mathrm{b}}^2-\omega^2\right)^2+\omega^2\gamma^2}\\[2ex]\varepsilon_{\mathrm{I}}=\sum\limits_{n}\dfrac{2\pi\omega_{\mathrm{p}}^2\omega\gamma\delta\left(\omega-mk_{\mathrm{p}}v_{\mathrm{b}}\right)}{\left(n^2k_{\mathrm{p}}^2v_{\mathrm{b}}^2-\omega^2\right)^2+\omega^2\gamma^2}\end{cases} \tag{11-33}$$

由式（11-33）可知，等离子体对电子注模的响应出现在$\omega = mk_{\mathrm{p}}v_{\mathrm{b}}$处。假定电子注速度$v_{\mathrm{b}}$与等离子体尾场的相速相同，即$\omega_{\mathrm{p}} = k_{\mathrm{p}}v_{\mathrm{b}}$，由于阻尼系数$\gamma \ll \omega_{\mathrm{p}}$，只有满足条件$n = m$的项才对相对介电常数的虚部有影响。图 11-11 展示了ε_{I}与频率之间的关系，图中忽略了与束模有关的因子$\delta\left(\omega - mk_{\mathrm{p}}v_{\mathrm{b}}\right)$。可以看到，在等离子体频率的整数倍附近，相对介电常数的虚部出现了尖锐的峰值。这意味着当电子注模的频率与等离子体的固有振荡频率相同时，二者之间将发生共振，在这个过程中，电子注模会强烈衰减，并把能量交给等离子体电子。此时满足共振条件的等离子体电流密度为

$$J_{\mathrm{p}} = -\frac{\sum_{n} en_{\mathrm{p}}\int \dot{x}_{n}\left(\omega\right)\mathrm{e}^{\mathrm{j}\omega t}\mathrm{d}\omega}{2\pi} = \frac{-\varepsilon_{0}\omega_{\mathrm{p}}^{2}E_{\mathrm{b}m}}{\gamma} \tag{11-34}$$

该电流密度无法与位移电流密度$\partial D / \partial t = \mathrm{j}\varepsilon_{0}m\omega_{\mathrm{p}}E_{\mathrm{b}m}$相互抵消，因此在麦克斯韦方程的安培定律中将出现振荡的净电流。这一结果表明，由电子注模共振激发的等离子体受激振荡是一种非静电的振荡，它在电子注泵浦场的作用下共振吸收电子注模的能量，同时也在相应的频率处激发电磁辐射。

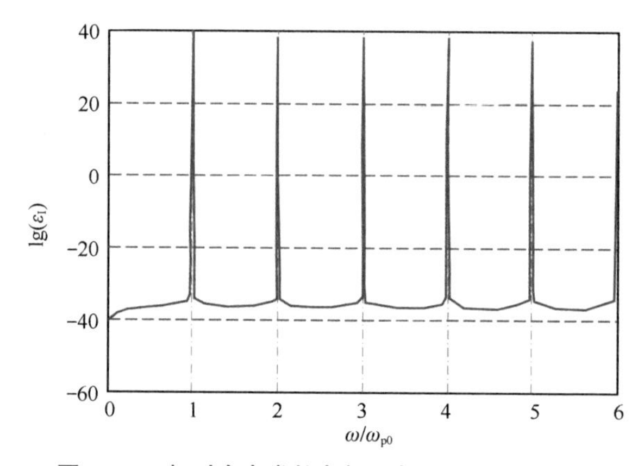

图 11-11　相对介电常数虚部 ε_{I} 与频率之间的关系

需要指出的是，电子注模的共振吸收与自调制阶段的等离子体尾场共振激发是不同的物理过程。自调制是一个正反馈过程，等离子体尾场的增强与电子注的群聚之间能够相互促进。而当电子注模出现共振吸收时，由于高频分量的减少，电子注的群聚受到抑制，甚至出现发散的趋势，即图 11-9（c）中所展示的结果。

11.2.3　基于束-等离子体尾场共振的切连科夫辐射

在束-等离子体尾场共振辐射的基础之上，通过引入一个介质加载慢波结构（如石英管），可以更有效地激励特定频率的高次谐波辐射，也能够有效地将等离子体中的辐射提取出来。图 11-12（a）展示了此方法采用的结构，此时由电子注直接驱动的初始电磁辐射将作为“种子”，这些“种子”将在系统内以本征模的形式存在。由于介质层的引入，

系统内的本征模可以成为慢波。此时，如果自调制电子注与其中一个特定的本征模同步，就能够与该本征模进一步相互作用，使本征模增长起来。这种机制本质上是一种切连科夫辐射，是本征模的纵向电场与等离子体调制的短脉冲电子注团之间的相互作用。

图 11-12（b）中的一系列曲线为系统的本征模，水平虚线代表电子注模，垂直虚线代表电子注在等离子体尾场中的空间调制频率及其倍频。当电子注与等离子体尾场发生非线性相互作用时，将产生一系列的高次谐波，在图 11-12（b）中由水平虚线与垂直虚线的交点表示。如果这些高次谐波的位置非常接近本征模曲线，如图中蓝色圆圈所示，则电子注模与系统本征模之间能够很好地达到同步并且相互耦合，电磁辐射就有很大的概率被激发。如果这些高次谐波不那么接近相邻的本征模，如图中红色圆圈所示，此时同步条件就不能很好地满足，因此电磁辐射被激发的概率较小。

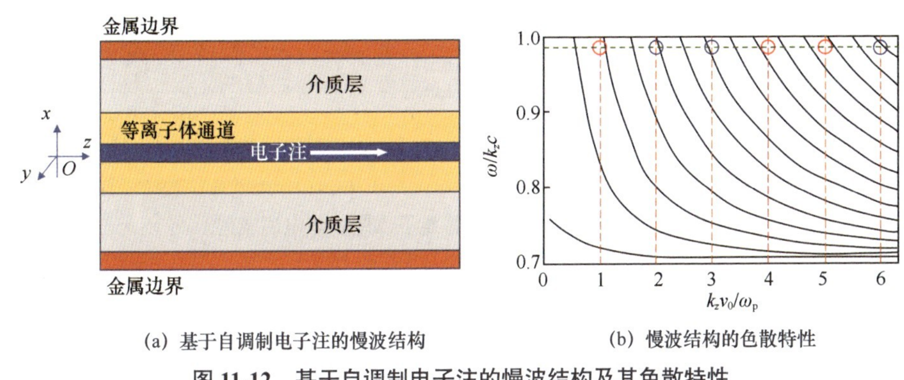

(a) 基于自调制电子注的慢波结构　　(b) 慢波结构的色散特性

图 11-12　基于自调制电子注的慢波结构及其色散特性

在上述慢波结构参数下，本研究采用质点网格法模拟了系统激发太赫兹辐射的物理过程。模拟将10cm×2cm 的平面空间划分为1000个×500 个单元网格。等离子体采用流体模型建模，密度$n_p = 1\times10^{20}\,\mathrm{m}^{-3}$，半径为 0.6cm。电子注从左侧的模拟边界连续注入等离子体，密度$n_b = 1\times10^{18}\,\mathrm{m}^{-3}$，半径为 0.5mm，相对论因子$\gamma_0 = 6.08$，每个单元网格中填充的宏粒子数为 100。电子注的横向尺寸$\sigma_x = 1\mathrm{mm}$，远小于空间电荷波长$\lambda_p \simeq 3.3\mathrm{mm}$，波导半径为 1cm，介质层厚度为 0.4cm，相对介电常数为 2。与 11.2.2 节的物理考虑相似，电子注的前端同样被设置为一个锋锐边缘，从而可以通过驱动初始的等离子体尾场来促进电子注的自调制。这样的考虑是非常重要的，否则电子注通常只会与慢波结构的基模相互作用。基模的波长通常与慢波结构截面的尺寸相当，如果让基模的频率达到太赫兹波段，则需要将腔体的截面尺寸减小到毫米级以下，这会大幅降低器件的功率容量。因此，使辐射源工作在高阶谐波具有重要的实际意义，即在更大的结构尺寸下实现更低辐射频率。

图 11-13（a）所示为 t=736ps 时电子注与横向等离子体尾场的空间分布。可以发现，在等离子体尾场中，初始均匀的电子注已经在等离子尾场的电场分量作用下实现了周期聚焦和散焦，形成了周期排列的短脉冲束团，调制的空间周期为等离子体波长。束团的脉宽为皮秒量级，根据电子注脉宽与频率的对应关系可知，这样的短脉冲电子注团适合驱动太赫兹辐射。系统激发的电磁辐射可以通过 TM 模式的磁场分量进行观

测。如图 11-13（b）所示，在等离子体通道中，每个短脉冲束团之后都会形成锥形的波阵面，这符合切连科夫辐射的特征。而在介质层中，电磁波会逐渐形成网状的模式结构，横向周期由介质层的横向尺寸决定，该现象的出现也意味着系统本征模的激发。

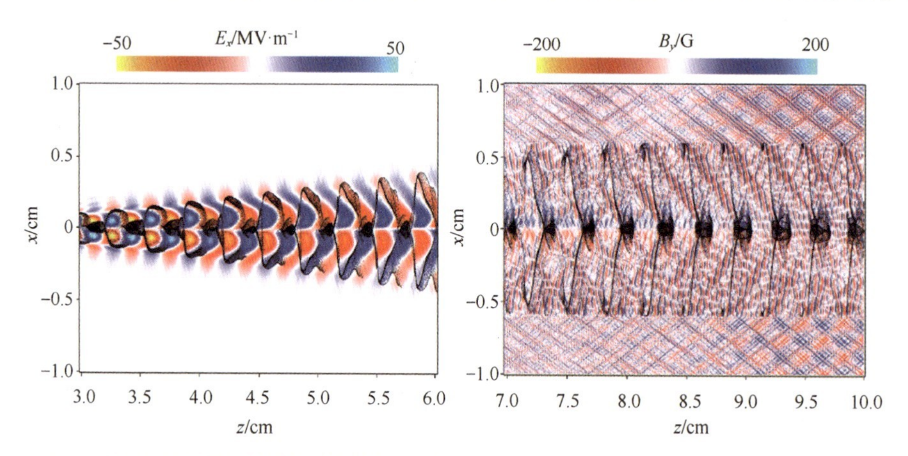

(a) 电子注与横向等离子体尾场电场的空间分布　　(b) 电子注与电磁波磁场分量的空间分布

图 11-13　电子注驱动的等离子体尾场与电磁辐射

随着横向自调制的进行，等离子体尾场的纵向分量也会进一步对电子注的速度进行调制，如图 11-14（a）所示。当速度调制逐渐转变为密度调制时，大多数束电子将在纵向的减速区群聚。在这个过程中，短脉冲束团将在纵向被进一步压缩，这有助于它们与高次谐波的相互作用。通过对电子注纵向电荷量的分布进行傅里叶变换，可以得到纵向电荷量分布的频谱，如图 11-14（b）所示。从图中可以看出，经过纵向调制后的电子注带有了丰富的高次谐波，这些高次谐波也对应图 11-12（b）中的水平虚线与垂直虚线的交点。当这些谐波与系统中相应的本征模耦合时，就可以进行模式的选择激发。

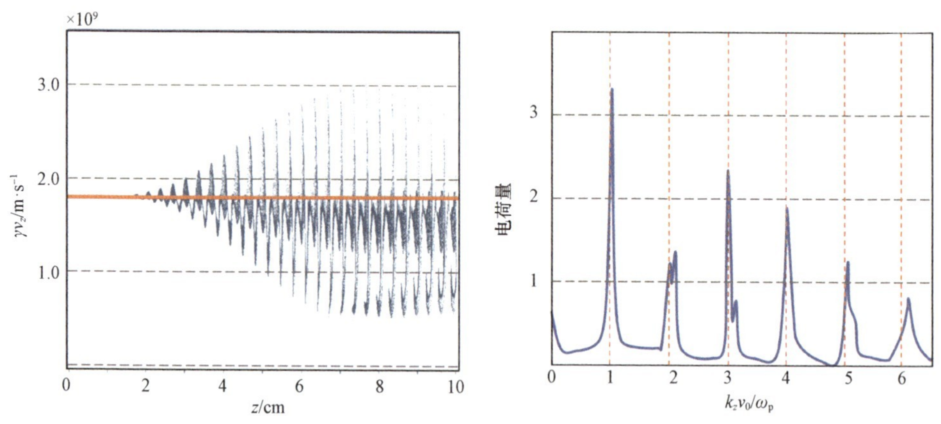

(a) 电子注在纵向相空间的分布，其中红线表示电子注入射时的相对论速度　　(b) 电子注纵向电荷量分布的傅里叶变换形式

图 11-14　电子注与等离子体尾场相互作用的调制结果

图 11-15 展示了介质层中所检测到的电磁辐射的频谱。图中，等离子体频率的倍频处出现了一系列的模式，这些模式已用蓝色圆圈或红色圆圈标记，分别对应图 11-12（b）中用相同颜色标记的谐波。可以看出，对于除基频以外的其他高次谐波，蓝色圆圈模式的增长情况明显优于红色圆圈模式的增长情况，这与色散特性的结果基本一致。而基频虽然被红色圆圈标记，但增长情况明显好于 4 倍频与 5 倍频的。这可能是因为电子注在与等离子体尾场相互作用时，本身就能够在基频产生足够强的自发辐射，如图 11-10 所示。而且从图 11-12（b）给出的色散特性来看，虽然基频处的模式耦合情况不如其他蓝色圆圈标记的模式的，但也比 4 倍频和 5 倍频的情况更好。以上分析是基频辐射没有被抑制的可能原因。此外，从图 11-15 中还可以发现，频率低于等离子体频率的模式几乎被完全抑制，这是因为等离子体本身就有滤波的作用，低于等离子体频率的模式无法存在于等离子体中，因此没有机会与电子注相互作用。

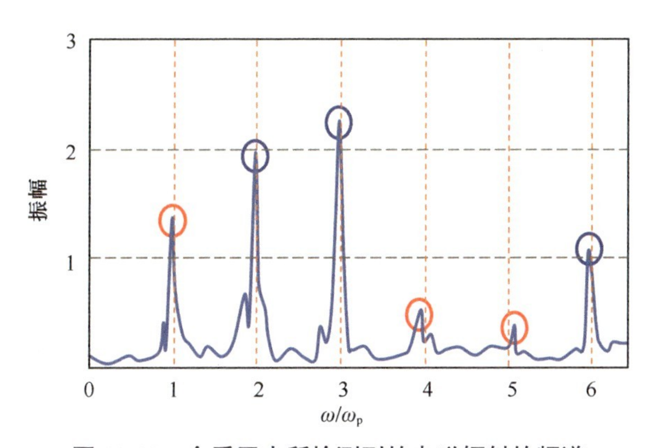

图 11-15　介质层中所检测到的电磁辐射的频谱

通过检测波导末端介质层内的坡印亭矢量 $\boldsymbol{S}_z = \boldsymbol{E}_x \times \boldsymbol{B}_y / \mu_0$，得到辐射坡印亭矢量的最大值约为 $25.1\mathrm{GW/m^2}$，此时的功率约为 7.9MW，能量转换效率达到约 8.3%。

11.2.4　束-等离子体虚阴极机制

“虚阴极”是真空电子学中的重要概念。当强流电子注在真空中传输形成的电流超过空间电荷极限电流时，空间电位的极低点就会形成一个比电子注发射阴极的电位还要低的势阱，从而对电子注进行捕获和反射，这个势阱就是虚阴极。传统真空电子学的虚阴极辐射源如图 11-16 所示，虚阴极的反射电子将在阴极与虚阴极之间来回振荡，与此同时虚阴极本身也会振荡，从而激发高频的电磁辐射。目前，虚阴极较重要的用途是产生高功率的微波辐射，例如虚阴极振荡器与相对论返波振荡器等器件的功率能够达到吉瓦级别。然而，传统的虚阴极辐射源频率通常在 X 波段以下，几乎无法接近太赫兹波段。这是因为虚阴极的辐射频率在电子等离子体频率（与电子密度的 1/2 次方成正比）附近，而传统虚阴极辐射源的电子注在真空中传输，密度受限于空间电荷效应，只能达到$10^{17}\mathrm{m^{-3}}$的量级，与能够激发太赫兹辐射的密度相差至少 3 个量级。

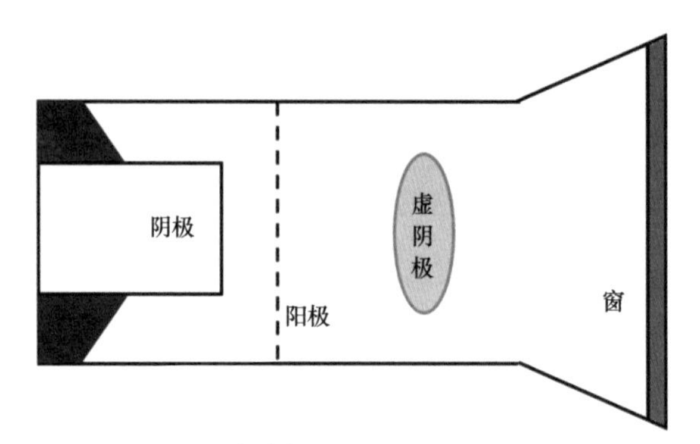

图 11-16　传统真空电子学的虚阴极辐射源

近年来，一些研究结果表明，如果在束-等离子体系统中进一步增大电子注电流直至突破空间电荷极限电流时，系统中的辐射机制将转换为虚阴极机制。与传统的虚阴极振荡器相比，基于束-等离子体系统的虚阴极辐射源至少具有以下两个优点：首先，等离子体对电子注的聚焦作用会大幅提高电子注密度，从而提高虚阴极的辐射频率；其次，等离子体的电中和效应有助于电子注突破真空中的电流传输极限，可以实现更高的输入功率。因此，基于束-等离子体系统的虚阴极辐射源有望成为一种新型的高功率太赫兹源。

本节给出一种束-等离子体系统虚阴极阈值条件的简单推导方法。根据平衡条件[式（11-19）]的讨论，电子注在等离子体中的自聚焦必须满足布德克尔自聚焦条件 $\gamma_{b0} \geqslant \sqrt{n_{b0}/n_{p0}}$ 。图 11-17 中，电子注沿 z 轴方向传输，且整个系统关于 z 轴对称，r_{b0} 为初始束流半径，r_{bm} 为束腰半径，R 为离子通道半径。这里只需要关注两个垂直于 z 轴的截面以及其上的电位分布，其中一个截面在入射端，电子注中心以及离子通道边界的电位分别为 φ_0' 和 φ_m' ，另一个截面在束腰位置，电子注中心以及离子通道边界的电位分别为 φ_0 和 φ_m 。根据高斯定律可以得到系统的横向电场：

$$E_r = \begin{cases} \dfrac{er}{2\varepsilon_0}\left(n_{p0} - n_b\right) & 0 \leqslant r < r_b \\ \dfrac{er}{2\varepsilon_0} n_{p0} - \dfrac{er_b^2}{2\varepsilon_0 r} n_b & r_b \leqslant r \leqslant R \end{cases} \tag{11-35}$$

在离子通道边界回流的作用下，电子注自磁场也将被屏蔽在离子通道以内，表达式为

$$B_\varphi = \begin{cases} -\dfrac{\mu_0 e n_b v_z r}{2} & 0 \leqslant r < r_b \\ -\dfrac{\mu_0 e n_b v_z r_b^2}{2r} & r_b \leqslant r \leqslant R \end{cases} \tag{11-36}$$

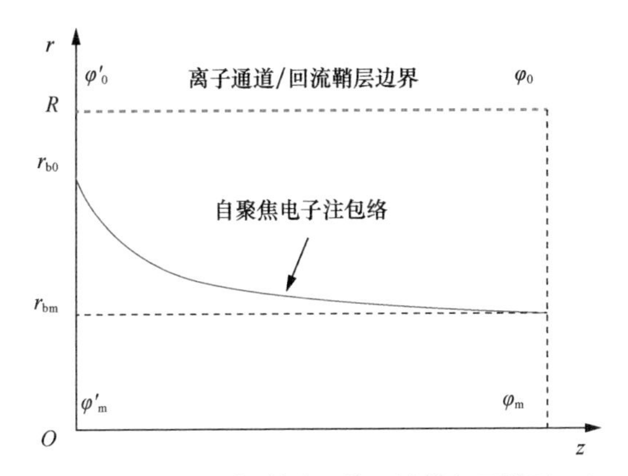

图 11-17　自聚焦束-等离子体系统纵剖面模型示意

考虑电子注的自聚焦近似一个弹性过程，在此过程中，系统内的横向电磁场将释放其能量以加速电子注，而当电子注聚焦到束腰位置时，电子注在径向获得的动能又会被传递回横向电磁场。因此，在入射端和束腰位置的两个薄截面内，横向场的能量应该守恒。这种能量守恒关系可以写作

$$\int_0^R w_{E0} r\mathrm{d}r + \int_0^R w_{B0} r\mathrm{d}r = \int_0^R w_{E\mathrm{m}} r\mathrm{d}r + \int_0^R w_{B\mathrm{m}} r\mathrm{d}r \tag{11-37}$$

其中，$w_E = \dfrac{\varepsilon_0 E_r^2}{2}$ 和 $w_B = \dfrac{B_\varphi^2}{2\mu_0}$ 是电场和磁场的能量密度，下标 0 和 m 分别对应入射端的截面位置和束腰的截面位置。当考虑聚焦点处形成虚阴极时，应该忽略式（11-37）等号右侧的磁场项，因为电子注在靠近虚阴极时电流趋近 0。结合式（11-35）、式（11-36）、式（11-37），可以得到束腰半径满足的方程：

$$r_{\mathrm{bm}} \exp\left(\frac{r_{\mathrm{bm}}^2}{2R^2}\right) = r_{\mathrm{b0}} \exp\left[2\beta_0^2 \ln\left(f_0^{\frac{1}{2}}\right) + \frac{f_0 - \beta_0^2}{2}\right] \tag{11-38}$$

其中，$f_0 = n_{\mathrm{p0}} / n_{\mathrm{b0}}$ 为电子注的初始中和因子，$\beta_0 = n_{z0} / c$ 是初始电子注速度与真空中的光速之比。

如果在电子注到达束腰位置（$\varphi = \varphi_{\mathrm{m}}$）时或者之前，电子注纵向动能就下降为 0，则电子注必然会形成虚阴极。这个条件的数学表达式为

$$e\left(\varphi_{\mathrm{m}}' - \varphi_{\mathrm{m}}\right) \geqslant \left(\gamma_0 - 1\right) m_0 c^2 \tag{11-39}$$

其中，m_0 是电子的静质量。

考虑到离子通道周围的等离子体是等电位的，有

$$\begin{cases} \varphi_{\mathrm{m}}' - \varphi_{\mathrm{m}} = (\varphi_{\mathrm{m}}' - \varphi_0') - (\varphi_{\mathrm{m}} - \varphi_0) \\ \varphi_0' = \varphi_0 \end{cases} \tag{11-40}$$

这样，电子注轴线上的纵向电位差可以用横向电场的积分 $\int \mathrm{d}\varphi = -\int E_r \mathrm{d}r$ 替代，而横向电场的表达式由式（11-35）决定。将式（11-40）代入式（11-39）中，可以得到

$$r_{\mathrm{bm}} \leqslant r_{\mathrm{b0}} \exp(\alpha) \tag{11-41}$$

其中，$\alpha = 2f_0c^2(1-\gamma_0)/(\omega_p^2 r_{b0}^2)$ 是一个负参数，它决定电子注自聚焦形成虚阴极的临界压缩比；$\omega_p = \sqrt{e^2 n_{p0}/(\varepsilon_0 m_0)}$ 为等离子体频率。随着 γ_0 的增大，α 的绝对值将增大，这意味着需要将电子注聚焦到更小的半径才能形成虚阴极。因此，式（11-41）也反映了自聚焦对虚阴极形成的影响。最后，将式（11-41）代入式（11-38），可以获得虚阴极形成的阈值方程：

$$\alpha + \frac{r_{b0}^2}{2R^2}\exp(2\alpha) - 2\beta_0^2 \ln f_0^{\frac{1}{2}} - \frac{f_0 - \beta_0^2}{2} \geqslant 0 \tag{11-42}$$

式（11-42）中的等号成立时，表示系统处于虚阴极形成的临界状态。当系统同时满足式（11-42）和自聚焦条件时，电子注就可以通过自聚焦形成虚阴极。

结合 α 的定义，由式（11-42）可知，有 4 个系统初始参数决定着虚阴极的形成，它们分别为 n_{b0}、n_{p0}、r_{b0} 和 γ_0，并且它们都是束-等离子体系统中的初始参数。通过选取不同的参数，虚阴极形成的参数区域被解出，如图 11-18 所示。图中实线代表式（11-42）中等号成立时的解，也是虚阴极形成的阈值，当系统参数取值在这条实线以下时，虚阴极就能够形成；虚线是布德克尔自聚焦条件的解，代表自聚焦条件的临界状态，当系统参数取值在这条虚线的上方时，电子注才能够聚焦，否则便会在虚阴极形成之前散焦。因此，虚阴极形成的参数区域应该介于实线和虚线之间。图 11-18 中的点线代表质点网格模拟结果。其中，叉代表电子注可以正常传输而不会形成虚阴极；圆点代表虚阴极已经形成；三角形代表虚阴极形成的临界状态，即达到了阈值。

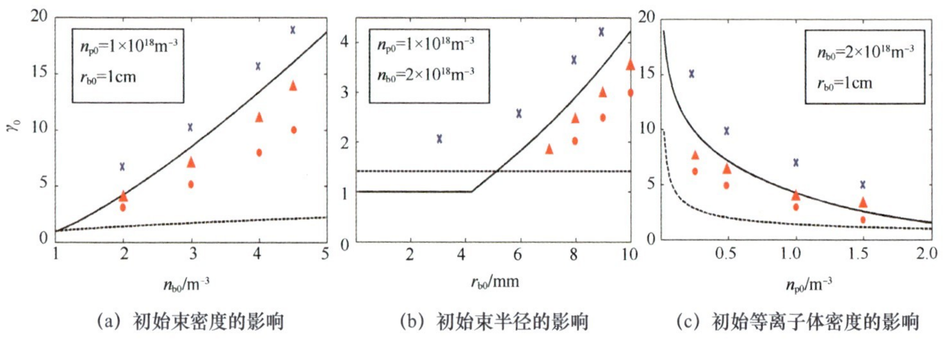

(a) 初始束密度的影响　(b) 初始束半径的影响　(c) 初始等离子体密度的影响

图 11-18　虚阴极形成的参数区域以及质点网格模拟算例的参数分布

需要注意的是，这里定义的电子注初始密度只是离子通道入口处的密度。在实际情况中，低于等离子体密度的电子注需要以一定的会聚角度发射，当聚焦到密度超过等离子体密度时打开离子通道，进而形成虚阴极。在这种情况下，合适的电子发射参数可以根据上述虚阴极判据以及会聚角度推算。图 11-19 展示了这种方案的质点网格模拟结果，在图 11-19（a）～图 11-19（c）中，系统的初始参数为 $\gamma_{b0}=1.2$，$n_{p0}=5\times10^{18}\,\mathrm{m}^{-3}$，$n_{b0}=1\times10^{18}\,\mathrm{m}^{-3}$，电子注以一定的会聚角度发射。由图 11-19（a）可知，电子注在传输中排开了等离子体电子，形成了离子通道，如空白区域所示。而在图 11-19（b）中，电子注通过聚焦形成了高密度（密度超过 $1\times10^{19}\,\mathrm{m}^{-3}$）的虚阴极，如黄色区域所示。该虚阴极将在离子通道势阱中振荡，产生图 11-19（c）所示的宽频辐射。而随着等离子密度的提升，如图 11-19（d）所示，辐射频谱将朝着高频方向移动，高频部分已经超过了 100GHz。这一结果表明，基于束-等离子体系统的虚阴极辐射源可以实现比传统虚阴极振荡器更高的频率，且有望实现太赫兹波段的辐射。

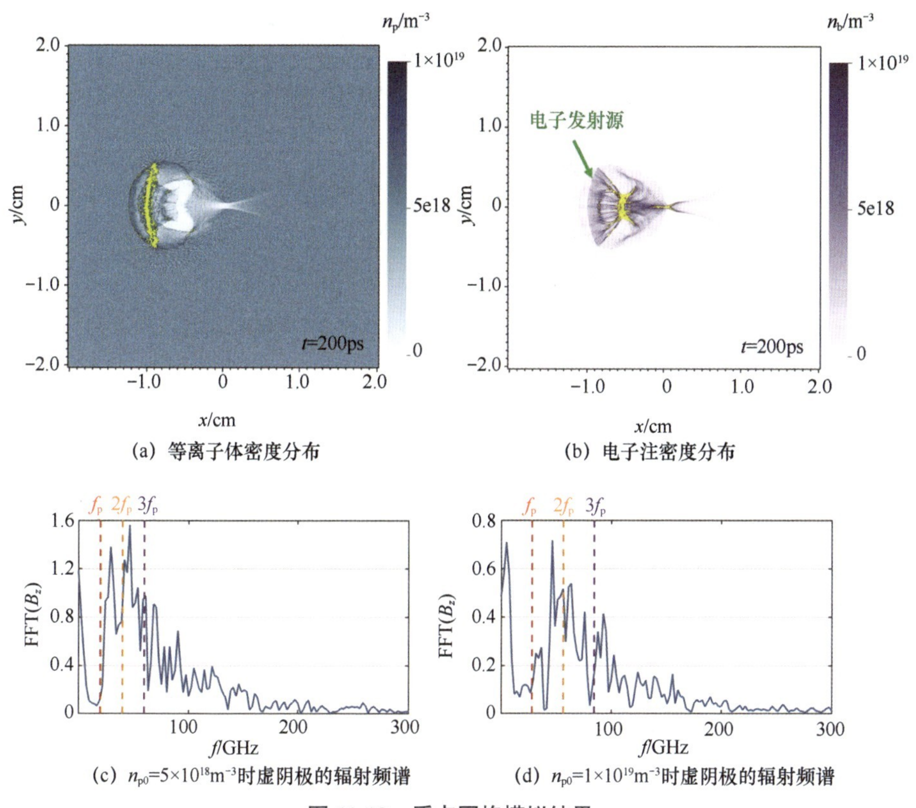

(a) 等离子体密度分布　　(b) 电子注密度分布

(c) $n_{p0}=5\times10^{18}$m^{-3}时虚阴极的辐射频谱　　(d) $n_{p0}=1\times10^{19}$m^{-3}时虚阴极的辐射频谱

图 11-19　质点网格模拟结果

11.2.5　束-等离子体系统辐射机制的实验验证

前文介绍了离子聚焦机制下的辐射机制。理论结果表明，系统中快空间电荷波与前向电磁波的耦合是诱发电磁不稳定性的原因，辐射频率在等离子体频率附近。这种机制已在低频条件下得到了实验验证。相关实验开展了对电子注-等离子体系统的辐射研究，如图 11-20 所示。实验采用的工作气体为氩气，当氩气由进气阀进入等离子体枪时，将以弧光放电的方式形成高密度的等离子体。等离子体将通过与真空室连接的喷嘴进入真空室，形成柱状的等离子体射流，沿着真空室的中心轴线运动，最终打在图 11-20 中的可移动电极上。高压脉冲电源能够在真空室后端的电极上施加负高压，从而加速等离子体中的电子形成电子注。此外，实验中分别采用了朗缪尔探针（Langmuir Probe）诊断系统和高频示波器对等离子体的基本参数和电磁辐射信息进行数据采集和分析。

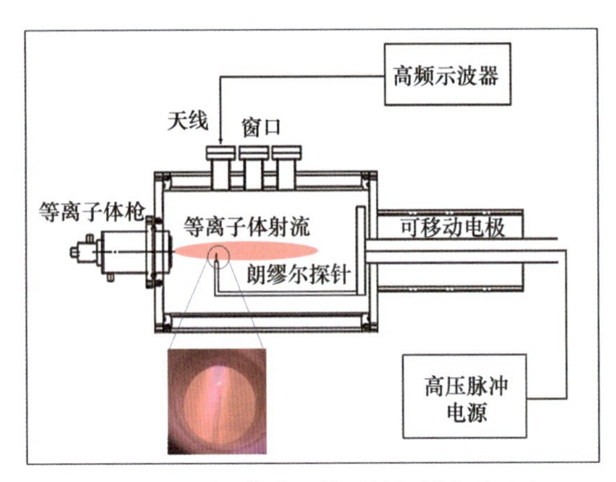

图 11-20　束-等离子体系统辐射实验示意

实验的操作步骤如下。

（1）打开控制台与冷却循环水系统的开关。

（2）先打开真空阀，再先后打开机械泵与罗茨真空泵对腔室抽真空，直到气压稳定。

（3）打开进气阀，使工作气体进入真空室。

（4）等气压彻底稳定后，打开等离子体枪的电源开关，击穿工作气体，形成等离子体射流。

（5）等离子体射流形成后，匀速推动朗缪尔探针沿着装置轴线的方向运动，在此过程中，采集不同位置处的等离子体参数。

（6）将朗缪尔探针固定在真空室输出窗口附近，打开高频示波器开始采集辐射信号。将高频示波器调为“触发”模式，当电压脉冲驱动电磁辐射时，会自动截取辐射波形。

（7）打开高压脉冲电源，在真空室外电极末端施加负高压，从而加速等离子体中的电子形成电子注。观测此时辐射波形和频谱的变化。

（8）对已记录的数据进行分析和处理。通过朗缪尔探针的数据得到等离子体的密度分布情况。通过高频示波器连接天线获取辐射场的信号，并对波形进行傅里叶变换，得到辐射的频谱。

（9）进行对比实验 1。打开等离子体源，关闭高压脉冲电源，监测此时的辐射信号，得到相应的辐射频谱。

（10）进行对比实验 2。打开高压脉冲电源，关闭等离子体源，监测此时的辐射信号，得到相应的辐射频谱。

（11）先将步骤（8）的结果与步骤（9）（10）的结果进行对比研究，再对比束-等离子体系统的理论辐射频率，得出实验结论。

将朗缪尔探针浸没在等离子体柱中心，并随着电极一起纵向移动，从而测量等离子体的密度分布。通过测量得到，等离子体密度的范围为 $1.5\times10^{17}\sim9\times10^{17}\,\mathrm{m}^{-3}$，相应的等离子体频率范围是 3.5～9GHz。等离子体温度为 1～2eV。

在实验中，电子注由高压脉冲电源在真空室内的电极板上施加-20kV 电压脉冲驱动，脉宽为 20μs。当脉冲加在电极上时，等离子体电子将被负电压脉冲驱动朝着等离子体源运动，从而形成与等离子体射流中的离子相对运动的电子注。这样的系统可以被看作一种束-等离子体系统。更具体地讲，由于等离子体柱的低密度区域较长，电子注主要在等离子体密度相对较低的区域中被加速。当束流靠近等离子体源时，可以被等离子体离子聚焦达到更高的密度。为了检测辐射信号，实验采用了具有 40GHz 采样频率和 8GHz 带宽的高频示波器，该示波器与天线连接以检测来自腔室顶部第一个窗口的辐射。图 11-21（a）显示了示波器记录的脉冲前端波形，相应的采样时间为 0.45μs。通过傅里叶变换，可以获得辐射的频谱，如图 11-21（b）、图 11-21（c）所示。图 11-21（b）展示了辐射频谱的第一个峰值出现在 10MHz，这个信号是电压脉冲上升沿所携带的高频分量。该信号的出现表明电压脉冲已经被施加到电极板上。图 11-21（c）展示了吉赫兹波段的辐射频谱。在这个波段中，出现了一系列的高频信号，并且振幅随着频率的升高而增大。最大峰值出现在 8GHz 左右，由于示波器的带宽限制，此处的信号还具有 3dB 的衰减。

为了证明图 11-21（c）中的高频辐射来自高压脉冲与等离子体的相互作用，而不是由其他模式或噪声引起的，本研究另外开展了两组对比实验。首先，只打开等离子体源，此时系统的辐射频谱如图 11-21（d）所示。可以注意到，等离子体的背景噪声在 5GHz 之前衰减，这表明图 11-21（c）中 8GHz 附近的高频辐射不是等离子体的背景噪声。随后，关闭等离子体源并打开高压脉冲电源，此时检测到的系统辐射频谱如图 11-21（e）所示。与图 11-21（c）相比，在这种情况下 8GHz 附近的幅值会大幅降低，这证明了图 11-21（c）中的高频辐射不是由高压脉冲直接驱动的。从图 11-21（e）中还可以观察到，当打开高压脉冲电源时，真空室的一些低阶本征模会增长。通过对腔体本征模的计算可以得知，图中 0.9GHz 的分量可能是 TM_{011}（0.82GHz）或 TE_{112}（0.84GHz），而 2.2GHz 的分量可能是 TM_{120}（2.23GHz）或 TE_{020}（2.23GHz）。由上述对比实验可以得出结论，只有同时打开等离子体源和高压脉冲电源，才能激发 8GHz 左右的高频辐射，因此系统中的高频电磁辐射是由高压脉冲与等离子体相互作用产生的。此外，在图 11-21（e）中仍然可以找到 10MHz 左右的信号，这证明了这个低频信号不是从等离子体源中发出的。此信号也不可能是电磁辐射，因为它的频率远低于真空室中任何本征模的频率。因此，10MHz 信号只能是高压脉冲上升沿所携带的高频分量。

当电磁波与空间电荷波同步时，会引起电磁不稳定。通过在式（11-27）中略去耦合项，可以得到这两个模式的解分别为

$$k_z = \pm\frac{\omega}{c}\sqrt{1-\frac{\omega_{pb}^2}{\gamma_{b0}\omega^2}} \tag{11-43}$$

$$k_z = \frac{\omega}{v_{b0}} \pm \frac{\sqrt{\omega_{Bb}^2 + \omega_{pb}^2/\gamma_{b0}}}{\gamma_{b0}v_{b0}} \tag{11-44}$$

由于这种不稳定性出现在电子注中心附近，在处理式（11-43）与式（11-44）时考虑半径足够小，从而忽略电子回旋频率。将式（11-43）代入式（11-44）中可得 $\omega = \omega_p\gamma_0^{1/2}$。此频率非常接近于图 11-8 中所示的不稳定性频带上限。由于实验是在非相对论状态下进行的，辐射频率应该趋近 ω_p。如果在图 11-21（c）中去除图 11-21（d）所示背景等离子体的噪声，那么吉赫兹波段的辐射谱就应该主要分布在等离子体频率

范围内。这也说明了目前的结果与之前的理论结果基本一致。进一步提高等离子体密度将有望实现太赫兹波段的辐射。

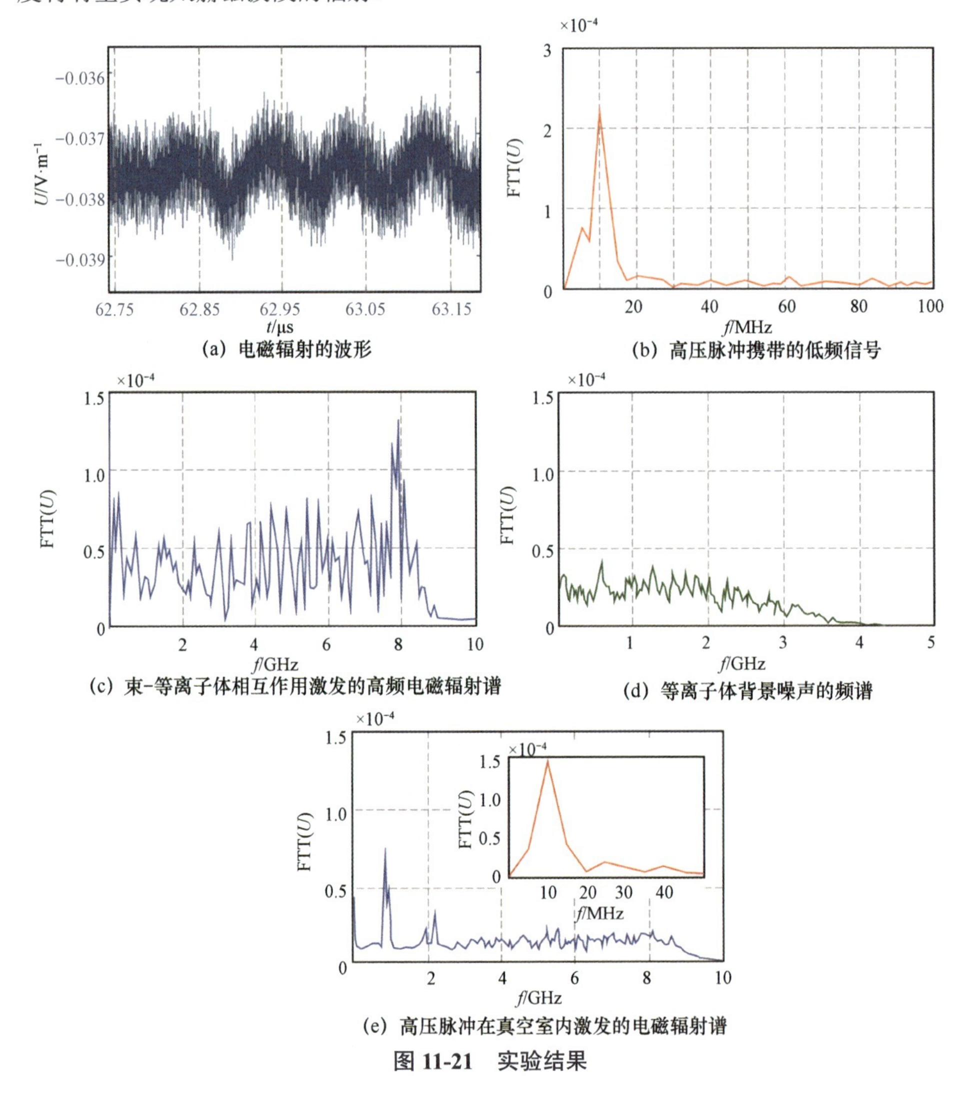

(a) 电磁辐射的波形　(b) 高压脉冲携带的低频信号

(c) 束-等离子体相互作用激发的高频电磁辐射谱　(d) 等离子体背景噪声的频谱

(e) 高压脉冲在真空室内激发的电磁辐射谱

图 11-21　实验结果

拓展阅读

[1] ARZHANNIKOV A V, ANNENKOV V V, BURDAKOV A V, et al. Beam-plasma system as a source of powerful submillimeter and terahertz radiation (experimental and theoretical studies) [C]//Proceedings of the 11th International Conference on Open Magnetic Systems for Plasma Confinement. [S.l.]: [S.n.], 2016.

[2] ARZHANNIKOV A V, IVANOV I A, KASATOV A A, et al. Well-directed flux of megawatt sub-mm radiation generated by a relativistic electron beam in a

magnetized plasma with strong density gradients [J]. Plasma Physics and Controlled Fusion, 2020, 62(4): 045002.

[3] ANNENKOV V V, TIMOFEEV I V, VOLCHOK E P. Simulations of electromagnetic emissions produced in a thin plasma by a continuously injected electron beam[J]. Physics of Plasmas, 2016, 23(5): 053101.

[4] ANNENKOV V V, BERENDEEV E A, TIMOFEEV I V, et al. High-power terahertz emission from a plasma penetrated by counterstreaming different-size electron beams [J]. Physics of Plasmas, 2018, 25(11): 113110.

[5] YANG S P, TANG C J, WANG S M, et al. Novel mechanism for terahertz radiation by oblique colliding of two electron beams in plasma [J]. Journal of Physics D: Applied Physics, 2021, 54(43): 435206.

[6] YANG S P, WANG S M, ZHANG P, et al. High power terahertz radiation generated by beam-plasma system in multi-filament regime [J]. Physics of Plasmas, 2022, 29(7): 073103.

[7] HASANBEIGI A, MEHDIAN H, GOMAR P. Enhancement of terahertz radiation power from a prebunched electron beam using helical wiggler and ion-channel guiding [J]. Physics of Plasmas, 2015, 22(12): 123116.

[8] KOEN E J, COLLIER A B, MAHARAJ S K. Particle-in-cell simulations of beam-driven electrostatic waves in a plasma [J]. Physics of Plasmas, 2012, 19(4): 042101.

[9] BRET A, GREMILLET L, DIECKMANN M E. Multidimensional electron beam-plasma instabilities in the relativistic regime[J]. Physics of Plasmas, 2010, 17(12): 120501.

[10] YOSHII J, LAI C H, KATSOULEAS T, et al. Radiation from Cerenkov wakes in a magnetized plasma [J]. Physical Review Letters, 1997, 79(21): 4194-4197.

[11] YANG S P, WANG S M, WANG Z L, et al. Terahertz radiation generated by electron-beam-driven plasma waves in a transverse external magnetic field [J]. Physics of Plasmas, 2022, 29(5): 053106.

[12] WHITTUM D H, SESSLER A M, DAWSON J M. Ion-channel laser [J]. Physical Review Letters, 1990, 64(21): 2511-2514.

[13] KARLICKY M. Electron beam-plasma interaction and the return-current formation[J]. Astrophysical Journal, 2009, 690: 189197.

[14] ESAREY E, SCHROEDER C B, LEEMANS W P. Physics of laser-driven plasma-based electron accelerators [J]. Reviews of Modern Physics, 2009, 81(3): 1229-1285.

[15] KUMAR N, PUKHOV A, LOTOV K. Self-modulation instability of a long proton bunch in plasmas[J]. Physical Review Letters, 2010, 104(25): 255003.

[16] JIANG W, MASUGATA K, YATSUI K. Mechanism of microwave generation by virtual cathode oscillation[J]. Physics of Plasmas, 1995, 2(3): 982-986.

第 12 章　真空电子学在生物医学工程领域的应用

基于真空电子学原理的真空电子器件在生物医学工程领域有着广泛的应用，譬如生物医学成像、医用加速器、生物医学效应等方面，本章将针对这 3 个方面的应用做简要介绍。

12.1　生物医学成像

生物医学成像是当前生物医学工程领域发展最快的方向之一，研究方向不仅包含多种用于临床的成像技术，例如 X 射线成像、核磁共振成像、超声波成像、正电子发射断层扫描成像等，还包括诸多用于生物医学研究的新型成像手段，例如荧光分子成像、光学相干层析成像、多光子显微成像、光声成像、热声成像（Thermoacoustic Imaging，TAI）、磁声成像等。在诸多的生物医学成像技术中，真空电子器件作为主要组成部分之一，在信号的产生和采集方面发挥了重要的作用。本章仅对 X 射线成像和热声成像的基本原理、发展历史和主要应用等做简要介绍，如果读者对其他生物医学成像技术感兴趣，可以查阅相关文献。

12.1.1　X 射线成像

X 射线是由德国物理学家伦琴在 1895 年 11 月 8 日进行阴极射线的实验时发现的，在实验的过程中，伦琴发现阴极射线出现时，旁边涂有氰化铂钡的荧光屏上似乎也发出了蓝白色的光。伦琴认为，可能是阴极射线泄漏导致的，为了排除荧光的影响，他用黑纸把玻璃管紧紧地蒙上，通电后，氰化铂钡依然发亮，当切断阴极射线管的电源时，荧光就不见了。伦琴把手放进去，在荧光屏上观察到了模糊的手骨图像，手的轮廓也隐约可见，由于阴极发射的电子注在空气中传播能力有限，且不具备穿透物质的能力，所以，他认定自己发现了一种新的射线，当时他并不清楚这种射线的性质，所以将其命名为 X 射线。

继 X 射线被发现后，物理学家开展了大量的实验研究，终于知道 X 射线是一种波长介于紫外线与 γ 射线之间的电磁波，波长范围为 0.01～10nm，其中 0.01～1nm 的电磁波称为硬 X 射线，1～10nm 的电磁波称为软 X 射线。尽管硬 X 射线与 γ 射线的频率范围有重合，但是二者的产生原理是完全不同的，X 射线是由高速运动的电子产生的，而 γ 射线是原子核衰变而发出的。

X 射线的产生方法多种多样，其中医学领域常用的一种方法是用高速运动的电子轰击金属靶产生 X 射线。具体原理是：电子在撞击金属靶的过程中，受到金属原子核强电场的作用而急剧减速，根据电动力学原理，具有加速度的带电粒子会辐射电磁波，当电子能量满足一定条件时，就可以产生 X 射线，这种方法的缺点是效率比较低，但因操作简单而被广泛使用。用这种方法产生 X 射线的设备被称为 X 射线管，它是一种具有阴极和阳极的电子管，阴极用钨丝制成，阳极（俗称靶极）用高熔点金属制成，在阴极和阳极之间施加足够大的电压，使得阴极发射的电子被加速从而具备足够大的能量，让加速的电子轰击阳极，在撞击的过程中，电子的速度急剧下降，X 射线从阳极发出。由于电子的动能绝大部分转化为了热能，所以工作中的 X 射线管必须进行冷却，避免阳极温度过高而熔化，工作原理如图 12-1 所示。

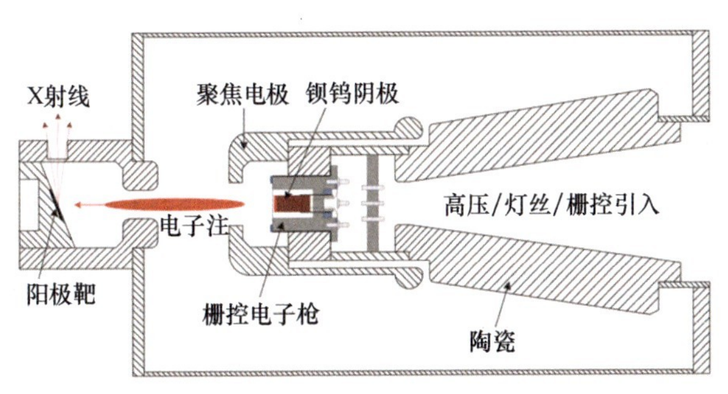

图 12-1　X 射线管的工作原理

X 射线具有很强的穿透性，能够穿透很多可见光不能透射的物质，例如塑料、纸和木材等，并且 X 射线在穿透物质的过程中会衰减，这是由于 X 射线的本质就是波长很短、能量很高的电磁波。当 X 射线与物质相互作用时，X 射线会透过原子间的空隙穿过去，在这个过程中，X 射线与物质的原子之间产生相互作用。与物质原子互作用的 X 射线称为光子，即光子会与原子相互作用，因为这种相互作用涉及量子力学的范畴，这里我们只定性讨论。就入射 X 射线的某个辐射光子而言，它们穿透物质时有两种可能：一种可能是在与物质发生相互作用后光子丢失自身的全部能量进而转化为其他形式的能量，被称为光子的吸收；另一种可能是入射光子的能量只有部分丢失，之后光子沿着与入射光子不同的方向射出，这种情况称为光子的散射。当 X 射线透射物质时，无论是发生光子的吸收还是光子的散射，都会伴随光子数的减少，透射物质后的 X 射线强度必然会降低，这种现象被称为 X 射线的衰减。X 射线强度的改变与物质的材料、密度、厚度等因素相关。通过实验测定可知，透射后的 X 射线强度与衰减系数 μ 和物质厚度 x 成正比，设入射 X 射线强度为 I_0，透射后的 X 射线强度为 I，可以得到透射后的 X 射线强度公式：

$$I = I_0 e^{-\mu x} \tag{12-1}$$

衰减系数 μ 包含两部分：一部分是由于物体对 X 射线的吸收引起的衰减，另一部分是由物体对 X 射线的散射引起的衰减。在实际应用中，由散射过程引起的衰减要比吸收过程的弱很多，所以通常将物质对 X 射线的衰减作用近似看作全部由吸收过程引起。由于人体组织成分结构复杂，不同的组织器官对 X 射线的吸收程度也不一样，因此当使用强度均匀的 X 射线照射人体时，那些穿透人体的 X 射线的强度会因为经过的组织不同而变化，当这些 X 射线投影到胶片或者荧光屏上时，就会形成黑白对比明显的影像，原理如图 12-2 所示。这也是最原始的 X 射线成像技术，被称为 X 射线摄影或者 X 射线照相。自伦琴发现 X 射线并得到世界上第一幅 X 射线照片开始，这种成像技术就被广泛应用在医疗领域，直到现在，这种技术也是一种很普遍的医疗诊断及普查技术。随着技术的进步，X 射线成像也得到快速发展，比如数字减影血管造影（Digital Subtraction Angiography，DSA）技术、X 射线计算机断层成像（X-ray Computed Tomography，X-CT）技术等。

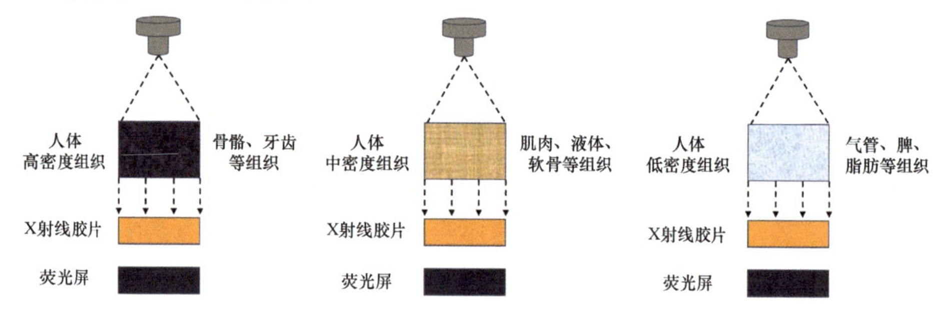

图 12-2　X 射线成像原理

X 射线被发现后，基于 X 射线的成像技术得到了快速的发展，并很快被应用于医学领域。最初，这种“新光线”被应用于检查骨折和确定枪伤中弹的位置。随后，创立了用 X 射线检查食管、肠道和胃的方法，受检查者先吞服一种造影剂（如硫酸钡），再经 X 射线照射，便可显示出病变部位的情景。之后，发明了用于检查人体内脏的造影剂。因此在相当长的时期内，X 射线诊断仪都是医院中最重要的诊断仪器。图 12-3 所示为最原始的 X 射线成像系统，X 射线透过人体后照射到带有荧光增感剂的胶片上，得到人体组织内部对 X 射线吸收情况的投影图，但是传统方法中有着荧光胶片成本较高、成像工序复杂等诸多缺点。利用计算机等技术的数字化 X 射线成像系统渐渐兴起。

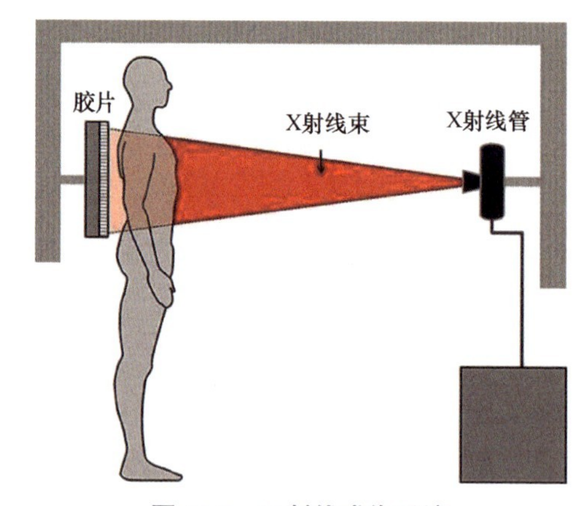

图 12-3　X 射线成像系统

图像增强器和计算机技术的发展催生了计算机X射线成像技术和直接数字化X射线成像技术，即利用成像板（Imaging Plate）记录X射线的强度，并由计算机以数字化数据的形式存储、处理和显示。另外，在具有图像处理功能的计算机系统的控制下，可以采用一维或者二维的X射线探测器直接把X射线信息转化为数字图像。具有代表性的研究成果就是计算机断层扫描技术，不同于以往的投影成像技术，它可以获得被测物体的三维结构，反映组织或病灶的三维空间位置，这种技术已在医学领域得到了应用，但对其的深入研究还在不断继续中。

目前，X射线成像技术在医学中的应用主要分为诊断和治疗两大类型，以X射线作为诊断方法的主要手段有：X射线透视技术、X射线数字减影血管造影技术、X射线计算机断层扫描技术等。

X射线透视技术是非常常规的应用，也是很早被应用于医学领域的应用。由于人体不同组织或脏器对X射线的吸收效应不同，强度均匀的X射线透过人体不同部位后的强度是不同的，透过人体后的X射线透射到荧光屏上，就可以显示出明暗不同的荧光像，这种方法称为X射线透视技术。如果让透过人体的X射线投射到照相胶片上，显像后就可以在照片上观察到组织或脏器的影像，该技术称为X射线摄影。利用X射线透视或摄影可以清楚地呈现骨折的程度、肺结核病灶、体内肿瘤的位置和大小、脏器形状以及体内异物的位置等。当人体某些脏器或病灶对X射线的衰减程度与周围组织相差很小，在荧光屏或照片上无法区分时，可以给这些脏器或组织注入衰减系数较大或较小的物质来增强它和周围组织的对比，如“钡餐”。

X射线数字减影血管造影技术是为解决血管和周围组织（如骨骼等）在X射线图像中无法分辨的问题而提出的。向血管中注入对比剂就可在X射线图中看到这些血管，因为对比剂含有能吸收X射线的碘。但当骨骼存在时，血管中对比剂引起的反差在骨骼存在的部位很难被分清，为了解决这个问题，提出了X射线数字减影血管造影技术。未注入对比剂时获得的图像称为掩模，注入对比剂后获得的图像减去掩模，就可以获得对比剂位置处的图像，这就是X射线数字减影血管造影技术。当被测物体移动时，图像质量会下降，通过软件可以在某种程度上纠正图像偏移。

X射线计算机断层扫描技术可以呈现被测物体的三维图像，这种技术由英国工程师亨斯菲尔德于1971年提出，即用X射线从多个方向对人体检查部位进行扫描，先由探测器接收来自各个方向的成像信息，再经模数转换器将其转换为数字信号，输入计算机做后续处理。截至本书成稿之日，医学影像领域使用的计算机断层扫描成像系统仍是基于此原理，从不同方向上进行多次扫描，来获取足够的数据建立数据库，之后经过计算机软件获得CT值，将图像中各像素的CT值转换为灰度值，就得到图像上的灰度分布，这就是CT影像。

12.1.2 热声成像

热声成像是基于“声效应”实现的，以微波信号为激励源，不仅具有微波成像对比度高的特点，还具有超声成像高分辨率的潜力。热声成像技术源于热声效应，主要作用过程是：脉冲微波（电磁波）辐射吸收体（可以是生物组织也可以是非生物组织），吸收体吸收微波能以后将其转换为热能，并进一步引起热致伸缩产生超声波，产生的超声波（微波热致超声波）携带了吸收体局部微波吸收特性的信息。利用超声波探测器接收热声信号，借助相应图像重建算法可以实现对吸收体内部微波吸收分布的热声成像。

对生物组织而言，热声成像技术的成像目标主要由自由水和带电粒子组成。自由水是极性分子，在高频微波场作用下水分子高速旋转并与周围组织发生碰撞产生热能，实现将微波能转化为热能，并最终转化成超声波信号；不同于极性分子对微波的极化损耗，组织中的带电粒子在微波电场的作用下产生定向运动形成电流，与周围电阻性组织互作用产生焦耳热，完成对微波能的吸收转换，产生超声波信号。不同的组织，特别是正常乳腺组织与乳腺癌病变组织之间存在着较大的水含量和粒子浓度差异，有较高的微波吸收和热声成像对比度，进而使得热声成像技术具有检测乳腺癌的天然优势。

热声成像技术的研究背景是医学成像领域，所以它被认为是集微波、超声和医学研究于一体的新型交叉学科，最早将热声成像技术应用于生物组织研究的是鲍恩等人。研究发现，被微波信号照射的生物组织吸收能量后，会产生超声波信号，通过对超声波信号进行研究，可获取生物组织的图像。基于此原理，鲍恩等人首次完成了生物组织的热声成像实验。随后，有研究人员开发了第一套用于生物组织检测的热声成像系统，并首次公布了对人体手臂的热声成像结果。热声成像技术应用于乳腺癌的检测是近几十年才开始的。近年来，该应用引起了人们的高度关注。将热声成像技术应用于乳腺癌的研究组织有：美国佛罗里达大学和我国电子科技大学的蒋华北小组（微波源中心频率为 3GHz）、美国圣路易斯华盛顿大学的汪立宏小组（微波源中心频率为 3GHz 和 9.4GHz）、威斯康星大学的哈吉斯小组（微波源中心频率为 3GHz）和该校密尔沃基分校的帕奇小组（微波源中心频率为 108MHz），以及美国亚利桑那大学的威特小组（微波源中心频率为 2.7～3.1GHz）。国内的代表性研究组织主要有电子科技大学的赵志钦小组（微波源中心频率为 2.45GHz）和华南师范大学的邢达小组（微波源中心频率为 1.2GHz 和 6GHz）。

研究表明，微波源脉宽与成像分辨率紧密相关，随着超短脉宽信号源技术的发展，热声成像技术逐步走向实用化。华南师范大学的邢达教授团队利用超短纳秒脉宽（10ns）信号源（微波源中心频率为 434MHz），实现了高热-声转换效率的高分辨率热声成像，将现有热声成像技术的分辨率提高了一个甚至几个数量级，从而使得该成像技术在医学成像领域更具有实用价值和临床意义。

除了在实验上对热声成像技术进行研究，基于热声成像技术的重建算法和数值理论的研究也是至关重要的，它是构建热声成像系统的核心和难点，国内外学者开展了大量的研究工作，取得了一系列有实际意义的研究成果。图 12-4 所示是克鲁格小组搭建的乳腺癌热声成像系统，采用 8 个波导阵列进行多角度的微波激励以提高辐射效率，同时采用单元尺寸为 6.5mm 的 128 阵元阵列探测器接收信号，获得了整个乳房的图像。我国华南师范大学的邢达教授小组，从 2006 年开始进行热声成像乳腺癌检测方面的研究，是我国最早开展乳腺癌热声成像研究的小组。2008 年该小组利用中心频率为 1.2GHz、脉宽为 0.5μs 的微波源作为激励，利用中心频率为 3.5MHz 的 320 阵元线性阵列探测器接收热声信号，实现了对乳腺癌肿瘤切片的热声成像。2012 年该小组利用改进的成像系统进行了早期乳腺癌的三维成像研究，不仅深入分析了正常乳房组织与肿瘤组织的微波吸收差异，还利用该三维热声成像系统对模拟肿瘤和真实离体肿瘤进行了三维热声成像实验研究，如图 12-5 所示，验证了对早期乳腺癌肿瘤进行高分辨率、高对比度、快速三维热声成像的可行性。

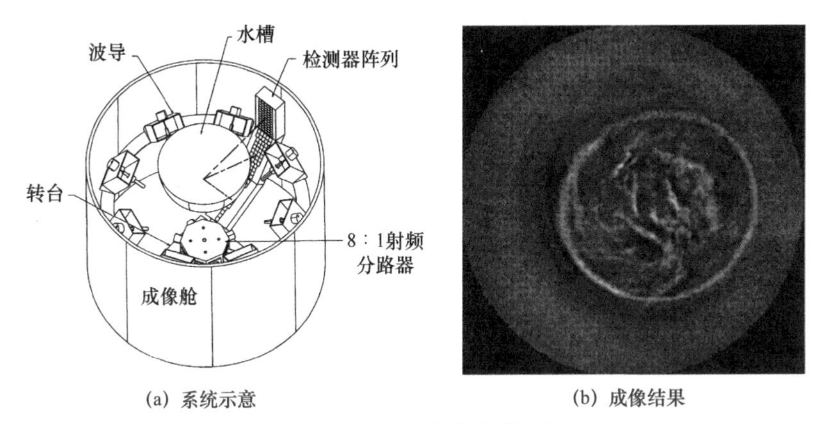

(a) 系统示意　　(b) 成像结果

图 12-4　乳腺癌热声成像系统

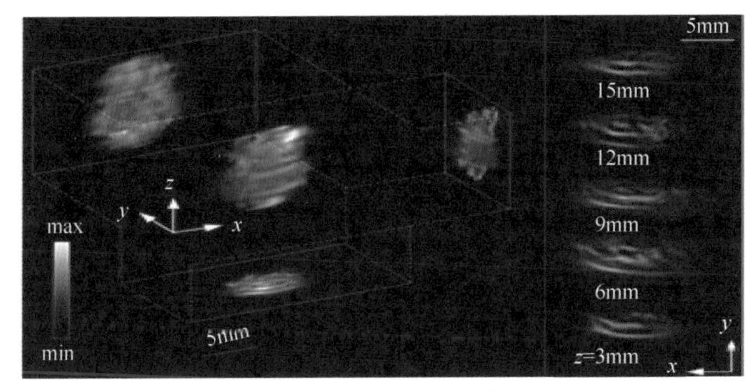

图 12-5　人体乳腺癌肿瘤切片的三维热声成像结果

12.2　医用加速器

粒子加速器是一种非常重要的真空电子器件，可应用于医疗和安全检查。20 世纪初，卢瑟福指出用比原子小的粒子轰击原子，观察原子碎片的散射情况，可以分析物质的结构。为此，人们研制了粒子加速器。带电粒子可以被静电场加速，但是由于电压的限制，粒子速度不可能变得很高，因而采用高频场加速。这种加速器有两类：直线加速器和环流式加速器（又称重入加速器）。其中，直线加速器又可分为电子直线加速器、质子直线加速器及离子直线加速器等。

截至本书成稿之日，国际上在放射治疗中使用较多的是电子直线加速器。直线加速器可以被看作一个大的耦合腔行波管，但工作过程和行波管相反，即高频场将微波能交给被加速的粒子，使得粒子的动能增加。在$10^{-9}\sim10^{-6}$ Pa 真空度下，粒子束以类似行波管的方式注入高频系统。不同加速腔的导流系数很小。电子在第一阶段产生群聚，这一阶段注入的微波能量非常大，电场强度非常大，电子注的群聚也很强，调整加速腔结构的长度和耦合孔尺寸，使得注与波同步，电子注加速，由于电子是轻粒子，因此可很快加速到接近光速。除了群聚段，其他部分加速腔的长度可不变。

要使带电粒子获得能量，就必须有加速电场。加速器依据加速粒子种类、加速电场形态，以及粒子加速过程所循轨道的不同被分为各种类型。

电子直线加速器利用具有一定初始动能的高能电子与大功率微波的微波电场相互作用获得更多的能量。由于相对论效应，高能电子在加速过程中速度增幅不大，主要是质量不断变大。将电子直接引出，用作电子线治疗；也可让引出的电子轰击重金属靶，产生 X 射线，进行 X 射线治疗（原理与 X 射线机的相似，加速器使用透射靶）。

一个简单的电子直线加速器至少要包括加速场所（加速管）、大功率微波源和波导系统、控制系统、射线均整和防护系统等。当然市场上作为商品的设备要远比其复杂，但这些基本部件都是必不可少的。

医用电子直线加速器按照微波传输的特点可以分为行波和驻波两类，基本结构包括电子枪、微波功率源（磁控管或者速调管）、波导管[隔离器、RF（射频）监测器、移相器、RF 吸收负载、RF 窗等]、DC 直流电源（RF 发生器、脉冲调制器、电子枪发射延时电路等）、真空系统[真空泵（钛泵）]、伺服系统（聚焦线圈、对中线圈）、偏转系统（偏转室、偏转磁铁）、剂量监测系统、均整系统、射野形成系统等，分别安装于治疗头、固定机架、旋转机架、治疗床、控制台等处。

根据能量的不同，医用电子直线加速器可分为低能机、中能机和高能机。不同能量的机器的 X 射线能量差别不大，一般为 4/6/8MeV，有的达到 10MeV。按照 X 射线能量的挡位，加速器分为单光子、双光子和多光子。低、中、高能机的区别主要在于提供的电子线的能量。与高能物理用电子直线加速器相比，1～50MeV 属于低能范围，但对临床使用，能量为 50MeV 的医用电子直线加速器属于高能范围。

低能医用电子直线加速器：只提供一挡 X 射线辐射，用于治疗深部肿瘤，X 射线辐射能量为 4～6MeV，采用驻波方式时，加速腔总长只有 30cm 左右，不需要偏转系统，同时还可省去聚焦系统及束流导向系统，加速腔可直立于辐射头上方，称为直束式。直束式的一个优点是靶点对称。加速腔输出剂量率经过在大面积范围内均整后一般为 $2\sim3\,\mathrm{Gy\cdot min^{-1}\cdot m}$，设计良好时可达 $4\sim5\,\mathrm{Gy\cdot min^{-1}\cdot m}$，一次治疗时间仅约 1min。由于只有一挡 X 射线辐射，整机结构简单，操作简便。低能医用电子直线加速器是一种经济、实用的放射治疗装置，可以满足约 85%需进行放射治疗的肿瘤患者的需求，而需要进行放射治疗的肿瘤患者又占全部肿瘤患者的 70%左右。

中能医用电子直线加速器：除提供两挡 X 射线辐射（6～8MeV）供治疗深部肿瘤外，还提供 4～5 挡不同能量的电子辐射（5～15MeV）供治疗浅表肿瘤，扩大了应用范围。加速腔较长，需要水平放置于机架的支臂上方，束流需经偏转系统后打靶产生 X 射线辐射或直接将电子注从引出窗引出使用。大多采用消色差偏转系统，使偏转后的靶点保持对称，偏转系统比较复杂。辐射头内除一挡用于均整 X 射线辐射的均整过滤器外，还采用多挡使电子辐射分布均匀的散射过滤器。为了调节电子辐射野，在电子辐射治疗时需附加不同尺寸和不同形状的限束器。中能医用电子直线加速器的浅表治疗深度为 2～5cm，由于治疗范围比低能医用电子直线加速器的更大，是大中型肿瘤医院需要的主要放射治疗装置。

高能医用电子直线加速器：提供两挡 X 射线辐射，商业上称为双光子方式，个别产品甚至可以提供三挡 X 射线辐射，称为三光子方式。设置多挡的目的是实现 X 射线辐射剂量特性的调节，因为采用高低两挡能量 X 射线辐射组合照射，相当于调节能量。高能医用电子直线加速器可提供更高能量的电子辐射，一般电子辐射分 5～9 挡，最高能量可达 20～25MeV，扩大了对浅表肿瘤的治疗深度范围（2～7cm）。

医用加速器适用性广泛，可用于头颈、胸腔、腹腔、盆腔、四肢等部位的原发或继发肿瘤治疗，以及术后或术前治疗等。

12.3　生物医学效应

近年来，太赫兹技术发展迅速，正在影响着人们的生活和工作。基于真空电子学原理的太赫兹辐射源是太赫兹应用系统所需的核心器件，了解太赫兹波的生物医学效应需要有满足系统要求的辐射源，真空电子器件在其中发挥着重要作用。

生物医学效应是指太赫兹波照射到生物体时，将能量传递给有机体引起的任何改变。太赫兹波的光子能量仅为 0.4～41meV，远低于电离或转移生物分子周围的价电子所需的能量。因此，一直以来，太赫兹波被认为是一种非电离辐射，会在一定条件下对生物体产生特有的效应。本节主要介绍基于真空电子学原理的太赫兹辐射源产生的太赫兹波产生生物医学效应的机制和影响因素，分别阐述其对个体、组织、细胞、分子的影响，使读者对太赫兹波的生物医学效应研究有初步的了解和认知。

12.3.1　生物医学效应的物理机制

当太赫兹波照射到生物体时，一部分在物质表面发生反射，剩余部分则折射进入物质内部，发射与折射比例与入射波角度及物质本身属性有关。由于太赫兹波的长度远大于一般的生物结构尺寸，可很好地透过生物物质，与水、DNA（脱氧核糖核酸）、蛋白质和碳水化合物等各种大分子发生相互作用。其中，太赫兹波会引起水分子的网络结构氢键振动，最终导致强烈的吸收现象。当物质吸收太赫兹波后，光学能量会转化为热能，一定量的热能累积可造成物质的温度升高，并产生一系列影响，这种现象称为太赫兹波的热效应。生物体被高能量太赫兹波照射或长时间暴露下会产生热效应。

当太赫兹波产生的生物医学效应无法用热效应来解释时，一般将其归结为非热效应，主要表现在基因表达、个体行为等的改变。这种非热效应可能是生物分子的直接连续激发或线性/非线性共振引起的。因为蛋白质和 DNA 等生物分子间的振动正好处于太赫兹波的频谱范围内，共振可能导致 DNA 双链局部解螺旋并干扰转录过程，并且影响蛋白质的水化动力学特性，最终可能影响细胞的功能。

太赫兹波的生物医学效应主要受生物物质的性质和组成、太赫兹波暴露参数和太赫兹波研究设备的影响。不同的生物物质在同一太赫兹波暴露条件下拥有不同的性质，主要体现在对太赫兹波辐射的折射率、吸收特性、散射特性和敏感度等方面的差异。太赫兹波暴露参数主要包括太赫兹波的频率、种类、功率密度、实验对象的暴露持续时间和实验过程中升高的温度等。同时，高性能的太赫兹波研究设备可以保障选取的暴露参数的稳定性和真实性。

12.3.2 生物医学效应对个体和组织的影响

早在 1989 年，中国科学院上海技术物理研究所就利用 2.5THz 和 6.69THz 的太赫兹波照射蛹及其成虫，发现可对其基因的表达产生影响。随后，将 40～100 只幼虫曝光在 3.69THz 的太赫兹波下，结果显示其可导致幼虫发生不同程度的变异。近年来，果蝇作为一种常见的模式生物，已经在太赫兹波的生物医学效应的研究中使用。将未交配的雌性果蝇放入一个小空间内禁食 3h，对部分果蝇进行太赫兹波照射。结果表明，照射后的果蝇寿命都有延长，特别在年老果蝇上体现更明显。进一步明确太赫兹波对不同性别果蝇的影响，将辐照和未辐照的雌性果蝇和雄性果蝇交配产生 F1 子代，并进行太赫兹波辐照，结果表明其并不会影响 F1 子代的绝对寿命和平均寿命。在照射时由成熟和不成熟的卵母细胞发育而成的雄性果蝇的生存曲线与对照组相比有显著差异，而雌性果蝇的生存曲线与对照组相似，表明太赫兹波对 F1 雄性子代的存活率有更深远的影响。

皮肤作为人体的屏障，是生物体最大的受辐射目标。研究表明，太赫兹波照射可使皮肤组织温度升高，但并不会产生任何明显的组织学变化。但是采用 RT-PCR（反转录聚合酶链反应）技术，通过基因芯片筛选基因，结果显示太赫兹波可激活或抑制某些小鼠的基因，如参与皮肤炎症反应的基因在曝光 24h 后显著降低，而与神经炎症相关的基因显著升高，可见其在分子水平产生了生物医学效应。研究人员通过重建人体正常皮肤组织的结构，构建人造三维皮肤组织，研究太赫兹波对皮肤组织的非热效应，发现使用高强度的太赫兹波照射人体皮肤，会引起皮肤的非热效应，造成 DNA 损伤，严重影响与皮肤癌或皮肤炎症反应相关基因的表达，迅速激活 DNA 损伤修复机制，并增加表达监管细胞周期和肿瘤抑制的蛋白质。此外，太赫兹波照射还可以降低血液的黏度，提高红细胞可变形性，但不影响红细胞的聚集，将来可能用于治疗患者的不稳定心绞痛。

12.3.3　生物医学效应对细胞和生物分子的影响

新型太赫兹成像技术已经在生物医学领域得到较广泛的应用，主要包括皮肤和角膜等方面，而且皮肤组织也是最易暴露于太赫兹波下的，因此太赫兹波对它的生物医学效应研究成为研究人员关注的重点和热点。可靠的研究结果表明，常规条件下的太赫兹波对人原位角化细胞、角膜细胞和神经母细胞等的生存能力与分化能力不会产生显著影响。此外，角膜细胞的细胞膜的通透性、热休克蛋白水平的表达等也未受到太赫兹波的影响。但是，高能太赫兹波可造成表皮细胞死亡，且死亡细胞数量随着暴露时间的延长而增加，几乎呈指数关系；同时，高能太赫兹波也可提高细胞膜的通透性，且离辐射源位置越近，细胞膜通透性受到的影响越大；此外，还可以激活多条细胞应激反应通路及多种特异性基因，如细胞凋亡、细胞因子和白细胞介素等。同时，研究人员发现，如果太赫兹波平均功率密度较低，即使受到峰值功率密度很高的强源太赫兹波照射，表皮细胞的黏附、形态、增殖和分化等的能力也不会受到影响。但是，这些影响都仅限表皮细胞，对于其他类型的细胞，一方面开展的相关研究较少，只有极少量对血细胞和神经细胞的研究；另一方面研究结果不统一，对相应现象未做出合理解释，机制尚未明确。因此，迫切需要相关研究来明确太赫兹波对细胞的生物医学效应。

生物分子是构成生物体的基础物质，其中遗传物质是影响物种延续的基础。因此，随着太赫兹技术的迅猛发展，它对遗传物质的影响受到科学界的广泛关注。太赫兹波可以直接作用于细胞内的 DNA 分子，但是否会影响 DNA 的构象、合成和表达等，仍无定论。大部分研究表明，大多数基因对太赫兹波是无应答的，但某些特定基因的表达水平受到太赫兹波的影响，如可造成皮肤疾病和癌症的基因以及在凋亡信号通路中起重要作用的基因。可见，基因对太赫兹波存在特异性而非广泛性的应答。此外，太赫兹波是否会更严重地造成DNA 的损伤？是否会导致遗传物质的改变？有研究表明，太赫兹波不会直接造成 DNA 的损伤，但也有研究显示可能造成 DNA 的损伤，如 DNA 双链的动力学分离、链断裂等。对由遗传物质深度压缩形成聚合体的染色体而言，它的分子量巨大，研究表明太赫兹波不会诱导其发生改变或受到损伤。总之，遗传物质在维持生物健康和物种延续上发挥着极其重要的作用，而太赫兹波是否会对遗传物质造成影响，则需要开展大量的实验来验证。

蛋白质、酶和脂肪类分子等，也是生物医学效应研究的主要对象，这里不再一一介绍。总之，太赫兹波可否产生一定的生物医学效应，主要与其能量、辐照时间、频率等密切相关。当辐射的太赫兹波能量较高或者时间较长时，可明显引起热效应，同时可能产生非热效应，造成基因表达的改变、细胞的死亡等。但是截至本书成稿之日，太赫兹波的生物医学效应研究仍处于初级阶段，且由于研究过程中使用的仪器设备、参数等条件的非一致性，结果的重复性较低，且相互之间无法进行对比，需要进一步借助计算机、数学模拟等手段开展分析，来明确太赫兹波的生物医学效应并阐明其作用机制。此外，对于现阶段的研究人员，迫切需要加强防护观念，并采取合理的防护措施，保障自身安全。太赫兹波的生物医学效应研究应该为太赫兹技术在各领域的应用和发展保驾护航，指导其安全地为人类服务。

拓展阅读

[1] 徐汝芹, 顧瑞金. X 射线在医学上的应用[J]. 科学大众, 1956(9): 422-424.
[2] 樊中心. X 光造影剂介绍[J]. 中国药学杂志, 1954(9): 386-390.
[3] 王艳, 李伟, 王建福. 成像板对计算机 X 线图像质量的影响[J]. 职业与健康, 2005(6): 885.
[4] 朱新亚, 杨国胜, 李洪义. 微波热声成像的技术进展[J]. 医疗卫生装备, 2004(11): 33-35, 47.
[5] 娄存广, 邢达, 聂立铭. 快速微波热声层析成像在生物医学中的潜在应用[J]. 激光生物学报, 2008, 80(4): 529-534.
[6] 成秀奇, 刘桂香. 医用电子直线加速器设计方面的主要进展[J]. 北京生物医学工程, 1986(3): 32-50.
[7] 聂青, 黄昌前. 医用加速器如何选型[J]. 医疗卫生装备, 1995(5): 35-36.
[8] 彭晓昱, 周欢. 太赫兹波生物效应[J]. 物理学报, 2021, 70(24): 70-83.
[9] WEISMANA N Y, FEDOROV V I, NEMOVAB E F, et al. Survival and life span of drosophila melanogaster in response to terahertz radiation[J]. Advances in Gerontology, 2014, 4: 187-192.

第 13 章　真空电子学在能源领域的应用

在能源领域，与真空电子学相关的就是微波能，微波能在民用领域的应用主要包括受控热核聚变、无线电能传输和加热等。下面围绕微波能在这些领域的应用做简要介绍。

13.1　微波能在受控热核聚变领域的应用

随着生产的高度发展和生活水平的日益提高，作为动力燃料的石油、天然气、煤等的消耗也越来越多。地球上的能源资源日益枯竭，人们不得不寻求新的能源。受控热核聚变是新能源中十分有希望的一种，它利用氢的同位素氘在一定条件下进行可控热核聚变以释放出巨大的能量。它所需要的核燃料——氘在水中有非常丰富的含量。按照目前的能源消耗水平，若受控热核聚变能实现工程应用，满足人类很多个世纪的能源需求是不成问题的。而且受控核聚变所造成的核污染和其他污染是很少的，不存在大气污染和温室效应，是一种非常“干净”的能源。它的诱人前景使得世界很多国家投入大量的人力、物力、财力进行这项开拓性的工作。半个世纪以来，各国科学家从各个方面进行不懈的努力，现已取得了很大的进展，有望在 21 世纪实现这种能源的应用。受控热核聚变主要有磁约束聚变、惯性约束聚变、引力约束聚变 3 种途径。磁约束聚变需要极高的温度（约为 10^8K），因此需要对等离子体进行辅助加热。利用高功率微波（特别是毫米波）对等离子体进行电子回旋谐振加热是行之有效的加热方法之一。随着高功率微波的发展，回旋谐振加热已取得很大进展。截至本书成稿之日，用于或者计划用于回旋谐振加热的高功率微波源主要有 3 种：一是回旋管，在现有的回旋谐振加热的众多实验中，几乎都采用回旋管；二是回旋自谐振脉塞，它有希望在较弱的工作磁场下产生高频、高功率，这种器件尚处在研究阶段；三是自由电子激光，它能以连续波或重复脉冲方式工作，峰值和平均功率均可达到很高。为了满足受控热核聚变等离子体电子回旋谐振加热的需求，研制高频率、长脉冲或连续波兆瓦量级的高功率微波源，是今后高功率微波源发展的主要方向之一。国际热核聚变实验堆（International Thermonuclear Experimental Reactor，ITER）计划需要一大批频率为 170GHz、总功率为 24MW 的连续波（脉宽为 1000s）回旋管，用于等离子体加热、等离子体不稳定性控制，该计划需要巨额投资，由欧盟、俄罗斯、美国、中国、韩国、日本等参加。ITER 托卡马克装置将建设在法国。该计划的实现，将大大推动受控热核聚变的发展与相应大功率回旋管的发展。

实现受控热核聚变反应需要满足两个苛刻条件：一是使等离子体拥有极高的温度，二是对高温等离子体施加充分的约束，即引力约束、惯性约束与磁约束等，如图 13-1 所示。为了使读者进一步理解受控热核聚变，从以下 3 个方面进行深入介绍。

(a) 惯性约束

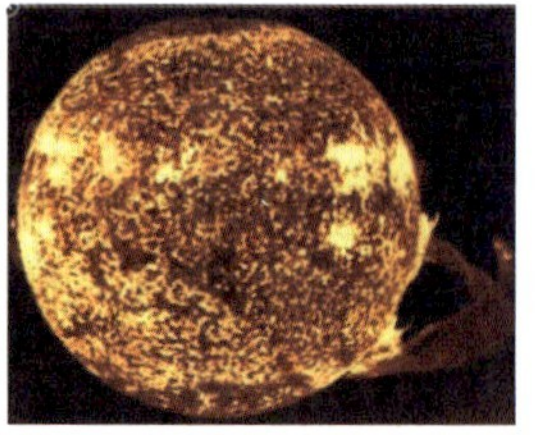

(b) 引力约束

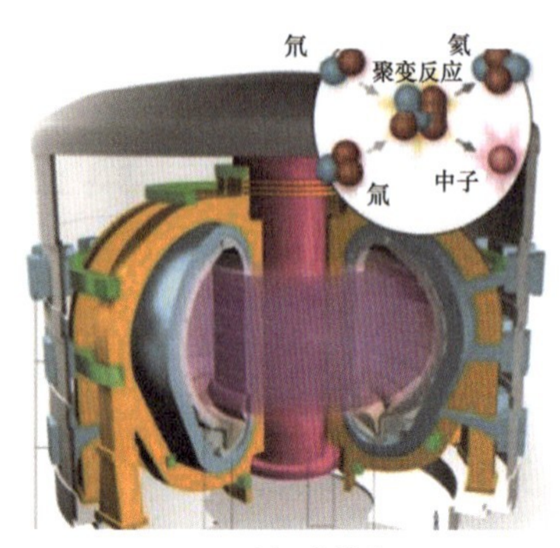

(c) 磁约束

图 13-1 核聚变的 3 种方式

13.1.1 受控热核聚变的途径

发生聚变反应的温度很高，物质在高温状态下呈等离子体态，等离子体是物质的第四态。对惯性约束聚变而言，能量约束时间实际上是很短的，但密度可以很高，而对于磁约束聚变而言，密度比较低，必须延长能量约束时间，因此，如何有效延长磁约束聚变的能量约束时间是目前受控磁约束聚变研究关心的主要问题。

受控热核聚变研究是将由氢元素组成的气体的温度加热至远高于太阳中心的温度，形成等离子体，并把灼热的等离子体约束足够长的时间，以使核聚变反应所产生的能量大于消耗的能量。为了创造进行受控热核聚变所需的环境，最初的实验是让等离子体柱中通过强电流，以此来加热并约束等离子体。电流在等离子体周围产生一个使灼热等离子体和固壁热绝缘的磁场，并产生一个向内的径向力来约束等离子体。此电流至少以两种方式来加热等离子体，即欧姆加热和激波加热。欧姆加热是由电流和等离子体内阻相互作用实现的。而激波加热，则是当磁场感生得足够快时，产生一个向等离子体柱中心传播的激波，在传播途中，激波横扫荷电粒子，并将动量传递给离子，然后这些离子在等离子体灼热、稠密的核心区热化。

研究磁约束聚变的主要途径包括箍缩、磁镜、仿星器和托卡马克等，现在基本集中到以托卡马克为主的装置研究上。托卡马克实际上是从环形真空室中的强电流放电发展而来的。托卡马克实验系列所需要的基本要素在 1958 年就已经明确了，但在那时，结果并不令人瞩目。到了 20 世纪 60 年代后期，苏联科学家在托卡马克上利用强纵场克服等离子体的宏观不稳定性，取得了突破性的进展，等离子体的各项参数有很大提高，这给聚变研究带来了巨大的希望。从 20 世纪 70 年代开始，世界上掀起了“托卡马克热”，世界各地都有实验室建造了托卡马克，到现在共建造了几十个不同尺寸、不同要求的托卡马克，从而把核聚变研究推向一个新的高度，继续发展下去，建造聚变反应堆是有希望的。

托卡马克实质上是一个变压器，它驱使电流通过处于强磁场中的环形等离子体（见图 13-2）。等离子体一般被两层固壁包围，第一层固壁或由具有陶瓷间隙的不锈钢薄板组成，或采用整体式高电阻波纹管结构，限制器由难熔物质（如钼或钨）制成，一般用于限制等离子体的直径，并保护第一层固壁免遭逃逸电子的破坏，逃逸电子在低气压放电时很容易将难熔物质烧穿。除真空壁外，大部分托卡马克还有一个铜或铝的薄壳，以帮助等离子体柱稳定于中心。等离子体柱由于等离子体压力、抗磁性和角向磁场等的作用存在沿大半径扩张的趋势，当有导体壳存在时，等离子体的任一位移都会感生出一个电流和一个恢复力，等离子体基本上紧挨导体壳。此外，还必须有角向或竖直磁场线圈，在导体壳的感应电流消失时，帮助等离子体置于中心。

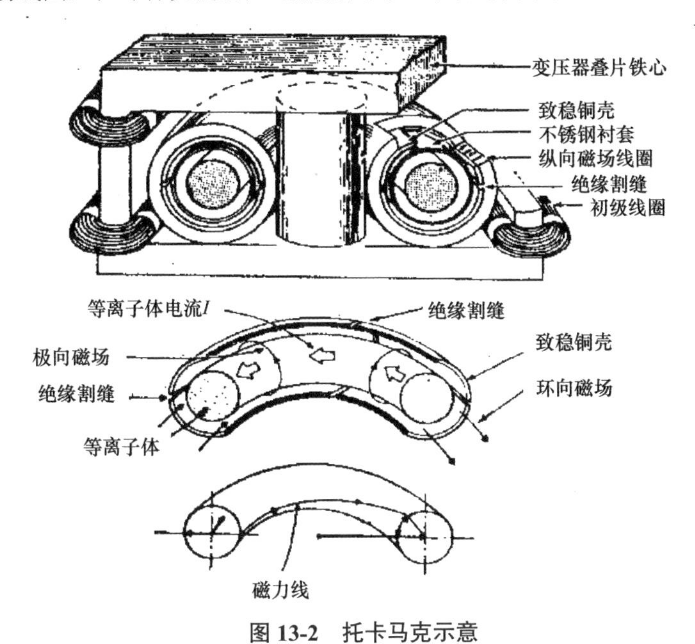

图 13-2　托卡马克示意

在许多托卡马克中，为了保持等离子体稳定，所有产生强环向磁场的线圈都需要围绕等离子体、固壁及角向场线圈的组合体而建造，使环向磁场尽可能强，纵横比尽可能小，从而使等离子体变得紧凑而粗壮。这样可以允许最大可能的环向电流通过等离子体，而又不破坏稳定性条件。著名的大型托卡马克包括美国通用原子公司的 DⅢ-D、美国普林斯顿大学等离子体物理实验室的 TFTR、欧洲的 JET、日本的 JT-60、苏联库尔恰托夫原子能研究所的 T-15 超导托卡马克等。在我国，目前有两个托卡马克装置正在运行，一个是中国科学院等离子体物理研究所的全超导托卡马克 EAST，另一个是核工业西南物理研究院的 HL-2A（中国环流器二号 A），后者是我国第一个具有偏滤器位形的中型托卡马克。

13.1.2　微波对等离子体的加热与电流驱动

为了将等离子体加热到氘、氚燃烧所需要的温度，人们提出和应用了多种加热的方法。其中，欧姆加热是一种最简单的方法，即通过电流的焦耳热来加热等离子体，它是建立托卡马克等离子体平衡位形的基本手段，而且可以有效地将等离子体加热到相当高的温度。但是，由于欧姆变压器所能提供的伏秒数在工程上是有限的，欧姆加热所依赖的电流增大受到克鲁斯卡尔-沙夫拉诺夫条件的限制，且等离子体的电阻率与温度的 3/2 次方成反比，会随着温度的升高迅速减小，使得欧姆加热在高温下的效率十分低。因此，单凭欧姆加热来获得高温等离子体并维持大的等离子体电流是不够的，必须通过强功率的辅助加热手段来提高等离子体温度直至点火温度，并且靠无感电流驱动来较长时间地维持等离子体电流，以保障装置的稳定运行。

利用微波的无感电流驱动可以控制等离子体中的电流分布，抑制磁流体动力学（Magnetohydrody-namics，MHD）不稳定性，从而改善等离子体约束；高功率的二级加热有利于促进等离子体实现高约束运行模式。因此，利用电磁波与粒子相互作用加热等离子体和驱动等离子体电流成为开展聚变研究的主要方法之一。微波加热主要有离子回旋波、低混杂波、电子回旋波加热 3 个波段。微波加热原理是利用波在等离子体中的传播和吸收性质，选用一定频段的电磁波，通过天线将微波功率发射器产生的强功率耦合到等离子体中，实现对等离子体电子或者离子的加热，并最终达到提高等离子体温度的目的。离子回旋波的频段为 30～200MHz，由于等离子体加热主要是实现对离子的加热，而在粒子回旋共振加热过程中能量主要被共振离子吸收，因此其加热效果更好。离子回旋共振加热波段的射频波功率与等离子体的耦合是通过靠近等离子体的天线来实现的，为近场耦合。天线的结构和形状既影响等离子体的耦合效率，也影响波与传输系统的匹配特性，如何做到匹配耦合是离子回旋共振加热技术的难点所在。低混杂波除了能加热等离子体，还能实现低混杂波电流驱动，这是一种高效的无感电流驱动方法，低混杂波频段为 1～8GHz。但是，与离子回旋共振加热一样，低混杂波也存在耦合问题，且当等离子体密度大于一定值时，低混杂波的传播截止，这导致低混杂波电流驱动在等离子体高密度情况下驱动效率低。电子回旋波的频段一般为 30～170GHz，工作频率高，波长短，适用于准光学传播和聚焦，它主要用于等离子体加热及电子回旋共振加热。作为托卡马克常用的等离子体非感应加热方法之一，电子回旋波加热具有很好的定域性，这使电子回旋共振加热成为对等离子体进行加热和分布控制的首选方法，是开展等离子体启动、锯齿控制、新经典撕裂模等 MHD 不稳定性抑制和电子热输运实验研究的重要手段，还可用于未来聚变装置芯部杂质的排出。图 13-3 所示为我国核工业西南物理研究院的 HL-2A 装置的电子回旋共振加热系统。

图 13-3　HL-2A 装置的电子回旋共振加热系统

HL-2A 装置是我国第一台具有轴对称偏滤器的、用于受控磁约束核聚变研究的大型实验装置。HL-2A 装置的建成为我国开展高参数条件下的等离子体物理实验研究、进行有关先进偏滤器的探索性研究、积累大型非圆截面等离子体控制和运行的经验等方面提供了良好的基础，结构如图 13-4 所示。HL-2A 装置于 2002 年建成并开始进行等离子体放电物理实验，等离子体参数不断提高。目前，HL-2A 装置拥有弹丸注入（Pellet Injection，PI）、超声分子束注入（Supersonic Molecular Beam Injection，SMBI）、送气 3 种加料方式；采用 1.5MW 中性束注入（Neutral Beam Injection，NBI）、1MW 低混杂波电流驱动和 3MW 电子回旋共振加热这 3 种辅助加热方式；约 1500 个信号通道，32 种（类）诊断设备，如图 13-5 所示。图中，SDD 为硅漂移探测器（Silicon Drift Detector），CXRS 为电荷交换复合光谱（Charge Exchange Recombination Spectroscopy），ECE 为电子回旋辐射（Electron Cyclotron Emission），Z_{eff} 为有效电荷数，NPA 为中性粒子分析仪（Neutral Particle Analyzer），MSR 为微波散射反射仪（Microwave Scattering Reflectometer）。

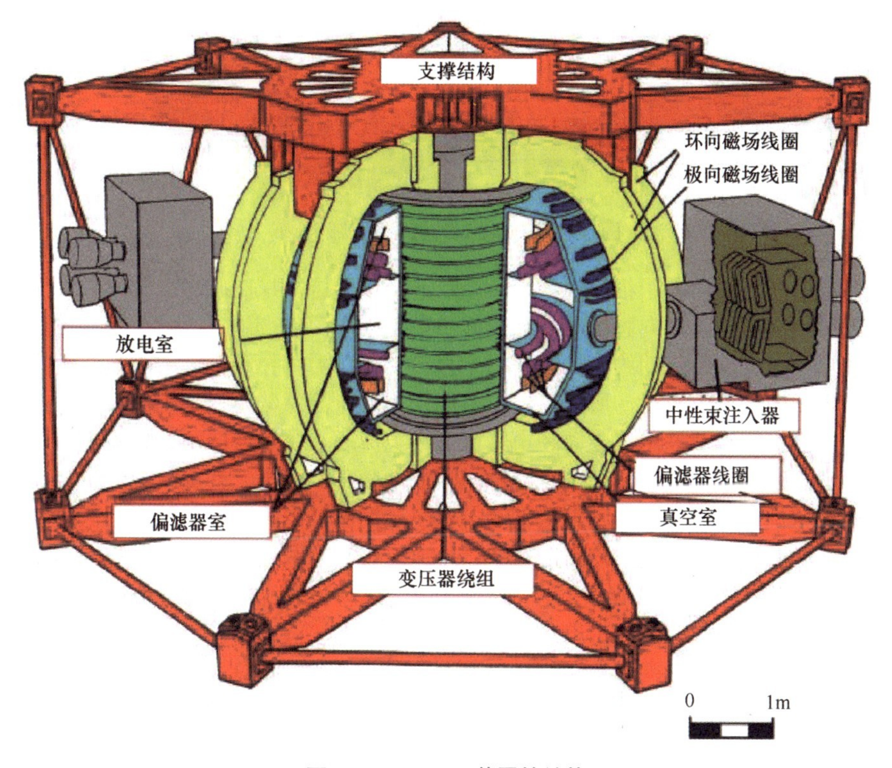

图 13-4 HL-2A 装置的结构

HL-2A 装置的电子回旋共振加热系统包括已经建成的总功率为 3MW 的 6 套 0.5MW/68GHz/1s（1.5s）子系统和两套总功率为 2MW 的正在研制的 1MW/140GHz/3s 子系统，系统总输出功率将达到 5MW。HL-2A 装置的电子回旋共振加热系统主要包括 3 个功能部分：微波波源系统，包括回旋管、超导磁体、电源、控制保护系统、水系统、采集及测量系统；微波传输系统；微波发射系统，微波经波源的回旋管输出后由传输线传输，经发射天线注入等离子体中，每套子系统以回旋管为核心，均配备各自的传输线系统，通过一个直径为 350mm 的托卡马克窗口将电子回旋波在弱场侧从装置的赤道面注入等离子体。

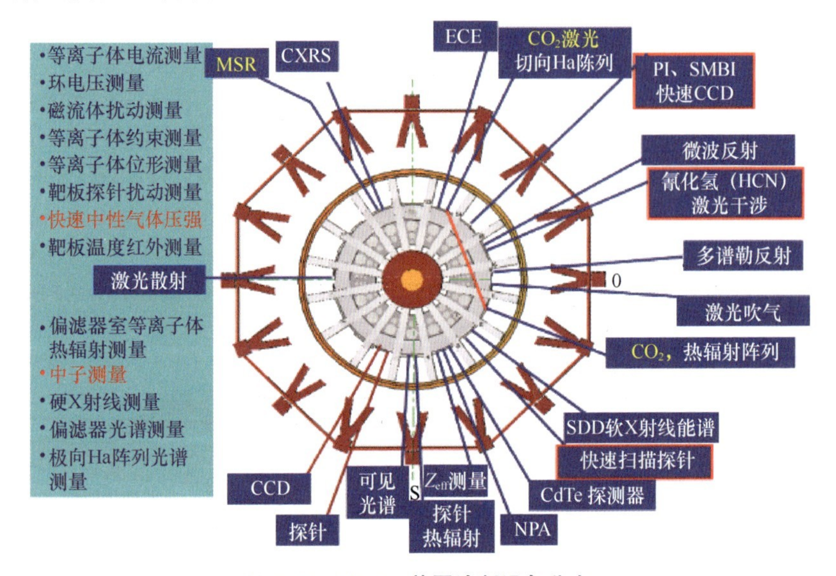

图 13-5　HL-2A 装置诊断设备分布

在托卡马克中，为了很好地约束带电粒子，需要施加螺旋磁场。其中，环向磁场由外部绕组来实现，极向磁场由等离子体中的环向电流来产生，因此，等离子体的电流及其分布对托卡马克的约束性能起到十分重要的作用。托卡马克中的等离子体电流主要依靠微波的无感驱动，所以，波对等离子体的电流驱动是托卡马克研究中的重要课题。目前，低混杂波电流驱动和电子回旋波电流驱动是主要的两种无感电流驱动方式。其中，低混杂波电流驱动具有高的电流驱动效率，而电子回旋波电流驱动的电流具有高局域性，能有效地控制电流剖面，但电子回旋波电流驱动的效率远低于低混杂波电流驱动的。综合两种波的不同优势，从而产生了将两种波一起作用在等离子体上的想法。20 世纪 80 年代，WT-2、JFT-2M 和 WT-3 等装置上就开展了双波共同注入的实验。实验和数值模拟研究指出，在低混杂波和电子回旋波共同注入时，驱动出的电流大于两种波单独注入时驱动出的电流之和，这一现象被称为双波协同效应。2004 年，在 Tore Supra 装置上的实验证实了双波协同效应。

13.1.3　波促进等离子体的旋转和对 MHD 不稳定性的控制

国际上，在一些托卡马克装置上开展的实验的结果表明，具有高旋转速度的等离子体对改善托卡马克约束有着极为重要的作用。在托卡马克装置中，由于粒子和能量的径向输运，粒子和能量会从等离子体芯部输送至等离子体边缘，这个输运基本上是由托卡马克等离子中的湍流所驱动的。在高约束模（H 模）运行状态下，边缘等离子体的转动会发生突然变化，即在 L-H（低约束-高约束）模转换的过程中，边缘等离子体存在一个极强的电场和流剪切。H 模是相对 L 模而言的，它的能量约束时间是 L 模的两倍以上，它能够有效地改善等离子体约束、提升等离子体的密度和压强，有利于等离子体实现“燃烧”。研究发现，剪切的等离子体转动可以改善托卡马克的约束，从而使托卡马克更容易达到 H 模。而托卡马克装置本身是不会移动的，因此旋转的等离子体与壁之间存在速度梯度，同时由于各种内在和外在的因素，在等离子体之间也存在流剪切。这些剪切流可以有效抑制磁流体相关的不稳定性和湍流，使等离子体保持良好的约束状态，延长能量约束时间，促使等离子体实现 L-H 模转换。

在托卡马克中，MHD 不稳定性有许多类型，表现形式也不尽相同，它们对托卡马克的稳定运行多呈现破坏性，因而需要对其进行缓解或控制。这里，先简单介绍一下 MHD 不稳定性的概念。当一个磁流体体系处于非热力学平衡态时，它的内部存在着可以转换成扰动能量的自由能，在一定的条件下，某些扰动可能发展成长时间、大范围、高能量水平的大幅度集体运动，这个现象就是 MHD 不稳定性。驱动 MHD 不稳定性的自由能主要有压强梯度、电流等。典型的 MHD 不稳定性有撕裂模不稳定性、扭曲模不稳定性、交换模不稳定性等。大量的实验和理论研究都发现，通过波对等离子体加热和电流驱动的作用，改变等离子体的温度和电流剖面能够控制 MHD 不稳定性。下面简单介绍一下波对边缘局域模（Edge Localized Mode，ELM）的控制作用。ELM 是一种 MHD 不稳定性，它是伴随 H 模周期性出现的，它的爆发能使等离子体损失大量的能量，对器壁及靶板造成极大的损害，因此，ELM 的控制成为一个重要的研究方向。

随着辅助加热功率的提高，L 模自发地转换成 H 模，靠近最外闭合磁面处的边缘等离子体的密度和温度梯度增大，形成边缘输运垒。进入 H 模后，储能增加，约束变好，边缘压强及其梯度增大，直到增大到 MHD 稳定极限，激发 MHD 不稳定性，导致 ELM。ELM 导致输运垒台基在百毫秒时间尺度内快速崩塌，压强梯度减小，释放出大量的等离子体粒子和热进入刮削层，这部分粒子和热在刮削层中沿磁力线平行输运，最后沉积在偏滤器上，形成热通量峰。台基崩塌后，在芯部的等离子体的密度和热输运下，边缘台基逐渐恢复并达到激发 MHD 不稳定性的阈值，再次激发 ELM，导致台基崩塌，台基的不断崩塌和恢复形成了周期性的 ELM。

对未来实现燃烧等离子体的托卡马克来说，伴随 H 模出现的 ELM 具有非常重要的应用。前面谈到了它的负面影响，但 ELM 也具有正面的作用。它的爆发能够控制芯部等离子体的密度，特别是控制芯部杂质的密度。H 模能有效约束等离子体，这个等离子体包含参与聚变反应的离子和杂质。聚变反应会产生大量的氦灰，而高能粒子与真空室的相互作用会产生大量高核电荷数粒子，它们都会聚集在等离子体芯部，这些高核电荷数粒子能产生大量的辐射，导致芯部等离子体温度下降，影响燃烧等离子体放电。而周期性爆发的 ELM 能释放出大量的芯部粒子，这为排出芯部的杂质提供了一个通道，从而有效控制芯部的杂质密度。但是 ELM 也有不好的一面。ELM 导致的台基崩塌在很短的时间内释放出大量的粒子和能量，这些粒子和能量沉积在与等离子体接触的装置器件上，如真空室的器壁、偏滤器靶板等，沉积量最大的是偏滤器靶板。对托卡马克来说，ELM 导致的能量损失减少了 10%～20%的等离子体储能。而对于 ITER 这种大型托卡马克，它的储能远大于普通托卡马克的，据估计 ELM 可导致 5～22MJ 的能量损失。这么大的能量沉积在装置器壁上，预计热负荷可达到 2.5～11MJ·m^{-2}，远超出了器壁材料可容许的范围（～0.5MJ·m^{-2}），这将是不可接受的。为此，研究 ELM 的崩塌机制以及缓解和控制方法是非常重要的。此外，ELM 可能耦合或者激发其他的 MHD 不稳定性，如电阻壁模（RWM）、新经典撕裂模等。

ELM 本质上是由气球模（Ballooning Mode）和剥离模（Peeling Mode）这两种 MHD 不稳定性导致的。其中，气球模是一种交换模，它由压强梯度驱动，出现在托卡马克弱场侧；剥离模是一种扭曲模，它由边缘电流驱动。这两种不稳定性在等离子体边缘耦合，形成剥离-气球模（P-B Mode），它由等离子体边缘的压强梯度和电流密度驱动，它的发生导致了 ELM 的触发。基于 ELM 的触发机制，发展出了多种缓解、控制的手段。其中，边缘电子回旋共振加热就是一种有效的手段。最早将电子回旋共振加热作用于 ELM 的实验是在 DⅢ-D 上开展的。后来在 ASDEX Upgrade 上也开展了相关的实验。最近，在 TCV 装置上开展了多个电子回旋共振加热作用于 ELM 的实验，取得了很好的实验结果。实验结果表明，在等离子体边缘沉积的电子回旋共振加热能有效缓解、控制 ELM。电子回旋波不仅能有效加热等离子体，还能驱动等离子体电流。但电子回旋波电流驱动的效率比较低，在等离子体边缘难以驱动出有效改变边缘等离子体参数的电流，因此目前认为电子回旋波缓解和控制 ELM 的主要机制是通过电子回旋共振加热改变等离子体边缘的压强梯度，从而影响边缘的等离子体稳定性。同样，如果电子回旋波电流驱动在等离子体边缘能驱动出足够大的电流，它也能有效影响 ELM，但这需要注入很大的电子回旋波功率。

13.2 微波能在无线电能传输领域的应用

13.2.1 概述

近年来，无线输能技术得到了人们的关注，逐步进入人们的生活中，它的发展有望用于电能传输，这不仅可以解决日益严峻的资源分布不平衡问题，还可以解决输电工程最关心的效率和经济问题。结合微波技术，还可以解决电网的死角问题。无线电能传输的效率取决于微波源的效率、发射/接收天线的效率和微波整流器的效率等；其经济性则依赖所用频段的微波元器件的价格与有线输电系统所用器材价格的比较，也与具体的输电网络的参数有关。

20 世纪 60 年代，美国的布朗首先提出微波无线电能传输的概念，即以微波为载体在自由空间中无线传输大功率电磁能量。1968 年，美国的格拉泽在此概念上提出了卫星太阳能电站的概念，即在地球同步轨道上的太阳能卫星中把接收到的太阳能转换为电磁能，用大功率微波天线定向发射回地面，地面接收整流天线系统将接收到的能量转换为直流电，从而实现太阳能发电的功能。21 世纪人类面临着非常严峻的能源形势，太阳能是取之不尽、用之不竭的可再生的洁净能源，大规模开发、利用太阳能对解决人类的能源危机十分重要。建设卫星太阳能电站的意义在于可以帮助人类有效开发太阳能，解决能源问题。

在微波无线电能传输的研究中有两个重点需要特别关注。一是保证电磁能量的高效传输。这个系统主要由高功率微波源、大功率发射天线和接收整流天线等构成，微波源的转化效率、发射天线的发射效率、接收整流天线的接收整流效率及微波在开放空间的传输效率等共同决定了系统的能量传输效率。要提高系统的效率就要研究如何提高各个子系统的效率及选择恰当的微波工作频段，减小空间传输损耗。二是研究大功率微波无线电能传输的生态安全性。对于应用于地面或近地的系统，应该尽可能不对生态环境造成负面的影响，同时保证电磁辐射水平不超过人体、生物组织的安全辐射标准。目前，国外研究的几种微波无线电能传输系统都是比较安全的，在接收整流天线口径以外的区域基本都是符合辐射安全标准的，在接收天线口径内的辐射相对较强，需要在接收系统外围建立保护禁区。

微波无线电能传输技术是将电能转化为微波，让微波在自由空间中传送到目标位置，再经整流，转化为直流电。它的发展起源于 19 世纪末，赫兹于 1888 年首次演示了 500MHz 脉冲能量的产生和传输。他的实验对认识和证明麦克斯韦方程中体现的电磁波理论具有重要意义，但由于当时缺乏能够将微波转变为直流电的装置而未能实现，赫兹并未想到此技术在后来可以应用于电能传输。

随后，世界上首次完整的微波无线电能传输系统的实验完成于 1963 年，在这个实验中，直流电先被转化为 400W 的、频率为 2.4GHz 的微波，再通过一个直径为 2.8m 的椭圆反射镜聚焦至 7.4m 外的椭圆接收器的焦点并被接收，接收到的微波再被转化为 104W 的直流电，总的传输效率达到了 13%～15%。尽管实验中将微波转换为直流电的装置的效率达到了 50%，但它的使用寿命相当短，并不适合实际应用。

在 1964 年，Raytheon 公司进行了微波供电直升飞机实验，系统的接收端采用了一种新的微波-直流电转换器件——硅整流二极管天线，原理是将接收天线划分成小的区域，将每个区域天线收集的微波能量用整流二极管转换成直流电。在接下来的几十年里，质量更小、输出功率更大的硅整流二极管被不断研制出来，接收端微波-直流电转换效率也大大提高。1975 年，微波无线电能传输系统的传输效率提高到了 54%，直流电输出功率约为 495W，频率约为 2446MHz。同年，在沙漠进行的微波成形束能量传输实验，频率约 2388MHz 的微波能量有约 84%被硅整流天线阵列接收并转化为 30kW 的直流电，用来点亮天线前端的灯泡阵列。

到 1975 年，完整的微波无线电能传输理论和技术体系的建立，为其在太空及各方面的应用奠定了坚实的基础。20 世纪 70 年代，美国首次论证了空间太阳能发电卫星技术的可行性，并建立了 5GW 的空间太阳能电站参考系统。经过多年的研究和发展，各国在 5GW 空间太阳能电站参考系统基础上提出的空间太阳能电站的系统方案已有很多。有望在世界最先建立的空间太阳能电站是日本 1994 年研制的太阳能发电卫星 SPS 2000。该发电卫星是一个演示系统，系统设计简单，采用了廉价的材料和组件，但是其发电效率并不高，不是最佳的实用发电系统方案。

为了重新考虑空间太阳能电站的可行性，美国国家宇航局于 1995—1997 年进行了两年的 Fresh Look 项目研究，在约 30 种系统方案中，确定了两种有效的太阳能电站系统设想，即所谓的“太阳塔”和“太阳盘”。1991 年，华盛顿 ARCO 电力技术公司使用频率为 35GHz 的毫米波，整流天线的转换效率约为 72%。1993 年以后，每年召开国际 WPT（风力推进技术）圆桌会议。1998 年，5.8GHz 印刷电偶极子整流天线的转换效率约为 82%。2001 年 5 月召开的 WPT 圆桌会议将 2.45GHz 的磁控管用于波动传输。苏联在微波无线电能传输方面也进行了大量的研究，俄罗斯莫斯科大学与微波公司合作，研制出了一系列微波无线电能传输器件，其中包括微波无线电能传输的关键器件——快回旋电子注波微波整流器。

近年来，无线电能传输发展更加迅速。美国麻省理工学院在 2007 年 6 月宣布，利用电磁共振成功点亮了一个离电源约 2m 的 60W 灯泡。2010 年，日本富士通公司利用电磁谐振无线电能传输技术实现为一个及以上的设备充电，实验结果显示无线传输距离大约 15cm，而且为多个设备充电时，设备相对充电器的位置没有任何限制。

13.2.2 电力系统中微波无线电能传输的关键技术

在电力系统中应用微波无线电能传输技术，必须要考虑功率、效率等因素，要使得微波能够有效地传输，必须保证发射天线能够发射方向很集中、增益相对较高、信号传输距离较远、抗干扰能力比较强、适用于远距离点对点传输的微波。对于电力系统中的微波无线电能传输，除了需要高性能天线，还需要大功率的微波源，接收天线接收到微波能量后，还需要将其转换为直流电。

高性能天线通常分为两种。一种是近场天线，研究表明在几米的距离内传输电网中的电力是可行的，而且传输效率高。另一种是高方向性的天线，主要采用发射面天线，增益可以达到 30～40dB，甚至更高，而且可以将辐射功率的 90%甚至更多包含在天线辐射方向图的主瓣内，可以作为远程微波无线电能传输天线。

目前，大功率的微波源主要有两种。一是磁控管，它的典型效率为 40%，平均功率为数千瓦，曾经制造过功率高达 25kW 的连续波磁控管。二是射频放大器，主要有速调管、行波管、正交场管、三极电子管和四极电子管等，其中速调管的平均功率最大可达 25～50kW，效率为 30%～40%，是非常有潜力的管型。

最后就是微波接收整流设备，现在比较成熟的微波整流解决方案是硅整流二极管天线，它由天线和高频整流电路构成，高频整流电路能够将微波信号经由肖特基势垒二极管整流成直流电。目前比较成熟的硅整流二极管天线的频率是 916.5MHz 和 2.45GHz，能够有效地将射频能量转化成直流电，以供充电或者变频使用。

13.2.3 微波无线电能传输的具体应用与发展前景

高功率微波无线电能传输技术提供了一种新的能量传输手段，具有很广阔的应用前景。国内外科学家对微波无线电能传输技术的研究已经开展了 40 多年，取得了许多研究成果，其具体应用可以分为以下 4 个方面。

卫星太阳能电站：在地球同步轨道布置卫星太阳能电站，该电站上安置有太阳能采集面板，把采集到的太阳能转化为微波能量，通过它自身的发射天线，将微波能量定向传输给地面的接收整流天线，地面天线把高频微波能量转化为直流电，从而实现发电的目的。

近地小型无人飞行平台：原理是在地面安置大功率微波发射天线，在其上方数百米至数千米的空中布置小型无人飞行平台，平台腹部安置接收整流天线，由接收到的微波能量来维持飞行平台的飞行及各种功能的运行，从而实现无人飞行平台在发射天线上空照射范围内持续不断地飞行。我们可以赋予飞行器很多不同的功能，如环境监测、大气监测、雷达探测和中继通信等。如果先将地面的大功率微波发射天线安装在车辆上作为移动基站，令基站在指定位置布置、展开，然后将飞行平台发射升空，开始执行任务，任务结束后将其收回，基站再移动到下一个地点执行任务，可以提高系统的机动性能。

太空科学研究：在太空中布置多颗太阳能发电卫星，由它们为太空中的各种卫星、飞船、轨道舱等提供所需的能量，从而减少这些飞行器发射升空时携带燃料的数量。随着太空科技的飞速发展，今后的空间科学探索研究活动会越来越频繁，大功率微波无线电能传输技术在这些领域具有很好的应用前景。

地面能量传输：对于地形复杂、难以架设输电线路的地区，可以采用微波无线电能传输系统传输电能，作为传统电力传输方案的补充。

能源紧缺已经成为经济可持续发展的巨大障碍，微波无线电能传输作为大规模利用太阳能的重要方法，对解决日益严重的能源危机具有极其重要的现实意义。进一步，微波无线电能传输技术除了可以解决能源问题，在交叉学科领域也具有重要的应用前景。

13.3　微波能在加热领域的应用

当微波通过介质传输时，将被介质所吸收并产生热效应，单位体积吸收的功率可表示为

$$\frac{P}{V}=\varepsilon_0\varepsilon''E_{\max}^2\pi f$$

其中，P 表示介质吸收的功率，V 表示介质的体积，ε_0 表示真空介电常数，ε'' 表示复数介电常数的虚部，$E_{\max}$ 表示最大电场强度，f 表示频率。

微波加热的过程和红外加热的过程不同，微波加热很快，透入深度达几厘米；红外加热透入深度浅，只加热表面，热量要透入介质内部只有通过长时间的热传导才能实现，因而效率很低。微波加热由于速度快、效率高，除用于微波炉加热食品外，在工业加热领域也得到了广泛的应用，如烟草、木材、竹材、纸张、橡胶等材料的加工，以及花生、瓜子、方便面等食品的加热；在化学工业中，微波加速化学反应过程形成微波化学；在医疗中，微波可用于纱布、棉花及其他医用物品的消毒。

微波工业加热的优点是：比普通的加热过程更快速，具有清洁的加热系统，可以

和其他加热过程配合。

微波医疗加热主要用于微波热疗机治疗癌症。治疗过程中，肿瘤组织必须被加热到43℃。微波可透入人体内部，从而避免表面皮肤的烧伤。

利用高功率微波、毫米波可开拓很多工业方面的应用。例如，微波加热可用于等离子化学、某些材料的高温处理及表面处理，也可用于介质加工。微波对介质的加热是整个体积的吸收加热，而不像一般加热方式，如热辐射加热、传导加热，是表面加热，加热时间较长、效率较低。由于这个特性，可用微波烧结高密度的精密陶瓷，特别是利用频率大于24GHz、连续波功率为10～50kW、效率大于30%的回旋管烧结高质量、高硬度的精密陶瓷，可保证较高的质量，同时烧结时间可以大大缩短、消耗功率可大大减少。目前，俄罗斯已有回旋管毫米波加热炉面世。

拓展阅读

[1] 武佳铭. 可控核聚变的研究现状及发展趋势[J]. 电子世界, 2017, 531(21): 9-13.

[2] 杨青巍, 丁玄同, 严龙文, 等. 受控热核聚变研究进展[J]. 中国核电, 2019, 12(5): 507-513.

[3] 朱士尧. 受控核聚变——现代物理学的一个重要前沿领域（之五）[J]. 现代物理知识, 1992(1): 27-29.

[4] PINSKER R I. Introduction to wave heating and current drive in magnetized plasmas[J]. Physics of Plasmas, 2001(8): 1219-1228.

[5] 魏来. 托卡马克等离子体撕裂模相关的几个物理问题[D]. 大连: 大连理工大学, 2012.

[6] 林为干, 赵愉深, 文舸一, 等. 微波输电——现代化建设的生力军[J]. 科技导报, 1994(3) : 31-34.

[7] 杨波. 微波加热技术及其应用[J]. 电子节能, 1998(2): 14-17.

第 14 章　真空电子器件在微光夜视领域的应用

微光夜视技术是现代光电子高新技术之一，在科研、救援等领域中的地位和作用更加突出和重要。六十多年来，伴随着科学技术的迅速发展和电子系统现代化需求的牵引，微光夜视技术取得了长足的发展。本章在系统回顾微光夜视技术发展历程的基础上，分析微光夜视技术未来的主要发展方向以及在民用领域的应用前景。

14.1　概述

微光夜视技术是研究夜间微弱照度条件下对目标进行探测、观察、识别、定位、记录的一类高新技术，其设备具有体积小、质量小、图像清晰、隐蔽性强等特点，是目前夜视装备中使用最广泛的技术。自 20 世纪 50 年代开始，微光夜视技术取得了巨大的进展，产品从零代发展到三代、四代，已形成多个品种、规格的系列化、批量化配套。在科学技术日新月异的今天，新材料、新技术、新工艺的层出不穷，为微光夜视技术的发展带来了机遇和挑战。微光夜视技术在下一阶段将如何发展，成为微光夜视技术行业共同关注的热点话题。本章在深入回顾、分析国内外微光夜视技术发展历程的基础上，分析微光夜视技术未来主要的技术发展方向及潜在的应用领域拓展方向。

14.2　微光夜视技术的发展历程

微光夜视技术包括微光夜视仪的总体技术和微光夜视器件的设计和工艺研究等方面，核心是微光像增强器（微光像管）的研究。一般来讲，微光像增强器的发展历程就代表了微光夜视技术的发展历程。从 20 世纪 50 年代第一个微光像增强器的研发开始，可以根据其特征技术分为零代、一代、二代（超二代）、三代（高性能三代）、四代等不同阶段。

20 世纪 40～50 年代最早出现的以 Ag-O-Cs 光阴极、电子聚焦系统和阳极荧光屏构成静电聚焦二极管为特征技术的像管被称为“零代微光像增强器”。光阴极灵敏度的典型值为 60μA/m，将来自主动红外照明器的反射信号转变为光电子，电子在 16kV 的静电场下聚焦，能产生较高的分辨率（57～71lp/mm），但体积和质量比较大、增益很小。

一代微光夜视技术在 20 世纪 50 年代出现，成熟于 20 世纪 60 年代。伴随着高灵敏度 Sb-K-Na-Cs 多碱光阴极（1955 年）、真空气密性好的光纤面板（1958 年）、同心球电子光学系统和荧光粉性能提升等方面关键核心技术的突破，真正意义上的微光夜视仪开始登上历史舞台。它的光电阴极灵敏度高达 180～200μA/m，一级单管可实现约 50 倍亮度增益。由于采用光纤面板作为场曲校正器，提高了电子光学系统的成像质量和耦合能力，使得一代微光单管三级耦合级联成为可能，使亮度增强 10^4 倍以上，实现了星光照度（10^{-3} lx）条件下的被动夜视观察，因而一代微光夜视仪也被称为“星光镜”。1962 年，美国研制出 AN/PVS-2 型一代微光夜视仪，典型性能为：光阴极灵敏度≥225μA/m，分辨率≥30lp/mm，增益≥10^4，噪声因子为 1.3。一代微光夜视仪属于被动观察方式，特点是隐蔽性好、体积小、质量小、图像清晰、成品率高，便于大批量生产，缺点是怕强光、有晕光现象。

1962 年前后，通道式电子倍增器——微通道板的研制成功，为微光夜视技术的升级提供了基础。经过长期探索，二代微光夜视仪于 1970 年研制成功，它以多碱光阴极、微通道板、近贴聚焦为特征技术。尽管仍然使用 Sb-K-Na-Cs 多碱光阴极，但随着制备技术的不断改进，光阴极灵敏度（＞240μA/m）和红外响应得到大幅提升。1 片微通道板便可实现 10^4～10^5 的电子增益，使得 1 个带有微通道板的二代微光夜视仪便可替代 3 个级联的一代微光夜视仪，并且利用微通道板的过电流饱和特性，从根本上解决了使用微光夜视仪时的防强光问题。二代微光夜视仪自 20 世纪 70 年代批量生产以来，现已形成系列化，和三代微光夜视仪一起成为美国、欧洲等发达国家及地区的主要微光夜视器材。它的典型性能为：光阴极灵敏度范围为 225～400μA/m，分辨率范围为 32～36lp/mm，增益≥10^4，噪声因子为 1.7～2.5。

三代微光夜视仪的主要技术特征是高灵敏度负电子亲和势光阴极、低噪声长寿命高增益微通道板和双冷铟封近贴。三代微光夜视仪保留了二代微光管的紧贴聚焦设计，并加入了高性能的 GaAs 光阴极，量子效率高、暗发射小、电子能量分布集中、灵敏度高。为了防止管子工作时的粒子反馈和阴极结构的损坏，在微通道板输入端引入一层 Al_2O_3 或 SiO_2 防离子反馈膜，大大延长了使用寿命。它的典型性能为：光阴极灵敏度范围为 800～2000μA/m，分辨率≥48lp/mm，增益范围为 10^4～10^5，寿命＞7500h，视距较二代微光夜视仪提高了 50%～100%。三代微光夜视仪的优势是灵敏度高、清晰度好、体积小、观察距离远，但工艺复杂、技术难度大、造价昂贵，限制了大规模批量化使用，整体装备量与二代微光夜视仪相当。

超二代微光夜视仪借鉴了三代微光夜视仪成熟的光电发射和晶体生长理论，并采用先进的光学、光电检测手段，使多碱光阴极灵敏度从二代微光夜视仪的 225～400μA/m，提高到 600～800μA/m，实验室水平可达到 2000μA/m。同时，扩展了红外波段响应范围（达到 0.95μm），提高了夜天光的光谱利用率，分辨率达到 38lp/mm，噪声因子下降 70%，夜间观察距离较二代提高了 30%～50%。整体性能与三代相当，做到先进性、实用性、经济性的统一。同时，超二代微光夜视技术正由平面近贴管向曲面倒像管发展，探测波段继续延伸，性能将会进一步提高，有可能解决主被动合一、微光与红外融合的问题，具有极大的发展潜力和广泛的应用前景。

四代微光夜视仪的核心技术包括去掉防离子反馈膜或具有超薄防离子反馈膜的微通道板和使用自动门控电源技术的 GaAs 光阴极。经过工艺技术的改进，四代微光夜视仪的光阴极灵敏度达 2000～3000μA/m，极限分辨率达 60～90lp/mm，信噪比达 25～30，且改进了低晕成像技术，在强光（10^5 lx）下的视觉性能得到增强。1998 年，美国 Litton 公司首先成功研制出无膜微通道板的微光夜视仪，在目标观测距离、分辨率等方面表现出优异性能，成为微光夜视技术领域的热点。

14.3　微光夜视技术的主要发展方向

可以看出，微光夜视技术的发展离不开光电阴极、光纤面板、微通道板、封接材料等核心材料的技术突破。随着微机械加工技术、半导体技术、电子处理技术的不断发展，微光夜视技术已突破传统微光像增强器的技术范畴，形成一些新的技术动态和发展方向。

以无防离子反馈膜的体导电玻璃微通道板和使用自动门控电源技术的 GaAs 光阴极为特征的四代微光夜视技术，代表了当前传统微光像增强器领域的主要发展方向，即大视场、高清晰、远视距、长寿命、全天候、多功能等，也对基础原材料提出了更高的要求：宽光谱响应、高动态范围、高分辨率、高信噪比、少缺陷等。当前，国际上主要的微光夜视技术研发企业在 4μm 硬光纤传像元件、高增益超小孔径微通道板、体导电玻璃微通道板、高灵敏度长寿命 GaAs 光阴极等核心产品方面均取得重大突破，部分已实现工程化批量制备，相信在未来的 10～20 年内，新一代高性能微光像增强器将成为传统微光夜视领域的主流产品。

微光与红外是夜视技术的两大重要分支，二者除在原理、成像特点和性能等方面不同之外，单从应用环境上来看：微光夜视可以应用于山区、沙漠等热对比度小的环境，而红外夜视在雾霾、雨雪等低能见度环境下具有明显优势。可见，二者互有利弊、互相补充、不可替代。研究微光与红外融合技术是当前夜视技术的重要发展方向之一，在实现技术手段上主要有两种方式，且均取得了比较良好的效果：一是拓展光敏元件的光谱响应范围，提升在近红外区的光谱利用率（见图 14-1）；二是综合利用传感器技术、图像处理技术、信号处理技术等多种技术实现微光图像与红外图像的融合（见图 14-2）。

图 14-1　向红外波段延伸微光夜视成像效果对比

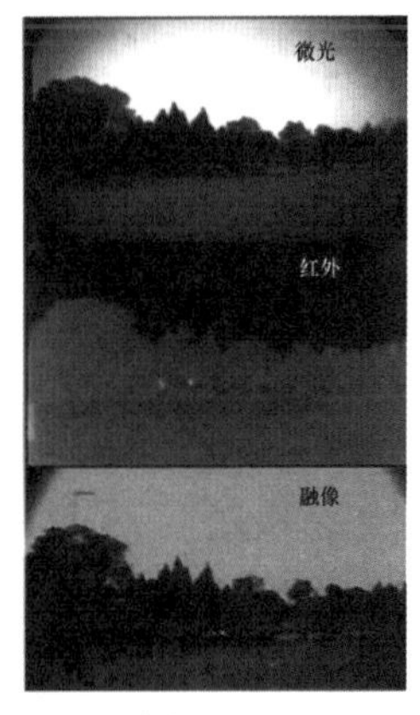

图 14-2　微光图像与红外图像融合效果对比

数字微光夜视技术是微光夜视技术领域的新进展，是能将微弱的二维空间光学图像转换为一维的数字视频信号，并再现为适合人眼观察的技术，涉及图像的光谱转换、增强、处理、记录、存储、读出、显示等物理过程，通过数字技术手段，改进、丰富了微光夜视技术，是现代信息化战争的关键技术之一。该技术把微光像增强器通过光纤光锥或中继透镜与 CCD 或 CMOS 等视频图像传感器耦合为一体，实现微光图像转变为数字信号传输，如图 14-3 所示。近年又相继出现了电子轰击 CCD、电子倍增 CCD（Electron Multiplying CCD，EMCCD，见图 14-4）、背照 CCD 等多种技术且发展迅速。

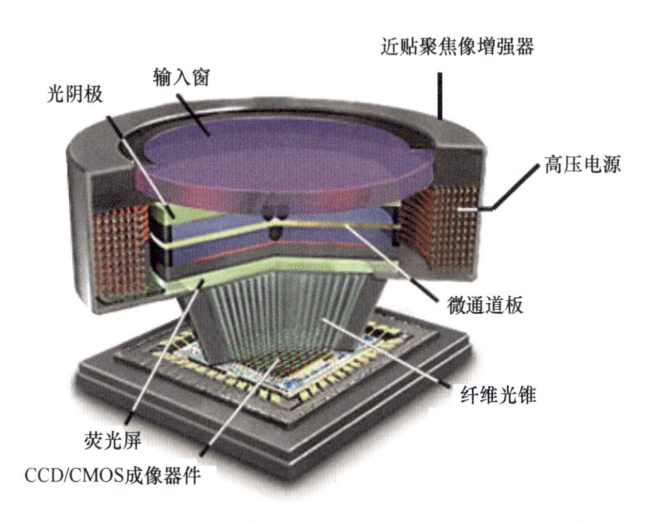

图 14-3　微光像增强器与视频图像传感器耦合结构示意

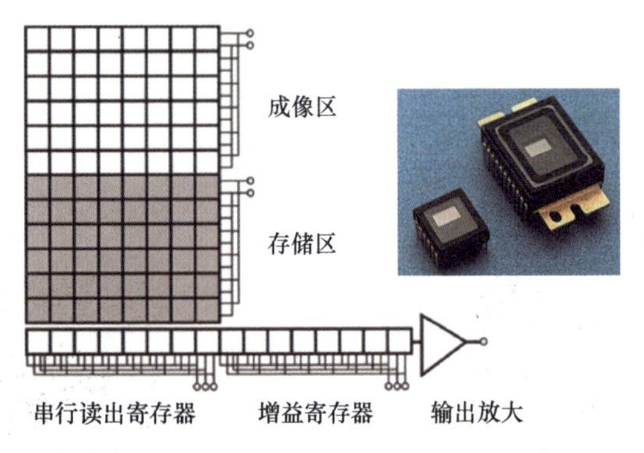

图 14-4　EMCCD 的结构原理与外形

传统的微光像增强器属于真空电子器件，对元件气密性和真空封接技术要求严苛，生产工艺复杂、合格率低、成本很高。随着科学技术的发展，一种新型的全固体微光夜视技术悄然兴起，并迅速成为国内外研究热点，代表了微光夜视技术的发展趋势。图 14-5 所示的 EMCCD 便是一种全固体的微光夜视器件，工作时先将图像信号转换为视频信号，在视频信号和输出电路之间增加一个信号倍增电路，放大微弱输入信号的同时达到提高信噪比的目的。它的核心是基于 p 型 Si 高压反偏置雪崩光电二极管原理的“扩展型雪崩电子倍增寄存器”，即在增益寄存器中通过瞬时反偏压技术，使半导体形成耗尽层，该层中的少数载流子（光电子）在传输过程中以高能量碰撞电离，一个电子碰撞产生两个以上的新电子，多次碰撞诱发雪崩式电子倍增，完成信号电子在输出前的低噪声预放大功能，从而实现在较低照度场景下工作。在 EMCCD 研发方面，我国尚处于起步阶段，与美、英、俄等发达国家差距明显，部分产品及应用如图 14-6 所示。另一种重要的全固体微光夜视器材是 $In_xGa_{1-x}As$ 微光器件，它以自身极高的夜天光光谱响应效率和响应灵敏度达到优良的微光成像性能。典型 $In_xGa_{1-x}As$ 微光器件的光谱响应波段覆盖 0.87～3.5μm，光谱利用率高、成像细节分辨率和对比度高，响应时间达到飞秒级。

图 14-5　EMCCD

图 14-6　我国微光夜视产品及应用

14.4　光电转换与成像器件

光电转换器件是把光信号变成电信号的光电子器件。光电成像器件是将光图像转换成电位起伏的电子像或可见光图像输出的光电子器件。这类器件一般具有高增益、高分辨率、高灵敏度、高信噪比、好的光谱响应特性、小的暗电流和高可靠性等优点。

光电转换器件一般由光电阴极、电子倍增极、阳极和玻璃或金属陶瓷管壳等组成。其中，光电阴极是光电转换和成像器件的“心脏”。它的不断改进和完善使器件得到不断创新，应用领域不断扩大。光电阴极光照灵敏度从 39μA/m 提高到目前的 2000μA/m 以上。

在光电阴极不断获得发展的同时，光电转换和成像器件的其他组成部分也获得了发展。特别是 20 世纪 60 年代的光纤面板的发明，使光信号或图像从窗口的一个面传到另一个面时减小了损耗。20 世纪 70 年代，微通道板在光电转换和成像器件中的应用提高了电子倍增的量级；贴近聚焦技术在器件中的应用缩短了渡越时间，使得器件的响应速度更快，器件更加轻巧。光电转换和成像器件的种类很多，应用的领域也十分广泛。

光电倍增管有很多的应用。在辐射测试、激光雷达测试系统中均使用了光电倍增管。

用电子轰击电荷耦合器件组成的警戒网，能高质量地观察到夜间云层里的飞行器和人造卫星，将电子轰击电荷耦合器件组成的摄像系统安装在卫星和宇宙飞船上可实现太空摄像。

14.5 微光夜视技术的展望

六十多年来，微光夜视技术历经零代、一代、二代、三代、四代等不同阶段，发展迅速，满足了国家电子装备的应用需求。随着科学技术的不断发展，微光夜视技术正在向着新一代高性能微光夜视技术、微光与红外融合夜视技术、数字化微光夜视技术和全固体微光夜视技术等方向发展，并取得了较大进展。同时，在城市夜间安防、野外夜间科学考察、夜间安全驾驶、矿井抢险救灾等民用领域的应用前景也非常广阔。

拓展阅读

[1] 王丽, 尚晓星, 王瑛. 微光夜视仪的发展[J]. 激光与光电子学进展, 2008, 506(3): 56-60.
[2] 郭晖, 向世明, 田民强. 微光夜视技术发展动态评述[J]. 红外技术, 2013, 35(2): 63-68.
[3] 薛南斌, 张文启, 霍志成. 微光与红外夜视技术的现状与发展[J]. 科技资讯, 2008, 157(16): 4.
[4] 周立伟. 夜视技术的进展与展望[J]. 激光与光电子学进展, 1995(4): 37-43.
[5] 艾克聪. 微光夜视技术的进展与展望[J]. 应用光学, 2006(4): 303-307.
[6] 何开远, 唐钦, 郑传文, 等. 数字微光夜视技术及应用[J]. 四川兵工学报, 2010, 31(10): 105-108.
[7] 吴昊, 伍园, 伍伟, 等. 数字微光夜视器件技术研究[J]. 光电子技术, 2022, 42(1): 72-78.
[8] 周立伟. 夜视像增强器（蓝光延伸与近红外延伸光阴极）的近期进展[J]. 光学技术, 1998(2): 19-28.

第 15 章　真空电子器件在通信与探测领域的应用

真空电子器件是当代电子装备和国民经济各部门都在使用的一类非常重要的电子器件。在电子装备和信息系统中，真空电子器件发挥着重要作用。在电子装备方面，它是雷达、通信、遥感测控和精密制导设备的核心；在信息系统中，作为广播电台、电视台的发射源，微波通信和卫星通信的转发器，以及接收和显示图像的彩色电视机和各种显示器件，已广泛应用于我们的工作和生活。

15.1　真空电子器件在雷达系统中的应用

雷达系统在现代科技中占据十分重要的地位，警戒、测量跟踪、气象探测和航空管制等都需要先进的雷达系统。雷达的发展从它诞生之日起就紧密地和真空电子器件的发展联系在一起。雷达的需求推动着真空电子器件的发展，而新型真空电子器件的发展往往会带来雷达的新功能，甚至产生新的雷达体制。

图 15-1 所示为雷达系统示意。发射机通过天线定向发射电磁波，目标反射的回波经接收机接收和处理后，在显示器上显示目标的水平位置、高度、运动速度甚至形状。

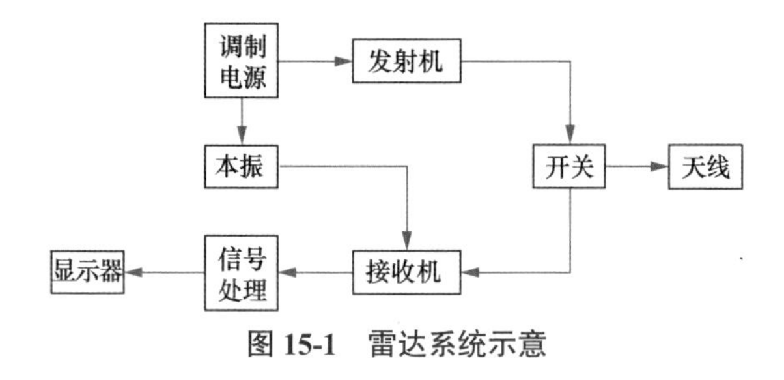

图 15-1　雷达系统示意

雷达发射机可以采用振荡管或者放大管作为发射源，它有下述几种形式：磁控管或三极电子管作为振荡源；高稳定的固体振荡器、小功率行波管（或者固体放大器）和大功率行波管放大链路；高稳定的固体振荡器、行波管和前向波放大器链路；有源相控阵天线系统采用发射/接收模块或微波功率模块，用多管组成的阵面作为发射源。

雷达对微波管的要求如下。

（1）有大的工作频带和瞬时带宽。大的工作频带有利于频率捷变，应对敌方干扰；大的瞬时带宽有利于发射和传输宽频带信号。行波管有很大的工作频带和瞬时带宽，速调管、磁控管和前向波放大器的工作频带和瞬时带宽都比行波管的小。

（2）平均功率是雷达发射机和发射器件的重要指标。行波管和正交场器件可提供几百瓦到几千瓦的平均输出功率，速调管可提供几十千瓦到几兆瓦的平均输出功率。

（3）脉冲功率输出（和脉宽及脉冲重复频率有关）也是一个重要的指标。高的脉冲输出功率要求高的工作电压，从而增大发射机体积、提高质量和造价。平均功率和峰值功率的比值称为工作比。发展的趋势是采用大工作比，降低峰值功率和微波管的工作电压。在某些雷达应用中，在同一个发射机中，要求有几个脉宽，这就需要特殊的调制器。

（4）发射源具有相位或者频率调制的能力和相位稳定性。速调管和正交场放大器的相位稳定性较好。

（5）多模雷达要求发射机具有可变的脉宽和重复频率。栅控行波管，特别是双模或者多模行波管可以满足这一要求。

（6）有源相控阵是一种先进的技术，它包含大量的发射和接收模块。对用于这种技术的发射器件，要求器件之间增益和相位具有一致性。

（7）对给定的平均功率，由于采用的器件不同、电源不同，因而效率也不同。行波管的效率为 20%左右，而正交场放大器的效率可达 80%。如果用 80%的效率发射 10kW 平均功率，那么有 2kW 功率会被耗散掉。这给发射机带来严重的散热问题。因此，要求发射机具有冷却系统。

冷却系统有液体冷却、风冷却和辐射冷却 3 种，各有优点。热管技术也可用于发射机冷却。

（8）发射机要满足苛刻的环境、振动和辐射条件。对于卫星和航空应用，器件要具有低气压工作能力和更高的可靠性。对于传播应用，还要求采取防烟雾措施。对于可移动设备，则要求发射机具有体积小、质量小及安装和维修方便等特点。

15.1.1 速调管在雷达系统中的应用

在雷达系统中应用较多的是速调管，雷达用速调管的工作频率覆盖整个微波波段，脉冲功率电平为千瓦级至兆瓦级，平均功率达数百千瓦。

抗干扰雷达系统需要有尽可能大的瞬时带宽。当群聚段各腔采用参差调谐技术，输出系统采用滤波器型输出电路，功率电平高于 10MW 时，瞬时相对带宽可达 10%，而在兆瓦级功率电平上，相对带宽为 5%～8%。分布作用速调管和采用重叠模双间隙耦合腔输出电路的速调管，在兆瓦级输出功率的电平上相对带宽达到 10%～12%。这些优点使得大功率速调管被广泛应用于抗干扰雷达。

在几百千瓦功率电平上，多注速调管采用将反转永磁聚焦和高发射电流密度阴极结合在一起的方式，获得了低工作电压、宽频带、高平均功率、小体积和整机质量小等优点，提高了雷达的机动性能，并在几百千瓦功率下达到 8%～10%的相对带宽。在飞行器轨迹测量、散射通信、导航等窄带应用场合，速调管也得到广泛应用。

高波段的雷达系统中，小功率多注速调管工作电压低、体积小、质量小和可靠性高，获得广泛应用。

民用雷达因不需要大的瞬时带宽，速调管是理想的功率放大器。速调管增益可达 50～60dB，整个放大链只需要固态器件作为前级，大大简化了发射系统。航管雷达用速调管一般工作在 L 和 S 波段，峰值功率范围为 1～5MW。气象雷达用速调管工作在 S、C 和 X 波段，峰值功率为几十千瓦到兆瓦级。深空探测雷达用速调管工作在 X 波段，连续波输出功率达几百千瓦。

15.1.2　行波管在雷达系统中的应用

在早期的雷达中，发射机是用磁控管做的，行波管则用在雷达接收机中作为前置高功率放大器。因为低噪声行波管是当时使用的噪声最低的器件，利用它可以提高雷达接收机的灵敏度，延长雷达的作用距离。现在由于半导体器件的迅速发展，它们的噪声比低噪声行波管的还低，而体积和质量要小得多，供电电压也低得多，因此在雷达接收机中低噪声行波管已被半导体器件取代。然而，行波管在雷达发射机中得到了越来越广泛的应用，这是因为磁控管雷达虽然有效率高、设备简单、体积小、质量小等优点，但是在使用中也出现了不少缺点，例如抗干扰能力差、不能单脉冲测速、受地物和海浪影响大等，而行波管恰好具有弥补磁控管这些缺点的能力。

行波管的工作带宽远比磁控管的大，配上压控振荡器后可以在很宽的频带内迅速改变频率，甚至可以做到脉内调频或脉间调频，有利于躲开干扰机的干扰。利用脉内线性调频还可以实现脉冲压缩，从而可以在平均功率不变的条件下，以较低的脉冲功率得到同样的探测距离。

行波管是一种放大器，配上高稳定性的振荡器后可以得到远比磁控管高的频率稳定性，从而可以制成相参雷达（目标回波信号和发射信号之间保持严格相位关系的雷达），利用这种关系可以解决非相参雷达不能解决的问题。第二次世界大战以后各国广泛研究的“动目标显示”就是一个例子，它利用“静止目标的多普勒频移为 0，反射信号和发射信号间的相位关系不变”这一特点，将静止目标的 2 次反射信号相减即可消除静止目标的回波信号。而动目标的多普勒频移不为 0，反射信号和发射信号之间的相位关系是变化的。动目标的 2 次反射信号不能互相抵消，这样就可以将运动目标的回波信号从静止的地物目标中提取出来。动目标显示技术可以将信噪比提高 20～30dB，这是一个很大的改善，但对复杂地形上空的雷达还不够。脉冲多普勒雷达在动目标显示技术的基础上，增加多普勒滤波器，形成所谓的动目标检测技术，可以使得信噪比再提高约 30dB。当然测定了多普勒频移也就知道了目标的径向速度，因此可以实现脉冲测速。至于基于各辐射单元之间严格的相位关系的相控阵雷达，当然更是只能使用行波管而无法使用频率不稳定的磁控管了。

在雷达中使用行波管使雷达的性能得到了很大的提高，但也提高了雷达的复杂性。由于行波管的相位灵敏度比较高，为了保证相位的稳定性，需要电源电压的波动控制在万分之一以内，调制器的波形也必须良好，同时为了充分发挥相参雷达的优势，在雷达接收机中要加入各种滤波器和信号处理装置。

雷达对行波管的要求主要有以下几点。

要求行波管同时具有高的平均功率和高的峰值功率。因为平均功率越高，雷达的作用距离越远。为了保证最远目标的反射信号能在雷达第二个脉冲发射之前到达雷达接收机以避免距离模糊，雷达脉冲重复频率必须低。同时为了缩小雷达的死区，脉冲必须足够窄，这样雷达发射机的占空比就不可能太高。为了得到高的平均功率，就需要高的脉冲功率，因此雷达中多使用耦合腔行波管。

要求尽可能大的带宽，以增强雷达的对抗能力，但由于使用了耦合腔行波管，相对带宽一般只能达到 10%～20%。而相位灵敏度要低，以便降低在制造相参雷达时对电源稳定性的要求。要尽可能降低行波管的工作电压和栅极控制电压，从而降低电源的复杂性，减小雷达的体积和质量，提高雷达的机动性。

15.1.3　其他真空电子器件在雷达系统中的应用

除了速调管和行波管，正交场放大器具有相位稳定度高、宽频带、高效率、放大均匀等特点，且结构紧凑、体积小、质量小、工作电压低、附加电源简单、费用低廉，这些良好的特性吸引着雷达系统的设计师。

可以这样说，截至本书成稿之日，还未找到能在综合性能、成本、可靠性等方面与正交场放大器匹敌的微波固态电路。尽管它在增益、信噪比等方面还未能赶上线性注微波管，但在效率、工作电压以及每单位体积或者质量所产生的微波功率方面，线性注微波管不及它。带宽方面，正交场放大器不及行波管，但优于速调管。因此，至今正交场放大器仍然是雷达系统、电子干扰技术、微波加热应用等领域的主要微波源。

正交场放大器已被广泛应用于许多领域。其中，特种脉冲磁控管和毫米波同轴磁控管主要用于雷达、导航技术等领域，普通磁控管主要用于工业加热、医疗、食品工业、家用微波炉等领域。前向波放大器则用于全相参雷达放大链中作为末级功率放大器，主要应用在地面、航海、航空等场合的高性能雷达系统中。美国“宙斯盾”综合指挥系统中的 AN/SPY-1 四面体多功能相控阵雷达就是应用前向波放大器的典型的雷达系统。雷达的每个天线阵面使用 8 个相同的前向波放大器同时工作。前向波放大器使得雷达获得了强大的功率能力，AN/SPY-1 雷达至今仍是美国最先进、功能最强大的相控阵雷达。在我国，前向波放大器也投入应用多年，类型有 10 多种，成功地在搜索警戒雷达、测控雷达等电子装备中应用。波段以 S 波段和 C 波段为主，脉冲功率为 60～660kW，增益为 13dB 左右，寿命可达数千小时，质量最小为 6.5kg，工作方式有脉冲和直流工作两种。

此外，高功率微波源出现后，科学家们很自然地想到利用高功率微波来提高雷达的性能。如对于一个同样的目标，雷达作用距离与发射功率的 1/4 次方成比例，将雷达功率从 1MW 提高到 1GW，作用距离可以提高 1 个数量级。但影响雷达作用距离的限制因素是地物和其他干扰因素造成的信噪比。因此，简单地增大功率来延长作用距离也受到很大限制。近几年来，人们对一种超宽带的高功率冲击雷达开展了研究工作，它是不同于普通雷达的冲击雷达，脉宽不大于几个高频周期，为纳秒量级。一个脉宽内，为提供与普通雷达信号处理系统提供的相同的能量，需要冲击雷达有很高的峰值功率。一般，普通雷达脉宽约为 1μs，若脉冲峰值功率为 1MW，在一个脉宽内提供的辐射能量为 1J，而对于 1ns 脉宽的冲击雷达，要得到相同能量，需要 1GW 的辐射功率。

由于冲击雷达的脉宽极小，因此具有很高的测距分辨率。若假定角度分辨率同样高，就可以对目标进行识别和成像。同时，由于冲击雷达的超宽带，因而很难受到干扰。这就使得此种雷达有很多可能的应用：以几厘米量级的分辨率进行测距，对目标进行识别和成像，作为地下探测雷达，用于雷达杂物干扰的抑制等。

由于冲击雷达具有高功率和宽频带的特性，因此，它面临许多与普通雷达不同的技术问题。从源来说，需要发展极短脉冲的源，或者采用脉冲压缩技术压缩较长脉冲。还需研究大带宽的发射器、接收器和天线系统以及大带宽的探测和信号处理问题。

15.2　真空电子器件在通信系统中的应用

通信系统在国家安全、经济建设和人们生活中都有重要的作用。与真空电子器件的应用密切相关的是微波波段的通信，即 1～100GHz 的通信。整个波段的通信有 3 种形式。

（1）中继通信：为了克服地球球形表面的弯曲，每 50km 设立一个中继站，形成一个长距离的地面通信系统。

（2）对流层散射通信：通信距离远大于视距，这种通信接收的信号很微弱，信号起伏也很大。

（3）卫星通信：卫星在 36000km 的高空相对地球静止的轨道上，卫星上有放大信号的转发器。

在通信方式上有模拟信号和数字信号两种。微波中继采用模拟信号时，用频分复用形成多信道传输；采用数字信号时，可用时分复用传输电话、电视信息或者其他数字信息。视距中继通信过去采用行波管放大器，现在采用固态放大器。散射通信发射机的功率为 100W～100kW，有 3 种器件可作为发射源：晶体管放大器、速调管放大器和行波管放大器。

晶体管可以工作在 5GHz 以下频率，输出功率大于 10W，增益为 6～8dB，效率大于 25%，采用自然冷却和强迫风冷。

速调管放大器可提供厘米波段、毫米波段甚至亚毫米波段的输出功率，功率可达千瓦级，增益为 30～40dB，效率为 20%～35%，采用空气循环冷却或者水冷。

行波管主要用于卫星通信，目前工作频段已发展到亚毫米甚至太赫兹波段，增益达到 30～40dB，总效率为 10%～35%，功率为 1kW 以下的管子采用空气循环冷却，超过 1kW 的管子采用水冷。

对于工作在 1GHz 以下的频段，可以采用三极电子管和四极电子管，输出功率不超过 1kW，效率约为 35%，采用强迫风冷。

图 15-2 所示为简单的卫星通信方式。地面站 A 发射一个上行载波，卫星天线和应答系统接收此载波，变频放大后以下行载波发射，在地面站 B 被接收，为了建立往返通道，地面站 B 发射一个上行载波，地面站 A 将接收下行载波信号。

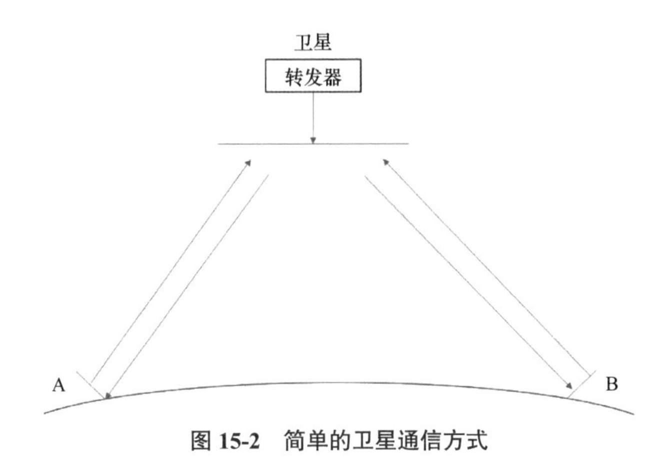

图 15-2　简单的卫星通信方式

从上述工作过程可以看出，要保证高质量的通信，发射地面站发射的载波要到达接收地面站的接收机，接收到的信号必须强于可能产生的各种噪声和干扰信号。

图 15-3 给出了国际通信卫星有效载荷工作原理示意，它的内部结构非常复杂。例如，某种通信卫星有效载荷就包含了如下部件：16 个 6GHz 波段接收机，4 个 14GHz 波段接收机，39 个 4GHz 波段驱动放大器，50 个输入滤波器，20 个 4/11GHz 上行变换器，42 个 4GHz 波段行波管放大器，15 个 4GHz 波段固态功率放大器，20 个 11GHz 波段行波管放大器，50 个输出滤波器。

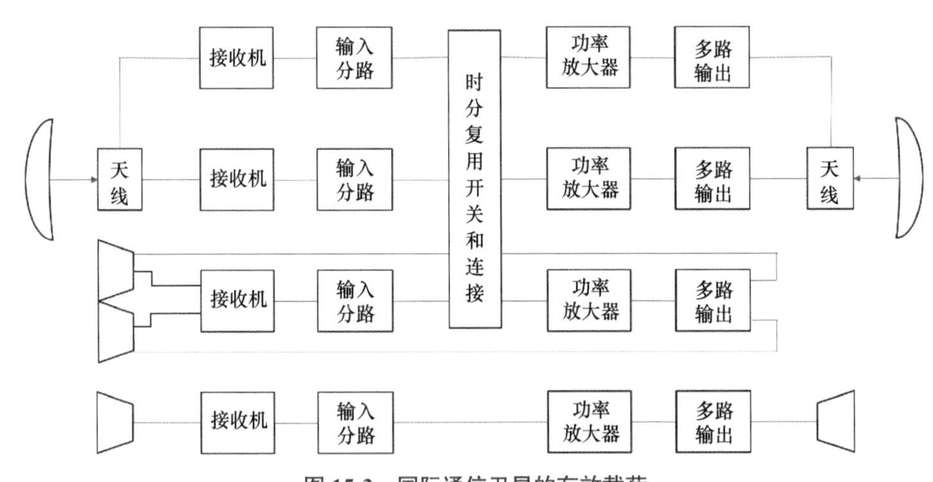

图 15-3　国际通信卫星的有效载荷

对卫星行波管的主要要求是：大动态范围和良好的线性度，尽可能小的调幅-调相转换，以减小信号的畸变；15～18 年的寿命；体积小、质量小；效率高（大于 60%）。

卫星地面站是卫星通信系统在地面的设备，其中需要使用高功率放大器如行波管或者速调管。对于小型地面站，通常选用行波管作为发射源，场效应晶体管作为前级。这里对行波管的要求是：C 波段输出功率达到 40W～13kW，Ku 波段输出功率达到 15W～3kW，Ka 波段输出功率达到 25W～1kW；典型的增益为 35～50dB；低功率行波管采用螺旋线慢波结构，高功率行波管采用耦合强慢波结构，中功率以下采用 PPM 聚焦，只有输出功率很高时才允许使用螺旋线包聚焦；一般采用传导冷却或者强迫风冷，只有功率很高的器件才允许使用液冷；电源结构比较复杂，500W 行波管通常的阳极电压为 6kV，螺旋线电压为 10kV，收集极电压为 5.5kV。

速调管是一个窄带器件，地面站用速调管通常使用瞬时带宽覆盖一个卫星应答器的频带，在 C 波段大约是 40MHz，在 Ku 波段大概是 80MHz，尽管其带宽受到限制，但是速调管仍然经常被用作地面站的高功率放大器，因为它具有很高的效率，大约 35%或者更高，容易操作，功率小于 3kW 时采用永磁聚焦和强迫风冷，电源则需要高压（对于 35kW 输出功率，电源电压约为 8.5kV）、长寿命（达到 3000～40000h）。

电视广播用速调管工作在 P 波段，输出功率为 10～30kW。为了便于管理以及降低运行成本，一般选用外腔式速调管，管子谐振腔可以反复使用且频率调谐范围大。散射通信和卫星通信是远距离通信中的主要通信方式。卫星通信前面已阐述。散射通信用速调管的工作频率为 1～2GHz，输出功率为 1～10kW，在 4～5GHz，输出功率为 100W～2kW，并有瞬时带宽的要求。为便于应用，管子一般采取风冷。高速速调四极电子管适用于电视发射机。

此外，在卫星通信中，行波管占据非常重要的地位。目前主要有两类：一类是地面站用的，另一类是卫星用的。它们的共同特点是：对带宽的要求不高，一般只需要 500MHz 就够了；对带内性能的要求很高，例如，小信号增益波动不能大于 2dB，小信号增益波动斜率要小于 0.02dB/MHz，调幅-调相转换小于 6°/dB，3 次交调低于载频 23dB 等；要求有高的效率和长的寿命，卫星用行波管要求更高，因为卫星上电源功率有限而且无法更换。对于输出功率，卫星上要求较低，一般通信卫星为几十瓦，广播卫星约为 200W。这是因为受到卫星上电源功率的限制，也因为可以在地面接收系统中用大天线和低噪声接收机加以弥补。地面站用行波管的输出功率则从 100W 到 1kW 以上，这是因为在卫星上难以架设大的天线，也难以得到灵敏度很高的接收机，而在地面上得到较高的输出功率是相对比较容易的。由于要适应卫星发射时的严酷环境，因此对卫星用行波管的耐振动、耐冲击和耐高低温性能的要求比地面站用行波管的要高很多。

拓展阅读

[1] 廖复疆. 真空电子技术：信息化武器装备的心脏[M]. 北京：国防工业出版社，2008.
[2] HAYES D D, LOGAN V S, 毕研元. 雷达用微波管的要求[J]. 电子管技术，1974(3): 3-19.